职业资格培训教材

技能型人才培训用书

机械产品检验工
（高级）

国家职业资格培训教材编审委员会　组编

尹建山　主编

机械工业出版社

本书是根据机械产品检验工（高级）的知识要求和技能要求，按照岗位培训需要的原则编写的。其主要内容包括：检验技术基础，复杂轴套类零件的检验，复杂螺纹类零件的检验，锥齿轮与轮盘及凸轮的检验，箱体、叉架类零件和组合件的检验，机械类加工用刀具的检验，常用金属切削机床精度的检验，各类毛坯件和表面处理及热处理的检验，几何误差的检验，精密检测仪器的知识。章首有培训目标，章末配有复习思考题，书末有与之配套的试题库、模拟试卷样例及答案，以便于企业培训、考核鉴定和读者自测。

本书既可作为各级职业技能鉴定培训机构和企业培训部门的考前培训教材，又可作为读者考前复习用书，还可供职业技术学院和技工学校的专业师生参考。

图书在版编目（CIP）数据

机械产品检验工：高级/尹建山主编. —北京：机械工业出版社，2016.6

职业资格培训教材 技能型人才培训用书
ISBN 978-7-111-53753-3

Ⅰ.①机… Ⅱ.①尹… Ⅲ.①机械工业-产品质量-质量检验-职业培训-教材 Ⅳ.①TH

中国版本图书馆 CIP 数据核字（2016）第 103911 号

机械工业出版社（北京市百万庄大街22号 邮政编码100037）
策划编辑：马 晋 责任编辑：马 晋 责任校对：张晓蓉
封面设计：路恩中 责任印制：李 洋
北京宝昌彩色印刷有限公司印刷
2016 年 9 月第 1 版第 1 次印刷
169mm×239mm·26.25 印张·583 千字
0001—3000册
标准书号：ISBN 978-7-111-53753-3
定价：49.80 元

国家职业资格培训教材（第2版）
编审委员会

第2版序

在"十五"末期，为贯彻落实"全国职业教育工作会议"和"全国再就业会议"精神，加快培养一大批高素质的技能型人才，机械工业出版社精心策划了与原劳动和社会保障部《国家职业标准》配套的《国家职业资格培训教材》。这套教材涵盖41个职业工种，共172种，有十几个省、自治区、直辖市相关行业200多名工程技术人员、教师、技师和高级技师等从事技能培训和鉴定的专家参加编写。教材出版后，以其兼顾岗位培训和鉴定培训需要，理论、技能、题库合一，便于自检自测，受到全国各级培训、鉴定部门和广大技术工人的欢迎，基本满足了培训、鉴定和读者自学的需要，在"十一五"期间为培养技能人才发挥了重要作用，本套教材也因此成为国家职业资格鉴定考证培训及企业员工培训的品牌教材。

2010年，《国家中长期人才发展规划纲要（2010—2020年）》《国家中长期教育改革和发展规划纲要（2010—2020年）》和《关于加强职业培训促就业的意见》相继颁布和出台。2012年1月，国务院批转了"七部委"联合制定的《促进就业规划（2011—2015年）》。在这些规划和意见中，都重点阐述了加大职业技能培训力度、加快技能人才培养的重要意义，以及相应的配套政策和措施。为适应这一新形势，同时也鉴于第1版教材所涉及的许多知识、技术、工艺、标准等已发生了变化的实际情况，我们经过深入调研，并在充分听取了广大读者和业界专家意见的基础上，决定对已经出版的《国家职业资格培训教材》进行修订。本次修订，仍以原有的大部分作者为班底，并保持原有的"以技能为主线，理论、技能、题库合一"的编写模式，重点在以下几个方面进行了改进：

1. 新增紧缺职业工种——为满足社会需求，又开发了一批近几年比较紧缺的以及新增的职业工种教材，使本套教材覆盖的职业工种更加广泛。

2. 紧跟国家职业标准——按照最新颁布的《国家职业技能标准》（或《国家职业标准》）规定的工作内容和技能要求重新整合、补充和完善内容，涵盖职业标准中所要求的知识点和技能点。

3. 提炼重点知识技能——在内容的选择上，以"够用"为原则，提炼出应重点掌握的必需的专业知识和技能，删减了不必要的理论知识，使内容更加精炼。

4. 补充更新技术内容——紧密结合最新技术发展，删除了陈旧过时的内容，补充了新的技术内容。

5. 同步最新技术标准——对原教材中按旧的技术标准编写的内容进行更新，所有内容均与最新的技术标准同步。

6. 精选技能鉴定题库——按鉴定要求精选了职业技能鉴定试题，试题贴近教材、贴近国家试题库的考点，更具典型性、代表性、通用性和实用性。

7. 配备免费电子教案——为方便培训教学，我们为本套教材开发配备了配套的电子教案，免费赠送给选用本套教材的机构和教师。

8. 配备操作实景光盘——根据读者需要，部分教材配备了操作实景光盘。

一言概之，经过精心修订，第 2 版教材在保留了第 1 版教材精华的同时，内容更加精练、可靠、实用，针对性更强，更能满足社会需求和读者需要。全套教材既可作为各级职业技能鉴定培训机构和企业培训部门的考前培训教材，又可作为读者考前复习和自测使用的复习用书，也可供职业技能鉴定部门在鉴定命题时参考，还可作为职业技术院校、技工院校和各种短训班的专业课教材。

在本套教材的调研、策划、编写过程中，曾经得到许多企业和鉴定培训机构有关领导和专家的大力支持和帮助，在此表示衷心的感谢！

虽然我们已经尽了最大努力，但教材中仍难免存在不足之处，恳请专家和广大读者批评指正。

国家职业资格培训教材第 2 版编审委员会

第1版序一

当前和今后一个时期，是我国全面建设小康社会、开创中国特色社会主义事业新局面的重要战略机遇期。建设小康社会需要科技创新，离不开技能人才。"全国人才工作会议"、"全国职教工作会议"都强调要把"提高技术工人素质、培养高技能人才"作为重要任务来抓。当今世界，谁掌握了先进的科学技术并拥有大量技术娴熟、手艺高超的技能人才，谁就能生产出高质量的产品，创出自己的名牌；谁就能在激烈的市场竞争中立于不败之地。我国有近一亿技术工人，他们是社会物质财富的直接创造者。技术工人的劳动，是科技成果转化为生产力的关键环节，是经济发展的重要基础。

科学技术是财富，操作技能也是财富，而且是重要的财富。中华全国总工会始终把提高劳动者素质作为一项重要任务，在职工中开展的"当好主力军，建功'十一五'，和谐奔小康"竞赛中，全国各级工会特别是各级工会职工技协组织注重加强职工技能开发，实施群众性经济技术创新工程，坚持从行业和企业实际出发，广泛开展岗位练兵、技术比赛、技术革新、技术协作等活动，不断提高职工的技术技能和操作水平，涌现出一大批掌握高超技能的能工巧匠。他们以自己的勤劳和智慧，在推动企业技术进步、促进产品更新换代和升级中发挥了积极的作用。

欣闻机械工业出版社配合新的《国家职业标准》为技术工人编写了这套涵盖41个职业的172种"国家职业资格培训教材"。这套教材由全国各地技能培训和考评专家编写，具有权威性和代表性；将理论与技能有机结合，并紧紧围绕《国家职业标准》的知识点和技能鉴定点编写，实用性、针对性强，既有必备的理论和技能知识，又有考核鉴定的理论和技能题库及答案，编排科学，便于培训和检测。

这套教材的出版非常及时，为培养技能型人才做了一件大好事。我相信这套教材一定会为我们培养更多更好的高技能人才做出贡献！

（李永安　中国职工技术协会常务副会长）

第1版序二

为贯彻"全国职业教育工作会议"和"全国再就业会议"精神，全面推进技能振兴计划和高技能人才培养工程，加快培养一大批高素质的技能型人才，我们精心策划了这套与劳动和社会保障部最新颁布的《国家职业标准》配套的《国家职业资格培训教材》。

进入21世纪，我国制造业在世界上所占的比重越来越大，随着我国逐渐成为"世界制造业中心"进程的加快，制造业的主力军——技能人才，尤其是高级技能人才的严重缺乏已成为制约我国制造业快速发展的瓶颈，高级蓝领出现断层的消息屡屡见诸报端。据统计，我国技术工人中高级以上技工只占3.5%，与发达国家40%的比例相去甚远。为此，国务院先后召开了"全国职业教育工作会议"和"全国再就业会议"，提出了"三年50万新技师的培养计划"，强调各地、各行业、各企业、各职业院校等要大力开展职业技术培训，以培训促就业，全面提高技术工人的素质。

技术工人密集的机械行业历来高度重视技术工人的职业技能培训工作，尤其是技术工人培训教材的基础建设工作，并在几十年的实践中积累了丰富的教材建设经验。作为机械行业的专业出版社，机械工业出版社在"七五""八五""九五"期间，先后组织编写出版了"机械工人技术理论培训教材"149种，"机械工人操作技能培训教材"85种，"机械工人职业技能培训教材"66种，"机械工业技师考评培训教材"22种，以及配套的习题集、试题库和各种辅导性教材约800种，基本满足了机械行业技术工人培训的需要。这些教材以其针对性、实用性强，覆盖面广，层次齐备，成龙配套等特点，受到全国各级培训、鉴定和考工部门和技术工人的欢迎。

2000年以来，我国相继颁布了《中华人民共和国职业分类大典》和新的《国家职业标准》，其中对我国职业技术工人的工种、等级、职业的活动范围、工作内容、技能要求和知识水平等根据实际需要进行了重新界定，将国家职业资格分为5个等级：初级（5级）、中级（4级）、高级（3级）、技师（2级）、高级技师（1级）。为与新的《国家职业标准》配套，更好地满足当前各级职业培训和技术工人考工取证的需要，我们精心策划编写了这套"国家职业资格培训教材"。

这套教材是依据劳动和社会保障部最新颁布的《国家职业标准》编写的，为满足各级培训考工部门和广大读者的需要，这次共编写了41个职业172种教材。在职业选择上，除机电行业通用职业外，还选择了建筑、汽车、家电等其他相近行业的热门职业。每个职业按《国家职业标准》规定的工作内容和技能要求编写初级、中级、高级、技师（含高级技师）四本教材，各等级合理衔接、步步提升，为高技能人才培养搭建了科学的阶梯型培训架构。为满足实际培训的需要，对多工种共同需求的基础知识我们还分别编写了《机械制图》《机械基础》《电工常识》《电工基础》《建筑装饰识图》等近 20 种公共基础教材。

在编写原则上，依据《国家职业标准》又不拘泥于《国家职业标准》是我们这套教材的创新。为满足沿海制造业发达地区对技能人才细分市场的需要，我们对模具、制冷、电梯等社会需求量大又已单独培训和考核的职业，从相应的职业标准中剥离出来单独编写了针对性较强的培训教材。

为满足培训、鉴定、考工和读者自学的需要，在编写时我们考虑了教材的配套性。教材的章首有培训要点、章末配复习思考题，书末有与之配套的试题库和答案，以及便于自检自测的理论和技能模拟试卷，同时还根据需求为 20 多种教材配制了 VCD 光盘。

为扩大教材的覆盖面和体现教材的权威性，我们组织了上海、江苏、广东、广西、北京、山东、吉林、河北、四川、内蒙古等地相关行业从事技能培训和考工的200 多名专家、工程技术人员、教师、技师和高级技师参加编写。

这套教材在编写过程中力求突出"新"字，做到"知识新、工艺新、技术新、设备新、标准新"，增强实用性，重在教会读者掌握必需的专业知识和技能，是企业培训部门、各级职业技能鉴定培训机构、再就业和农民工培训机构的理想教材，也可作为技工学校、职业高中、各种短训班的专业课教材。

在这套教材的调研、策划、编写过程中，曾经得到广东省职业技能鉴定中心、上海市职业技能鉴定中心、江苏省机械工业联合会、中国第一汽车集团公司以及北京、上海、广东、广西、江苏、山东、河北、内蒙古等地许多企业和技工学校的有关领导、专家、工程技术人员、教师、技师和高级技师的大力支持和帮助，在此谨向为本套教材的策划、编写和出版付出艰辛劳动的全体人员表示衷心的感谢！

教材中难免存在不足之处，诚恳希望从事职业教育的专家和广大读者不吝赐教，批评指正。我们真诚希望与您携手，共同打造职业培训教材的精品。

国家职业资格培训教材编审委员会

前言

　　质量是企业的生命，产品质量的好坏，决定着企业有无市场，决定着企业经济效益的高低，决定着企业能否在激烈的市场竞争中生存和发展。在"以质量求生存"的形势下，企业要提高产品质量，必须重视产品的检验。在机械制造业中，有很多企业建立了独立于生产管理的质量保证体系，不断加强产品生产过程中的质量检查和质量监督。在机械产品检验过程中，检验工担负着重要职能，包括把关职能、鉴别职能、监督职能和反馈职能。可以说，要想追求高质量的产品，就要有高水平的质量检验人员。目前市场上关于机械产品检验的培训图书比较匮乏，为了满足广大机械产品检验工学习的需要，我们特组织生产一线的专家，在总结机械行业产品检验方法和经验的基础上，编写了本书。

　　本书是根据机械产品检验工（高级）的知识要求和技能要求，按照岗位培训需要的原则编写的。本书主要内容包括：检验技术基础，复杂轴套类零件的检验，复杂螺纹类零件的检验，锥齿轮与轮盘及凸轮的检验，箱体、叉架类零件和组合件的检验，机械类加工用刀具的检验，常用金属切削机床精度的检验，各类毛坯件和表面处理及热处理的检验，几何误差的检验，精密检测仪器的知识。章首有培训目标，章末配有复习思考题，书末有与之配套的试题库、模拟试卷样例及答案部分，以便于企业培训、考核鉴定和读者自测。

　　本书在编写过程中，以岗位培训为原则，内容选取上以"实用、够用、简单、明了"为度，将理论知识与操作技能有机地结合起来。本书采用了最新的国家标准、行业标准和技术标准，线条图与照片图相结合，图文并茂，形象直观。

　　本书既可作为各级职业技能鉴定培训机构和企业培训部门的考前培训教材，又可作为读者考前复习用书，还可供职业技术学院和技工学校的专业师生参考。

　　本书由尹建山任主编，薛向荣、胡建英任副主编，霍军伍、冀文红、张卫红、朱京蓉、李昌顶、郑玮、郑王平、王丽丽、郭林孝参加编写。

　　由于编者水平有限，书中难免存在不足之处，恳请广大读者批评指正，在此表示衷心的感谢！

编　者

目录

第 2 版序

第 1 版序一

第 1 版序二

前言

第一章　检验技术基础 ……………………………………………………… 1

　第一节　检测基准、定位与装夹 ……………………………………………… 1

　　一、检测基准 ………………………………………………………………… 1

　　二、定位原理 ………………………………………………………………… 2

　　三、定位方式选择原则 ……………………………………………………… 3

　　四、检测装夹 ………………………………………………………………… 3

　第二节　检测工具及其符号 …………………………………………………… 4

　　一、检测工具 ………………………………………………………………… 4

　　二、检测工具的符号 ………………………………………………………… 13

　第三节　测量误差 ……………………………………………………………… 14

　　一、测量误差的定义、产生原因及分类 …………………………………… 14

　　二、测量精度的表征 ………………………………………………………… 21

　第四节　表面粗糙度的检验 …………………………………………………… 22

　　一、基础知识 ………………………………………………………………… 22

　　二、表面粗糙度的检验方法 ………………………………………………… 26

　复习思考题 ……………………………………………………………………… 30

第二章　复杂轴套类零件的检验 ………………………………………… 31

　第一节　偏心零件及配合（组合）件的检验 ……………………………… 31

　第二节　复杂套类零件的检验 ……………………………………………… 36

　　一、复杂套类零件的常规检验方法 ………………………………………… 36

　　二、薄壁长圆筒零件的检验 ………………………………………………… 37

　　三、双偏心薄壁套的检验 …………………………………………………… 44

　第三节　四拐曲轴检验训练实例 …………………………………………… 48

　第四节　薄壁（精密）圆筒、多孔轮套检验训练实例 …………………… 53

　　一、薄壁精密圆筒的检验 …………………………………………………… 53

　　二、多孔轮套的检验 ………………………………………………………… 56

复习思考题 ······ 59

第三章 复杂螺纹类零件的检验 ······ 61

第一节 圆锥螺纹的测量 ······ 61
一、圆锥螺纹的综合测量 ······ 62
二、圆锥螺纹的单项测量 ······ 62

第二节 丝杠的测量 ······ 71
一、丝杠的测量方法 ······ 72
二、长丝杠的检测 ······ 80
三、丝杠测量的误差分析 ······ 81

第三节 多线螺纹 ······ 82

第四节 蜗杆的检验 ······ 84
一、计量仪器 ······ 84
二、蜗杆的测量 ······ 84

第五节 螺纹和蜗杆检验技能训练实例 ······ 94
一、梯形螺纹丝杠的检验 ······ 94
二、蜗杆轴的检验 ······ 96

复习思考题 ······ 100

第四章 锥齿轮与轮盘及凸轮的检验 ······ 101

第一节 锥齿轮的单项检验 ······ 102
一、齿锥角的测量 ······ 102
二、齿距及齿距误差的测量 ······ 103
三、齿圈径向圆跳动误差的测量 ······ 108
四、齿形及齿面形貌的测量 ······ 109
五、齿向的测量 ······ 110
六、齿厚的测量 ······ 112

第二节 蜗轮的检验 ······ 115
一、蜗轮齿厚的测量 ······ 115
二、蜗轮齿距的测量 ······ 116
三、齿圈径向圆跳动误差的测量 ······ 118

第三节 凸轮的检验 ······ 119
一、凸轮的种类及主要被检参数 ······ 119
二、圆盘凸轮的检验 ······ 120
三、圆盘内凸轮的检验 ······ 122
四、圆柱凸轮的检验 ······ 123
五、圆锥凸轮的检验 ······ 124
六、平板凸轮的检验 ······ 124

第四节 轮盘类零件的检验 ······ 125
一、轮盘类零件的功能和结构特点 ······ 125

二、轮盘类零件的检测 …………………………………………………………… 125

第五节　锥齿轮及蜗轮零件检验训练实例 ……………………………………… 126

一、锥齿轮检验训练实例 ………………………………………………………… 126

二、蜗轮检验训练实例 …………………………………………………………… 134

第六节　轮盘类零件检验训练实例 ……………………………………………… 138

一、轮类零件检验训练实例 ……………………………………………………… 138

二、盘类零件检验训练实例 ……………………………………………………… 143

复习思考题 ………………………………………………………………………… 146

第五章　箱体、叉架类零件的检验 ……………………………………………… 147

第一节　箱体类零件的检验 ……………………………………………………… 147

第二节　叉架类零件的检验 ……………………………………………………… 154

第三节　箱体类和叉架类零件的检验训练实例 ………………………………… 155

一、锥齿轮箱体的检验 …………………………………………………………… 155

二、托架的检验 …………………………………………………………………… 161

复习思考题 ………………………………………………………………………… 163

第六章　机械类加工用刀具的检验 ……………………………………………… 165

第一节　钻孔类刀具的检验 ……………………………………………………… 165

一、麻花钻主要检验项目的检验 ………………………………………………… 166

二、铰刀主要检验项目的检验 …………………………………………………… 171

第二节　拉刀类刀具的检验 ……………………………………………………… 175

一、圆拉刀主要检验项目的检验 ………………………………………………… 176

二、键槽拉刀主要检验项目的检验 ……………………………………………… 177

第三节　铣刀类刀具的检验 ……………………………………………………… 180

一、立铣刀主要检验项目的检验 ………………………………………………… 180

二、圆柱形铣刀主要检验项目的检验 …………………………………………… 181

复习思考题 ………………………………………………………………………… 182

第七章　常用金属切削机床精度的检验 ………………………………………… 184

第一节　车床精度的检验 ………………………………………………………… 184

一、车床几何精度的检验 ………………………………………………………… 184

二、车床工作精度的检验 ………………………………………………………… 193

三、结论判定原则 ………………………………………………………………… 195

第二节　铣床精度的检验 ………………………………………………………… 195

复习思考题 ………………………………………………………………………… 210

第八章　各类毛坯件和表面处理及热处理的检验 ……………………………… 211

第一节　冲压（轧制）件毛坯的检验 …………………………………………… 211

一、冲压（轧制）件 ……………………………………………………………… 211

二、金属材料轧制件 ……………………………………………………………… 213

第二节　铸造的检验 ………………………………………… 215
一、铸造的检验项目 ………………………………… 215
二、铸造工序检验 …………………………………… 215
三、铸件成品检验 …………………………………… 219
四、铸件常见的不合格 ……………………………… 222

第三节　锻造的检验 ………………………………………… 224
一、锻件材料毛坯和模具的检验 …………………… 224
二、锻造过程检验 …………………………………… 225
三、锻件成品检验 …………………………………… 227
四、锻件常见的不合格 ……………………………… 230

第四节　焊接检验 …………………………………………… 231
一、焊接检验的分类 ………………………………… 231
二、焊接检验的内容 ………………………………… 231
三、力学性能试验 …………………………………… 235
四、焊接不合格 ……………………………………… 235

第五节　表面处理的检验 …………………………………… 236
一、表面处理概述 …………………………………… 236
二、表面处理的检验项目 …………………………… 237
三、镀层厚度的检验 ………………………………… 238
四、镀层结合强度的检验 …………………………… 243
五、涂料及涂覆层的检验 …………………………… 244

第六节　热处理的检验 ……………………………………… 248
一、热处理零件的质量检验项目 …………………… 248
二、外观检验 ………………………………………… 248
三、变形量检验 ……………………………………… 249
四、硬度检验方法 …………………………………… 249

复习思考题 …………………………………………………… 256

第九章　几何误差的检验 ………………………………… 257
第一节　基础知识 …………………………………………… 257
一、各类几何公差之间的关系 ……………………… 257
二、未注几何公差的规定 …………………………… 257

第二节　形状误差的检验 …………………………………… 259
一、直线度误差检测 ………………………………… 259
二、平面度误差检测 ………………………………… 265
三、圆度误差检测 …………………………………… 269
四、圆柱度误差检测 ………………………………… 274
五、线轮廓度误差检测 ……………………………… 276
六、面轮廓度误差检测 ……………………………… 277

第三节　基准的体现 ……………………………………………… 279

第四节　位置误差的检验 ………………………………………… 284

一、平行度误差检测 ……………………………………………… 284

二、垂直度误差检测 ……………………………………………… 290

三、倾斜度误差检测 ……………………………………………… 297

四、同轴度误差检测 ……………………………………………… 301

五、对称度误差检测 ……………………………………………… 306

六、位置度误差检测 ……………………………………………… 309

七、圆跳动误差检测 ……………………………………………… 313

八、全跳动误差检测 ……………………………………………… 318

九、相类似的几何误差检测方法归纳与比较 …………………… 319

复习思考题 ………………………………………………………… 320

第十章　精密检测仪器的知识 …………………………………… 322

第一节　三坐标测量机 …………………………………………… 322

一、分类 …………………………………………………………… 322

二、组成及工作原理 ……………………………………………… 325

三、应用 …………………………………………………………… 327

四、实际使用中应注意的一些问题 ……………………………… 327

五、日常维护及保养规程 ………………………………………… 331

第二节　工具显微镜 ……………………………………………… 333

一、结构及主要技术参数 ………………………………………… 333

二、测量原理 ……………………………………………………… 336

三、测量方法 ……………………………………………………… 337

四、维护保养及注意事项 ………………………………………… 339

第三节　自准直仪 ………………………………………………… 340

一、基本外形结构 ………………………………………………… 340

二、主要技术参数 ………………………………………………… 341

三、测量原理 ……………………………………………………… 341

四、应用 …………………………………………………………… 343

五、测量时应注意的问题 ………………………………………… 347

六、维护保养 ……………………………………………………… 347

复习思考题 ………………………………………………………… 348

试题库 ……………………………………………………………… 349

知识要求试题 ……………………………………………………… 349

技能要求试题 ……………………………………………………… 378

模拟试卷样例 ……………………………………………………… 388

答案部分 …………………………………………………………… 394

参考文献 …………………………………………………………… 398

第 一 章

检验技术基础

培训目标：熟悉检测基准的选择原则；了解检测定位的原理，熟悉定位方式选择原则；熟悉检测装夹原则。掌握检验平板、V形架、千斤顶、方箱、检验棒、铜锤子的选择和使用方法。熟悉误差的定义和分类；熟悉系统误差产生的原因，掌握消除系统误差的方法；熟悉随机误差产生的原因，掌握随机误差消除的方法；熟悉粗大误差产生的原因及消除的方法。掌握表面粗糙度常用术语和定义；熟悉表面粗糙度轮廓的基本图形符号和完整图形符号，掌握表面粗糙度对比检测方法；熟悉表面粗糙度检测仪检测方法。

◇◇◇◇ 第一节　检测基准、定位与装夹

一、检测基准

在几何量检测中，检测的都是一个面（或线、点）相对于另一个面（或线、点）之间的长度或角度。在测量长度时，需要选择被测件上的一个面（或线、点）作为基准来确定它和另一个面（或线、点）间的距离。这些作为基准的面（或线、点）称为检测基准。

1. 检测基准的选择原则

检测基准的选择必须遵守基准统一原则：测量基准要与加工基准和使用基准统一，即：

1）在工序间检验时，测量基准应与工艺基准一致。通常以工件装夹在机床夹具上的定位基面为测量基准，以正确评定和分析加工质量。

2）在最终检验时，测量基准应与装配基准一致，以保证设计和使用要求一致。

3）由于各种原因，当工艺基准与设计基准不一致，或工艺基面受到破坏，或由于量仪测量条件的限制等，无法满足上述两条原则时，可选一辅助基准作为测量基准。辅助基准的选择方法如下：

① 选择精度较高的尺寸或尺寸组作为辅助基准，但没有合适的辅助基准时，应事先加工以辅助基准作为测量基准。

② 应选稳定性较好且精度较高的尺寸作为辅助基准。

③ 当被测参数较多时，应在精度大致相同的情况下，选择各参数之间关系较密切的、便于控制各参数的一个参数（或尺寸）作为辅助基准。

2. 检测基准的建立与体现

测量时体现基准的基本方法有三种：

1）直接基准法。当实际基准要素的形状误差很小，其对测量结果的影响可忽略时，直接作为基准。

2）模拟基准法。该法是采用具有足够精度的表面来体现基准平面和基准轴线等。这种方法生产中应用较多，如将被测件的基准平面放在精密平板上，以平板的表面来体现基准面，至于基准孔的轴线，可用可胀式心轴或能与孔成间隙接近于零的配合的精密心轴来模拟，还可用顶持轴两端顶尖孔的两顶尖的中心轴线模拟，或用标准的 V 形架来模拟。

3）分析基准法。该法是对基准实际要素进行测量后，根据测量数据用图解法或计算法确定基准位置。在几何误差的精密测量中，这种方法应用较多。

二、定位原理

工件在空间具有六个自由度，即沿 X、Y、Z 三个直角坐标轴方向的移动自由度和绕这三个坐标轴的转动自由度。因此，要完全确定工件的位置，就必须消除这六个自由度，通常用六个支承点（即定位元件）来限制工件的六个自由度，其中每一个支承点限制相应的一个自由度。该定位原理称为六点定位原理。

六点定位原理对于任何形状工件的定位都是适用的，如果违背这个原理，工件在夹具中的位置就不能完全确定。然而，用工件六点定位原理进行定位时，必须根据具体加工、检测要求灵活运用，工件形状不同，定位表面不同，定位点的布置情况会各不相同，宗旨是使用最简单的定位方法，使工件在夹具中迅速获得正确的位置（不因受力影响到检测精度）。

（1）工件的定位

1）完全定位。被测工件的六个自由度全部被夹具中的定位元件所限制，而在夹具中占有完全确定的唯一位置，称为完全定位。

2）不完全定位。根据被测工件检测表面的不同检测要求，定位支承点的数目可以少于六个。有些自由度对检测要求有影响，有些自由度对检测要求无影响，这种定位情况称为不完全定位。不完全定位是允许的。

3）欠定位。按照检测要求应该限制的自由度没有被限制的定位称为欠定位。欠定位是不允许的，因为欠定位保证不了检测精度要求。

4）过定位。工件的一个或几个自由度被不同的定位元件重复限制的定位称为过定位。当过定位导致被测工件或定位元件变形，影响检测精度时，应该严禁采用。但当过定位并不影响检测精度，反而对提高检测精度有利时，也可以采用。

（2）工件定位的实质 工件定位的实质就是使工件在夹具中占据确定的位置，因此工件的定位问题可转化为在空间直角坐标系中决定刚体坐标位置的问题来讨论。

在空间直角坐标系中，刚体具有六个自由度，即沿 X 轴、Y 轴、Z 轴移动的三个自由度和绕此三轴旋转的三个自由度。用六个合理分布的支承点限制工件的六个自由度，使工件在夹具中占据正确的位置，称为六点定位法则。

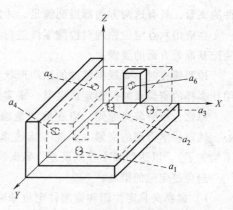

图 1-1 铣工件——不通槽零件

人们在阐述六点定位法则时常以图 1-1 所示铣不通槽的例子来加以说明：

a_1、a_2、a_3 三个点体现主定位面 A，限制 X、Y 方向的旋转自由度和 Z 方向的移动自由度；a_4、a_5 两个点体现侧面 B，限制 X 方向的移动自由度和 Z 方向的旋转自由度；a_6 点体现止推面 C，限制 Y 方向的移动自由度。这样，工件的六个自由度全部被限制，称为完全定位。

（3）检测工件定位 定位就是在检测工件时使工件在夹具中占有正确位置的过程。根据检测基准的选择原则和建立方法检测工件，以保证准确的测量结果。

三、定位方式选择原则

定位误差就是被测工件在装夹过程中产生的误差，称为装夹误差，包括夹紧误差、基准位移误差、基准不符误差等。

有些测量方法在理论上成立，但在实施中因定位不稳定或夹紧不可靠等因素，使得测量不能实现，不能保证测量结果。即使正确地选择了测量基准面，如果不能正确选择与其相适应的定位方法，也不能保证测量精度。因此，选定的测量方法一定要经过反复测量验证。在几何量测量中常用的定位方法有平面定位、外圆柱面定位和顶尖孔定位等。

根据被测件几何形状和结构形式选择定位方式时，主要考虑被测件的几何形状和结构形式。选择原则如下：

1）对平面可用平面或三点支承定位。

2）对球面可用平面或 V 形架定位。

3）对外圆柱表面可用 V 形架或顶尖、自定心卡盘定位。

4）对内圆柱表面可用心轴内自定心卡盘定位。

四、检测装夹

前面讲的定位只是保证工件在夹具中的位置确定，并不能保证在加工、检测中工件不移动，故还需夹紧。定位和夹紧是两个不同的概念。

检测装夹就是应用六点定位原理一方面保证被测零件的定位，另一方面保证被测零件的夹紧，只有这两方面都得到满足，才能使被测零件的检测结果更接近真值。

在应用六点定位原理对检测零件进行定位时，应该考虑设计基准、加工工艺基准、装配基准等方面的要素。

检测装夹时，要根据零件的结构形状、尺寸大小、质量大小等多方面因素，考虑使用什么样的定位及如何固定或夹紧，来实现有效的装夹。

总之，检测装夹原则，应在搞清楚检测项目的基础上，始终以六点定位原理为中心，辅以科学合理的夹紧（不能一味追求夹紧，如果给检测带了不必要的误差，就得不偿失了），以达到减小检测误差、确保检测结果真实有效的目的。

避免过定位的措施：

1）提高夹具定位面和被测件定位基准面的加工精度是避免过定位的根本方法。

2）由于夹具加工精度的提高有一定限度，因此采用两种定位方式组合定位时，应以一种定位方式为主，减轻另一种定位方式的干涉，如采用长心轴和小端面组合或短心轴和大端面组合，或工件以一面双孔定位时，一个销采用菱形销等。从本质上说，这也是另一种提高夹具定位面精度的方法。

3）利用工件定位面和夹具定位面之间的间隙和定位元件的弹性变形来补偿误差，减轻干涉。在分析和判断两种定位方式在误差作用下属于干涉还是过定位时，必须对误差、间隙和弹性变形进行综合计算，同时根据被测件的检测精度要求才能做出正确判断。

从广义上讲，只要采用的定位方式能使被测件定位准确，并能保证检测精度，则这种定位方式就不属于过定位，可以使用。

◇◇◇◇ 第二节　检测工具及其符号

一、检测工具

在实施检验的过程中，除了使用通用量具外，有一些检测工具是不可缺少的，如检验平板、V形架、千斤顶、方箱、检验棒、铜锤子等，为了正确使用这些辅助工具，需要了解它们的基本情况，下面介绍常用的检验辅助工具的尺寸、形状、规格、原理和使用注意事项，有些在《机械产品检验工（基础知识 中级）》中已经讲过，在此不再罗列。

1. 检验棒

（1）形式和规格　形式和精度等级见表1-1。

1）A型莫氏圆锥、米制圆锥检验棒的结构见图1-2，尺寸见表1-2。

图中自由端（L_4）长度所示是可以制造的加长部分，但是结构不会变；莫氏0号～2号检验棒是实心结构；检验棒两端带保护锥的中心孔是经过磨削或研磨加工的，精度比较高。

表 1-1　检验棒形式和精度等级

形　式		圆锥号	代号	精度等级	
圆锥检验棒	莫氏圆锥检验棒　A	0 ~ 6	MS	M	P
	莫氏圆锥检验棒　B				—
	米制圆锥检验棒　A	80 ~ 200	MZ		P
	米制圆锥检验棒　B				—
	7:24 圆锥检验棒　A	30 ~ 80	7:24		P
	7:24 圆锥检验棒　B				—
圆柱检验棒		—	YZ		P

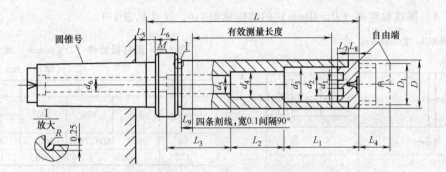

图 1-2　A 型莫氏圆锥、米制圆锥检验棒的结构

表 1-2　A 型莫氏圆锥、米制圆锥检验棒的尺寸　　　　（单位：mm）

| 圆锥号 | 有效测量长度 | 尺寸代号 | | | | | | | | | | | | | | | | | | | | | |
		D	D_1	M	d_1	d_2	d_3	d_4	d_5	d_6	L	L_1	L_2	L_3	L_4	L_5	L_6	L_7	L_8	L_9	R
莫氏圆锥	0	75	12	11	M16×1-6g	—	—					100		12		2	8		5		0.5
	1																				
	2	150	24	23	M27×1.5-6g							175		16				7			
	3	200	32	31	M36×1.5-6g	8	16	23				235	223								
	4	300	40	39	M48×1.5-6g				27	33	30	24	335	115	110	95					
	5																				
	6		63	62	M68×1.5-6g				46	54	44	20									
米制圆锥	80	350			M85×1.5-6g	10							335	115	110	20	5	12	10	5	10	2
	100				M105×2-6g																
	120	500	80	79	M125×2-6g		63	71	60	50	30	535	185	175							
	150				M165×3-6g																
	200				M205×3-6g																

注：圆锥部分尺寸按照 GB/T 1443 执行；L_4 尺寸为参考尺寸。

　　2）A 型 7:24 圆锥检验棒、B 型 7:24 圆锥检验棒和 B 型莫氏圆锥、米制圆锥检验棒的结构和尺寸，由于篇幅所限不在此详述，需要时参阅 GB/T 25377—2010《检验棒》。

　　3）圆柱检验棒（$D \leqslant 40mm$）的结构见图 1-3，尺寸见表 1-3。

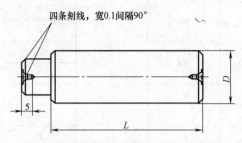

四条刻线，宽0.1间隔90°

图 1-3　圆柱检验棒（$D \leqslant 40\text{mm}$）的结构

表 1-3　圆柱检验棒（$D \leqslant 40\text{mm}$）的尺寸

（单位：mm）

直径 D	长度 L					
（8）	25	40	50	63	80	100
10	50	63	80	100	125	160
（12.5）	100		125		160	200
16	100		125	160	200	250
（20）						
25						
（30）	160			200		250
40						

注：带括号尺寸尽量不采用。

4）圆柱检验棒（$D > 40\text{mm}$）的结构见图 1-4，尺寸见表 1-4。

四条刻线，宽0.1间隔90°

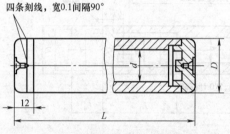

图 1-4　圆柱检验棒（$D > 40\text{mm}$）结构图

表 1-4　圆柱检验棒（$D > 40\text{mm}$）尺寸

（单位：mm）

直径 D	长度 L			d
（50）	315	400	500	36
63				50
80	630	800（750）	1000	60
125	1250	1600（1500）		105

注：带括号尺寸尽量不采用。

5）圆柱检验棒的有效测量长度：在 L 的两端各去掉 l 长度为有效测量长度（距端面 l 范围内存在表面缺陷或使用磨损等影响测量的因素），影响测量长度 l 见表 1-5。

表 1-5　圆柱检验棒的影响测量长度　　　　（单位：mm）

长度 L	≤50	>50～80	>80～315	≥315
影响测量长度 l	4	5	6	10

（2）检验棒使用及注意事项

1）检验棒在检测中应用非常多的是作为模拟心轴的使用；由于其尺寸规格受到限制，经常采用标准圆柱代替检验棒进行检验。

2）不准用手摸检验棒的工作面，以免引起生锈。

3）使用期间，要把检验棒放在适当的地方，不要放在机床导轨或机床刀架上，以免造成损坏。

4）使用完毕要用清洁的棉纱或软布擦干净，涂一层无酸凡士林或防锈油；放在专用木盒内，然后收放好。

2. V 形架

V 形架是一种辅具，在检验中经常用到，特别是模拟基准轴线时，用得比较多。下面简单介绍其结构形式和规格，特别是尺寸的推荐，以便于使用。

（1）形式与基本参数　V 形架精度级别分为 0 级、1 级和 2 级三级，形式共有四种，如图 1-5 ~ 图 1-8 所示。

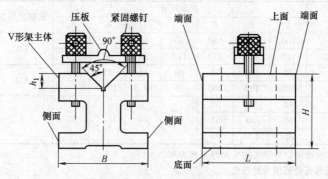

图 1-5 I 型 V 形架

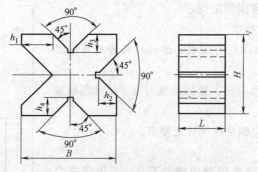

图 1-6 II 型 V 形架（带四个 V 形槽）

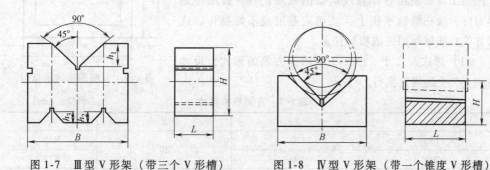

图 1-7 III 型 V 形架（带三个 V 形槽） 图 1-8 IV 型 V 形架（带一个锥度 V 形槽）

基本尺寸及适用轴类零件的直径范围见表 1-6。

表 1-6 基本尺寸及适用轴类零件的直径范围 （单位：mm）

形式	型号	基本尺寸							准确度等级	适用宽度范围	
		L	B	H	h_1	h_2	h_3	h_4		最小	最大
I	I-1	35	35	30	6				0:1:2	3	15
	I-2	60	60	50	15	—	—			5	40
	I-3	105	105	78	30					8	80
II	II-1	60	100	90	32	25	20	16	1:2	8	80
	II-2	80	150	125	50	32	25	20		12	135

（续）

形式	型号	基本尺寸							准确度等级	适用宽度范围	
		L	B	H	h_1	h_2	h_3	h_4		最小	最大
II	II-3	100	200	180	60	50	32	25	1:2	20	160
	II-4	125	300	270	110	80	60	50		30	300
III	III-1	75	100	75	60	12	12	—	1:2	20	160
	III-2	100	130	100	85	17.5	17.5			30	300
IV	IV-1	40	50	36	—	—	—	—	1	3	15
	IV-2	60	80	55						5	40
	IV-3	100	130	90						8	80

注：1. 未特别注明时，V形架的V形槽角度为90°。
　　2. 表中适用直径范围为推荐值。

（2）用途　公称直径为3～300mm的轴类零件加工（或测量）时，用于紧固或定位。

（3）使用及注意事项

1）V形架各表面不应有裂纹、砂孔、夹渣及其他影响使用和外观的缺陷。

2）使用I型V形架时，紧固装置应能方便可靠地紧固轴类零件。

3）成套使用时应满足标准规定要求。

3. 方箱

方箱也是检验时经常用到的辅助工具，可以依靠它作固定工具；使用它作直线运动的依靠；有时被测件是异形件，放在检验平板上无法确定基准或不好操作，这时方箱就能够帮助完成检验任务。

（1）形式和尺寸　图1-9所示为方箱的形式，尺寸按表1-7中的规定执行。

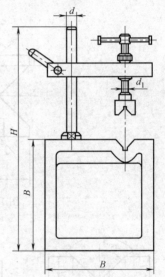

图1-9　方箱的形式示意

表1-7　方箱规格尺寸　　　　　（单位：mm）

B	H	d	d_1
160	320	20	M10
200	400		M12
250	500	25	M16
320	600		
400	750	30	M20
500	900		

（2）标记示例　B = 160mm 的方箱标记为：

方箱　160　JB/T 3411.56—1999

4. 千斤顶

（1）形式和尺寸　图1-10所示为千斤顶，规格尺寸按表1-8中的规定执行。

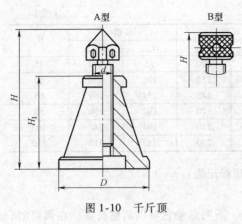

图 1-10　千斤顶

表 1-8　千斤顶规格尺寸

（单位：mm）

d	A 型		B 型		H_1	D
	H_{min}	H_{max}	H_{min}	H_{max}		
M6	36	50	36	48	25	30
M8	47	60	42	55	30	35
M10	56	70	50	65	35	40
M12	67	80	58	75	40	45
M16	76	95	65	85	45	50
M20	87	110	76	100	50	60
T26×5	106	130	94	120	65	80
T32×6	128	155	112	140	80	100
T40×6	158	185	138	165	100	120
T55×8	198	255	168	225	130	160

（2）标记示例　d＝M10 的 A 型千斤顶标记为：

千斤顶　AM10　JB/T 3411.58—1999

（3）使用及注意事项

1）主要用于测量几何误差时，对被测件进行支承。

2）使用前，应检查各部件是否灵活，并按说明书要求负重。

3）一般与活头千斤顶配合使用。

4）使用时，应放在坚固的平整的基础上，如检验平板上。

5）同时使用几个千斤顶时，一定要注意操作安全。

5. 活头千斤顶

（1）形式和尺寸　图 1-11 所示为活头千斤顶，规格尺寸按表 1-9 中的规定执行。

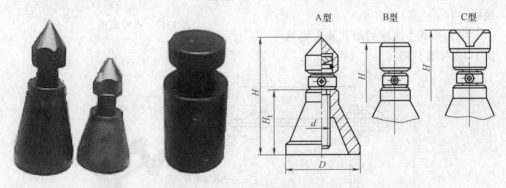

图 1-11　活头千斤顶的形式示意

表 1-9　活头千斤顶规格尺寸　（单位：mm）

d	D	A 型		B 型		C 型		H_1
		H_{min}	H_{max}	H_{min}	H_{max}	H_{min}	H_{max}	
M6	30	45	55	42	52	50	60	25
M8	35	54	65	52	62	60	72	30
M10	40	62	75	60	72	70	85	35
M12	45	72	90	68	85	80	95	40

（续）

d	D	A 型		B 型		C 型		H_1
		H_{min}	H_{max}	H_{min}	H_{max}	H_{min}	H_{max}	
M16	50	85	105	80	100	92	110	45
M20	60	98	120	94	115	108	130	50
T26×5	80	125	150	118	145	134	160	65
T32×6	100	150	180	142	170	162	190	80
T40×6	120	182	230	172	220	194	240	100
T55×8	160	232	300	222	290	252	310	130

（2）标记示例 d = M10 的 A 型活头千斤顶标记为：

千斤顶 AM10 JB/T 3411.59—1999

（3）使用及注意事项 基本与千斤顶相同，不同点是它可以调整高度。在调整时，应注意缓慢进行。

6. 磁性表座

磁性表座在生产车间用得非常广泛，在《机械产品检验工（基础知识 中级)》中只介绍了表座详细的安装方法及使用方法，规格尺寸没有涉及。作为高级机械产品检验工，不仅应会使用磁性表座，而且要知道其规格尺寸要求。因为在检测前应准备好量具和辅具，所以必须知道尺寸规格。

（1）形式 表座的形式及实物见图 1-12 和图 1-13。

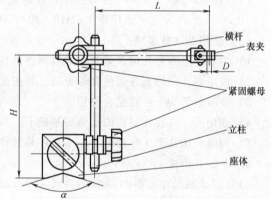

图 1-12 磁性表座

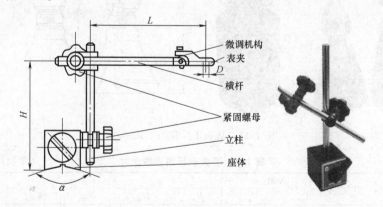

图 1-13 微调磁性表座

（2）规格与尺寸 见表 1-10。

（3）使用方法及注意事项 在《机械产品检验工（基础知识 中级)》中已经讲

得较细，请参阅。

表1-10 磁性表座规格与尺寸 （单位：mm）

表座规格	H	L	座体V形工作面角度α	夹表孔直径D
I	160	140		
II	190	170	120°、135°、150°	8H8、6H8
III	224	200		
IV	280	250		

7. 万能表座

万能表座：用于支承指示表类量具，且靠自重固定器具。

微调万能表座：具有微量调节功能的万能表座。

（1）万能表座和微调万能表座的形式 如图1-14和图1-15所示。

（2）使用及注意事项 与磁性表座基本相同。

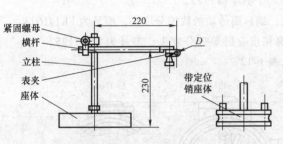

图1-14 万能表座

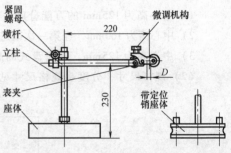

图1-15 微调万能表座

8. 铜榔头

（1）形式 如图1-16所示。

（2）规格尺寸 见表1-11。

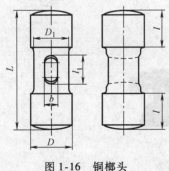

图1-16 铜榔头

表1-11 铜榔头规格尺寸

（单位：mm）

质量	L	D	D_1	b	l	l_1
5kg	80	32	26	12	28	18
10kg	100	38	30		30	25
15kg	120	45	37	22	35	36
25kg	140	60	52	24	44	40
40kg	160	70	60	26	52	44

（3）标记示例 质量为1.0kg的铜锤头标记为：

锤头 1 JB/T 3411.53—1999

（4）使用及维护保养

1）铜榔头主要用于检验装配件，特别是模具的检验。

2）无间隙或无磨擦的模拟心轴或检验棒在检验过程中的安装或取下均需要借助于铜锤子。

3）一些模具及机械零件硬度并不高，如果使用铁锤子来检验装配零件，有可能会把零件表面敲出痕迹，或者使零件变形，会影响到模具以及机械零件的使用。

4）检验时，由于装配件太紧不能用手力取下，可以借助铜榔头轻轻敲击接合件，使之松动而取出。

5）如果手头没有铜锤子，可以用比较软而重的纯铜棒来敲击，而且不会在零件表面留下痕迹。

6）铜榔头或纯铜棒是检验装配模具或装配机械零件时必不可少的工具。

9. 分度头

（1）形式　分度头的形式有万能型（图 1-17）和半万能型。

分度头的型号应符合 JB/T 2326—2005 的规定。

1）中心高为 125mm 的万能分度头，型号为 F11125。

2）中心高为 160mm，经第一次改进，蜗杆副传动的数控分度头，型号为 FK14160A。

3）中心高为 125mm，端齿盘式的高精度立卧等分分度头，型号为 FG53125。

（2）规格尺寸　分度头规格尺寸见表 1-12。

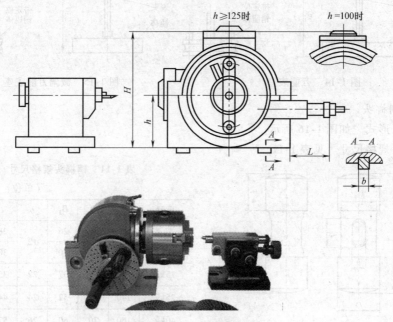

图 1-17　万能型分度头

半万能型比万能型缺少差动分度交换齿轮连接部分。

（3）使用及注意事项

1）分度头外观表面应平整光滑，不应有图样未规定的凸起、凹陷和粗糙不平，外露加工表面不得有明显的气孔、砂眼、夹杂、缩孔、磕碰、划伤及锈蚀等缺陷。

表 1-12 分度头规格尺寸

			100	125	160	200	250
中心高 h/mm			100	125	160	200	250
主轴端部	法兰式	端部代号（GB/T 5900.1—2008）	A_02		A_23	A_15	
		莫氏锥孔号（GB/T 1443—1996）	3		4	5	
	7:24 圆锥	端部锥度号（GB/T 3837—2001）	30		40	50	
定位键宽 b/mm			14		18	22	
主轴直立时，支承面到底面高度 H/mm			200	250	315	400	500
连接尺寸 L/mm			95	130		—	
主轴下倾角度/(°)			≥5				
主轴上倾角度/(°)			≥95				
传动比			40:1				
手轮刻度环示值/(′)			1				
手轮游标分划示值/(″)			10				

2）具有刻度的零件，刻线应清晰和不易磨损。

3）采取镀铬措施的刻度件应为无光镀铬。

4）分度手柄应运转轻便灵洁，手柄空载操纵力不得大于 40N。

5）在主轴锁紧手柄上施加 25N·m 力矩后，再松开时分度手柄瞬时空载操纵力不大于 60N。

6）分度手柄反向空程量不大于 1/40 转。

7）应随机附带保证其基本性能的附件和工具，包括尾座、顶尖、拨叉、分度盘、法兰、自定心卡盘和 T 形槽螺栓等。

8）万能分度头还应随机附带交换齿轮及其交换齿轮架。

9）分度定位销定位应准确可靠。

10）蜗杆离合装置应运转灵活，定位可靠。

11）万能分度头差动分度机构应连接无误，运转灵活。

12）万能分度头与相应主机连接空运转，应正常。

二、检测工具的符号

检测工具的符号及其说明见表 1-13。

表 1-13 检测工具的符号及其说明

序号	符号	说明	序号	符号	说明
1		平板、平台（或测量平面）	5		间断直线移动
2		固定支承	6		沿几个方向直线移动
3		可调支承	7		连续转动（不超过一周）
4		连续直线移动	8		间断转动（不超过一周）

（续）

序号	符号	说明	序号	符号	说明
9		旋转	11		带有指示计的测量架（测量架的符号，根据测量设备的用途，可画成其他式样）
10		指示计			

◆◆◆◆ 第三节　测量误差

产品检验结果的质量分析，应从两方面进行，一是看检测数据的准确性，二是看检测数据的可信度。检测数据的准确性取决于检验误差；检测数据的可信度取决于测量不确定度。

在日常检验工作中，若生产处于稳定状态，产品检验系统处于受控状态，特别是检验员所用的计量器具经过检定合格并在检定周期内，而且检验员按图样、工艺规程、检验作业指导书进行认真操作，对检验结果不进行误差分析，也不进行测量不确定度分析，按验收极限判定验收产品即可。而在检定计量器具、新产品鉴定试验检验、产品新工艺分析检验、制订新产品标准试验检验、进出口商品检验、仲裁检验、精密测试等时，应进行检验误差分析和测量不确定度分析，并给出报告。

一、测量误差的定义、产生原因及分类

在检验中，检验员、被检验对象、所用计量器具、检验方法和检验环境构成检验系统。此系统或多或少地存在误差，故任何检验均存在误差，得不到被检验对象的真值。

无论检验员如何细心和认真地进行检验，都得不到真值，所以，可用检验结果的值代替真值。

1. 误差的定义

（1）误差　测量结果减去被测量的真值，即实际测得值与被测量的真值之间的差。

实际测量过程中，误差的发生和存在是绝对的、客观的，没有误差则是相对的。绝对的准确是没有的、不存在的。由于真值不能确定，也就是说，任何量的真值都是不可知的，实际上用的是约定真值。当有必要与相对误差相区别时，此术语有时称为测量的绝对误差；注意不要与误差的绝对值相混淆，后者为误差的模。

检验误差的大小取决于检验精度，即检验结果的值与被检验对象的真值之间一致的程度。检验误差越小，则检验结果的数值越接近被检验对象的真值，检验精度越高；反之，检验精度越低。在检验中，要力求减小检验误差，以提高检验精度，获得较接近真值的检验结果，提高检验质量。

（2）偏差　一个值减去其参考值，参考值也就是常见的公称值或基本值（名义值）。

（3）相对误差　测量误差除以被测量的真值。由于真值不能确定，实际上用的是

约定真值。

几何量的检验精度常用绝对误差表示，电量的检验精度常用相对误差表示。例如：测量两个电压值为 $V_1 = 200.2\text{V}$，$V_2 = 20.1\text{V}$，如果它们的真值分别为 200V 和 20V，则它们的相对误差为：

$$\delta_{V_1} = \frac{0.2}{200} \times 100\% = 0.1\%$$

$$\delta_{V_2} = \frac{0.1}{20} \times 100\% = 0.5\%$$

说明检验 V_1 的精度比检验 V_2 的精度高。

2. 检验误差产生的原因

（1）检验员误差 检验员工作时的心情、责任心、疲劳、视力、听力、操作技术水平及操作固有不良习惯等，都会引起检验误差。

（2）计量器具误差 一些计量器具在设计原理上存在近似关系或不符合阿贝测长原则等计量器具设计原理而造成误差；由于计量器具的零件制造、装配质量不高给计量器具带来的误差，以及其在量值传递中带来的误差等。任何计量器具都存在误差。

（3）标准件（物质）误差 在检定、校准计量器具中由于所用标准的误差给计量器具带来的误差。

（4）检验方法误差 由于所用检验方法不完善、不科学而引起的检验误差。

（5）检验环境误差 如检验周围的温度、湿度、灰尘、振动、光线等不符合规定要求而引起的检验误差。

此外，还有不明原因引起的检验误差。应从检验系统中去查找产生检验误差的各种原因。

3. 误差的分类

测量误差按性质可分为三类：系统误差、随机误差和粗大误差。

（1）系统误差 在重复性条件下，对同一被测量进行无限多次测量所得结果的平均值与被测量的真值之差。如真值一样，系统误差及其原因不能完全获知。

有些系统误差很容易知道，如用 $25 \sim 50\text{mm}$ 的外径千分尺测量 $\phi30^{-0.075}_{-0.035}\text{mm}$ 的轴径，在测量前要对千分尺进行校零。使用量块或校对柱校零时，微分筒不在零位而是超过零位 $0.50\mu\text{m}$，那么偏差为 $+0.50\mu\text{m}$；也就是说在用该外径千分尺测量轴径时，测量结果比轴径实际值必然都大 $0.50\mu\text{m}$（系统误差），由于 $0.50\mu\text{m}$ 是定值，而且是正值，因此只要将测量结果减去 $0.50\mu\text{m}$（修正值）就可以消除它的影响。认为修正值等于系统误差，但符号相反。

系统误差影响测量结果的准确性，所以应对其进行修正或予以消除。

1）分类。

① 按可知程度分：已定系统误差和未定系统误差。

已定系统误差：误差值和符号已确定的误差，影响算术平均值。

未定系统误差：误差值和符号没有固定或无法确定的误差，影响总体均值、标准偏差。

② 按变化规律分：定值系统误差、变值系统误差、累积性系统误差、周期性系统误差和复杂系统误差。

定值系统误差：绝对值和符号固定不变的系统误差。例如：外径千分尺校对棒的误差、天平两臂不等的误差、刻度尺在某范围内的误差。

变值系统误差：绝对值和符号按一定规律变化的误差，如心轴偏心、度盘偏心和测微仪的指针误差。

累积性系统误差：误差值逐渐增大或逐渐减小的误差。

周期性系统误差：误差值的大小和符号呈周期性变化的误差。

复杂系统误差：按复杂规律变化的系统误差。

系统误差对检验结果的影响规律是：其值大于零，则检验结果值变大；其值小于零，则检验结果值变小。

2）特点。归纳起来，系统误差在起因、性质、影响及处理上具有如下几方面的特点：

① 系统误差多为测量之前就已经存在的，由确定性误差因素所引起，在测量过程中必然始终以确定性规律影响其测量值。可见，系统误差无随机相消性，不可能借多次重复测量取平均值而抵消或减小，其主要部分将保留在测量结果中。

② 系统误差与实际的测量器具、基准或标准器具、测量原理及方法、测量环境条件、测量人员等密切相关。需要在实际测量过程中做具体分析及具体处理才能发现并消除其系统误差，不可能像随机误差那样可采用通用的数据处理方法。

③ 在高精度测量中，系统误差在总测量误差中常占主要成分，其比例高达 $1/2 \sim 2/3$（如基准或标准器具的误差），而且几乎会全部保留在测量结果中。在一般测量中，系统误差也常占有一定的比例，需尽可能加以识别并修正。

④ 识别系统误差主要靠测试技术措施，并以机理分析和试验测定为主，而辅以数据处理的识别方法。

总之，系统误差的特点是大小和符号有规律。系统误差对测量结果具有不可忽视的影响，尤其是在高精度的测量中。例如：在四等量块的检定中，要求其测量总不确定度为 $\pm 0.2\mu m$，而用于作为基准的三等量块的实际偏差允许达到 $\pm 0.1\mu m$，即其系统误差占其总不确定度的比例高达 $1/2$，且其影响全部含在检定结果中。又如：某测长仪内刻线的允许刻线偏差为 $\pm 0.3\mu m$，在测量长度中属于系统误差。利用该量仪多次重复测量轴径时，以均值作为测量结果的扩展不确定度可达 $\pm 0.5\mu m$，若对其刻线偏差未加修正，则该项系统误差将占扩展不确定度的比例达 $3/5$。显然采用已修正测量结果将使其扩展不确定度明显地减小。可见尽可能识别并修正系统误差，对于提高测量结果的精度具有重要作用。然而，由于不同变化规律的系统误差对测量结果的影响不一样，且发现并消除系统误差也不存在普遍适用的方法，只能对不同的实际测量过程采取不同的分析和处理方法。这将要求具有熟练的测试技术分析能力以及丰富的数据处理能力。

（2）发现系统误差的方法

1）发现定值系统误差的方法。

方法 1：以用上述 25 ~ 50mm 的外径千分尺测量 $\phi30^{-0.015}_{-0.035}$mm 的轴径为例，如果一组结果是在两种条件下测得的，在第一种条件下的残差基本上保持同一种符号，而在第二种条件下的残差改变符号，则可认为在测量结果中存在定值系统误差。表 1 - 14 是用两把 25 ~ 50mm 的外径千分尺测量轴径的结果，其中前 5 个数值是用一把量具，后 5 个数值是用另一把量具。

表 1-14 两把 25 ~ 50mm 外径千分尺测量轴径的结果 （单位：mm）

序号	测量结果 x_i	平均值 $\bar{x}$	残差 $V = x_i - \bar{x}$
1	29.975		- 0.004
2	29.977		- 0.002
3	29.974		- 0.005
4	29.976		- 0.003
5	29.975	29.979	- 0.004
6	29.984		+ 0.005
7	29.983		+ 0.004
8	29.982		+ 0.003
9	29.981		+ 0.002
10	29.982		+ 0.003

从表中可知，这两把量具中至少有一把的示值超差或零位失准。

方法 2：若对同一个被测量在不同条件下测得两个值 Y_1、Y_2，设 Δ_1 和 Δ_2 为测量方法极限误差，如果 $| Y_1 - Y_2 | > \Delta_1 + \Delta_2$，则可认为两次测量结果之间存在定值系统误差。

例如：在测长仪上对一个工件进行测量，由两个检验员分别读数，甲检验员读得 $Y_1 = 0.0123$mm，乙检验员读得 $Y_2 = 0.0126$mm，请检查他们的读数之间是否存在定值系统误差。

有经验的检验员估读的极限误差为 0.1 刻度，故 $\Delta_1 = \Delta_2 = 0.001$mm × 0.1 = 0.0001mm （0.001mm 是测长仪的分度值）。$\Delta_1 + \Delta_2 = 0.0002$mm，而 $| Y_1 - Y_2 | = | 0.0123$mm $- 0.0126$mm $| = 0.0003$mm，结果是：$| Y_1 - Y_2 | > \Delta_1 + \Delta_2$，故认为他们之间的测量结果存在定值系统误差。

2）发现变值系统误差的方法。进行多次测量后依次求出数列的残差，如果无系统误差，则残差的符号大体上是正负相间；如果残差的符号有规律地变化，如出现 "+ + + + - - - -" 或 "- - - - + + + +" 的情形，则可认为存在累积系统误差；若符号有规律地由负逐渐趋正，再由正逐渐趋负，循环重复变化，则可认为存在周期性系统误差。

（3）消除系统误差的基本方法 系统误差的出现一般都有较明确的原因，但需要对具体问题进行认真细致的分析，要设法找出其主要原因，然后采取措施消除它的影响或对测量结果进行修正。需要注意的是，系统误差具有恒定性，总是使测量结果偏向一边，或者偏大，或者偏小。因此，多次测量求平均值并不能消除系统误差，但可以采取下列方法减小或消除系统误差。

1）修正法。取与误差值相等而符号相反的修正值对测量结果的数值进行修正，即得到不含有系统误差的检验结果。一些计量器具附有修正值表，供使用时修正。

2）抵消法。通过适当安排两次测量，使它们出现的误差值大小相等而符号相反，取其平均值可消除系统误差。

3）替代法。测量后不改变测量装置的状态，以已知量代替被测量再次进行测量，使两次测量的示值相同，从而用已知量的大小确定被测量的大小。

例如：在天平上称质量时，由于天平的误差而影响到秤的结果。为了消除这一误差，可先用质量 M 与被测量 Y 准确平衡天平，然后将 Y 取下，选一个砝码 Q 放在天平上 Y 的位置，使天平准确平衡，则 $Y = Q$。

4）半周期性。如果有周期性系统误差存在，则对任何一个位置而言，在与之相隔半个周期的位置再进行读数，取两次读数的平均值可消除系统误差。

4. 随机误差

（1）定义　随机误差是指测量结果与在重复性条件下，对同一被测量进行无限多次测量所得结果的平均值之差。随机误差等于误差减去系统误差；因为测量只能进行有限次数，故可能确定的只是随机误差的估计值。随机误差有时也称偶然误差。

（2）产生的原因　主要是由许多暂时不加控制和尚未控制的连续变化的微小因素所造成的。例如：仪器中传动链的间隙、连接件的弹性变形、油层带来的停滞现象和摩擦力的变化等；仪器显示数值的估计读数位偏大和偏小；仪器调节平衡时，平衡点确定不准；测量环境扰动和变化以及其他不能预测、不能控制的因素，如空间电磁场的干扰、电源电压波动引起测量的变化等。

（3）随机误差的特征　随机时空变化的因素很多，变化很复杂，它们对误差影响有时大，有时小；有时符号为正，有时符号为负；其发生和变化是随机的。但是，在重复条件下，对同一被测量进行无限多次测量，其随机误差的分布是有规律的。

1）分布规律。对于某一被测量经过多次重复性测量，可得一系列的测量值，同时也得到一系列对应的随机误差值。为了充分反映误差分布的情况，除用表格的形式（称为误差分布表）来表达外，还可以用作图法将其表示出来，即把落在一个误差区域内相对出现的次数以长方形面积表示，如图1-18所示。以横坐标表示误差的区域，纵坐标表示落在该误差区域的频率，这样就可以得到随机误差分布曲线图（也称直方图）。当测量次数 n 很大（$n \to \infty$），而区域又分得很小时，测量列的随机误差多接近于正态分布（即高斯分布），标准化的正态分布曲线如图1-19所示。图1-19中的横坐标 δ 表示随机误差，纵坐标表示对应的误差出现的频率密度 $f(\delta)$。

2）特征。

① 对称性。绝对值相等的正误差和负误差，其出现的频率是相等的。从理论上说，当测量次数不断增多时，误差的代数和趋向于零，这就是正态分布的对称性，有时也称为抵偿性。简单的例子，就是拿一枚硬币抛向同一高度落下，正反面出现的频次随着抛的次数越多，两者出现的频率几乎相等。

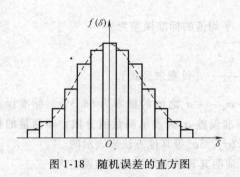

图 1-18　随机误差的直方图　　　　　　图 1-19　随机误差的正态分布

由于这一特征，在检验中多测量几次取其平均值，可减小随机误差对测量结果的影响。

②单峰性。绝对值小的随机误差比绝对值大的随机误差出现的频率（或可能性）要大。也就是说，绝对值小的随机误差出现的次数多，这称为正态分布误差的单峰性。

③有界性。在一定测量条件下，随机误差的绝对值不会超过一定的界限。反过来说，随机误差超过某一界限的概率极小，成为不可能的事件。正态曲线与 x（或左图中的 δ）轴围成的面积为 1，随机误差超出这一界限的概率极小，如图 1-20 所示。

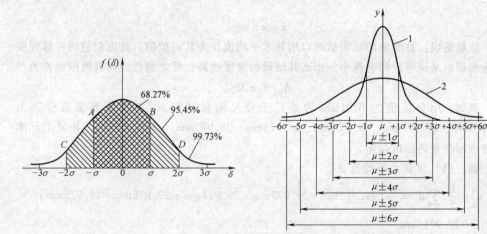

图 1-20　正态分布图

随机误差落入：

$\mu \pm 1\sigma$ 界限内的概率为 68.27%，只有 31.73% 概率超出界限。

$\mu \pm 2\sigma$ 界限内的概率为 95.45%，只有 4.55% 概率超出界限。

$\mu \pm 3\sigma$ 界限内的概率为 99.73%，只有 0.27% 概率超出界限。

$\mu \pm 4\sigma$ 界限内的概率为 99.9937%，只有 0.0063% 概率超出界限。

$\mu \pm 5\sigma$ 界限内的概率为 99.99995%，只有 0.00005% 概率超出界限。

$\mu \pm 6\sigma$ 界限内的概率为 99.9999998%，只有 0.0000002% 概率超出界限。

3）减小随机误差的方法。在检验中多测量几次取算术平均值是减小随机误差的有效方法。

① 平均值的标准偏差。误差理论证明，平均值的标准误差为

$$S_x = \sigma_x = \sqrt{\frac{\sum_{i=1}^{n}(x_i - \overline{x})^2}{n-1}} \quad （贝塞尔公式）$$

其意义表示某次测量值的随机误差在 $-\sigma_x \sim +\sigma_x$ 之间的概率为 68.3%。标准误差 σ_x 小表示测量值密集，即测量的精度高；标准误差 σ_x 大表示测量值分散，即测量的精度低。估计随机误差还有用算术平均误差、$2\sigma_x$、$3\sigma_x$ 等其他方法来表示的。

当测量次数 n 有限时，数理统计理论可证明其算术平均值的标准误差为

$$S_{\overline{x}} = \sigma_{\overline{x}} = \frac{\sigma_x}{\sqrt{n}} \sqrt{\frac{\sum_{i=1}^{n}(x_i - \overline{x})^2}{n(n-1)}}$$

由上式可知，$S_{\overline{x}}$ 随着测量次数的增加而减小，似乎 n 越大，算术平均值越接近真值。实际上，当 $n > 10$ 以后，$S_{\overline{x}}$ 的变化相当缓慢，因此，在实际测量中单纯地增加测量次数是没有必要的，一般测量次数取 5～10 即可。

② 测量结果的表示方法。当算术平均值的标准误差为已知时，测量结果可以表示如下：

$$x = \overline{x} \pm \sigma_{\overline{x}}$$

这就是说：被测值的真实值可以用算术平均值作为其近似值，此近似值的可靠程度由标准误差来说明，即它越小，那么其结果的精度越高；反之越低。而其极限误差为

$$\Delta_{\lim} = \pm 3\delta_{\overline{x}}$$

例如：用分度值为 0.01mm 的外径千分尺测量轴径 d，5 次的测量值分别为 29.975mm、29.977mm、29.974mm、29.976mm、29.975mm。求测量结果，并采用标准误差表示测量的随机误差。

解：（1）求算术平均值 $\overline{d}$

$$\overline{d} = \frac{1}{5}\sum_{i=1}^{5} d_i = \frac{1}{5}(29.975\text{mm} + 29.977\text{mm} + 29.974\text{mm} + 29.976\text{mm} + 29.975\text{mm})$$

$$= 29.9754\text{mm}$$

（2）计算平均值的标准误差 $\sigma_{\overline{d}}$

$$\sigma_{\overline{d}} = \sqrt{\frac{1}{5 \times (5-1)}\sum_{i=1}^{5}(d_i - \overline{d})}$$

$$= \sqrt{\frac{1}{20} \times (0.0004^2 + 0.0016^2 + 0.0014^2 + 0.0006^2 + 0.0004^2)} \ \text{mm} = 0.0006\text{mm}$$

标准误差按国标规定的数值修约原则，保留一位有效数字。

（3）计算相对误差 E

$$E = \frac{\sigma_{\overline{d}}}{\overline{d}} = \frac{0.0006\text{mm}}{29.9754\text{mm}} = 2 \times 10^{-5}$$

（4）写出测量结果

$$d = \overline{d} \pm \sigma_{\overline{d}} = (29.9754 \pm 0.0006)\,mm, E = 2 \times 10^{-5}$$

或

$$d = 29.9754 \times (1 \pm 0.002\%)\,mm$$

5. 粗大误差

（1）概念 粗大误差是指由于某些偶尔突发性的异常因素或疏忽所致，明显超出统计规律预期值的误差，又称为疏忽误差、过失误差，或简称粗差。

（2）产生的原因

1）测量方法不当或错误，测量操作疏忽和失误，如未按规程操作、读错读数或单位、记录或计算错误。

2）测量条件的突然变化，如电源电压突然增高或降低、雷电干扰、机械冲击和振动等。

由于该误差很大（或很小），明显歪曲了测量结果，是在一定的测量条件下所不应有的测量误差，故应按照一定的准则进行判别，将含有粗大误差的测量数据（称为坏值或异常值）予以剔除。

（3）消除的方法 消除粗大误差的方法主要从产生的技术原因和物理原因上着手，如在测量前可以用较简略的方法测得近似值，测量后加强检查，或用另一种方法检验，对于精密的测量应由两人互检等。

6. 不确定度

在《机械产品检验工（基础知识 中级）》教材中讲得比较细，在此不再赘述，请参阅。

二、测量精度的表征

测量精度是指被测几何量的测得值与其真值的接近程度。它和测量误差是从两个不同角度来说明同一个概念的。测量误差越大，其测量精度越低；测量误差越小，其测量精度越高。为了反映系统误差和随机误差测量结果的不同影响，测量精度可以分为以下几种。

1. 精密度

测量的精密度是指在相同条件下，对被测量进行多次反复测量，测得值之间的一致（符合）程度。从测量误差的角度来说，精密度所反映的是测得值的随机误差。精密度越高，表示随机误差越小。随机因素使测得值呈现分散而不确定，但总的分布在平均值附近，其表征量为随机误差的标准差 σ。

2. 正确度

测量的正确度是指被测量的测得值与其"真值"的接近程度。从测量误差的角度来说，正确度所反映的是测得值的系统误差。正确度高，不一定精密度高。也就是说，测得值的系统误差小，不一定其随机误差也小。系统误差理论上可以用修正值来消除。正确度的表征量为平均值与真值的偏差。

3. 精确度

测量的精确度也称准确度，是指被测量的测得值之间的一致程度以及与其"真值"的接近程度，也就是说它是精密度和正确度的综合概念。从测量误差的角度来说，精确度（准确度）是测得值的随机误差和系统误差的综合反映。若随机误差和系统误差都小，则精确度高。精确度用不确定度来表征。

在工程上，通常所说的测量精度或计量器具的精度，一般即指精确度（准确度），而并非精密度。也就是说，实际上"精度"已成为"精确度"（准确度）的习惯简称。在数值上一般多用相对误差来表示，但不用百分数。例如：某一测量结果的相对误差为 0.001%，则其精度为 10^{-5}。

图 1-21 所示是关于测量的精密度、正确度和精确度的示意图。图中圆心为被测量的"真值"，黑点为其测得值，则图 1-21a：精密度较高、正确度较差，即随机误差小而系统误差大；图 1-21b：正确度高、精密度差，即系统误差小而随机误差大；图 1-21c：准确度低，即系统误差和随机误差都大；图 1-21d：精确度（准确度）较高，即精密度和正确度都较高，即系统误差和随机误差都小。

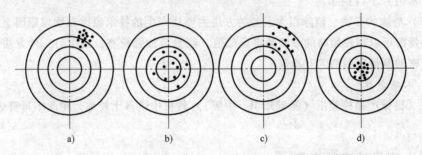

图 1-21　关于测量的精密度、正确度和精确度的示意图

◆◆◆ 第四节　表面粗糙度的检验

在机械制造中，通过车、钳、铣、刨、磨等机械加工方法获得的表面，都会存在具有很小间距的微小波峰与波谷所形成的微观形状误差，这种微观形状误差用表面粗糙度轮廓表示。表面粗糙度轮廓对零件的耐磨性、配合稳定性、疲劳强度、耐蚀性、表面外观美观性都产生影响。因此，针对不同使用要求的各种零件，设计时对表面粗糙度提出相应的要求。加工时，根据表面粗糙度数值要求加工出相应的表面。通常在加工后，通过检验，判断该表面是否达到设计要求。

一、基础知识

为了更好地掌握表面粗糙度的检验知识，需要对表面缺陷的有关内容进行了解，见表 1-15。

表 1-15 表面缺陷术语、定义及示意图

术 语	定 义	示意图
基准面	用以评定表面缺陷参数的一个几何表面 1)基准面通过除缺陷之外的实际表面的最高点,且与由最小二乘法确定的表面等距 2)基准面是在一定的表面区域或表面区域的某有限部分上确定的,这个区域和单个缺陷的尺寸大小有关。该区域的大小须足够用来评定缺陷,同时在评定时能控制表面形状误差的影响 3)基准面具有几何表面形状,它的方位和实际表面在空间与总的走向相一致	
表面结构	出自几何表面的重复或偶然的偏差,这些偏差形成该表面的三维形貌 表面结构包括在有限区域上的表面粗糙度、波纹度、纹理方向、表面缺陷和形状误差	
表面缺陷(SIM)	在加工、储存或使用期间,非故意或偶然生成的实际表面的单元体、成组的单元体、不规则体 1)建议不要将"表面瑕疵"的术语用于标准定义的表达中 2)这些单元体或不规则体的类型,明显区别于构成一个粗糙度表面的那些单元体或不规则体 3)在实际表面上存在缺陷并不表示该表面不可用。缺陷的可接受性取决于表面的用途或功能,并由适当的项目来确定,即长度、宽度、深度、高度、单位面积上的缺陷数等	
凹缺陷	向内的缺陷	
沟槽	具有一定长度的、底部圆弧形的或平的凹缺陷	
擦痕	形状不规则和没有确定方向的凹缺陷	
破裂	由于表面和基体完整性的破损造成具有尖锐底部的条状缺陷	
毛孔	尺寸很小、斜壁很陡的孔穴,通常带锐边,孔穴的上边缘不高过基准面的切平面	
砂眼	由于杂粒失落、侵蚀或气体影响形成的以单个凹缺陷形式出现的表面缺陷	
缩孔	铸件、焊缝等在凝固时,由于不均匀收缩所引起的凹缺陷	

（续）

术　语	定　义	示意图
裂缝、缝隙、裂隙	条状凹缺陷，呈尖角形，有很浅的不规则开口	
缺损	在工件两个表面的相交处呈圆弧状的缺陷	
(凹面)瓢曲	板材表面由于局部弯曲形成的凹缺陷	
窝陷	无隆起的凹坑，通常由于压印或打击产生塑性变形而引起的凹缺陷	
凸缺陷	向外的缺陷	
树瘤	小尺寸和有限高度的脊状或丘状凸起	
疱疤	由于表面下层含有气体或液体所形成的局部凸起	
(凸面)弧曲	板材表面由于局部弯曲所形成的拱起	
氧化皮	和基体材料成分不同的表皮层剥落形成局部脱离的小厚度鳞片状凸起	
夹杂物	嵌入工件材料里的杂物	
飞边	表面周边上尖锐状的凸起，通常在对应的一边出现缺损	

（续）

术　语	定　义	示意图
缝脊	工件材料的脊状凸起，是由于模铸或模锻等成形加工时材料从模子缝隙挤出，或在电阻焊接两表面（电阻对焊、熔化对焊等）时，在受压面的垂直方向形成的	
附着物	堆积在工件上的杂物或另一工件的材料	
混合表面缺陷	部分向外和部分向内的表面缺陷	
环形坑	环形周边隆起、类似火山口的坑，它的周边高出基准面	
折叠	微小厚度的蛇状隆起，一般呈皱纹状，是滚压或锻压时的材料被褶皱压向表层所形成的	
划痕	由于外来物移动，划掉或挤压工件表层材料而形成的连续凹凸状缺陷	
切屑残余	由于切屑去除不良引起的带状隆起	
区域缺陷、外观缺陷	散布在最外层表面上，一般没有尖锐的轮廓，且通常没有实际可测量的深度或高度	
滑痕	由于间断性过载在表面上不连续区域出现，如球轴承、滚珠轴承和轴承座圈上形成的雾状表面损伤	
磨蚀	由于物理性破坏或磨损而造成的表面损伤	
腐蚀	由于化学性破坏造成的表面损伤	
麻点	在表面上大面积分布，往往是深的凹点状和小孔状缺陷	
裂纹	表面上呈网状破裂的缺陷	

（续）

术　语	定　义	示意图
斑点、斑纹	外观与相邻表面不同的区域	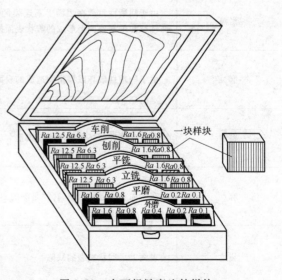
褪色	表面上脱色或颜色变淡的区域	
条纹	深度较浅的呈带状的凹陷区域，或表面结构呈异样的区域	
劈裂、鳞片	局部工件表层部分分离所形成的缺陷	
表面缺陷的特征和参数	表面上允许的表面缺陷参数和特征的最大值，是一个规定的极限值，零件的表面缺陷不允许超过这个极限值	
表面缺陷长度（SIM_e）	平行于基准面测得的表面缺陷最大尺寸	
表面缺陷宽度	平行于基准面且垂直于表面缺陷长度测得的表面缺陷最大尺寸	
表面缺陷面积（SIM_a）	单个表面缺陷投影在基准面上的面积	
表面缺陷数（SIM_n）	在商定判别极限范围内，实际表面上的表面缺陷总数	

二、表面粗糙度的检验方法

1. 目视检查

对于粗加工后的一些零件，由于还要进行精加工，所以没有必要将零件表面粗糙度得数值测量得十分准确；或者粗糙度与规定值相比明显好或不好，或者因为存在明显影响表面功能的缺陷，没必要用更精确的方法来检验的工件表面，采用目视法检查，看一看零件的表面，只要没有特别大的加工痕纹就可以了。

2. 比较检测法

（1）检测仪器　表面粗糙度比较样块也称表面粗糙度样板，如图1-22所示。表面粗糙度比较样块是检

图 1-22　表面粗糙度比较样块

查加工完成的工件表面的一种比对量具，它的使用方法是以样块工作面的表面粗糙度为标准，凭视觉（目力、借助放大镜、比较显微镜）或/和触觉（手摸感觉）与待检查的工件被测表面进行比对，从而判别被检测表面的表面粗糙度是否满足要求。这是一种定性的检测工具。

1）选择样块。首先应根据被检测零件选择样块，样块的表面粗糙度特征要与被比较检测的表面相同，即样块的材质要与被检测零件材质相同，样块表面的加工方法与被检测表面的加工方法相同。

2）检查样块。选取样块后，应该检查样块上的标志是否与要求相符，检查样块标志表征的材质和加工方法，检查样块的外观质量及样块的检定合格证。

3）使用样块。将被检测表面与表面粗糙度比较样块的工作面放在一起，用眼睛从各个方向观察样块表面和被检测表面上反射光线的强弱和色彩的差异，判断被检测表面的粗糙度值相当于表面粗糙度比较样块上哪一块的表面粗糙度值，这块样块的表面粗糙度值即为被检测表面的粗糙度值。

（2）检测方法 较常用的有两种具体操作方法：

一种方法是通过检验员的视觉，观察被测工件与所应该达到的表面粗糙度样块是否一致或不低于样块的水平。比较时，应注意将样块和被检测工件放在同一自然条件下（光线、温度、湿度等），如图 1-23 所示。

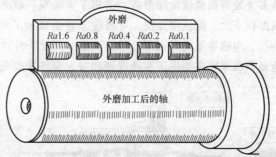

图 1-23 用视觉法检测工件表面粗糙度

另一种方法是通过手触摸的感觉来确定是否符合要求，该方法是在前一种方法感觉不确定时或单独使用（必须是经验相当丰富的检验人员才能单独使用）。

具体操作方法：用手指或指甲抚摸两个表面，要顺着与加工纹理垂直的方向去抚摸。凭手感判断两个表面粗糙度的差异。

用样块比较法检测时，被测表面应具有和比较样块相同的加工方法、加工纹理、几何形状、色泽和材料，这样才能保证评定结果的可靠。进行批量加工时，可以先加工出一个合格的零件，并精确测出其表面粗糙度值，以它作为比较样块检测其他零件。

在检测时，一定注意：光亮度和表面粗糙度值不能混淆，也就是说，光亮度大的工件表面粗糙度值不一定就小。

（3）选用场合 触觉比较法适宜于检测表面粗糙度 Ra 值为 $1.25 \sim 10 \mu m$ 的外表面；视觉比较是指靠目测或用放大镜、比较显微镜观察，适宜于检测表面粗糙度 Ra 值为 $0.16 \sim 100 \mu m$ 的外表面。

实践证明，用肉眼直接观察表面粗糙度 Ra 值在 $3.2 \sim 12.5 \mu m$ 的表面时，可以做到相对准确，而在 $0.8 \sim 1.6 \mu m$ 时，就要借助于 5 倍以上的放大镜，更高精度等级的还要使用比较显微镜才能得到较准确的结论。实际使用时，建议将上述两种方法相结合，这样得出的结论会更准确些。

用样块比较法检测简便易行，常在生产实践中使用，适合车间条件下评定较粗糙的表面。此方法的判断准确程度与检测人员的技术熟练程度有关。因此比较法用于表面粗糙度要求不是很严格的零件表面的检测。如果用比较法检测仍不能够做出判断，则应采用适当的仪器进行测量检验。

3．用轮廓仪测量——针描法

针描法是指利用触针划过被测表面，把表面粗糙度轮廓放大描绘出来，经过计算处理装置直接给出表面粗糙度 Ra 值。采用针描法原理制成的表面粗糙度轮廓测量仪称为触针式轮廓仪。

1）检测仪器：触针式表面粗糙度轮廓仪。触针式表面粗糙度轮廓仪按结构形式分为台式和便携式两类，如图 1-24 所示。配以附件可以测量内、外表面和球面的表面粗糙度值，台式测量范围大，通过和计算机连接，由软件进行轮廓显示，可测量 Ra、Rz 等多个表面粗糙度轮廓参数，适用于实验室、检测室；便携式体积结构小，一次测量区域面积不大，但使用方便，可测量多种机械加工零件的表面粗糙度值，如平面、曲面、小孔、沟槽等不规则表面，根据选定的测量条件计算相应的参数，在液晶显示器上清晰地显示出来，主要用于生产现场和对大型件表面粗糙度轮廓的测量。

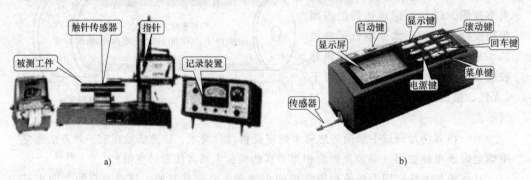

图 1-24　电动轮廓仪和 TR220 型粗糙度仪

2）检测原理和方法。如果使用比较法不能对工件的表面粗糙度做出判定时，可以采用仪器测量，同时能得出表面粗糙度的具体参数和数值。表面粗糙度轮廓仪有电动轮廓仪、粗糙度检测仪和便携式粗糙度仪等；计量室常用的是电动轮廓仪；生产车间最常见的是用便携式（手持式）粗糙度仪检测工件表面粗糙度值。

目前，适合于生产现场使用的手持式粗糙度仪有多种型号和类型，它们的测量原理基本相同，常用的有电动轮廓仪及 TR100、TR220、TR240 型粗糙度仪等。

① 电动轮廓仪。如图 1-24a 所示，当测量工件表面粗糙度值时，将传感器放在工件表面上，由测量仪器内部的驱动机构带动传感器沿被测表面纹理垂直方向上做等速滑行，传感器通过内置的锐利触针感受被测表面的表面粗糙度。此时工件被测表面的表面粗糙度引起触针产生位移，该位移使传感器电感线圈的电感量发生变化，从而在相敏整流器的输出端产生与被测表面粗糙度成比例的模拟信号，该信号经过放大及电平转换之

后进入数据采集系统。将采集的数据进行数字滤波和参数计算，测量结果在液晶屏上显示，并可以在打印机上输出，也可与计算机进行通信。

② TR220 型粗糙度仪。图 1-24b 所示为 TR220 型粗糙度仪。

TR220 型粗糙度仪采用按键式操作，适用于生产现场，科研实验室、技术部门处理问题进行判断和工厂计量部门。可以测量多种机械加工零件的表面粗糙度值，根据选定的测量条件能够计算相应的参数，并在液晶显示器上清晰地显示出全部测量结果及图形；并且可以在打印机上输出，可以对数值进行存储及查询。

TR220（及 TR240）型粗糙度仪传感器的测头有不同的形式，该仪器的核心部件即为传感器，在更换、安装传感器的测头时，用手握住传感器的主体部分，将其插入仪器底部的传感器连接套中，然后轻推到底部。拆卸时，用手拿住传感器的主体部分或保护套管的根部，慢慢向外拉出，如图 1-25a 所示。

确定测量方向时，传感器与工件接触后，它的滑行轨迹必须垂直于工件被测表面的加工纹理方向，如图 1-25b 所示。

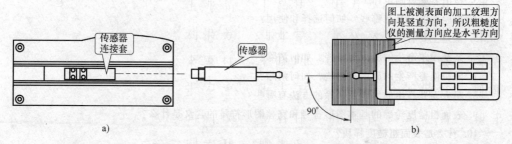

图 1-25　TR220 传感器的装卸和粗糙度仪的测量方向

用粗糙度仪测量被测面粗糙度值时应注意：对于纹理不均匀的表面，在最有可能出现表面粗糙度参数极限的部位（即肉眼所见相对比较粗糙的地方）进行测量；对于纹理均匀的表面，应在均布的几个位置上分别测量至少 3 次，取最大值作为该工件表面粗糙度值，如图 1-26a 所示。

图样或技术文件中规定测量方向时，按规定方向进行测量；当图样或技术文件中未规定测量方向时，则应在能给出表面粗糙度参数最大值的方向上测量，该方向垂直于被测表面的加工纹理方向，如图 1-26b 所示。

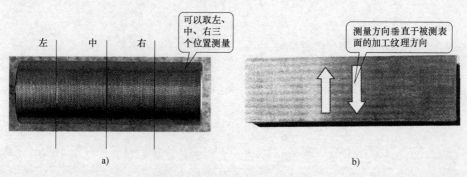

图 1-26　加工纹理均匀的表面和加工纹理垂直方向上的测量

4. 印模法

印模法是一种非接触式间接测量表面粗糙度的方法。其原理是利用某些塑性材料做成块状印模贴在零件表面上，将零件表面轮廓印制在印模上，然后对印模进行测量，得出表面粗糙度值。

印模法适用于大型笨重零件和难以用仪器直接测量或样板比较的表面（如深孔、不通孔、凹槽、内螺纹等）表面的粗糙度值的测量。由于印模材料不能完全充满被测表面微小不平度的谷底，所以测得印模的表面粗糙度值比零件实际参数值要小。因此，对印模所得出的表面粗糙度值测量结果需要进行修正（修正时也只能凭经验）。

复习思考题

1. 检测基准的选择原则主要有哪些？

2. 检测过程中，检验定位方式选择原则是什么？

3. 检测装夹原则是什么？

4. 检验辅助工具有哪些？如何选择和使用？

5. 误差主要有哪几类？

6. 系统误差产生的原因有哪些？如何消除？

7. 随机误差产生的原因有哪些？如何消除？

8. 粗大误差产生的原因及消除的方法有哪些？

9. 表面粗糙度轮廓的基本图形符号和完整图形符号的含义是什么？

10. 什么是表面粗糙度样块？

11. 简述表面粗糙度对比检测法的要点。

12. 简述表面粗糙度检测仪的检测原理和方法。

第 二 章

复杂轴套类零件的检验

培训目标：熟悉曲轴零件图，明确检测项目；熟练掌握不同精度轴径、孔径、检测的基础知识；能够掌握不同轴套类零件的结构特点和检测项目，选择合理的检测方案；掌握复杂偏心轴和偏心套偏心距的检测原理；熟悉六拐曲轴主轴颈和曲轴颈轴径圆度误差的和圆柱度误差的检测方法；了解轴套类零件几何误差的检测方法；熟悉轴类零件平行度误差、垂直度误差、圆跳动误差的检测方法；掌握套类零件同轴度误差的检测方法，能够选择合适的检测仪器，并熟练地实施检测及判断。

◈◈◈ 第一节　偏心零件及配合（组合）件的检验

在机械传动中，将回转运动转换为直线往复运动，一般是用偏心件来实现的；反之是使用曲轴来完成的。比较典型的例子就是曲轴在汽车发动机中的应用非常广泛；一般把外圆与外圆偏心的零件称为偏心轴；内孔与外圆偏心的称为偏心套；曲轴是复杂偏心轴的一个特例，即曲轴是形状比较复杂的偏心轴，因为大多数曲轴有几个不同角度的偏心轴。

曲轴是发动机的主要零件之一，通常采用高强度的球墨铸铁或优质、高强度的中碳合金钢制成（如捷达 EA827 发动机曲轴的材料为球墨铸铁）。发动机工作时，曲轴做高速旋转运动，并受到周期性不断变化的气体压力、往复运动质量惯性力、旋转运动离心惯性力以及它们的力矩的共同作用。曲轴的常见损伤，一般有疲劳裂纹、轴颈磨损、弯曲变形和扭转变形等。

根据发动机的性能与用途的不同，曲轴可以分为两拐、三拐、四拐、六拐和八拐等多种；根据拐数不同，各曲柄颈中心与主轴颈中心连线之间互成90°、120°和180°等角度；曲轴的结构中主要有主轴颈、曲柄颈、曲柄臂、轴肩和法兰等，如图2-1所示。图2-1中，α 就是各曲柄颈中心与主轴颈中心连线之间互成的角度。

1. 尺寸检测

（1）主轴颈检测　将曲轴固定（可以将主轴外圆架在 V 形架上），用外径千分尺十字测量法对主轴颈相互垂直的两个部位进行测量。

（2）曲轴颈检测　方法同上，将曲轴固定（可以将主轴外圆架在 V 形架上），用外

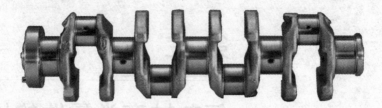

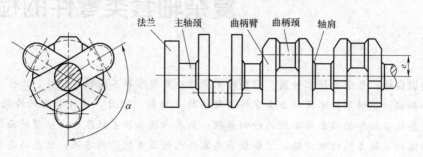

法兰　主轴颈　　曲柄臂　曲柄颈　　轴肩

图 2-1　曲轴结构示意图

径千分尺十字测量法对曲轴颈相互垂直的两个部位进行测量。

（3）曲轴偏心距测量　曲轴偏心距的测量方法如图 2-2 所示。需使用的量具有：高度尺、外径千分尺、带前后顶尖的检验平台等。把曲轴安装在

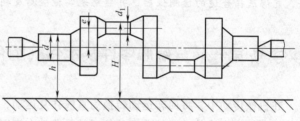

图 2-2　曲轴偏心距的测量方法

检验平板上，用高度尺量出 H、h；用外径千分尺测量出 d 和 d_1，然后用下面公式计算可得到偏心距 e。

$$e = H - \frac{d_1}{2} - h + \frac{d}{2}$$

式中　e——偏心距；

　　　H——曲柄颈表面最高点离检验平板表面的距离；

　　　h——主轴颈表面最高点离检验平板表面的距离；

　　　d——主轴颈的直径；

　　　d_1——曲轴颈的直径。

2. 几何误差检测

（1）圆度误差和圆柱度误差检测　如图 2-3 所示，用外径千分尺先在油孔两侧测量，然后旋转 90°再测量（应在同一截面内），同一截面上最大直径与最小直径之差的 1/2 为圆度误差；轴颈各部位测得的最大与最小直径差的 1/2 为圆柱度误差。

（2）主轴颈平行度误差检测　使用量具：一对 V 形架、量块、百分表及表架、高度尺、外径千分尺等。检测方法如图 2-4 所示，把零件两端的主轴颈安放在专用测量工

具上，用百分表找正两端主轴颈在同一高度上（注意主轴颈的半径误差），再将百分表移到曲柄颈上，检测各曲柄颈的最高点是否相同。

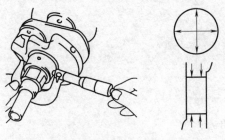

图 2-3　圆度误差和圆柱度误差检测

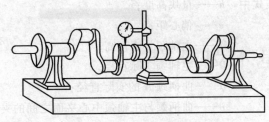

图 2-4　主轴颈平行度误差检测

3. 角度检测

（1）分度头测量法　如图 2-5 所示，把分度头和可调 V 形架放在检验平板上，用分度头的自定心卡盘夹持住曲轴的一端支承轴颈，另一端支承轴颈放在可调 V 形架的 V 形槽内，调整 V 形架的高度，使曲轴支承轴颈中心线与检验平板平行。转动分度头，使要测夹角的两组曲柄中的一组转到水平位置，将百分表测头放置在该组曲柄颈素线上（轴截面圆的最高点）；用百分表测量该组曲柄颈的最高点相对于检验平板的高度 H_1；按两组曲柄间的标注角度再次转动分度头，用百分表测量另一组曲柄颈的最高点相对于检验平板的高度 H_2，则两组曲柄间的夹角误差 $\Delta\theta$ 为

$$\Delta\theta = \arcsin(\Delta L/e)$$

$$\Delta L = L_1 - L_2$$

$$L_1 = H_1 - (d_1/2)$$

$$L_2 = H_2 - (d_2/2)$$

式中　ΔL——被测两组曲柄颈中心相对检验平板的高度差；

　　　e——两组曲柄的偏心距；

　d_1、d_2——被测两组曲柄的直径实测值。

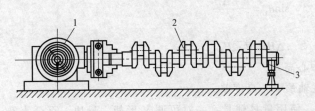 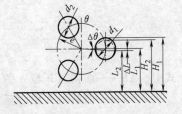

图 2-5　用分度头和百分表检测曲轴曲柄间夹角
1—分度头　2—六拐曲轴　3—可调 V 形架

（2）V 形架与量块测量法一　使用量具：一对 V 形架、量块、百分表及表架、游标高度卡尺、外径千分尺等。如图 2-6 所示，把曲轴的两端支承在一对 V 形架的 V 形槽内，并使主轴中心线与平板平行，然后在一个曲柄颈的下面垫上经过计算的量块，使

曲柄颈的中心与主轴中心平面形成夹角 θ。量块高度的计算公式如下：

$$h = M - \frac{D}{2} - e\sin\theta - \frac{d}{2}$$

式中　h——量块高度；

　　　e——偏心距；

　　　M——主轴颈外圆顶高；

　　　D——主轴颈实际直径；

　　　d——曲柄颈 A 的实际直径；

　　　θ——曲柄颈与主轴颈中心平面之间的夹角。

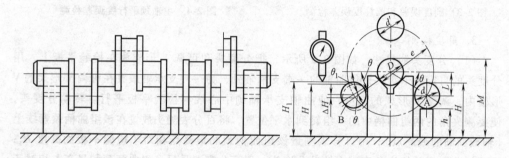

图 2-6　用量块测量曲柄颈夹角误差

测量时，先用游标高度卡尺测出曲柄颈 A 的高度 H，再测出曲柄颈 B 的高度 H_1，用下列公式计算出角度误差 $\Delta\theta$。如果游标高度卡尺精度达不到要求，可以用千分表及量块组合以相对测量法测量 H、H_1，然后进行计算。

$$\Delta\theta = \theta - \theta_1$$

$$\sin\theta = \frac{L}{e}, L = e\sin\theta$$

$$\sin\theta_1 = \frac{L + \Delta H}{e}$$

$$\Delta H = H - H_1$$

式中　ΔH——曲柄颈 B 与 A 的中心高差；

　　　L——曲柄颈 A 中心至主轴颈中心高度差。

（3）V 形架与量块测量法二　使用量具辅具：一对可调 V 形架、量块、百分表及磁力表座、高度尺、外径千分尺等。如图 2-7 所示，将可调 V 形架放置在检验平板上，把曲轴两端主轴颈分别支承在一对可调 V 形架上，并调整两端 V 形架，同时用百分表（根据精度要求也可用千分表）测量主轴颈上素线，使主轴颈的轴线与检验平板平行。然后把曲轴转到图 2-7a 所示的位置，并在一个连杆轴颈下面垫入量块，量块的高度 h 可按下式计算：

$$h = H - \frac{1}{2}(D + e + d)$$

式中　H——主轴颈上素线到检测平台的高度；

　　　e——实际偏心距；

　　　D——主轴颈的实际尺寸；

　　　d——连杆轴颈的实际尺寸。

垫 h 高量块的目的是使该连杆轴颈中心与主轴颈中心的连线与检测平台水平面成 30°角。

量块垫好后，通过百分表测量出此连杆轴颈左侧（或右侧）连杆轴颈外圆顶点的读数，并与垫入量块连杆轴颈外圆顶点的读数相比较，如果两者读数相同，则说明这两个连杆轴颈中心的夹角为 120°；反之，若两者读数不同，则说明两者的夹角有误差。

角度误差的计算方法是先利用百分表测量出无量块处与有量块处连杆轴颈外圆顶点的实际高度误差 δ，再通过 δ 求出无量块处连杆轴颈与主轴颈中心的连线对平板平面间的夹角 θ，即可得出两连杆轴颈的角度误差 $\Delta\theta = 30° - \theta$（图 2-7b）。

θ 值可按照图 2-8 所示的方法进行计算。图中 O 为主轴颈中心位置，A 为连杆轴颈中心理论正确位置，B 为连杆轴颈中心实际位置。由图 2-8 可知，此连杆轴颈外圆顶点的高度误差 δ 即是 B、A 的垂直距离 $\overline{AE}$，即 $\overline{AE} = \delta$。

又因

$$\overline{OA} = \overline{OB} = e$$

所以

$$\sin\theta = \frac{\overline{BC}}{\overline{OB}} = \frac{\overline{AD} - \overline{AE}}{\overline{OB}}$$

$$= \frac{e\sin 30° - \delta}{e} = \frac{1}{2} - \frac{\delta}{e}$$

$$\theta = \arcsin\left(\frac{1}{2} - \frac{\delta}{e}\right)$$

应注意的是，当此连杆轴颈外圆顶点的读数比垫量块处连杆轴颈外圆顶点的读数小时，δ 应取负值。

两连杆轴颈夹角的角度误差 $\Delta\theta = 30° - \theta$，当 $\Delta\theta > 0$ 时，说明两连杆轴颈夹角大于 120°；反之，当 $\Delta\theta < 0$ 时，说明两连杆轴颈夹角小于 120°。

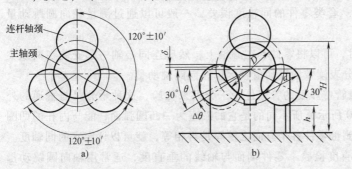
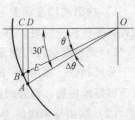

图 2-7　曲轴连杆轴颈夹角测量位置图　　　　图 2-8　三角关系计算用图

◈◈◈ 第二节　复杂套类零件的检验

生产车间和人们生活中常见的复杂套类零件，主要有薄壁件、薄壁长圆筒零件、双偏心套类零件和多偏心套类零件以及偏心薄壁零件、双偏心或多偏心薄壁零件及与其他几何形状的组合。例如：机床主轴轴套、车床尾座套筒、内燃机气缸套、活塞、轴瓦、液压缸缸筒、滑动轴承、薄壁轴套、薄壁衬套、轴承套、内齿套、冷却套、夹紧组合件、模具组合件以及火箭、卫星发动机壳体等。常见薄壁零件如图2-9所示，本节主要介绍薄壁（精密）圆筒零件、双偏心套类零件和双偏心薄壁套类零件，其他零件可以参照这几类零件的检验方法进行产品和零件的检验。

图2-9　常见薄壁零件

一、复杂套类零件的常规检验方法

1. 内径检测

（1）一般精度内径尺寸的检测　可以用光滑塞规检验。检验时应停止零件转动，擦净零件内孔表面和塞规表面，手握塞规柄部，并使塞规中心线与零件中心线一致，然后将塞规轻轻推入零件孔中。若塞规的通端通过，止端不过，则表示内径尺寸合格。

（2）高精度内径检测

1）通常用内径百分表和内径千分表来测量高精度内径尺寸。测量时应把量具放正，不能歪斜，要注意松紧适度，并要在几个方向上检测。

2）高精度的内孔尺寸也可以用三坐标测量仪测量。

需要注意：不要在零件温度很高时就进行测量，否则会由于热胀冷缩而使孔径尺寸不符合要求，最好是测量前将零件放在有空调或恒温的地方，过几个小时后再测量。

2. 相互位置精度检测

（1）同轴度误差检验　套类零件的同轴度误差，一般可以通过测量径向圆跳动量来确定。

1）检测同轴度误差时，可以将零件套在心轴上，然后连同心轴一起安装在两顶尖间，当零件转一周时，百分表读数的变动值就等于径向圆跳动量。

2）同轴度也可用测量管壁厚度的管壁外径千分尺来检验，这种千分尺与普通的外径千分尺相似，如图2-10所示，所不同的是它的砧座为一凸圆弧面，能与内孔的凹圆弧面很好地接触。检验时测量零件各个方向上壁厚是否相等，就可以评定它的同轴度。

（2）端面与轴线的垂直度检验　零件端面与轴线的垂直度，通常用轴向圆跳动量来评定。如果检验同轴度时，是将零件套在心轴上，那么这时只要把百分表放在端面上，就可以测量零件轴向圆跳动量。

（3）零件几何形状精度检验　喇叭口尺寸、圆度误差、锥度等可以用内径千分尺、内径百分表、内径千分表或三坐标测量仪（机）来测量。三坐标测量机如图 2-11 所示。

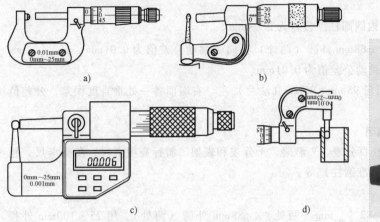

图 2-10　壁厚千分尺的外形结构及其应用

a）Ⅰ型壁厚千分尺　b）Ⅱ型壁厚千分尺

c）Ⅱ型壁厚数显千分尺　d）测量管件壁厚示意图

图 2-11　三坐标测量机

二、薄壁长圆筒零件的检验

图 2-12 所示为液压筒零件图，材料为 HT200。

1. 精度分析

（1）几何尺寸　基准 A：$\phi 82_{-0.022}^{0}$ mm（两处），公差等级为 IT6 级；基准 B：$\phi 70_{0}^{+0.19}$ mm，公差等级为 11 级；662_{-2}^{0} mm，公差等级为 IT14 级；其他未注公差尺寸八

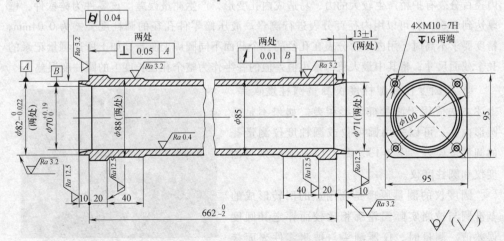

图 2-12　液压筒零件图

处，按照 GB/T 1804 对应尺寸中等级查表可知其公差值。表面粗糙度值：内孔为 $Ra0.4\mu m$，精度最高，为珩磨加工；基准 A 处为 $Ra3.2\mu m$；垂直度误差被测量面为 $Ra3.2\mu m$；斜面为 $Ra12.5\mu m$；$\phi88mm$（两处）为 $Ra3.2\mu m$。

（2）几何公差

1）$\phi70^{+0.19}_{0}mm$，内圆圆柱度公差为 0.04mm。

2）以 B 为基准，$\phi88mm$ 外圆（两处）径向圆跳动公差值为 0.01mm，$\phi82^{0}_{-0.022}mm$ 外圆（两处）径向圆跳动公差值为 0.01mm。

3）以 A 为基准测量 95mm×95mm（法兰）左、右端面各一处垂直度误差，公差值为 0.05mm。

2. 检测量具和辅具

外径千分尺、内径百分表、V 形架、千分表和表架、游标高度卡尺、游标卡尺、检验平板、标准心轴（标准圆柱）等。

3. 零件检测

（1）几何尺寸 $\phi82^{0}_{-0.022}mm$（两处）、$\phi88mm$ 外圆（两处），用 75～100mm 外径千分尺直接测量得到；$\phi70^{+0.19}_{0}mm$ 虽然精度不高，可以用游标卡尺直接测量，但是比较深，需要用加长杆的内径百分表直接测量几个截面，并且记录测量结果；$662^{0}_{-2}mm$ 可以用 1000mm 的钢直尺或 1000mm 的游标卡尺直接测量得到；轴向尺寸可以用游标高度卡尺和游标卡尺测量得到。

（2）几何误差

1）$\phi70^{+0.19}_{0}mm$ 内圆圆柱度误差检测。

① 用内径百分表测量圆柱度误差。由于该零件内孔较深，用内测千分尺或游标卡尺只能测量两端口部直径尺寸，不能完全反映孔径的圆柱度误差；《机械产品检验工（基础知识 中级）》中讲到测量薄壁件内径一般不用内径百分表，原因是壁薄，测量时，由于内径百分表有护桥产生较大的力，易造成内孔变形，产生测量误差。该零件为铸铁件，壁厚达到 7.5mm，可以用内径百分表进行测量。液压筒零件孔径的圆柱度公差为 0.04mm，精度要求不高时，用内径百分表在孔径的各个截面不同圆周上测量，如上所述测量记录的几个截面尺寸，将其中最大值与最小值差值的一半作为整个孔径长度上的圆柱度误差。

② 用圆度仪或圆柱度仪测量圆柱度误差。上述方法适用于测量椭圆形误差。如果不是椭圆形内孔，可以采用圆度仪或圆柱度仪测量孔的圆柱度误差，图 2-13、图 2-14 所示分别为圆度仪和圆柱度仪。

圆度仪的测量原理是利用点的回转形成的基准圆与被测实际圆轮廓相比较而评定其圆度误差值。测量时，仪器测头与被测零件表面接触并做相对匀速转动，测头沿被测零件表面的

图 2-13　圆度仪实物

正截面轮廓线划过，通过传感器将实际圆轮廓线相对于
回转中心的半径变化量转变为电信号，经放大和滤波后
自动记录下来，获得轮廓误差的放大图形，就可按放大图
形来评定圆度误差；也可由仪器附带的电子计算装置运
算，将圆度误差值直接显示并打印出来。圆度仪的测量示
意图如图 2-15 所示（图示为测量外圆圆度误差），内孔
圆度误差测量原理与此相似。

图 2-14 圆柱度仪实物

　　用半径测量法测圆度时，常用的测量仪器是圆度仪。
该种仪器有两种类型：一种为转轴式圆度仪，另一种为转
台式圆度仪。图 2-15a 所示为转轴式圆度仪测量示意图，
用该种仪器测量时，测量过程中被测零件固定不动，仪器
的主轴带着传感器和测头一起回转。假设仪器主轴回转一周，则仪器测头端点所形成的
轨迹为一个圆。当测头与被测零件的某一横向截面轮廓相接触时，随着轮廓半径的变
化，在主轴回转中测头做径向变动，传感器获得的信息即为实际轮廓的半径变动量。如
果将上述测量过程看作一种在极坐标测量系统中的检测过程，则传感器获得的信息即是
实际轮廓向量半径的变化量。该种仪器工作时被测零件被固定于工作台上不动，故可以
测量直径较大的零件。

　　图 2-15b 所示为转台式圆度仪测
量示意图，该种仪器工作时，传感器
和测头的位置固定不动，而被测零件
放置于回转工作台上，随工作台一起
回转。测量中的理想圆可假设为回转
工作台上某点绕轴线回转所形成的轨
迹。当仪器的测头与被测零件的某一
横向截面轮廓相接触后，轮廓在回转
过程中使传感器获得的信息，即是被
测实际轮廓的半径变化量。同理，用
该种仪器测量，也相当于在极坐标系

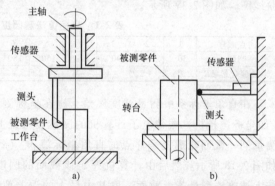

图 2-15 圆度仪测量示意图
a）转轴式圆度仪　b）转台式圆度仪

统中检测圆度误差。转台式圆度仪常制作成结构小巧的台式仪器，工作过程中被测零件
随工作台一起回转，受工作台承载能力的限制，该类仪器常用于检测小型零件。

　　圆柱度误差可以用圆柱度仪直接测量计算得到。圆柱度仪的测量也是利用回转原
理：用图 2-14 所示圆柱度仪测量圆柱度误差时，测头在被测圆柱（内圆柱）上做不间
断的螺旋运动，测头的轨迹直接传递给计算机，使其绘制出半径的变化量及圆柱的轨
迹，通过计算机计算出圆柱度误差值。

　　如果需要测量外圆圆度误差，还可以利用光学分度头或分度台进行测量。此方法是
将被测零件放置在设定的直角坐标系或极坐标系中，测量被测零件横向截面轮廓上各点
的坐标值，然后按要求，用相应的方法来评定圆度误差。

在极坐标系中测量圆度误差，需要有精密回转的分度装置（如分度台或分度头）结合指示表进行测量。图 2-16 所示即为用光学分度头测圆度误差。

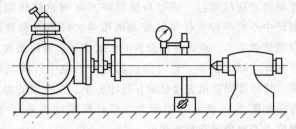

图 2-16　用光学分度头测圆度误差

测量时，将被测零件装在光学分度头附带的顶尖之间，指示表固定不动，在起始位置将指示表指针调零位（起始点的读数为零），按等分角旋转分度头，每转一个等分角即可从指示表上读取一个数值，该数值即为该点相对于参考圆半径的变化量。根据参考圆的半径将所得数值按一定比例放大后，标在极坐标纸上，就可绘制出轮廓误差曲线，根据该曲线即可评定圆度误差。按上述方法测量若干截面，取其中最大的误差值作为该零件的圆度误差。

可以采用对某一零件的横向截面轮廓按 30° 等分角测得各点相对于测量时参考圆的半径变化量计算方法得到圆度误差，见表 2-1，则作图过程是：先取一适当的参考圆半径 R_0，将 ΔR 以适当的倍率放大后在极坐标系中顺次逐一描点连线，即可得到圆度误差曲线图，如图 2-17 所示。

表 2-1　坐标值法测圆度误差的数值　　　　（单位：μm）

测点顺序	1	2	3	4	5	6	7	8	9	10	11	12
间隔	30°	60°	90°	120°	150°	180°	210°	240°	270°	300°	330°	360°
半径变化量 ΔR	0	−2	−4	−6	−2	+2	+3	−2	−3	+4	+2	−2

在直角坐标系中测量圆度误差，应在坐标测量装置（如坐标测量机）或带电子计算机的测量显微镜上进行，测量同一截面轮廓上采样点的直角坐标值 M_i（x_i，y_i），如图 2-18 所示。然后由计算机评定该截面的圆度误差。按上述方法测量若干截面，取其中最大的误差值作为该零件的圆度误差。

2）$\phi 82^{\ 0}_{-0.022}$ mm 外圆（两处）和 $\phi 88$mm 外圆（两处）分别以 A、B 为基准的径向跳动误差的检测。

对基准 B 径向圆跳动误差进行检测，一般采用模拟基准的方法：一种方法是以心轴定位（顶尖孔以及前后顶尖的检验平台）模拟 $\phi 70^{+0.19}_{\ 0}$ mm 圆柱基准；本例

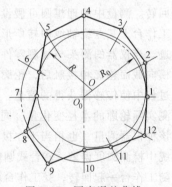

图 2-17　圆度误差曲线

$\phi 71$mm 与 $\phi 70$mm 形成的锥，可以用前后顶尖在此锥处双顶住模拟 B 基准测量 $\phi 82^{\ 0}_{-0.022}$ mm 外圆和 $\phi 88$mm 外圆（两处）的径向圆跳动误差；另一种方法是用圆度仪或圆柱度仪进行测量。

对基准 A 径向圆跳动误差进行检测，一般采用模拟基准的方法：一种方法是以 V 形架模拟 $\phi 82^{\ 0}_{-0.022}$ mm 外圆基准；将外圆放置在 V 形槽滚轮架上（V 形槽两槽面上分别

垂直固定滚轮，滚轮支承外圆柱面）模拟基准轴线，如果内孔两端为内螺纹，无法用锥形顶尖模拟内孔基准，可以将内螺纹作为基准。内螺纹作基准，需要定做标准的螺纹样柱——检测螺纹样柱，在检测内外圆柱的径向圆跳动误差时，可以互为基准进行测量，如图 2-19 所示。另一种方法是用圆度仪或圆柱度仪进行测量。

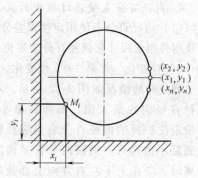

图 2-18　直角坐标法测量圆度误差

3）95mm × 95mm（法兰盘）左右端面对 $\phi 82_{-0.022}^{0}$ mm 外圆基准的垂直度误差的检测。

使用的量具和辅具主要有：检验用平板、等高 V 形架一对、直角尺、塞尺（塞规）一套、百分表及表架、方箱等。

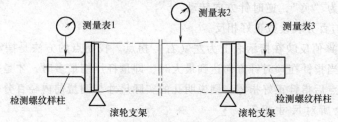

图 2-19　V 形槽滚轮架测量径向圆跳动误差

测量方法：应该将 $\phi 82_{-0.022}^{0}$ mm 外圆分别放置在 V 形架的 V 形槽内，V 形架作为 $\phi 82_{-0.022}^{0}$ mm 外圆模拟基准，但是由此造成无法用直角尺进行检测，故改由 $\phi 88$ mm 外圆作为模拟基准进行测量，因为 $\phi 82_{-0.022}^{0}$ mm 外圆和 $\phi 88$ mm 外圆是以相同的装夹一次加工完成的，测量垂直度误差时基准可以代用（互换），不会产生多大的误差。测量方法如图 2-20 所示，将 $\phi 88$ mm 外圆分别放置在 V 形架的 V 形槽内，并放置在检验平板上，将直角尺底座放在平板上，直角尺靠近法兰被测端面，查看端面与直角尺的最大缝隙，通过塞塞尺，得到塞尺的值，通过计算得到垂直度误差值。

（3）表面粗糙度值检测　一般采用目测和手摸的方法进行检测。本例零件表面粗糙度精度最高的是 $\phi 70_{0}^{+0.19}$ mm 内圆柱面，该表面是采用珩磨加工的，应使用磨削粗糙度样块对比检测，图 2-21 所示为外圆磨削后的检测示意图。同理可以检测内圆磨削面，因为孔深，以两端内孔进行检测。

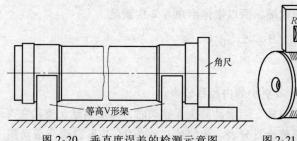

图 2-20　垂直度误差的检测示意图

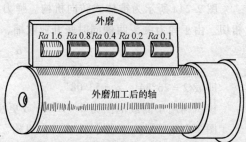

图 2-21　用视觉法检验磨削零件的表面粗糙度值

4. 内径百分表使用过程中的误差分析

（1）内径百分表使用定性误差分析　使用前先用标准环规、外径千分尺或量块及量块附件组成尺寸来调整百分表零位。对好"0"位的内径表，不得松动锁定螺母，以防"0"位变化。如果"0"位变化，就会产生误差。

测量时的情况如图 2-22 所示，对于孔径在径向找最大值，轴向找最小值。对带定位护桥的内径百分表只需在轴向找到最小值即可。测量两平行平面间的距离时，应在上下左右方向上都找最小值。被测尺寸应等于调整尺寸与百分表示值的代数和。须指出，内径百分表顺时针方向转动为"负"，逆时针方向转动为"正"，这与百分表读数正好相反。

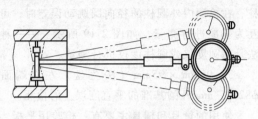

图 2-22　内径百分表测量时的情况

最大（小）值反映在指示表上为左（右）拐点。找拐点的方法是摆动或转动直杆使测头摆动。当指针在顺时针方向达到最大时，即量杆压缩最多时，才是孔径的实际尺寸。若找好拐点后指针正好指零，则说明孔的实际尺寸与测量前内径百分表在标准环规或其他量具上所对尺寸相等。若指针差一格不到零位，则说明孔径比标准环规大 0.01mm；若指针超过零位一格，则说明孔径比标准环规小 0.01mm。如果对拐点判断错误（大小），就会产生读数误差。

内径百分表的等臂转向机构如图 2-23 所示；a、b 为等臂杠杆转向机构，杠杆的两臂长 $a = b$，它们把活动测头 3、6 的位移量传给推杆 2、5，传动比

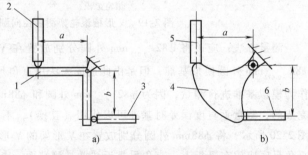

a)　　　　　　　　　　b)

图 2-23　内径百分表的等臂转向机构
a）等壁直角杠杆式　b）菱形杠杆式
1—等壁直角杠杆　2、5—推杆　3、6—活动测头　4—菱形杠杆

为 1。此机构用于测量上限较大的内径百分表。

图 2-24a 所示为锥体式转向机构。弹力测头 1 在弹力的作用下与推杆 2 下端的锥体相切。由于弹力测头两侧同时张开或收缩，所以锥体半角 $\alpha/2$ 应满足

$$\tan \frac{\alpha}{2} = \frac{a}{b} = 0.5$$

即 $\alpha/2 = 26°34'$，$\alpha = 53°08'$。

该机构用于测量范围为 6～18mm 或更小的内径百分表。

图 2-24b 所示为 V 形斜面式转向机构。当活动测头 6 移动时，推动钢球 5 使其在 V 形斜面上移动，通过推杆 4 把位移量传给百分表。为使传动比为 1，V 形斜面与活动测

头轴线的夹角应为45°。此机构用于测量范围为18～35mm的内径百分表。

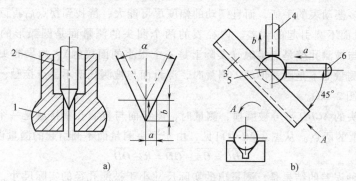

图 2-24　内径百分表的非等臂转向机构

a）锥体式　b）V形斜面式

1—弹力测头　2、4—推杆　3—V形斜面　5—钢球　6—活动测头

（2）内径百分表使用定量误差分析

1）定中心误差。这种误差是由定位护桥引起的，即定位护桥的两臂对测头的轴线不对称，也即 $l_1 \neq l_2$。由于这个误差引起的测量误差如图 2-25a 所示。

如果 $l_1 = l_2$，即 $l_1 - l_2 = 0$，则活动测头和固定测头与校对环规接触点的连线 CA 与校对环规的直径重合，则不产生定中心误差；如果 $l_1 - l_2 \neq 0$，则活动测头和可换测头与校对环规接触点的连线 $A'B'$ 偏离校对环规直径而产生定中心误差。

设 $l_1 - l_2 = a$（图 2-25a），则产生的测量误差 δ 为

$$\delta = \Delta R = \overline{BC} = \overline{OC} - \overline{OB}, \overline{OB} = \overline{OC} - \Delta R = R - \Delta R$$

在 $\triangle B'OB$ 中：

$$(R - \Delta R)^2 = R^2 - a^2$$

解得：

$$\Delta R = \frac{a^2 + \Delta R^2}{2R}$$

当 ΔR^2 很小时，可略去不计，故

$$\Delta R = \frac{a^2}{2R} = \frac{a^2}{D}$$

可见，测量误差与 a^2 成正比，与 D 成反比。为减小这项误差，应严格控制定位护桥两臂对测头轴心线的对称性。

2）操作误差。测量过程中，在径向截面内没有找到拐点（最大值）就进行读数而引起的测量误差（图 2-25b）为操作误差 ΔD：

$$\Delta D = \overline{AB} - \overline{CB} = \frac{\overline{CB}}{\cos\alpha} - \overline{CB} = D\left(\frac{1}{\cos\alpha} - 1\right)$$

$$= D\ (\sec\alpha - 1)\ = R\alpha^2$$

可见，由于操作误差而没有在径向截面内找到最大值而引起的测量误差，与被测孔

的半径及测头的轴线与径向截面的倾角（用弧度表示）的平方成正比。为了减小这项误差，应该多摆动表的手柄，而且摆动的幅度尽可能大，待找到拐点后再读数。

3）测量面不圆引起的误差。内径表的两个测头的测量面是圆弧形的球面，测量时，测量面与被测孔壁是点接触（实际上是一个很小的面接触）。如果测头磨损或者质量不合格，测量面不是圆弧形的，测量时，测量面与被测孔壁不是点接触，于是产生了测量误差（图 2-26）。

假设测头的 $ACBD$ 部分被磨损，测量时，测量面与被测孔壁接触是一个环形，A 和 B 是接触环上的两点。从图 2-26 中可见，由于测头测量面不圆引起的测量误差 $\overline{DC}$ 为

$$\overline{DC} = \overline{OA} - \overline{OD} = R - \overline{OD}$$

造成这种误差的结果是，测量出的实际尺寸小于被测孔径的实际尺寸。

按保护百分表的方法保护内径百分表。此外，还要特别注意：使用时，按动百分表活动测头不要用力过大；不得使灰尘、油污、水等进入百分表和内径百分表手柄和主体内；用毕擦干净，放入盒内固定位置，放在干燥无酸气的地方保存。

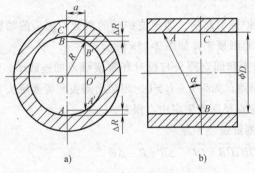

图 2-25　内径百分表的测量误差

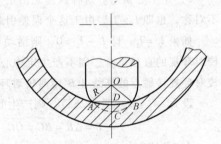

图 2-26　测头不圆引起的测量误差

三、双偏心薄壁套的检验

图 2-27 所示为双偏心薄壁套，材料为 45 钢，调质至 250HBW。

1. 精度分析

（1）几何尺寸

1）径向尺寸。

① 外圆 $\phi 45_{-0.016}^{0}$ mm，公差等级为 IT6 级；外圆 $\phi 44_{-0.025}^{0}$ mm，公差等级为 IT7 级；用分度值为 0.001mm、量程为 25～50mm 的电子数显外径千分尺测量。$\phi 48$mm 未注公差，查表得到 $\phi(48 \pm 0.3)$mm，用 150mm 游标卡尺测量。

② 内孔 $\phi 21_{0}^{+0.021}$ mm，公差等级为 IT7 级；$\phi 10_{0}^{+0.022}$ mm（两处），公差等级为 IT8 级；$\phi 40_{0}^{+0.025}$ mm，公差等级为 IT7 级；用内测千分尺测量。

2）轴向尺寸 $35_{0}^{+0.025}$ mm，公差等级为 IT7 级，用 25～50mm 的深度千分尺测量。20mm、55mm、80mm 未注公差，查表得：(20 ± 0.2)mm、(55 ± 0.3)mm、(80 ± 0.3)mm，用游标深度卡尺和游标卡尺测量。

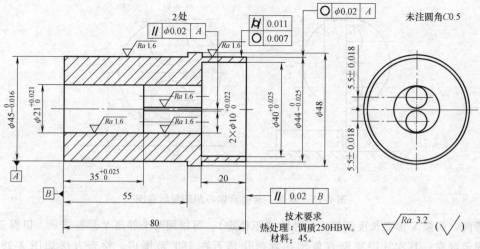

图 2-27　双偏心薄壁套

3）偏心距（5.5 ± 0.018）mm，为 $180°$ 方向对称偏心，公差等级在 IT9 ~ IT10 级之间，用打表的方法测量。

（2）几何误差

1）$2 \times \phi 10^{+0.022}_{0}$ mm 偏心圆中心线对 $\phi 45^{0}_{-0.016}$ mm 外圆轴线的平行度公差为 $\phi 0.02$ mm。

2）$\phi 44^{0}_{-0.025}$ mm 外圆轴线对 $\phi 45^{0}_{-0.016}$ mm 外圆轴线的同轴度公差为 $\phi 0.02$ mm，用打表的方法测量。

3）$\phi 44^{0}_{-0.025}$ mm 外圆的圆度公差为 0.007 mm；圆柱度公差为 0.011 mm，用外径千分尺或打表的方法测量。

4）左、右两端面的平行度公差为 0.02 mm，用打表的方法测量。

（3）其他

1）表面粗糙度：内孔 $\phi 10^{+0.022}_{0}$ mm（两处）、$\phi 21^{+0.021}_{0}$ mm 和外圆 $\phi 45^{0}_{-0.016}$ mm、$\phi 44^{0}_{-0.025}$ mm 为 $Ra 1.6 \mu m$；其余为 $Ra 3.2 \mu m$。

2）力学性能：热处理调质后的硬度为 250HBW。

2. 检测量具和辅具

分度值为 0.001 mm、量程为 25 ~ 50mm 的电子数显外径千分尺，5 ~ 30mm 和 25 ~ 50mm 的内测千分尺、150mm 的游标卡尺、25 ~ 50mm 的内径指示表、千分表及其表架、长杆杠杆百分表、游标高度卡尺、量块、检验平台、V 形架、检验心轴（标准圆柱）、100mm 宽座直角尺等。

3. 零件检测

（1）尺寸测量

由于篇幅所限，仅仅对偏心距测量进行叙述，其余几何尺寸测量略。图 2-28 所示为双偏心薄壁套偏心距测量示意图。

首先，把 V 形架放在检验平板上，将该零件 $\phi 45^{0}_{-0.016}$ mm 外圆放置在 V 形架的 V 形

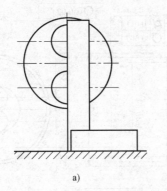

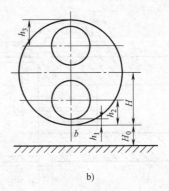

a)　　　　　　　　　　　　　b)

图 2-28　双偏心薄壁套偏心距测量示意图

槽内，如果 V 形架长度不够支承外圆（不稳定），可以用两个等高 V 形架支承，以保证固定可靠；其次，用宽座直角尺查看两孔是否在 180°范围内，检查方法如图 2-28a 所示。

测量方法如图 2-28b 所示。用游标高度卡尺测量 $\phi21^{+0.021}_{0}$ mm 素线最低处得到一个值，根据该值选择量块组值，把长杆杠杆百分表安装在游标高度卡尺上，将测头放在量块组上调整零位；调整好零位后测头移动到 $\phi21^{+0.021}_{0}$ mm 素线最低处，读数与量块的代数和得到 H_0；移动测头到 b 孔的最低处的读数与量块值的差值为 h_1；用内径千分尺测量孔径 $\phi21^{+0.021}_{0}$ mm 得到 D；测量孔径 $\phi10^{+0.022}_{0}$ mm 得到 d，由图 2-28b 可得到如下公式：

$$e = H - h_2 = \frac{D}{2} - \left(h_1 + \frac{d}{2}\right)$$

式中　e——偏心距；

　　　D——孔径 $\phi21^{+0.021}_{0}$ mm 的实测值；

　　　d——孔径 $\phi10^{+0.022}_{0}$ mm 的实测值；

　　　h_1——小孔素线最低点到大孔素线最低点的距离。

用同样的方法可以测量另一孔的偏心距。

（2）几何公差

1）$2 \times \phi10^{+0.022}_{0}$ mm 偏心圆中心线对 $\phi45^{0}_{-0.016}$ mm 外圆轴线的平行度误差检测。

线与线的平行度误差检测方法最常见的是图 2-29 所示的检测方法。而本例 $\phi10^{+0.022}_{0}$ mm 偏心圆中心线对 $\phi45^{0}_{-0.016}$ mm 外圆轴线的平行度误差检测，也属于线对线的平行度误差测量，需要在多个方向测量，取其中最大值作为该被测要素的测量结果。

该零件不同的是用图 2-29a 中一个 V 形架放在检验平板上，将该零件 $\phi45^{0}_{-0.016}$ mm 外圆放置在 V 形架的 V 形槽内，模拟其轴线基准；用长 100mm 以上的 $\phi10$ mm 标准圆柱插入一个 $\phi10^{+0.022}_{0}$ mm 偏心圆孔内（无间隙插入），以该圆柱模拟 $\phi10^{+0.022}_{0}$ mm 偏心圆中心线；将安装好的百分表连同表架放置在 $\phi10$ mm 标准圆柱素线上，在测量距离为 L_2（零件总高度为 80mm）的两个位置上测得的读数分别为 N_1、N_2，平行度误差为：

$$\delta = \frac{L_1}{L_2}(N_1 - N_2)$$

式中　L_1——被测孔的长度（本例为 80mm－35mm－20mm＝25mm）。

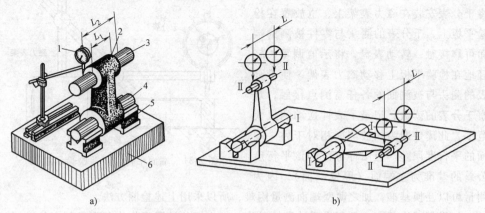

图 2-29　线与线平行度误差检测示意图

1—指示表　2—被测件　3、4—心轴　5—V 形架　6—检验平板

再按图 2-29b 所示，在 0°～180°范围内按上述方法测量若干个不同角度位置，取各测量位置所对应的 δ_i 值中最大值，作为该零件的平行度误差。

以同样的方法测量另一 $\phi 10^{+0.022}_{0}$ mm 孔的平行度误差，判断是否在 $\phi 0.02$mm 范围内。

2）$\phi 44^{0}_{-0.025}$ mm 外圆轴线对 $\phi 45^{0}_{-0.016}$ mm 外圆轴线的同轴度误差检测，用打表的方法测量。

检验方法：若 $\phi 44^{0}_{-0.025}$ mm 外圆的圆度误差和圆柱度误差较小，可用图 2-30a 所示的方法近似测量同轴度误差。转动被测零件，测量若干个截面，取各截面测量读数差中的最大值为同轴度误差。

3）$\phi 44^{0}_{-0.025}$ mm 外圆的圆度、圆柱度误差检测，用外径千分尺或打表的方法。

一般用测量特征参数的近似方法来测量圆度误差和圆柱度误差。如图 2-30b 所示，零件回转一周，指示表读数最大差值的一半为该截面圆的圆度误差；连续测量若干个横截面，取各截面内测得的所有读数中最大与最小读数的差的一半，为圆柱度误差。

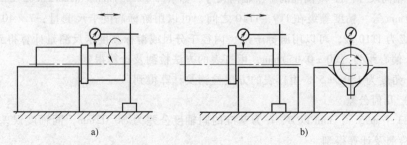

图 2-30　圆度误差、圆柱度误差及同轴度误差的测量示意图

4）左右两端面的平行度误差检验，用打表的方法。

用检验平板和千分表检测平行度误差，检测方法如图 2-31 所示。将零件的右端面

（薄壁端面）稳定地平放在检验平板上，将千分表安装在磁力表架上，也放置在检验平板上，千分表的测头与零件被测的端面可靠接触，转动表盘，将示值调零，轻轻地在检验平板上移动磁力表架，使千分表的测头与被测面的各任意测点接触，观察千分表的读数，记录下表针摆动的最大范围，此读数即为该被测面相对于另一端面的平行度误差。但图样标注的该平行度公差的基准为左端面（厚壁端面），因为

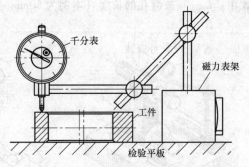

图 2-31　端面平行度误差检验示意图

测量可以互换基准，加之薄壁端面测量困难，所以采用上述检测方法。

如果是互为基准，还须将零件翻转过来，以上述的被测面作为基准重新定位，原基准面变成了被测面，用同样方法测量该面，该面的平行度误差也不超过公差值时，才说明零件的该项检测合格。

◈◈◈ 第三节　四拐曲轴检验训练实例

1. 图样

图 2-32 所示为四拐曲轴零件图，材料为 HT600—3，该曲轴结构复杂，精度要求高，为单件生产。

2. 零件几何量精度分析

（1）几何尺寸（主要尺寸）

1）径向尺寸：两端轴径 $\phi75_{-0.019}^{0}$ mm，为 B、C 基准，精度等级为 IT6 级；四个曲柄颈直径为 $\phi70_{-0.019}^{0}$ mm；左端轴径 $\phi55_{+0.002}^{+0.018}$ mm，精度等级在 IT5 ~ IT6 之间；轴颈直径用分度值为 0.001mm 的杠杆千分尺测量。

2）轴向尺寸：按 60 间隔的 7 个轴向尺寸，如（60±0.05）mm、（120±0.05）mm、（180±0.05）mm 等，精度等级在 IT9 ~ IT10 之间，可以用游标高度卡尺测量；$7 \times 40_{0}^{+0.1}$ mm，精度等级为 IT10 级，可以用游标卡尺、内径千分尺或游标高度卡尺测量计算得到等。

3）偏心距为（60±0.05）mm，用打表的方法检测及计算得到。

4）角度为 180°±5′，用打表的方法检测及计算得到。

（2）几何公差

1）3 个 $\phi75_{-0.019}^{0}$ mm 以 B、C 为基准的同轴度公差为 $\phi0.02$mm，同轴度误差用打表的方法检测及计算得到。

2）4 个 $\phi70_{-0.019}^{0}$ mm 以 B、C 为基准的平行度公差为 $\phi0.03$mm，平行度误差用双表打表的方法进行检测。

3）17 处端面圆跳动，用打表的方法检测。

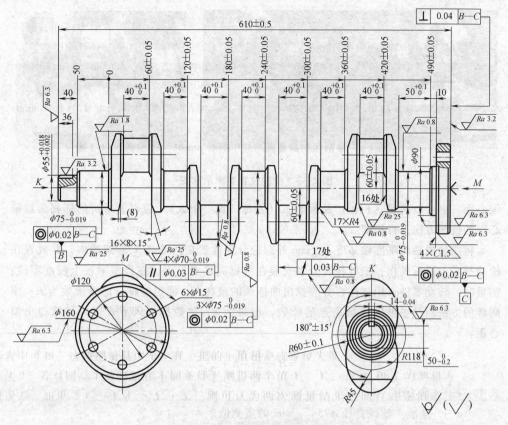

图 2-32 四拐曲轴零件图

4）法兰端面与两端 $\phi 75 {}^{\ 0}_{-0.019}$ mm 以 B、C 为基准的垂直度误差检验。

（3）表面粗糙度和有关特性要求　轴颈直径处的表面粗糙度值是最高的，为 $Ra0.8\mu m$，其余根据功能不同分别为 $Ra3.2\mu m$、$Ra6.3\mu m$、$Ra25\mu m$ 不等，用目测的方法进行检测。

3. 检测量具（辅具）

带前后顶尖的检验平台、一对 V 形架、量块、百分表、杠杆百分表及表架、游标高度卡尺、外径千分尺、内径千分尺、检验平板等。

4. 零件检测

（1）几何尺寸测量

1）轴颈测量。双手握在曲轴的两端，不要握在主轴颈位置（图 2-33a），否则放在 V 形架上时容易压伤手指；水平放置曲轴（图 2-33b），不要倾斜，不然会影响测量结果，用十字测量法对轴径进行测量。

2）偏心距测量。

①用 V 形架检测：先测主轴中心，后测偏心轴中心，用游标高度卡尺测偏心轴的高度减去偏心轴的半径，然后测出主轴直径的中心，主轴的中心到偏心轴的中心就是其

a)　　　　　　　　　　　　　　　　b)

图 2-33　曲轴放置要求示意图

偏心距。也可以参照《机械产品检验工（基础知识　中级）》教材上所讲的单拐曲轴偏心距的检测方法进行检测。

将曲轴主轴两基准轴 $\phi75^{\ 0}_{-0.019}$ mm 外圆柱分别放置在两等高 V 形架槽内，并放置在检验平板上进行操作；把杠杆百分表安装在游标高度卡尺上，在检验平板上校准零位；测量时，转动零件，用杠杆百分表找出曲柄颈的最高点，固定零件，记录读数为 H；用同样的方法测量主轴轴颈最高点的读数，记录为 h；将数据代入下式可以计算得出偏心距：

$$e = H - \frac{d_1}{2} - h + \frac{d}{2}$$

式中　e——偏心距；

　　　d——基准主轴颈直径 $\phi75^{\ 0}_{-0.019}$ mm 的实测值；

　　　d_1——曲柄颈直径 $\phi70^{\ 0}_{-0.019}$ mm 的实测值。

② 用两端带顶尖的检验平台测量：如图 2-2 所示，将曲轴安装在两端带顶尖的检验平台上，用游标高度卡尺测量 H、h，用杠杆千分尺测量 d、d_1，然后根据上述公式计算得到偏心距。

3）角度测量。四个曲柄颈 180° 均布的检查如图 2-34 所示，也可参看图 2-5 进行测量。将零件放在检验平板上，用一对标准 V 形架支承零件两端轴颈；将百分表安装在表架上，测头移动到 $\phi75^{\ 0}_{-0.019}$ mm 轴颈素线最高点，调整两端轴颈使支承处轴径 $\phi75^{\ 0}_{-0.019}$ mm 的轴线与检验平板平行。若两主轴颈实际直径 D 为 74.99mm，曲柄颈 d_1 和 d_2 实际直径分别为 69.99mm 和 69.98mm，实际偏心距为 60.01mm。测得的 M 值为 150mm，则量块高度 h 应为

$$h = M - \frac{D}{2} - e\sin\theta - \frac{d_1}{2}$$

$$= 150\text{mm} - \frac{74.99\text{mm}}{2} - 60.01\text{mm} \times \sin0° - \frac{69.99\text{mm}}{2}$$

$$= 77.51\text{mm}$$

若测得 $H = 147.50$mm，$H_1 = 147.30$mm，则两曲柄颈的中心高之差 ΔH 为

$$\Delta H = \left(H - \frac{d_1}{2}\right) - \left(H_1 - \frac{d_2}{2}\right)$$

$$= \left(147.50\text{mm} - \frac{69.99\text{mm}}{2}\right) - \left(147.30\text{mm} - \frac{69.98\text{mm}}{2}\right)$$

$$= 0.195\text{mm}$$

$$\Delta\theta = \arcsin\frac{\Delta H}{e}$$

$$= \arcsin\frac{0.195\text{mm}}{60.01\text{mm}} \approx \arcsin 0.00325$$

$$= 0.1862°$$

$$\Delta\theta = 11.17' = 11'10''$$

经测量分析，夹角误差为 11′10″，符合 ±15′角度公差范围，分度误差合格。用同样的方法继续测量另一曲柄颈的 180°夹角误差，并判断合格情况。

（2）几何公差测量

1）三个 $\phi75_{-0.019}^{\ 0}$mm 以 B、C 为基准的同轴度误差检测方法。因为所有轴径及轴径线上各部分尺寸的加工均以两中心孔为定位基准，所以车间的工艺规程中一般规定同轴度均由设备（工艺）来保证，不再检验。

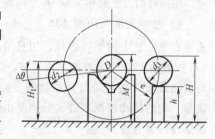

图 2-34　用量块测量曲轴
曲柄颈夹角误差

但是有时检验工艺（检验卡片）中规定需要检查多轴径同轴度，这时，可以将曲轴安装在两端带顶尖的检验平台上，中心孔模拟两个 $\phi75_{-0.019}^{\ 0}$mm 主轴径中心轴线，再用两个安装在同一垂直方向上的指示表，调零后在轴向测量，使得指示表沿被测三个 $\phi75_{-0.019}^{\ 0}$mm 中的一个轴径垂直轴线的正截面上，测得几个对应点的读数差 $|h_a - h_b|$ 作为该截面上的同轴度误差值，转动被测零件按上述方法测量若干个截面，取各截面测得读数差中的最大值（绝对值）作为该轴径的同轴度误差值，如果在 0.02mm 范围内，则为合格，否则不合格。用同样的方法测量另外两个 $\phi75_{-0.019}^{\ 0}$mm 对 B、C 基准的同轴度误差，并判断合格情况。

2）四个 $\phi70_{-0.019}^{\ 0}$mm 以 B、C 为基准的平行度误差检测方法。如图 2-35 所示，把零件两端的主轴颈安放在一对标准的 V 形架上，用指示表找正两端主轴颈在同一高度上（注意轴颈的半径误差）；再用两个安装在同一垂直方向上的指示表，使得指示表沿被测曲柄颈上下两条素线移动，并记录两指示表的读数值，求出读数差值之半，并记录；转动零件（在 180°范围内，取若干截面），用同样的方法测量，得到若干个读数差值之半，均记录；取其中最大值作为该曲柄颈对基准主轴颈 B、C 基准轴线的平行度误差值；同理可以测量另外三个 $\phi70_{-0.019}^{\ 0}$mm 对基准主轴颈 B、C 基准轴线的平行度误差值，均小于 0.03mm 为合格。

3）17 处轴向圆跳动误差的测量方法。用打表的方法检测。图 2-36 所示为中间三

个 $\phi75_{-0.019}^{0}$ mm 径向圆跳动误差测量示意图，将两端 $\phi75_{-0.019}^{0}$ mm 轴颈放置在一对等高 V 形架上，调整零位（与检验平板平行），并且一端轴向固定；将安装好的百分表，放置在轴颈素线上，慢慢转动零件一周以上，查看并记录百分表读数的最大差值，该差值即为此截面的径向圆跳动误差；按上述方法测量若干截面，并记录；取各截面跳动量最大值，作为该轴颈的径向圆跳动误差。

本例是要求测量轴向圆跳动误差，将曲轴安装在两端带顶尖的检验平台上，中心孔模拟两个 $\phi75_{-0.019}^{0}$ mm 主轴颈中心轴线，将上述百分表（或杠杆百分表）转动90°指向曲柄颈（主轴颈）端面，调整零位，转动零件至少一周，在此过程中，百分表读数的最大值与最小值的差值，即为单个测量圆柱面上的轴向圆跳动误差。将百分表沿被测端面径向移动，测得若干个测量圆柱面上的轴向圆跳动误差，取其中最大值作为该测量轴向的圆跳动误差。用同样的方法测量其他 16 个端面，17 个值都在 0.03mm 范围内，即该检测项目合格。

4）法兰端面与两端 $\phi75_{-0.019}^{0}$ mm 为 B、C 基准的垂直度误差检测。最简单的办法就是将右侧法兰上的螺栓去掉，用直角尺和塞尺进行垂直度的测量，即将主轴颈 $\phi75_{-0.019}^{0}$ mm 放置在 V 形架的槽内，模拟 B、C 基准，用标准角尺放在检验平板上，使其垂直面与被测端面（法兰端面）相接触，此时两者的最大间隙，即为该测量位置上的垂直度误差，然后转动被测零件，分别测出若干个位置处的垂直度误差，取其中的最大值作为该零件的垂直度误差。

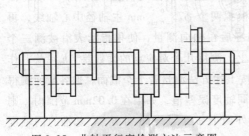

图 2-35　曲轴平行度检测方法示意图

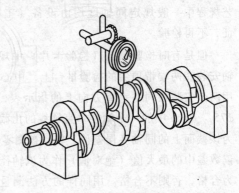

图 2-36　曲轴径向圆跳动误差测量示意图

（3）表面粗糙度值测量　轴颈直径处的表面粗糙度值是最低的，用目测的方法即可得到；其余也采用此方法测量。

5. 重点、难点测量及讲评

曲轴作为发动机的主要零件之一，单从零件的单元看，不复杂，主要由几个直径不同（或几类不同尺寸）的圆柱组成，与主轴有一定的偏心距。但是组合起来，就比较复杂，几何公差要求比较多，而且精度也相对比较高，有的相互位置是空间几何形状，所以检测比较困难。前面也讲过，主轴和曲柄之间的角度，也就是位置关系，有 60°、90°、120°、180°不等，它们的位置测量是有难度的。重点掌握角度用量块组合的测量方法。

另外，有的几何误差检测数量比较大，一定要把所有的要求全部检测到位。

6. 误差分析

在垂直度误差检测过程中，该方法是一个较近似的方法。也许我们已经看到，采用这种方法时，测量结果与 V 形架的高度有一定的关系。如果采用同样的测量方法，对于同样的零件、同样的部位，高度越高，间隙就会越大。所以应该把高度考虑进去，进行计算时就会减小此测量误差。

◈◈◈ 第四节 薄壁（精密）圆筒、多孔轮套检验训练实例

一、薄壁精密圆筒的检验

本例为有色金属产品检验，对于黑色金属加工和检验的内容，讲述得比较多，加工和检验的特点两者有一定的区别。有色金属材料较黑色金属而言比较软，容易变形，在加工和检验过程中，应注意变形问题，如果零件特别薄，装夹和固定时应特别注意。本例为铸造用锡青铜，因铅的质量分数为 2% ~ 4%，其切削工艺性能得到改善，在切削工艺分类中，一般有色金属都属于易切削类，而 ZCuSnSPb5Zn5 比一般有色金属还要好。

1. 图样分析

图 2-37 所示零件为铜衬套，材料为 ZCuSnSPb5Zn5，每批加工数量为 50 件。

2. 零件几何量精度分析

（1）几何尺寸

1）孔径尺寸。外径 $\phi104e9$ $\binom{-0.072}{-0.159}$，精度等级为 IT9；外径 $\phi120mm$，未注公差，查表得到 $\phi(120 \pm 0.3)mm$，均用游标卡尺测量。内径 $\phi90H6$ $\binom{+0.022}{0}$，精度等级为 IT6，用内测千分尺测量。

2）轴向尺寸。$10^{+0.1}_{0}$ mm 属于非标准公差，精度等级在 IT11 ~ IT12 之间；$33^{+0.1}_{0}$ mm 精度等级为 IT10；$46^{0}_{-0.1}$ mm 精度等级为 IT10；均用数显游标高度卡尺测量；两个槽宽 2mm × 0.5mm（槽深），可以目测检验。

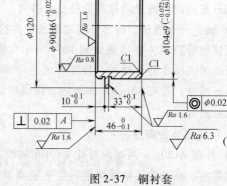

图 2-37 铜衬套

（2）几何公差

1）垂直度公差。

① 外圆 $\phi120mm$ 两端面对孔 $\phi90H6$ 轴线的垂直度公差为 0.02mm，用打表的方法检测。

② 零件 $\phi104e9$ 左端面对孔 $\phi90H6$ 轴线的垂直度公差为 0.02mm，用打表的方法检测。

2）同轴度公差。$\phi104e9$ 对孔 $\phi90H6$ 轴线的同轴度公差为 $\phi0.02mm$，用打表的方法检测。

（3）表面粗糙度和有关特性要求　内孔 $\phi90H6$ 和外圆 $\phi104e9$ 表面粗糙度值为 $Ra0.8\mu m$，两端面表面粗糙度值为 $Ra1.6\mu m$，其余为 $Ra6.3\mu m$，用目测的方法检测。

3. 检测量具（辅具）

使用量具和辅具：游标卡尺、外径千分尺、内测千分尺、两点内径千分尺、弯板、千斤顶、活头千斤顶、百分表及表架、检验平板、有色金属表面粗糙度样块和表面粗糙度检测仪等。

4. 零件检测

（1）几何尺寸测量

1）内孔直径 $\phi90H6$ （$^{+0.022}_{0}$）的检验。

① 用内测千分尺采用十字测量法直接测量得到内径值，若尺寸在 90～90.022mm 范围内，则说明被测孔是合格的。

② 用标准套规调整内径指示表指针零位，测量时，将内径指示表插入零件内孔中，沿被测孔的轴线方向测量三个截面，对每个截面要在相互垂直的两个部位上各测一次。若指示表指针在 0～0.022mm 范围内摆动，则说明被测孔是合格的。

2）外径 $\phi104e9$ （$^{-0.072}_{-0.159}$）和 $\phi120mm$ 的检测。用外径千分尺在几个截面上用十字测量法测量得到外径值，测量时应注意不能使用较大的力，即测头接触后，使用测量机构（棘轮）听到"吱吱"的声音 2～3 次后，取下量具进行读数。若 $\phi104mm$ 尺寸在 103.928～103.841mm 范围内，则说明被测轴径是合格的；若 $\phi120mm$ 尺寸在 119.7～120.3mm 范围内，则说明被测轴径是合格的。

3）轴向尺寸测量。将零件右端面放置在检验平板上，用数显游标高度卡尺测头与左端面接触后归零，移动测头到 $10^{+0.1}_{0}$ mm 台阶端面上，读数，尺寸若在 10～10.1mm 内，则说明该尺寸是合格的；将零件另一个端面放置在检验平板上，同样的方法测量 $33^{+0.1}_{0}$ mm 尺寸；若在 33～33.1mm 内，则说明该尺寸是合格的；用同样的测量方法测量 $46^{0}_{-0.1}$ mm 尺寸。

（2）几何公差测量

1）外圆 $\phi120mm$ 两端面对孔 $\phi90H6$ 轴线垂直度误差检测。测量方法如图 2-38 所示，测量前，将基准孔轴线调整到与平板测量面垂直，将零件端面用三个千斤顶（活头千斤顶）支承在检验平板上；把弯板（弯板在平台检测中作为直角使用）放置在检验平板上，百分表的表座工作面靠在弯板的垂直工作面上，水平移动百分表，使其与 $\phi90H6$ 内圆柱面上某一处到弯板工作面的最近点接触，表归零；上下移动测头，调整活头千斤顶至上下移动测头无变化为止；也就是已经调整到孔轴线与平板垂直。将一个装有杠杆百分表及表架的装置，放置在外圆 $\phi120mm$ 的一个端面上，测头与端面接触，然后测量整个被测表面，并记录读数，取最大读数差值作为该端平面的垂直度误差。该测量面测量误差后，将表测头转到刚才测量面的对面，用上述方法测量整个被测面，得到该端面的垂直度误差。如果两个值都在 0.02mm 范围内，则说明该垂直度误差在公差范围内，合格。

2）零件外圆 φ104e9 左端面对孔 φ90H6 轴线垂直度误差的检测。用上述方法进行测量：把杠杆百分表测头移动到 φ104e9 端面，使测头与端面接触，然后测量整个被测表面，并记录读数，取最大读数差值作为该端平面的垂直度误差。如果测量值在 0.02mm 范围内，则说明该垂直度误差符合要求。

3）外圆 φ104e9 轴线对孔 φ90H6 轴线同轴度误差的检测。用径向变动测量装置测量（可以是圆柱度仪或圆度仪等），测量方法如图 2-39 所示。测量时，调整孔 φ90H6 轴线，使其与测量装置同轴，并用活头千斤顶使其端面垂直于回转轴线。在同一张记录纸上记录基准和被测要素的轮廓。由轮廓图形用最小区域法求各自的圆心，取两圆心距离的两倍值作为该零件的同轴度误差。

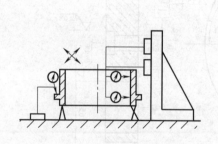

图 2-38　测量垂直度误差

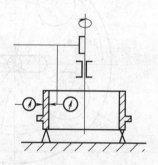

图 2-39　测量同轴度误差

（3）表面粗糙度值的检测。用目测的方法测量各表面的粗糙度值，一定要注意粗糙度样块的选择，最好是同种材质的，如果手头没有，可以用粗糙度检测仪测量，不断积累检测有色金属表面粗糙度值的经验。

5. 重点、难点测量及讲评

作为有色金属代表的铝合金、铜合金、纯铜等零件的检验时有发生，通过对其检测会积累一定的经验。一般情况下，有色金属和黑色金属的检验从产品零件的结构尺寸的测量上看，没有太大的差异，只是针对不同的结构，检验方法会有些不同。本例因为其壁厚比较小，所以在检测时，会有一定的难度，用内径百分表测量会产生变形，所以用内测千分尺测量，如果有大直径的三爪内径千分尺，会更好一些。

6. 误差分析

由于零件材料比较软，而且比较薄，如果使用内径量表（内径百分表），由护桥产生的力足以使零件变形，从而造成测量误差。所以采用内测千分尺或两点内径千分尺，前者测量头是矩形（小尺寸的是圆柱测头）的，后者是圆柱形，大多是平头，如果测量内孔直径比较大，它们相互接触不会产生明显的误差；如果是球头的，测头和被测部位就是点接触，不会产生测量误差；在使用量具测量时应观察判断，是否会形成误差，误差数量级有多大，是否违反了测量原则。本例如果使用内径百分表测量就不产生变形，应该是比较好的选择。

二、多孔轮套的检验

1. 图样

图 2-40 所示为一多孔轮套零件，为平面磨削后，铣削加工孔的零件。

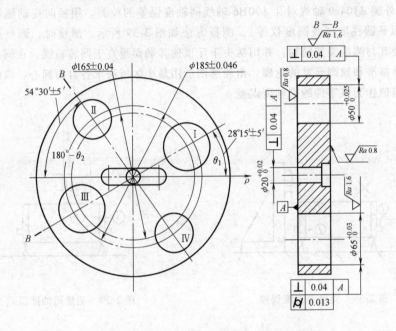

图 2-40　铣削加工多孔轮套零件简图

2. 零件几何量精度分析

（1）几何尺寸

1）孔径的精度。孔径 $\phi 50^{+0.025}_{0}$ mm（两孔），精度等级为 IT7；孔径 $\phi 65^{+0.03}_{0}$ mm（两孔），精度等级为 IT7；$\phi 20^{+0.02}_{0}$ mm 是非标准公差，精度等级在 IT6 ~ IT7 之间；均可以用内径千分尺测量。

2）偏心距及角度。孔径中心距以极坐标形式表示，$\phi 50^{+0.025}_{0}$ mm 的中心在直径 $\phi(185 \pm 0.046)$ mm 圆上，与水平面夹角为 54°30′ ± 5′；$\phi 65^{+0.03}_{0}$ mm 的中心在直径为 $\phi(165 \pm 0.04)$ mm 的圆上，与水平面夹角为 28°15′ ± 5′。

（2）几何公差

1）孔径 $\phi 65^{+0.03}_{0}$ mm 的圆柱度公差为 0.013mm，用内径千分尺测量。

2）孔径 $\phi 50^{+0.025}_{0}$ mm 轴线与端面基准 A 的垂直度公差为 0.04mm，用打表的方法测量。

3）孔径 $\phi 65^{+0.03}_{0}$ mm 轴线与端面基准 A 的垂直度公差为 0.04mm，用打表的方法测量。

4）孔径 $\phi 20^{+0.02}_{0}$ mm 轴线与端面基准 A 的垂直度公差为 0.04mm，用打表的方法测量。

（3）表面粗糙度 孔 $\phi 65^{+0.03}_{0}$ mm 和孔 $\phi 50^{+0.025}_{0}$ mm 内表面粗糙度值为 $Ra1.6\mu m$，端面粗糙度值为 $Ra0.8\mu m$，用目测方法测量。

3. 检测量具（辅具）

使用测量器具：内径千分表（内测千分尺）、量块及附件、百分表及表架、标准心轴（圆柱）、直角尺、塞尺、检验平板、V 形架等。

4. 零件检测

（1）几何尺寸测量

1）孔径尺寸的测量。由于孔径尺寸精度在 IT6～IT7 之间，精度要求比较高，应选用内径千分表进行测量，采用十字测量法进行测量，读数并记录，取最大、最小值作为孔径的实测值（十字测量两个方向测量值一致时，记录一个值）。如本例中孔 Ⅰ、Ⅱ、Ⅲ、Ⅳ 的实际孔径分别为 65.010mm、50.010mm、65.015mm 和 50.011mm；$\phi 20$mm 孔径测得为 20.012mm，均在公差范围内，该零件孔径合格。

2）偏心距及角度的测量

① 偏心距的测量。制作测量用台阶心轴，一端与基准孔小锥度配合，间隙为零，另一端与被测孔孔径相等；制作测量棒，则测量棒的直径可分别加工至 $\phi 65.008$mm 和 $\phi 50.008$mm 并与其对应的被测孔配合；用外径千分尺测量出两配合后测量棒素线最大外缘尺寸 ϕ；为了减小误差，需要测量出两孔中插入的测量棒的实际直径值 d_1、d_2，然后用公式计算得出孔距 D（极径）。

$$D = \phi - \left(\frac{d_1}{2} - \frac{d_2}{2} \right)$$

② 角度的测量。把零件（外圆）放置在 V 形架槽内，用杠杆百分表将中心槽调至与检验平板平行；孔 Ⅰ 中插入 $\phi 65.008$mm 测量棒（或标准圆柱，下同），中心孔中插入 $\phi 20.008$mm 测量棒；用百分表和量块组合测量出孔 Ⅰ 中测量棒外圆柱最高点到检验平板的距离 H_1；用同样的方法测量出中心孔处测量棒外圆柱最高点到检验平板的距离 H_2；最后用外径千分尺测量出两个检测棒最大外缘距离 L；孔 Ⅰ 中心和中心孔中心及孔 Ⅰ 中心引垂线与外圆水平线的交点 P 组成的直角 $\triangle O_1 OP$ 中，通过计算可以得到被测角度值 θ_1。

（2）几何公差测量

1）孔 $\phi 65^{+0.03}_{0}$ mm 圆柱度误差检测。按照上述测量孔径的方法，以轴线方法选取若干个截面，本例取距两端 5mm 处各一点和轴线方向中点一处，共三个截面处进行测量；用内径指示表在三处测量得到六个直径值，并记录这些数据；取六个值中最大和最小的差值的一半作为孔 $\phi 65^{+0.03}_{0}$ mm 的圆柱度误差值，在 0.013mm 范围内合格，否则不合格。

2）孔径 $\phi 50^{+0.025}_{0}$ mm 轴线与端面基准 A 的垂直度误差检测。本例属于线对面的垂直度误差检测，在检测时，对于轴线可直接用圆柱面（检验心轴、检验棒或标准圆柱）来体现，因为轮套零件厚度尺寸不太大，可以采用间隙法进行测量，检测方法如图2-41所示。

检测前，将零件 A 基准面朝上放置在检验平板上；检测时，将 $\phi50.008mm$ 的心轴插入被测孔 II（$\phi50^{+0.025}_{0}mm$），即用心轴模拟被测轴线；把直角尺放在基准 A 表面上，使其在给定方向上与心轴素线相接触（图2-42），在相距 L_1 长度范围内测得两者之间的最大间隙 f_1，按下式求得零件 $\phi50^{+0.025}_{0}mm$ 孔径在给定方向上的垂直度误差。

$$f = f_1 \frac{L}{L_1}$$

式中　f_1——在实测长度上的最大间隙值；

　　　L_1——实测长度；

　　　L——被测要素全长。

3）孔径 $\phi65^{+0.03}_{0}mm$ 轴线与端面基准 A 的垂直度误差检测。$\phi65^{+0.03}_{0}mm$ 孔径轴线垂直度误差，完全可以按上述方法进行检测。也可以用打表的方法进行测量，检测方法如图2-42所示。

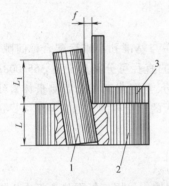

图2-41　用间隙法检测垂直度误差示意图
1—心轴　2—被测零件　3—直角尺

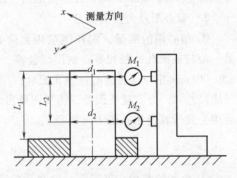

图2-42　用打表法检测垂直度误差示意图

检测前，将被测零件基准 A 端面朝下放置在检验平板上（与检验平板测量面紧密贴合），即检验平板模拟端面基准 A；把直角座放在被测零件一侧以直角座垂直面为测量基准；将 $\phi65.008mm$ 的心轴插入被测孔 III（$\phi65^{+0.03}_{0}mm$），即用心轴模拟被测轴线；用指示表测量被测轴（心轴）的外圆素线，在距离为 L_2 的两个测量点的读数值 M_{1x} 和 M_{2x}。为消除被测圆柱面直径偏差的影响，还应该测出两测点位置处的直径 d_{1x}、d_{2x}；将被测零件在原位置上转动90°，再测出 M_{1y} 和 M_{2y} 以及 d_{1y}、d_{2y}；按下式计算求得两个测量方向上的垂直度误差。

在 x 方向上：　　　$f_x = \left| (M_{1x} - M_{2x}) + \dfrac{d_{1x} - d_{2x}}{2} \right| \dfrac{L_1}{L_2}$

在 y 方向上：　　　$f_y = \left| (M_{1y} - M_{2y}) + \dfrac{d_{1y} - d_{2y}}{2} \right| \dfrac{L_1}{L_2}$

任意方向上：
$$f = \sqrt{f_x^2 + f_y^2}$$

式中　M_{1x}、M_{2x} 和 M_{1y}、M_{2y}——在 L_2 长度上两端点读数值；

d_{1x}、d_{2x} 和 d_{1y}、d_{2y}——在测点相应位置处十字测量的心轴直径；

L_1——被测心轴的长度；

L_2——测量长度。

4）孔径 $\phi20^{+0.02}_{0}$mm 轴线与端面的基准 A 垂直度误差检测。用上述任意一种方法测量得到其垂直度误差值，并判断是否合格。

（3）表面粗糙度值测量　孔 $\phi65^{+0.03}_{0}$mm 和孔 $\phi50^{+0.025}_{0}$mm 内表面粗糙度值为 $Ra1.6\mu m$，端面粗糙度值为 $Ra0.8\mu m$，用目测方法测量得到实际值。

5. 重点、难点测量

本例中的测量，一般的孔与孔的中心距测量是难点，极坐标中心距测量难度就更大。应注意测量中心距时，要测量中心距连线上的直径尺寸，因为加工直径有椭圆情况，在计算中心距时，会产生误差，特别是中心距尺寸精度要求高的，就更应该注意。

6. 误差分析

（1）孔径测量误差分析　机械制造企业数量非常多，产品结构也比较复杂，但是孔径的测量方法应该是一致的；由于企业管理不同，企业文化千差万别，培训也存在差异，笔者参加过许多次职业技能鉴定考试和考核，发现在轴径和孔径测量过程中，大多以十字测量法测量，这是非常正确的。但是有一些企业取两个方位测量结果的平均值作为实测值，这是错误的。应该记录十字测量方位的两个值，如果两个值相同，则记录一个值；否则，应该记录两个值。这样才能真实地反映产品的实际状况，检验人员应该进行符合性判断，而无权改变产品的实际情况。

（2）中心距测量误差分析　前述中心距的测量方法，如果在计算过程中，只将心轴的名义尺寸代入公式计算，就会出现误差；必须将被测量点的中心距连线上的直径实测值代入公式，计算的结果才是最准确的。

（3）间隙法检测垂直度误差分析　一些书上介绍的垂直度误差检测方法——间隙法，只是叙述可以用直角尺和塞尺进行测量，并且讲到直角尺与被测面接触，出现的缝隙用塞尺直接测量得到结果；这样的叙述是有条件的，即直角尺与被测面的接触位置有联系，否则测得的结果是有误差的。

复习思考题

1. 用半径测量法测圆度误差时，常用的测量仪器是圆度仪。该种仪器有哪两种类型？有何特点？

2. 用仪器测量圆度误差和圆柱度误差时，容易引起哪几个方面的误差？

3. 内径百分表的传动转向机构有哪几种？各适用于哪些尺寸范围？

4. 内径表的两个测头的测量面是圆弧形的球面，如果测头磨损或者质量不合格，是否会产生测量误差？如何计算？

5. 线与线的平行度误差检测方法，最常见的是打表法，应该特别注意测量哪几个方向？

6. 间隙法检测垂直度误差中，应该注意什么情况下塞尺的尺寸就是垂直度误差值？什么情况下需要进行计算？

7. 怎样检测以外圆柱面轴线为基准的轴向圆跳动误差？

8. 检测以内孔轴线为基准的端面垂直度误差有哪几种方法？

9. 用什么量具进行内孔沟槽尺寸的检测？

10. 用标准圆柱或检验心轴模拟轴线检测过程中，应该在计算公式中带入圆柱的什么数值进行计算？为什么？

11. 复杂曲轴主轴颈与曲轴颈之间的夹角检测方法有哪些？举例说明。

第 三 章

复杂螺纹类零件的检验

培训目标：了解螺纹（包括丝杠、蜗杆）的分类及用途；熟悉圆锥螺纹的综合检测方法；掌握圆锥螺纹的单项测量方法：螺纹中径、螺距、锥度、外径、内径及牙型半角的检验方法，并会正确运用公式计算；知道丝杠、蜗杆的有关术语定义、特点及应用；掌握丝杠、蜗杆的测量重点、方法及误差分析。

在各种机电产品中，螺纹的应用十分广泛。它主要用于连接各种机件，也可用来传递运动和载荷。如螺钉、螺母、螺杆、钻杆接头、蜗轮蜗杆、丝杠等。

螺纹的分类方法很多，按螺纹的牙型可分为三角形、梯形、锯齿形、圆形等；按螺纹的外廓形状可分为圆柱螺纹和圆锥螺纹；按螺旋线线数可分为单线和多线螺纹；按螺旋线方向可分左旋和右旋；还可按配合性质、尺寸单位等进行分类，目前我国的螺纹标准基本上是按用途来分类的。

◇◇◇ 第一节　圆锥螺纹的测量

简单地说，圆锥螺纹就是指在由内、外面围成的圆锥体上设置的螺纹。在圆锥螺纹中，有螺纹位于轴的垂直方向上的，也有位于锥面的垂直方向上的；而且螺距有的与轴平行，有的与锥面平行，如图 3-1 所示。

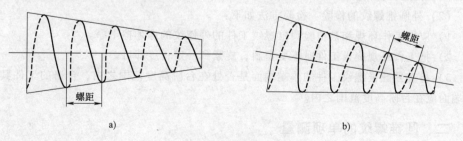

a)　　　　　　　　　　　　　　　　b)

图 3-1　圆锥螺距与轴和锥面的关系

在使用的圆锥螺纹实例中，最具代表性的是管螺纹，也就是说提到圆锥螺纹就会想到管螺纹。用于管路连接的螺纹称为管螺纹，其用途非常广泛，用量仅次于普通螺纹。

机械、石油化工、交通及人们生活用水、用气的管道大多采用管螺纹连接。圆锥螺纹除了管螺纹，还有压力容器用螺纹、石油钻具接头用螺纹，但是后者不常见。标准圆锥螺纹全部是端面牙型，螺距与轴平行。一般锥螺纹的锥度为 1:16。

一、圆锥螺纹的综合测量

圆锥螺纹的综合测量与圆柱螺纹的综合测量相似，也是用塞规检测内螺纹，用环规检测外螺纹。即用圆锥螺纹塞规检验圆锥内螺纹，用圆锥螺纹环规检验圆锥外螺纹。在批量生产时，由于与圆柱螺纹相比，圆锥螺纹的形状更复杂，参数更多，因此综合测量用得更为普遍，成为生产中不可缺少的检测手段。由于管螺纹的种类和相应的技术标准比较多，因此与之对应的螺纹量规标准也多，而且牙型、公差、结构和使用方法的差别也比较大，几乎没有通用性，所以在使用综合测量方法，特别是使用量规检测时，一定要符合图样或工艺中规定的专用量具，否则会出现判断错误。

用圆锥螺纹量规检验螺纹时，有几种情况：用极限量规检验螺纹测量面（内螺纹是大端，外螺纹是管子的端面）位置是否在规定的上、下限内；用标准式量规（如石油专用螺纹量规）检验被测螺纹测量面是否在规定范围内（如用石油专用螺纹检测紧密距是否合格）。对于石油专用螺纹还要检测螺纹单项因素是否合格。

判断圆柱螺纹的合格性是指判断大径、中径、小径和螺距误差、牙侧角偏差的合格性。由于螺距误差的综合结果可按泰勒原则判断，从而确定螺纹的作用中径和单一中径的合格性。一般制造的圆锥螺纹牙型角平分线多是垂直于螺纹轴线的，其优点是在加工时不需要特殊刀具，与圆柱螺纹接触接合良好，同时还简化圆锥螺纹各主要参数的测量。圆锥螺纹的旋合性一般不成问题，配合要素的满足可由旋合引起的轴向位置调节。也就是说，配合的松紧程度可由相对旋转改变轴向位置来适应，因此，不必遵守泰勒原则。

（1）内圆锥螺纹的检验　检验方法如下：

1）将被检验圆锥螺纹工件的内螺纹和工作塞规的螺牙擦干净。

2）把工作塞规旋入内圆锥螺纹工件时，注意不要歪斜，旋紧到一定程度即可。

3）这时检查代表内圆锥螺纹基面的端面，是否在台阶高度范围内，即可判断工件该检测项目是否合格。

（2）外圆锥螺纹的检验　检验方法如下：

1）应把工作环规和被检验圆锥螺纹工件的外螺纹的螺牙擦干净。

2）把工作环规旋入工件时不要歪斜，旋紧到一定程度即可。

3）检查外圆锥螺纹工件的小端端面是否处在台阶高度范围之内，合格的工件其小端端面应在台阶高度范围之内。

二、圆锥螺纹的单项测量

圆锥螺纹牙型分对称牙型和非对称牙型（牙型角平分线垂直于螺纹轴线）两种。前者应用较少，主要用于钢质气瓶上，后者应用广泛。

圆锥螺纹的单项测量主要用于圆锥螺纹塞规。被测参数有中径、螺距、牙型半角、外径、内径以及锥度等。其测量方法有量针测量和工具显微镜测量。

1. 中径的测量

通常测量中径离不开量针（常用三针测量），常用的量针有悬挂式（图 3-2a）和框架式（图 3-2b），那么实际测量时应正确选择量针的直径及其精度。为了避免被测螺纹的牙型半角误差对测量结果的影响，应使量针与牙型侧面在被测螺纹中径素线处相切，满足这一条件的量针直径为最佳直径。测量圆锥螺纹的最佳量针直径，如图 3-3 所示。

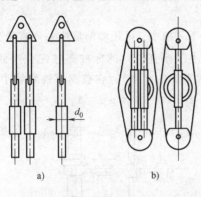

图 3-2 量针

a）悬挂式 b）框架式

图 3-3 最佳量针直径

最佳量针直径 d_0 可用下式求出

$$d_0 = \frac{P}{2\cos\frac{\alpha}{2}}\left(1 + \tan^2\frac{\alpha}{2}\tan^2\varphi\right)$$

式中 P——螺距；

$\frac{\alpha}{2}$——牙型半角；

φ——圆锥半角。

因为 $\tan^2\frac{\alpha}{2}\tan^2\varphi$ 数值很小，所以可用近似公式

$$d_0 = \frac{P}{2\cos\frac{\alpha}{2}}$$

测量圆锥螺纹的最佳量针直径见表 3-1。

表 3-1 测量圆锥螺纹最佳量针直径 （单位：mm）

锥度 K	1:4	1:5	1:6	1:8	1:16		1:32	
牙型角 α	60°				60°	55°	60°	55°
量针直径 d_0	$0.57434P$	$0.57543P$	$0.57601P$	$0.57660P$	$0.57716P$	$0.57354P$	$0.57730P$	$0.56365P$

由于圆锥螺纹在不同横截面上的直径各不相同，因此中径的测量需要明确在一个规

定的基面上。通常规定圆锥螺纹的中径 d_2 是在距离基准面一定距离（基面距 L）的基准平面上测量的，基准平面的位置由设计给定。

（1）在正弦规上测量中径　在正弦规上测量外圆锥螺纹中径的方法如图 3-4 所示。首先将正弦规放在检验平板上，为使圆锥螺纹平面和平板平行，将正弦规垫起一个圆锥角 2φ（图 3-4a），所垫量块高度 h_1 应按下式计算

$$h_1 = L\sin(2\varphi)$$

式中　L——正弦规两圆柱的中心距。

将选好的合适量针放在圆锥螺纹工件的上、下牙槽中，再用辅助量块 h_2 和直径为 D（图 3-4a 中量块组上方标准圆柱、图 3-4b 中的小滚棒直径）的标准圆柱配合尺寸 $\overline{AD}$（D 为图 3-4b 中锥螺纹小端端面延长线与正弦规平面的交点），在被测圆锥螺纹小端，放置了尺寸为 h_2 的量块及直径为 D 的圆柱。

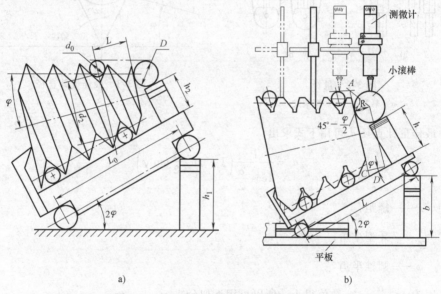

a)　　　　　　　　　　　　　　b)

图 3-4　在正弦规上测量外圆锥螺纹中径

a）在正弦规上测量圆锥螺纹中径　b）测微计测量标准圆柱和量针的示值误差示意图

$$\overline{AD} = R\cot\left(45° - \frac{\varphi}{2}\right) + \frac{R + h}{\cos\varphi} + R\tan\varphi$$

然后计算小端中径为

$$d_{2\text{小端}} = \overline{AD} - T \pm \Delta$$

而

$$T = D\left(1 + \frac{1}{\sin\frac{\alpha}{2}}\right) - \frac{P}{2}\left(\cot\frac{\alpha}{2} - \tan^2\varphi\tan\frac{\alpha}{2}\right) + D\left(\frac{1}{\cos\varphi} - 1\right)$$

式中　D——标准圆柱的直径；

Δ——测微计测量标准圆柱和量针的示值误差。

量块尺寸 h_2 可由下式确定

$$h_2 = \left[d_2 - D\cot\left(45° - \frac{\varphi}{2}\right) + d_0 \left(\frac{1}{\cos\varphi} + \frac{1}{\sin\frac{\alpha}{2}}\right) - \frac{P}{2}\left(\cot\frac{\alpha}{2} - \tan\frac{\alpha}{2}\tan^2\varphi\right) - 2L\tan\varphi \right]\cos\varphi$$

式中　d_2——被测圆锥螺纹的公称中径。

测量时，可用比较仪测出量针与圆柱对平板的高度差 δ（图 3-4b），即可求出被测圆锥螺纹基准面处的中径 d_2，即

$$d_2 = D\cot\left(45° - \frac{\varphi}{2}\right) + \frac{h_2}{\cos\varphi} - d_0\left(\frac{1}{\cos\varphi} + \frac{1}{\sin\frac{\alpha}{2}}\right) + \frac{P}{2}\left(\cot\frac{\alpha}{2} - \tan\frac{\alpha}{2}\tan^2\varphi\right) + 2L\tan\varphi \pm \delta$$

上式中，当量针位置高于圆柱 D 时，δ 取正号，反之取负号。

（2）在卧式光学计上测量中径　在卧式光学计上测量中径时（图 3-5），先把宽刃口测帽 1 装在光学计的尾管上，把大平面测帽 2 装在光管上。在仪器的工作台上安放量块组 3 和垫块 4，用来调整仪器零位，量块组的尺寸 M 按下式计算。

$$M = d_2 + d_0\left(\frac{1}{\cos\varphi} + \frac{1}{\sin\frac{\alpha}{2}}\right) - \frac{P}{2}\left(\cot\frac{\alpha}{2} - \tan\frac{\alpha}{2}\tan^2\varphi\right)$$

式中　d_2——被测圆锥螺纹的公称中径；

　　　d_0——最佳量针直径，可按表 3-1 计算。

再将被测圆锥螺纹的小端基准面放在量块上，并将其夹紧。

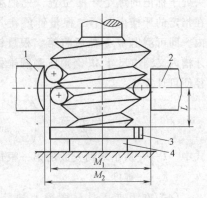

图 3-5　在卧式光学计上
测量圆锥螺纹中径
1—宽刃口测帽　2—大平面测帽
3—量块组　4—垫块

测量时，先用量块将仪器调零，且保证被测圆锥螺纹的轴线与测量轴线垂直并锁紧。下降工作台使基准平面处于测量轴线附近的位置上（基准平面与基准端面的距离 L 应预先测定并做好标记）。在基准平面的牙槽内放进第一根量针，再在基准平面上、下各相隔 $P/2$ 轴向距离的对面牙槽内，先后放进第二和第三根量针，分别测出 M_1 和 M_2。基准平面上的中径可按下式计算

$$d_2 = \frac{1}{2}(M_1 + M_2) - d_0\left(\frac{1}{\cos\varphi} + \frac{1}{\sin\frac{\alpha}{2}}\right) + \frac{P}{2}\left(\cot\frac{\alpha}{2} - \tan\frac{\alpha}{2}\tan^2\varphi\right) \tag{3-1}$$

任一截面的中径 d_2' 可根据该截面与基准平面之间的距离 l 按下式计算

$$d_2' = d_2 \pm 2l\tan\varphi$$

（3）在光学比较仪上测量中径　在光学比较仪上测量圆锥螺纹中径，如图 3-6 所示，此时基面可以是小端也可以是大端。但为了使测量基准与加工基准一致，通常以小端作为基面。测量前先用万能工具显微镜或其他量具把小端要安放量针的那个沟槽的距离确定下来并刻上标记。

测量时将较大的刃口测头装在尾座测杆上，平面测头装在光管上。然后在仪器工作台上安放垫铁，其上安放量块，用它来调整仪器，组合量块的尺寸 M 按下式计算：

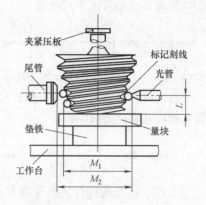

$$M = d_2 + d_0 \left(1 + \frac{1}{\sin\frac{\alpha}{2}} \right) - \frac{P}{2}\cot\frac{\varphi}{2}\left(1 - \tan^2\frac{\alpha}{2}\tan^2\varphi \right)$$

被测圆锥螺纹塞规以其小端定位并紧固。仪器调好后，移动工作台使卧式光学比较仪的两测头处于标记的那个牙槽位置，先把第一根量针放在指定的牙槽内，第二根量针放在其对面的牙槽内，即可测出 M_2。然后将第二根量针放入相邻的牙槽内又测出尺寸 M_1，则所测圆锥螺纹的小端中径便可计算：

图 3-6　在光学比较仪上测量圆锥螺纹中径

$$d_2 = \frac{M_1 + M_2}{2} - d_0\left(1 + \frac{1}{\sin\frac{\alpha}{2}} \right) + \frac{P}{2}\left(\cot\frac{\alpha}{2} - \tan^2\frac{\alpha}{2}\tan^2\varphi \right) - LK$$

式中　　L——从小端到安放的第一根量针的沟槽距离（预先已测出）；

K——锥度。

（4）在万能工具显微镜上测量中径　如图 3-7 所示，将被测圆锥螺纹支承在万能工具显微镜的顶尖上，用一把量刀与其基准端面相靠，再用米字线中的一条相应虚线与量刀上的刻线相压，记下仪器的纵向读数。根据图样给定的 L 值，移动纵向溜板，使目镜米字线中的虚线位于圆锥螺纹的基准平面 $a—a$ 的位置，然后将显微镜立柱倾斜 φ 角（螺纹升角 φ 按被测圆锥螺纹在基准平面处的中径计算）。移动横向溜板，同时用手转动被测螺纹，使目镜米字线的交叉实线套住 $a—a$ 截面上的螺牙，即图 3-7 中下面的螺牙，记下仪器的第一次横向读数 y_1。移动横向溜板，并将其立柱向相反方向倾斜 φ 角，再使米字线的交叉实线套住对径处的牙槽，记下第二次横向读数 y_2。

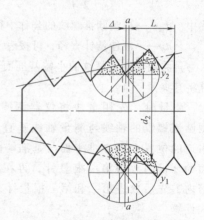

图 3-7　在万能工具显微镜上测量圆锥螺纹中径

由图 3-7 可见，下方螺牙的牙顶点和上方对径位置牙槽的牙根点并不处于同一横截面上，所以要使米字线套住牙槽，必须使纵向溜板移过距离 Δ，计算中径时应加修正，其修正值为

$$C = \frac{P}{2}\tan\frac{\alpha}{2}\tan^2\varphi$$

式中　φ——圆锥螺纹的圆锥倾角。

所以中径可按下式计算

$$d_2 = |y_1 - y_2| + C$$

在万能工具显微镜上还可以用测量圆柱螺纹中径的方法，测量圆锥螺纹基准平面左、右两侧牙型的中径 $d_{2左}$ 和 $d_{2右}$，取其算术平均值再加以修正作为测量结果，即

$$d_2 = \frac{d_{2左} + d_{2右}}{2} + C$$

对于常用的锥度为 1:16 的布氏圆锥螺纹（$\alpha/2 = 30°$，$\varphi = 1°47'24''$），C 值很小，可以忽略不计。如果圆锥斜角 φ 和螺距 P 较大，则应通过计算确定是否需要修正。

（5）用四针法测量中径　选定最佳三针的直径 d_0（用 4 根），组成一个测量系统，如图 3-8 所示。

1）将四根量针分别放入螺纹两侧（轴线每侧两根），水平位置是距离平台尺寸为 l 的上、下牙槽内，量针的外面垫上厚度为 s 的垫板。这时可将测量圆柱（一般直径取 $4 \sim 10$mm）分别放在两尺寸相等的量块组上进行测量。

2）测量 M 的工具可根据测量的准确度要求选择。可以用外径千分尺测量 M，两块垫板必须等厚（一般 $s = 1 \sim 2$mm），图样给定基面距为 l，则量块组尺寸必须相等，D 为圆柱直径。

基面距中径

$$d_{2基} = M - D - (2s + D)\sec\frac{\varphi}{2} - d_0\left(\operatorname{cossec}\frac{\alpha}{2} + \sec\frac{\varphi}{2}\right) + \frac{P}{2}\left(\cot\frac{\alpha}{2} - \tan\frac{\alpha}{2}\tan^2\frac{\varphi}{2}\right)$$

式中　M——千分尺测得的尺寸；

　　　D——圆柱直径；

　　　s——压板厚度；

　　　φ——圆锥半角；

　　　d_0——量针直径；

　　　α——牙型角；

　　　P——螺距。

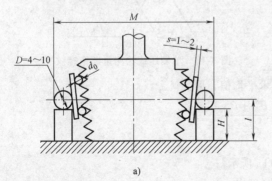

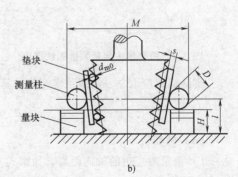

a)　　　　　　　　　　　　　　b)

图 3-8　四针法测量中径

2. 螺距的测量

圆锥螺纹的螺距，一般在万能显微镜上用影像法或周切法来测量。对于锥度较大、精度要求较高的圆锥螺纹，多采用轴切法进行测量。

（1）影像法（又称套齿法） 如图3-9所示，用影像法测量时，可使测角目镜的米字线交点与螺纹阴影的牙型角顶点相重合，同时使米字线和牙型两侧重合，读出纵向标尺的读数；然后沿纵向导轨与横向导轨移动滑台，使侧角目镜头的米字线交点与相邻牙型（或相隔一个牙型）的牙型顶点相重合，同时使十字线和牙型两侧重合，并调整目镜，使螺纹阴影和第一次牙型测量时一样清晰，再读出纵向标尺读数。两读数之差（或读数之差除以2），就是螺距的尺寸。

简单地说，影像法就是使米字线的交叉实线先后套住两相邻螺牙的影像（图3-9），则两次纵向读数之差即为螺距。还可在180°对称位置上再测两个数据，并取两次测量结果的平均值作为实际螺距。

由于圆锥螺纹的螺旋升角是沿着螺纹长度方向变化的，所以在螺纹的不同端截面上，它的牙型阴影形状稍有差别，这是造成螺距测量误差的主要原因。当测量锥度较大（大于1:16）的螺纹时，这种误差可能达到 $0.002 \sim 0.003\mathrm{mm}$。

（2）单侧压线法 用米字线的中虚线先后与相邻牙的同侧对准，测出平行于螺纹轴线的距离，由图3-10所示可知，螺牙两侧的螺距 $P_{左}$ 和 $P_{右}$ 是不同的，其公称值可由下式确定：

$$P_{左} = P\left(1 - \tan\varphi\tan\frac{\alpha}{2}\right)$$

$$P_{右} = P\left(1 + \tan\varphi\tan\frac{\alpha}{2}\right)$$

式中　α——牙型角。

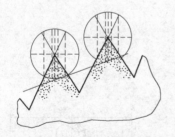

图3-9　用影像法测量圆锥螺纹螺距

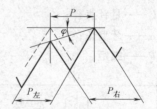

图3-10　单侧压线法测量圆锥螺纹螺距

实际螺距应取左、右螺距实测值的算术平均值，即

$$P' = \frac{P'_{左} + P'_{右}}{2}$$

（3）轴切法

1）测量对应边的轴向距离，如图3-11a所示。

$$P = \frac{a + b}{2}$$

若取相对 n 牙的对应边，则为

$$P_n = \frac{a+b}{2}$$

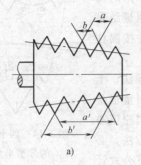
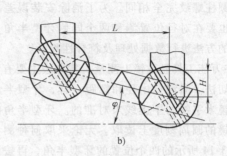

图 3-11　用轴切法测量圆锥螺纹螺距

a）测量对应边的轴向距离　b）横向移距测量

2）横向移距测量，如图 3-11b 所示。用测量刀以轴切法测量时，显微镜纵向托架移动的距离为

$$L = nP$$

式中　n——长度 L 范围内的螺纹牙数。

显微镜横向托架移动的距离为

$$H = nP\,\tan\varphi$$

式中　φ——被测螺纹圆锥半角（即斜角）。

观察目镜视场并微调导板，使目镜米字线相应虚线与第二把测量刀的细刻线重合，此时导板纵向微调的距离即为螺距的偏差。

如目镜的十字线还未与测量刀上的刻线相重合，此时应将纵托架沿着纵向做补充移动，直至刻线相重合为止，这个补充移动值就是 n 个螺距的螺距误差。

圆锥螺纹螺距的测量与圆柱螺纹螺距的测量一样，为了消除螺纹中心线对测量轴线偏斜的影响，应在牙型左右两侧进行两次测量，然后取算术平均值作为测量结果。

在万能工具显微镜上还可以用仪器附带的标准牙型轮廓和标准圆弧来测量螺距。测量示意图如图 3-12 和图 3-13 所示。

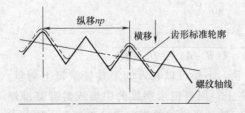
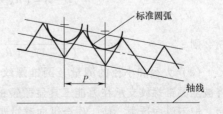

图 3-12　用仪器附带的标准牙型轮廓测量螺距　　图 3-13　用仪器附带的标准圆弧测量螺距

3. 其他几何参数的测量

圆锥螺纹的其他几何参数主要在万能工具显微镜上测量。

（1）牙型半角（$\alpha/2$）的测量 圆锥螺纹牙型半角的测量方法与圆柱螺纹完全相同。为了消除安装误差对测量结果的影响，也要在对径位置测量两个同侧牙型半角，并按圆柱螺纹相同的方法进行数据处理及符合性判断。

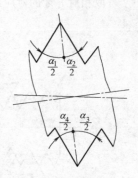

图 3-14 四个位置
的牙型半角

1）在万能工具显微镜上测量。其方法主要有影像法、干涉法和轴切法。同测量中径和螺距一样，牙型半角测量也是用测角目镜米字线的中虚线来对准的。牙型半角的实测值需从测角目镜的圆周刻度上读取。无论采取何种测量方法，必须测量图 3-14 所示的四个位置的牙型半角，再按以下公式计算左右牙型半角的实际值及其误差：

$$\frac{\alpha}{2}(左) = \frac{\frac{\alpha_1}{2} + \frac{\alpha_4}{2}}{2} ; \Delta\frac{\alpha}{2}(左) = \frac{\alpha}{2}(左) - \frac{\alpha}{2}$$

$$\frac{\alpha}{2}(右) = \frac{\frac{\alpha_2}{2} + \frac{\alpha_3}{2}}{2} ; \Delta\frac{\alpha}{2}(右) = \frac{\alpha}{2}(右) - \frac{\alpha}{2}$$

2）测针法。如图 3-15 所示，使用大、小两个不同直径的量针放在一个齿槽内，用外测尺寸量具测出 A、B 值，再通过计算求出牙型角。但应该注意的是，用此方法测得的是螺纹牙型的全角。

设大测针直径为 D_0（半径为 R_0），小测针直径为 d_0（半径为 r_0），则有：

$$A = r_0 \left(1 + \frac{1}{\sin\frac{\alpha}{2}}\right) + C$$

$$B = R_0 \left(1 + \frac{1}{\sin\frac{\alpha}{2}}\right) + C$$

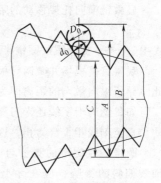

图 3-15 测针法测量牙型角

$$B - A = (R_0 - r_0) \left(1 + \frac{1}{\sin\frac{\alpha}{2}}\right) + C$$

则

$$\sin\frac{\alpha}{2} = \frac{R_0 - r_0}{(B - A) - (R_0 - r_0)} = \frac{D_0 - d_0}{2(B - A) - (D_0 - d_0)}$$

（2）大径和小径的测量 圆锥螺纹的大径、小径可以在万能工具显微镜上测量。将被测圆锥螺纹支承在万能工具显微镜的顶夹上，用目镜米字线的中虚线对准基准端面，记下纵向读数。使工作台纵向移过距离 L，转动米字线并横向移动工作台，使其中一条虚线分别与圆锥螺纹两对径位置的牙顶素线影像相压（图 3-15），则两次横向读数之差即为被测圆锥螺纹在基准平面上的外径 d。

按类似方法，使目镜米字线与牙根素线影像相压，即可测得被测圆锥螺纹在基准平面上的小径 d_1。

（3）锥度的测量

1）用影像法测量。对锥度要求不高时，可在工具显微镜上直接用测角目镜中米字线横线测量锥角，压线时，压牙底（或牙顶），两个斜角相加即为锥角。

2）用万能工具显微镜测量。在万能工具显微镜上可用影像套齿法测出大、小端两螺牙的纵横坐标 x_1、y_1 和 x_2、y_2，如图 3-16 所示。

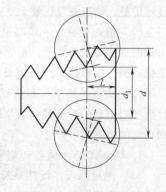

图 3-16　圆锥螺纹锥度测量

再按下式计算锥度 K：

$$K = 2\tan\varphi\, \frac{2\,|\,y_1 - y_2\,|}{|\,x_1 - x_2\,|}$$

为消除安装误差，可在对径位置再测一锥度，并取两者的算术平均值作为被测圆锥螺纹的锥度。

还可在正弦规上测量圆锥螺纹的锥度。测量原理和方法与测量光面锥体的锥度基本相同，只是应在圆锥螺纹大小端上方的牙槽中各放一根量针，用指针表测出两量针的高度差，除以两量针之间的距离，即为该螺纹的锥度偏差。

（4）大径和小径的测量　圆锥螺纹的大、小径可以在万能工具显微镜上测量。将被测圆锥螺纹支承在万能工具显微镜的顶夹上，用目镜米字线的中虚线对准基准端面，记下纵向读数。使工作台纵向移动距离 L，转动米字线并横向移动工作台，使其中一条虚线分别与圆锥螺纹两对径位置的牙顶素线影像相压（图 3-17），则两次横向读数之差即为被测圆锥螺纹在基准平面上的大径 d。

图 3-17　圆锥螺纹大径和小径的测量

按类似方法，使目镜米字线与牙根素线影像相压，即可测得被测圆锥螺纹在基准平面上的小径 d_1。

◈◈◈◈ 第二节　丝杠的测量

丝杠是机床及其他机械设备和仪器的传动零件，其作用是将角位移转换成直线位移，即将均匀的旋转运动转换成均匀的直线运动。

丝杠牙廓形状主要有三角形、矩形、梯形和圆弧形四种，分别称为三角形牙、矩形牙、梯形牙和滚珠丝杠。三角形牙丝杠很少使用，矩形牙丝杠也用得不多，最常用的是梯形牙丝杠，其牙型角有 10°、15° 和 30°。滚珠丝杠效率高，是一种很有前途的新型丝杠。

一、丝杠的测量方法

丝杠的长度与直径之比一般在 15～40 之间，属于细长工件，所以温度、定位、挠度对测量结果的影响较大。要求高的丝杠一般要求在 20℃±1℃，每小时室温的波动不超过 0.2℃ 的环境下测量，且根据其大小的不同，等温一段时间再进行测量，等温时应吊挂，测量时应合理安装、准确定位并尽量减小挠度误差，可根据具体情况改变支承点的位置或增加辅助支承点。

丝杠测量的项目较多，如有小径、中径、大径、牙型角和螺距的测量，丝杠的单项误差测量方法与一般螺纹测量基本相同，可在万能工具显微镜上按其不同精度等级选用影像法、干涉法、轴切法测量其螺距、牙型角和中径误差。精度较高的丝杠中径则用三针法间接测量。由于丝杠的作用是将转角转换为直线位移，因而重点是测量螺旋线轴向偏差、螺距偏差及螺距累积偏差等。

3、4、5、6 级精度的丝杠检测螺旋线轴向误差，7、8、9 级精度的丝杠检测螺距误差和螺距累积误差。螺旋线轴向误差应用动态测量方法检测，而对螺距误差的检测方法不受限制。也就是说，6 级精度以上丝杠测量要用动态测量仪器，7 级精度以下丝杠测量可用静、动态测量仪器。

（1）静态检测法　该测量方法是指在测量过程中被测丝杠不转动，沿丝杠同一轴向截面逐齿测量其螺距。静态检测可用的仪器比较多，其中常用的主要有：万能工具显微镜、测长仪和静态丝杠检查仪，它们可检测 5～6 级精度等级的丝杠。

（2）动态检测法　该方法是基于比相原理，一般是采用丝杠动态检查仪实现的。目前国内研制生产多种该类型的专用检测仪器，该类仪器通常与计算机结合使用，能达到很高的检测水平。

1. 螺旋线轴向偏差的测量

（1）测量原理　丝杠是起传递运动和精确移动的元件，所以其轴线方向的误差是影响其工作精度的主要参数。

螺旋线误差是一个综合误差，它综合地反映出丝杠的螺距、齿形误差及牙槽的径向圆跳动。丝杠螺旋线误差的测量方法，就是建立在螺旋线运动规律的基础上的。下式表示了其运动规律：

$$X_0 = \frac{L}{2\pi}\theta$$

式中　L——丝杠的导程（mm）；

θ——丝杠转过的角度（rad）；

X_0——丝杠转过 θ 角时螺旋线的理论轴向位移（mm）。

被测丝杠的转角 θ 以精确角度标准量系统实现时，若每转 $\pi/6$（30°）测一次，则 $\theta_1 = \pi/6$；$\theta_2 = \pi/3$；$\theta_1 = \pi/2$ 等，用线值标准量系统测量其响应的实际轴向位移 X_i，那么 X_i 与其理论轴向位移 X_0 之差即为响应转角 θ 的螺旋线误差，即

$$X = X_i - X_0$$

这样每转过一个理论转角 θ，便可以得到一个 X_i 值，这种决定空间一个动点位置的方法，称为"圆柱坐标法"。如果各点的 X_i 与 X_0 的差值与相应的 θ 以图示记录形式显示，即可得到误差曲线。显然，标准量系统的精度越高，转角间隔分得越小，即被测丝杠的点数越多，误差反映越真实，测量精度也越高。

总之，根据螺旋线的形成原理，分别用标准圆分度盘反映角位移，标准长度反映直线位移，以两者协调动作产生的标准螺旋线为基准，将被测丝杠的实际螺旋线与其对比，并用自动记录系统画出螺旋线误差曲线。这就是与标准螺旋线比较的测量方法。

（2）测量方法

1）静态测量法。在万能工具显微镜上测量是该方法的代表事例。其角度标准量系统是一个分度头，线值标准量系统是精密刻线尺（用光学灵敏杠杆定位）。通过测量，可取各点的误差 ΔX，以 X_0 为纵坐标，以 ΔX 为横坐标画出误差曲线。此误差曲线能否反映实际情况，与所取的测量点数有关。选取点数太少，测量出的误差曲线会产生较大的畸变，故一般不少于 8 个点。

在万能工具显微镜上测量丝杠螺距与螺旋线误差的方法如下：

因为万能工具显微镜纵向测量范围为 0 ~ 200mm，所以当被测丝杠长度大于 200mm 时，应分段进行测量。如图 3-18a 所示，将工作台移至极右位置，用米字线与被测丝杠 2 左端第一个螺牙的侧边相压（A 点），此时纵向示值为零；逐牙测至 B 点（图3-18b）；将工作台移至极右位置，而把丝杠向左移动约 200mm（图 3-18c），用米字线对准 B 点所在的螺牙侧边，此时示值尾数应与原 B 点的示值尾数相同；逐牙测至 C 点（图 3-18d）。如此即可测完全长。

测量时，先将光学灵敏杠杆的测头与起始螺牙侧面的中部接触，对中后记下纵向读数；然后，使灵敏杠杆的测头依次与各螺牙同侧面的对应点相接触、对中、读取纵向读数。通常应在两个相互垂直的轴向截面内测量，还可以在每个轴向截面内进行两次测量，并取两次测量结果的算术平均值计算螺距偏差。

在万能工具显微镜上测量丝杠的螺距与螺旋线误差，操作复杂，测量效率低，而且由于影响测量误差因素较多，尤其分段时定位的正确与否对测量结果的影响较大，所以测量精度是不高的。

2）动态测量法。动态测量法就是丝杠在回转中连续测量丝杠螺距和螺旋线轴向误差（简称螺纹误差），并自动记录误差值的一种方法。动态测量法的优点是，能较完善地反映出误差、测量精度高，且费时少、效率高。

丝杠动态测量仪有多种类型，其测量原理主要是同步比相法。理论上，由丝杠产生的螺旋运动是匀速旋转运动与匀速直线运动的合成运动，而且两种运动始终保持着一个固定关系。因此只要将被测丝杠实际螺旋线产生的电信号与一个基准螺旋运动发出的电

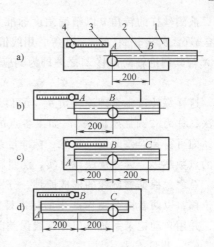

图 3-18　丝杠的分段测量方法示意图

1—工作台　2—被测丝杠　3—纵向标尺　4—读数显微镜

信号连续对比，再经过适当处理后，就可以得出丝杠的螺旋线轴向偏差。

形成基准螺旋运动电信号的发信装置可以利用各种原理制成。用作圆周分度与轴向位移的标准器具主要有圆光栅盘、磁盘及长光栅尺、磁尺等。磁盘或圆光栅盘与被测丝杠同轴回转，并固定磁头或指示光栅拾取其转角的电信号。磁尺的磁头或长光栅尺的指示光栅与测量头相连接，从固定的磁尺或长光栅尺拾取测头沿被测丝杠轴向移动的电信号。因为测量时测量头与被测丝杠一侧牙面接触，所以这两路的电信号经过放大和整形，转换为脉冲信号，并送入分频式比相计进行相位比较，然后就可以在记录器上得出螺旋线误差的图形。

图 3-19 所示的丝杠动态测量仪就是利用了这一原理。丝杠旋转用圆光栅盘定位，轴向位移则用磁尺作标准。

测量时，圆光栅 1 与被测丝杠 6 同步转动，并产生光电信号送入相位计 4。丝杠旋转时，拖动头 9 带动测量架 8 移动，则测量头 7 和磁头 3 沿磁尺 2 产生轴向位移的电磁信号，也送入相位计 4。上述两路信号在相位计内，经分频比相后输出一个正比于误差大小的直流电

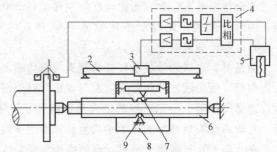

图 3-19　丝杠动态测量仪结构示意图

1—圆光栅及其接收装置　2—磁尺　3—磁头　4—相位计
5—记录器　6—被测丝杠　7—测量头
8—测量架　9—拖动头

压信号，由记录器 5 画出被测丝杠的螺旋线误差曲线。

由于磁尺和长光栅尺的累积误差和因温度变化而引起的变形将直接影响测量精度，因而近年来多采用以激光波长作为轴向位移基准的方法来测量丝杠的螺旋线误差。

图 3-20 所示为一种激光丝杠动态测量仪的原理图。它用激光干涉系统替代磁尺,因此测量范围不受标准器长度的限制。仪器的主要测量系统及测量过程简介如下:

激光丝杠动态测量仪由机械传动装置、测量装置、圆光栅系统、激光干涉测长系统、电子计数系统和自动记录系统等组成。该仪器可测量米制、寸制、模数制等常用规格的丝杠,可测量 1m5 级精度、2m、3m 和 5m6 级精度的丝杠。

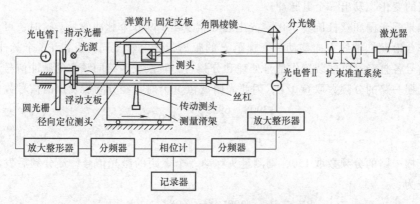

图 3-20 激光丝杠动态测量仪原理图

测量前,将被测丝杠装在仪器前后两顶尖上,并用 V 形架支承,将丝杠处于水平。

测量时,可控硅调速电动机经过减速箱、传送带和主轴箱中的滚动套筒转动圆光盘,同时通过拨叉带动被测丝杠旋转(有的仪器是无级变速电动机带动装有圆光栅盘和拨盘的主轴套筒上的齿轮副,从而使被测丝杠旋转)。如果将固定在工作台上的"带动测头"插入丝杠牙槽,丝杠转动时,通过该触头推动工作台沿床身导轨面移动。测量头与可动棱镜共同装在工作台的弹性支架上,能随工作台移动。将测量头插入丝杠牙槽中径部位,在弹力作用下,与螺牙的一侧接触。这样,测量头就能反映丝杠转动时螺旋线的轴向位移,同时改变可动镜至分光镜的光程。

由氦-氖气体激光管发出的一束光,射向分光镜的半透明界面,分成反射和透射两路光线。反射的一路向上到不动的参考镜,再反射回来;透射的一路向左到可动棱镜,再反射回来。两路反射光又在分光镜中的半透明界面处汇合产生光波干涉。若可动镜随测头移动半个波长,干涉带则产生一次明暗的干涉条纹变化,使光电管 I 产生一个电脉冲。

氦-氖气体激光管发出的光波波长 $\lambda = 0.6328198\,\mu m$。测头和可动镜每移动 1,光电管可发出的电脉冲数按下式计算:

$$N = \frac{1000}{\frac{\lambda}{2}} = \frac{2000}{0.6328198} \approx 3160.456 \approx 13906 \times \frac{5}{22}$$

另一路为工作台的轴向位移及激光干涉测长系统。当被测丝杠转动时,通过靠在丝杠螺旋面上的测量头带动工作台做轴向移动。其位移量由激光干涉系统测出。测量头每移动 $\alpha/2$ 时,干涉带移过一个条纹,因此干涉条纹的数目就表示测量头轴向移动的距离。通过光电转换，再经放大、选频、整形和分频后输入相位计。

由于圆光栅盘和指示光栅产生相对移动，从而产生莫尔条纹的变动。光栅盘圆周刻有 13906 条辐射黑线，两线之间空白间隔与黑线宽度相等，形成黑白相间的圆光栅。与主轴套筒固定在一起的光栅盘和丝杠同步回转。当光栅盘回转一个刻度间隔时，光源发出的光束透过主光栅和指示光栅，使形成的莫尔条纹移动一个间距，光电管 II 感受到一次明暗的变化，发出一个电脉冲。

如果圆光栅和丝杠旋转 360°，光电管 II 就发出 13906 个脉冲信号。这时，可动棱镜和工作台沿丝杠轴线方向移动一个螺距 P 的距离，光电管 I 同时发出 PN 个脉冲信号。两路信号各自经过电气装置作信号处理和分频后，转换成两路同频率的脉冲信号。

光栅一路的分频数取 $660/P$，因此光栅盘转 360°时，经分频后发出的信号数应为

$$\frac{13906}{\dfrac{660}{P}} = \frac{6953}{330}P \approx 21.07P$$

光栅一路的分频数取 150，则测量头移动一个螺距的激光信号，经分频后发出的信号数应为

$$\frac{PN}{150} = \frac{P}{150} \times \frac{13906 \times 5}{22} = \frac{6953}{330}P \approx 21.07P$$

通过光电管的转换，再经放大、选频、整形和分频底输入相位计，就使输入比相器的两路脉冲信号相等。

若被测丝杠没有误差，那么当丝杠转过 θ 角时，弹性测头应按 $L/(2\pi)$ 的定比相应地移动一距离 a（式中 L 为导程）。此时，激光发出的脉冲信号 I 和光栅发出的脉冲信号 II 一直保持初始相位差 ϕ_0，进入比相器后，转换成宽度相同的方波，并以相同的平均电位 U_0 输出，送入记录器，画出一条平行于坐标轴的直线，这表明被测丝杠具有一条理想的螺旋线。

若被测丝杠有误差，那么当丝杠转动 θ 角时，弹性测头相应的移动量不是 a，而是 $a + \Delta a$。丝杠误差 Δa 通过可动棱镜，使光程产生附加的位移，从而在光电管 I 上产生附加脉冲。此时，激光发生的脉冲信号 I 和光栅发出的脉冲信号 II 的相位差，不再保持 ϕ_0 不变，而成为变化的 ϕ_1、ϕ_2、ϕ_3、$\cdots\phi_n$，进入相位计后，转换成宽度变化的方波，并以变化的平均电位 U_1、U_2、U_3、$\cdots U_n$ 输出，送入记录器，画出一条接近连续的曲线，这是一条表明被测丝杠有误差的实际螺旋线。

输入相位计的两路信号进行比相。若被测丝杠螺旋线无误差，则两路相位保持初始状态不变。当被测丝杠有误差时，将反映为激光干涉条纹的变化，从而使其与圆光栅输出的信号发生相位变化。这两路信号之间相位差的变化经相位计进行比相后由记录仪记录下来，连续测量就可得到被测丝杠的螺旋线轴向偏差曲线。

记录下的误差曲线是由许多点连成的，例如 $P = 1\text{mm}$ 的丝杠转一转就有 21 个点。因此，该曲线能反映出丝杠螺旋线的全部状况。从曲线上可直接确定出被测丝杠的单个螺距偏差、分螺距误差，以及一定长度和全长内的螺距累积误差。

图 3-21 所示为丝杠牙侧螺旋线误差展开图，由此图就可以求出所需要的误差参数。

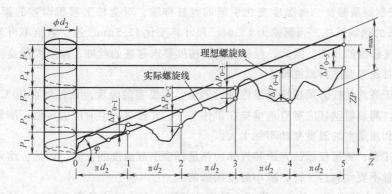

图 3-21 丝杠牙侧螺旋线误差展开图

2. 螺距、螺距偏差及螺距累积误差的测量

丝杠螺距测量方法与普通圆柱外螺纹螺距测量理论上基本相同，但是由于丝杠是细长的工件，而且其功能主要是传递位移，因此其螺距误差的测量要求有其特点，在测量方法上也有所不同。

（1）用螺纹样板测量 根据被测丝杠的参数制造具有标准的牙型和螺距的样板，用该样板，按图 3-22 所示的

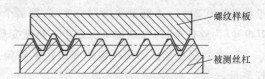

图 3-22 用螺纹样板测量螺距

方法测量。测量时，用光隙法判断丝杠的牙型和螺距的正确性。与普通外螺纹的检验精度相同，此方法的测量精度不高，只能检验低精度丝杠的合格性。

（2）用螺纹量规测量 因丝杠应用范围较广，其检验专用量具用得也比较多，如图 3-23 所示用螺纹量规检验丝杠螺距。检验丝杠的螺纹量规由固定测头和活动测头组成，活动测头与测微表连接，两测头都是球形测头，测头直径大小可根据被测丝杠螺距选择应用。

两测头的距离可按检验要求，用量块或标准件调至所需尺寸。检验时，螺纹量规借助于其上的两个 V 形架骑垮在被检验丝杠上，以工件外圆定位。两测头均在牙侧面的中径附近接触，此时测微表的示值为两测头

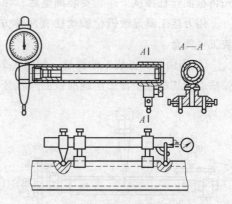

图 3-23 用螺纹量规测量螺距累积误差

垮距间的螺距累积误差。如采取逐齿的单个齿距误差测量，其数据则需要经过处理才能求得螺距在指定长度内和全长上的螺距累积误差。

（3）在万能工具显微镜上测量 用万能工具显微镜检验丝杠是常用的较为简便的方法。对于细长丝杠，由于精度高、刚性差，在测量时应注意其变形。

1）控制测量温度。由温度变化引起的丝杠伸缩，对全长上累积误差的影响较大。例如1m长的钢制丝杠，当温差为1℃时，尺寸将变化11.5μm。这个数值不可忽视，甚至接近5级精度的公差。因此，丝杠越长和精度要求越高的丝杠，越应控制检验时的温度。必要时还需要进行温度修正。

精度较高的丝杠必须在恒温室内进行测量。恒温室的温度应该控制在20℃±0.5℃的范围内。测量前丝杠应竖直地垂挂在工件架上，并经过一定时间的定温。测量时还应注意丝杠和测量室的温度变动不能太大。

还应注意，测量仪器的光源和人体的热量都会引起温度的上升。因此，缩短测量时间和测量者不要太靠近工件，减小温度的影响。

2）工件安装精度。丝杠在仪器上的安装精度也直接影响其测量精度。丝杠的安装应使其轴向尽可能与仪器的测量轴线一致，即遵守"阿贝测长原则"，减小系统误差。用双顶尖安装丝杠时，为了减小丝杠的挠度影响，还应增加定位用的V形架。两个支承定位用的V形架的位置，可参考检定大尺寸量块时的支承的"埃利"点的原则（距量块两端0.211L，L即量块标称长度），即两个V形架距丝杠两端头的距离大约保持在2l/9（l为丝杠全长），这样可保证由于挠度变形而引起的测量误差最小。

7～9级精度丝杠的螺距偏差和螺距累积偏差，通常在万能工具显微镜上用灵敏杠杆测量。

长度小于700mm的丝杠，可以用丝杠两端的顶尖孔安装在测量仪的两个顶尖之间；大于700mm时，则需安装在仪器的两个V形座上，且两个V形座应支承在丝杠两端各为全长的2/9处，用指示表调整丝杠外圆，达到安装要求，减小安装误差。测量前，应先将被测丝杠擦拭干净，安装调整后，在恒温室内进行定温。

用万能工具显微镜检验丝杠有两种方式，即用两顶尖安装工件测量和用V形架安装工件测量。

① 用两顶尖安装工件测量。如图3-24所示，此方式用光学分度头分度，可以用影像法、轴切法或干涉带法瞄准被测丝杠牙侧。

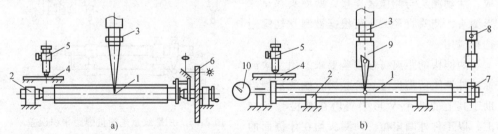

图3-24 用万能工具显微镜测量丝杠示意图

1—被测丝杠 2—顶尖架或V形架 3—瞄准显微镜 4—线纹尺 5—读数显微镜 6—光学

分度头 7—多面棱体 8—自准直光管 9—光学灵敏杠杆 10—定位指示表

② 用 V 形架安装工件测量。如图 3-24b 所示，此方式用测微表做轴向定位，用自准直光管和正多面棱体（如八面棱体）做角度分析。这两种方法均是在万能工具显微镜的目镜中读取数据，然后通过计算用坐标纸作图法求得测量结果的。

在万能工具显微镜上以影响法为例，测量丝杠螺距偏差的具体操作过程和测量结果的处理方法如下：

将丝杠安装在万能工具显微镜工作台上，并调整找正后开始测量。移动仪器工作台，从丝杠的螺纹一端开始，依次瞄准各牙侧，并依次在线纹尺上读得一系列测量值 x_0、x_1、…、x_{10}，见表 3-2。

表 3-2　螺距偏差测量数据表　　　　　　　　　（单位：mm）

牙侧序号	0	1	2	3	4	5	6	7	8	9	10
线纹尺读数 x_i	21.735	27.738	33.743	39.738	45.736	51.738	57.741	63.732	69.727	75.725	81.730
螺距号		1	2	3	4	5	6	7	8	9	10
实际螺距 P_i		6.003	6.005	5.995	5.998	6.002	6.003	5.991	5.995	5.998	6.005
螺距偏差 $\Delta P_i / \mu m$		+3	+5	-5	-2	+2	+3	-9	-5	-2	+5
螺距号		1	1~2	1~3	1~4	1~5	1~6	1~7	1~8	1~9	1~10
螺距累积偏差 $\Delta P_\Sigma / \mu m$		+3	+8	+3	+1	+3	+6	-3	-8	-10	-5

表中第二行后一个数减前一个数，即为实际螺距 P_i。P_i 与螺距公称值 P 之差为单一螺距的偏差 ΔP_i，即

$$\Delta P_i = P_i - P = (x_i - x_{i-1}) - P$$

若干个螺距累积误差就是若干个螺距偏差 ΔP_i 的代数和，即

$$\sum_1^2 \Delta P_i = \sum_1^2 (P_i - P)$$

螺距累积误差 ΔP_Σ 是在丝杠一定长度内，取各螺距累积偏差中的最大值（设为 $\sum_1^m \Delta P_i$）与最小值（设为 $\sum_1^n \Delta P_i$）之差，即

$$\Delta P_\Sigma = \sum_1^m \Delta P_i - \sum_1^n \Delta P_i$$

作出螺距累积误差曲线图如图 3-25 所示。

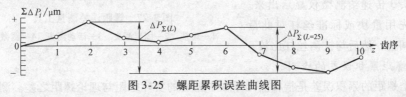

图 3-25　螺距累积误差曲线图

（4）用丝杠导程仪测量　图 3-26 所示为串联式丝杠导程仪示意图。被测丝杠 1 与标准丝杠 2 按串联方式安装在导程仪上，仪器通过联轴器 4 使两根丝杠同步旋转，与标

准丝杠旋合的螺母 3 随之做轴向移动，并通过工作台 5 带动瞄准测头 6 同步移动，测头与牙侧接触，记录器 7 记录下被测丝杠的螺旋线误差曲线，从曲线图上可求出螺旋线、导程的各项误差。

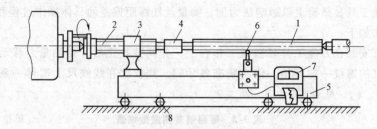

图 3-26　串联式丝杠导程仪示意图

1—被测丝杠　2—标准丝杠　3—螺母　4—联轴器　5—工作台
6—瞄准测头　7—记录器　8—滚动导轨

这种测量方法不受设备传动系统误差的影响，测量精度和效率都较高，其测量精度主要取决于标准丝杠的精度，而且每种规格的被测丝杠都需配备同种规格的标准丝杠，因此该仪器适用于大批量生产的丝杠。

二、长丝杠的检测

长丝杠对丝杠螺距精度有较高的要求，其他项目的检测与普通丝杠相似，这里只介绍螺距误差的简单测量方法。

1. 单个螺距误差的检测

丝杠单个螺距误差是指丝杠相邻两牙在中径线上对应两点间的轴向实际距离与理论螺距之差。螺距误差测量工具如图 3-27 所示。测量时 V 形量具体骑跨于丝杠 1 上，量具上的固定测头 2 和活动测头 3 的一端分别于牙型的侧面（同各牙廓近中径线）接触，活动测头 3 的另一端与测微仪 4 接触，螺距误差由活动测头 3 传递给测微仪显示出来。测量前先用量块或标准丝杠对此量具进行调整，然后与被测丝杠比较。

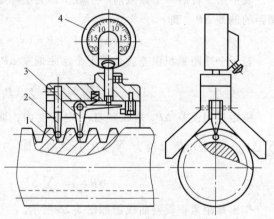

图 3-27　螺距误差测量工具

1—丝杠　2—固定测头　3—活动测头　4—测微仪

2. 螺距累积误差的检测

几个螺距的累积误差是指相隔几牙在中径处的实际螺距与理论螺距之差。测量螺距累积误差的工具如图 3-28 所示。现根据技术要求，将螺纹量规两个测头的距离调整为螺距的整数倍，距离可用标准丝杠或量块调整。测量时，V 形架 2 与 3 骑跨于丝杠上，以外圆定位。两个测头 1 与 5 分别与被测齿（测头在同侧：图 3-27 左侧测头 2、3，图 3-28 右侧测头 1、5）的中径处接触，此处测微仪 4 显示示出两测头跨距间的累积误差。如此逐牙测量，在其结果中找到最大值，即为该跨距范围内的最大累积误差。

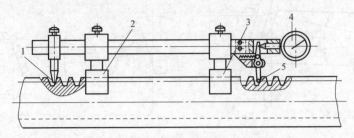

图 3-28　测量螺距累积误差的工具
1、5—测头　2、3—V 形架　4—测微仪

三、丝杠测量的误差分析

影响丝杠测量精度的因素较多，根据丝杠细而长的特点，对其主要的误差分析如下：

1. 变形误差

丝杠变形误差主要有以下几个方面：在垂直面内，由丝杠自重及附加重量（如多面棱体、平晶等）而引起的弯曲变形；丝杠在顶尖上受轴向压力而引起垂直面或水平面内的弯曲变形。

显然，这些变形的计算较为复杂，当已知弯曲挠度 f 时，所造成的测量误差由图 3-29 可知为

$$\Delta P = f\tan\varphi = f\frac{P}{\pi d_2}$$

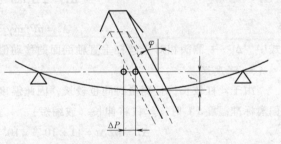

图 3-29　丝杠弯曲变形测量误差

式中　ΔP——螺旋线测量误差；

f——丝杠弯曲挠度。

消除或减小丝杠变形误差的主要方法是：在测量前，尽量校正丝杠的弯曲，调整支承点的布置位置及高低，使丝杠轴线挠曲度尽可能小。在丝杠轴线两边牙型的两侧分别测量其螺距，这样可以消除被测丝杠弯曲、挠度所引起的测量误差的一次量，然后以其平均值作为测量结果。

2. 定位误差

丝杠测量的定位方法主要有：顶尖法（以轴线定位）和 V 形架法（以外圆定位）两种。顶尖法符合基面统一原则，但是轴向压力和丝杠自重变形的影响较大。V 形架法可避免轴向压力和减小自重变形的影响，但外圆的形状误差（如圆柱度等）影响较大，必须根据具体情况分析选用合适的定位方法。

定位元件调整不精确，使丝杠轴线在垂直面和水平面上与测量线不平行，也会引起测量误差，如图3-30所示。

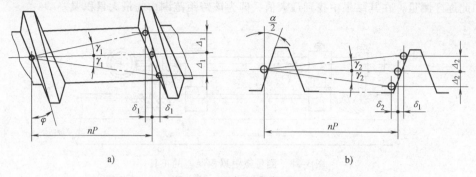

图 3-30 丝杠的定位误差

a）丝杠轴线与测量线在垂直面里倾斜 γ_1 角，测量误差 δ_1

b）丝杠轴线与测量线在水平面里倾斜 γ_2 角，测量误差 δ_2

$$\delta_1 = \pm \Delta_1 \tan\varphi$$

$$\Delta_1 = nP\tan\gamma_1$$

式中 Δ_1——测头相对于丝杠水平轴剖面的移动值。

$$\Delta_2 = \pm \Delta_2 \tan\frac{\alpha}{2}$$

$$\Delta_2 = nP\tan\gamma_2$$

式中 Δ_2——测头相对于丝杠垂直轴剖面的移动值。

3. 温度误差

由于丝杠较长，且测量时间也较长，因此温度对其影响较大。如1m长丝杠的温度偏离标准温度1℃时，丝杠将伸长（或缩短）

$$\Delta L = \alpha L\Delta t = 11 \times 10^{-6} \times 10^6 \times 1\mu m = 11\mu m$$

式中 α——丝杠材料40Cr钢的线胀系数 $11 \times 10^{-6}/℃$。

为了减小温度引起的误差，应注意采取多种措施。如严格控制计量室温度；测量前要有一定的时间定温，使丝杠与仪器和室温一致并稳定；防止局部热源的影响等。

◇◇◇ 第三节 多线螺纹

多线螺纹的各螺旋线沿轴向等距分布，等距误差的大小影响螺纹的啮合精度及使用寿命。多线螺纹每旋转一周，能移动几倍的螺距，它多用于快速机构中。在普通车床上车削多线螺纹是目前常用的加工方法之一，在数控车床上加工多线螺纹也是常用的加工方法之一，但牙型两侧面的表面粗糙度较难达到图样要求，特别是大螺距、蜗杆模数较大的多线螺纹，在数控车床上更难保证精度要求。因此，精度要求较高的多线螺纹多数采用普通车床加工，而且加工出来的表面粗糙度可以达到图样要求。

单线螺纹：沿一条螺旋线所形成的螺纹。

多线螺纹：沿两条或两条以上在轴向等距分布的螺旋线所形成的螺纹。

单线螺纹的导程等于螺距，多线螺纹的导程等于线数乘以螺距。即

$$导程(P_h) = 线数(n) \times 螺距(P)$$

多线螺纹的线数，可从螺纹的断面上看出，如图 3-31 所示。

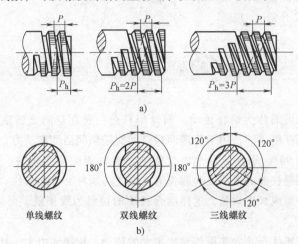

图 3-31　单线螺纹与多线螺纹

a) 轴向图示　b) 端向图示

在计算多线螺纹和多线蜗杆的螺纹升角及蜗杆导程时，必须按导程计算。

$$\tan\varphi = \frac{nP}{\pi d_2}$$

测量多线螺纹单一中径时（图 3-32）应将量针放于同一螺旋槽内进行测量，最后取其中偏离公称值最大者为测量结果。由于三针不可能和被测螺纹的牙型在轴向截面内接触，而是与法向牙型相切。因此测量时产生了误差，当螺纹升角大于 3°30′时，误差较大，应将三针测量公式修正，修正公式：

对于 60°普通螺纹

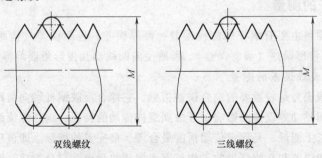

双线螺纹　三线螺纹

图 3-32　三针法测量多线螺纹

$$M = d_z + 3d_D - 0.866P + \Delta\varphi$$

$$\Delta\varphi = 0.750d_D\tan^2\varphi$$

对于30°梯形螺纹

$$M = d_z + 4.864d_D - 1.866P + \Delta\varphi$$

$$\Delta\varphi = 1.8204d_D\tan^2\varphi$$

式中　$\Delta\varphi$——三针测量时，因螺纹升角引起的修正值（mm）；

φ——螺纹升角（°）。

◇◈◇ 第四节　蜗杆的检验

蜗轮蜗杆传动可简称为蜗杆传动。蜗轮蜗杆是一种在空间交错轴向传递运动的机构，是由蜗轮和蜗杆组成的，用于传递两根空间交错轴间运动和动力，两轴间的夹角可为任意值，一般为90°。蜗杆传动是由交错轴斜齿轮传动演变来的。为了改善啮合状况，常将蜗轮分度圆柱面的素线改为圆弧形，使之将蜗杆部分地包住，并用与蜗杆形状和参数相同的滚刀展成加工蜗轮，这样啮合齿廓的接触为线接触，可传递较大的动力，同时传动比也很大。

蜗杆传动的主要优点是能获得传动比很大的传动、传递动力大，且结构紧凑、高速时噪声小、传动平稳（工作平稳）、可以得到精确的分度传动、具有自锁作用（当蜗杆螺旋升角小于3°~6°时）等，在机械制造业中获得了广泛的应用；缺点是传动效率低、蜗轮加工和测量均比较困难。

一、计量仪器

常用于测量蜗杆的计量仪器主要有：导程检验仪、导程仪、万能工具显微镜、双面啮合检查仪、万能齿轮试验机、齿形检验仪、万能齿形检验仪、蜗杆滚刀导程仪、滚刀检验机、万能蜗杆滚刀检验仪、蜗轮蜗杆啮合试验机、轮廓投影仪、啮合检验仪、跳动测量仪等。

二、蜗杆的测量

蜗杆测量项目主要有蜗杆螺旋线误差、齿厚误差、齿距误差（齿距轴向误差和齿距径向误差）、齿形误差（齿廓误差）、齿槽径向圆跳动及齿形角误差等。

1. 蜗杆螺旋线误差的测量

蜗杆螺旋线误差是较重要的综合误差指标，它综合反映蜗杆轴向齿距偏差、齿廓偏差、齿槽径向圆跳动等误差的影响。考虑到蜗杆传动的特征，蜗杆螺旋线偏差分别在一转中和蜗杆全长上测量，是评定传动精度最合理、最完善的指标。即该项误差由蜗杆一转范围内螺旋线误差和在蜗杆齿的工作长度内螺旋线误差两部分组成。测量蜗杆螺旋线误差的仪器要具有被测蜗杆相对于测量头的旋转运动和与旋转运动相联系的精确的轴向移动两个基本运动。

测量方法通常采用连续测量。连续测量是指被测螺旋线和标准螺旋线运动在每一点上相比较，以获得全误差曲线。常用的仪器有蜗杆导程仪、滚刀检查仪及蜗杆螺旋线比较仪等。

对于多头蜗杆，应分别测量每一条螺旋线的误差。目前，测量蜗杆螺旋线误差的方法有相对法和坐标法。

（1）相对法测量 被测蜗杆的实际螺旋线与作为测量标准的螺旋线进行比较，以获得被测螺旋线误差。这种测量方法的关键是建立起比较用的标准螺旋线运动。常用滚刀检查仪和蜗杆导程仪进行测量。

1）用标准蜗杆比较仪测量。这种方法是指被测蜗杆与标准蜗杆相比较，以蜗杆螺旋线比较仪为代表，在蜗杆螺旋线比较仪上测量蜗杆螺旋线的原理如图 3-33 所示。

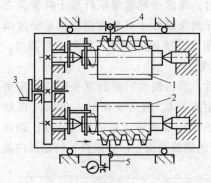

图 3-33 用标准蜗杆比较仪
测量蜗杆螺旋线误差
1—标准蜗杆 2—被测蜗杆 3—手轮
4—定位支座 5—测量架

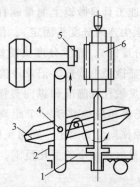

图 3-34 用滚刀检查仪测量螺旋线误差
1—基圆盘 2—钢直尺 3—正弦导板
4—测量滑架 5—测头 6—被测蜗杆

测量时，分别将标准蜗杆 1 和被测蜗杆 2 装于顶尖间，定位支座 4 的球形测头伸入标准蜗杆齿槽中，而测量架 5 的测头与被测蜗杆在齿面中部相接触，并调整测微零位。当转动手轮 3 时，标准蜗杆与被测蜗杆做同步旋转，标准蜗杆螺旋线的作用使滑板做相应的直线运动，在蜗杆转动一转中测微仪指示相对零位的偏差即为 Δf_h，在蜗杆全长上则为 Δf_{hL}。

2）用滚刀检验仪测量。由基圆盘的转动和测量滑架移动形成标准螺旋线，测头相对被测蜗杆作标准螺旋线运动。如图 3-34 所示，钢直尺 2 移动时，带动基圆盘 1 和与之同轴安装的被测蜗杆 6 转动，同时通过与直尺相连接的正弦导板 3 使测量滑架和安装在其上的测头 5 做垂直运动，从而构成所需的螺旋运动。正弦导板的角度根据被测蜗杆的导程角用量块进行调整。这种连续比较的测量方法能较全面地反映蜗杆的螺旋线误差。

（2）绝对测量法（坐标法测量） 绝对测量方法也称为坐标法测量法。该方法是根据螺旋线的形成规律，把螺旋线的实测值 $L_{实测}$ 与其理论值 $L_{理论}$ 相比较，得出单齿距内的螺旋线误差。螺旋线理论值为

$$L_{理论} = \frac{\theta P_x n}{360°}$$

式中　P_x——轴向齿距；

　　　θ——蜗杆的转动角度；

　　　n——蜗杆头数；

　$L_{理论}$——蜗杆传动 θ 角度时，其在轴向移动的标准距离。

测出蜗杆每转一 θ 角度后的轴向移动距离与 $L_{理论}$ 比较，便是其误差。实现绝对测量须有一分度装置和一测长装置，可在万能工具显微镜上测量，也可在滚刀检查仪上测量。

在万能工具显微镜上测量蜗杆螺旋线误差时，通常是把被测蜗杆置于两顶尖之间（其中一顶尖连同分度头固定），使光学灵敏杠杆测头接触于螺旋齿面中部的分度圆上（或靠近分度圆），光学分度头使蜗杆旋转一定角度，接触后瞄准，即对准双刻线，在纵向读数显微镜上读数，记录该读数（纵坐标读数）。

在用灵敏杠杆瞄准和纵向显微镜首次读数后，退出测头，将分度头转动给定角度 θ，纵向托板相应地移动一个距离（相应理论距离）L。测头重新移入齿间（接触齿面），回原横向位置固定，则由灵敏杠杆瞄准后在纵向显微镜读数值的变动量，即此时双刻线的最大与最小的变化范围，即为该段蜗杆的螺旋线误差。在蜗杆一转范围内测量 6～10 点。

在蜗杆工作齿宽范围内。每次测量纵向显微镜读数变动量值的最大和最小值之差，即为被测蜗杆的螺旋线误差 Δf_{hL} 值。在蜗杆一转中读数变动量值的最大和最小值之差，为蜗杆一转螺旋线误差 Δf_h 值。

对于多头蜗杆的螺旋线误差，应分别测量每一条螺旋线。

现代测量技术已使过去采用机械结构难以实现的测量变得轻而易举：蜗杆的螺旋线误差、齿形误差、轴向齿距误差、齿厚等的测量都可以在齿轮测量中心上一次完成。

2. 蜗杆轴向齿距的测量

蜗杆轴向齿距包括蜗杆轴向齿距偏差 Δf_{px} 和轴向齿距累积误差 ΔF_{px}。

蜗杆轴向齿距偏差 Δf_{px}，是指在蜗杆轴向截面上任意相邻同侧齿面间的实际齿距与公称齿距的最大差值。在蜗杆全长内任意两个同侧齿面间的实际距离与相应的理论距离之最大差值为轴向齿距累积误差 ΔF_{px}。蜗杆轴向齿距偏差和蜗杆轴向齿距累积误差都是在一与蜗杆轴线平行的直线上测量的，能够测量蜗杆螺旋线误差的仪器均可测量蜗杆轴向齿距偏差，其测量方法与螺纹螺距或斜齿轮轴向齿距的测量方法基本相同。

蜗杆每旋转一圈，蜗杆齿面上一点在轴向移动的距离，对于单头蜗杆来说，是一个齿距；对于多头蜗杆来说，是 n 个齿距，即导程。所以对多头蜗杆来说，轴向齿距误差包含了分头误差。

蜗杆轴向齿距的测量方法有两种：相对测量法和绝对测量法。

（1）相对测量法　由于轴向齿距偏差是蜗杆螺旋线偏差的一部分，亦即每隔 2π 的螺旋线偏差，所以可以从蜗杆螺旋线偏差的结果中得到轴向齿距偏差。对于单头蜗杆来说，通过滚刀检查仪画出的螺旋线误差曲线上，找相隔为 2π 的两点，这两点的纵坐标格数的差值乘以每一格所代表的误差值（即格值），便是轴向齿距偏差。在一条螺旋线偏差曲线上，可以找出多对相隔为 2π 的点，以其中误差的最大值，作为此蜗杆的轴向齿距偏差。在螺旋线偏差曲线上，找出多对相隔为 $2\pi n$ 弧度的两点（n 是指蜗杆工作齿宽范围内的圈数），在每两点中有 n 个相隔为 2π 的点，包容这 n 个纵坐标两线之间的格数乘以格值，是蜗杆的一个齿距累积误差，取最大值为 ΔF_{px}。对于多头蜗杆来说，要测出 n 头的螺旋线偏差，从不同的螺旋线上取出相关点来评定。

以用蜗杆滚刀检查仪测量蜗杆轴向齿距的方法为例，阐述相对测量法。

用蜗杆滚刀检查仪测量蜗杆轴向齿距的原理如图 3-35 所示。在此仪器中，在平行于被测蜗杆 1 的轴线上安装着定位块 7 和指示表 6，两者之间安放着等于轴向齿距尺寸的量块组 5。测量机构 3 装在可做垂直于蜗杆轴线移动的拖板 8 上，借助刚性或灵敏的停档 2 以保证触头 9 和读数机构 4 对蜗杆轴线的径向位置不变。

测量过程如下：引入测量触头并与轮齿的侧面接触，将读数机构定为零位，停档 2 被置于确定拖板 8 的径向位置，然后

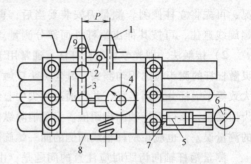

图 3-35　用蜗杆滚刀检查仪测量蜗杆轴向齿距的原理图
1—被测蜗杆　2—停档　3—测量机构
4—读数机构　5—量块　6—指示表
7—定位块　8—拖板　9—触头

将测量触头向后退出，移动纵向拖板，改变量块 5 的名义轴向齿距尺寸触头，再引入到原来的径向位置，从读数机构 4 来决定轴向齿距的偏差。

测量步骤为（以测量多头蜗杆为例）：

1）首先测出某一头的螺旋线偏差。

2）当测头离开蜗杆面后，让其继续升高或降低一距离。在某一位置上记下刻线尺读数 L_1。

3）旋紧防转螺钉，使工件不能转动。

4）松开压紧装置手柄，使滚动圆盘和直尺脱开，摇动工作台右边一个手轮，使工件在 L_1 基础上上升或下降一 L 值。L 值的计算式为

$$L = \frac{D\pi}{n}$$

式中　n——蜗杆头数。

5）合上压紧装置手柄将滚动圆盘和直尺压紧。

6）松开防转螺钉。

7）使测头和蜗杆面再次接触。

8）使测头进入另一螺旋面，画出螺旋线偏差，用同法画出 n 条螺旋线偏差。

9）从不同螺旋线上取出相关点进行评定。

（2）绝对测量法 绝对测量法是直接测出蜗杆的轴向齿距，可在万能工具显微镜上进行。瞄准方法有影像法、接触法和轴切法。

在万能工具显微镜上测量蜗杆轴向齿距时，被测蜗杆用顶尖或 V 形架定位。测量蜗杆轴向齿距时，必须沿着轴线在相邻螺牙的同一侧面间测量其距离，取其算术平均值作为轴向齿距。测量方法可用影像法、接触法和轴切法。

1）轴切法。用轴切法测量时，光圈直径调整为 25～30mm，照明采用半透明镜反光，显微镜立柱不需倾斜。但当螺旋升角较大时，为了便于观察测量刀与齿面的接触情况，可先将立柱倾斜，测量刀安装妥当后，再将立柱返回垂直位置。如果测量刀刻线被螺旋线遮住，可按其伸出蜗杆外面部分测量。

2）接触法。即光学灵敏杠杆法，通常用于大螺旋角蜗杆齿距的测量。应该注意的是灵敏杠杆的测头应选用勾测头，其勾测头接触于齿面中部，测头球心至顶尖中心线的距离大致等于蜗杆分度圆半径，并在通过顶尖中心线的水平面上。在同样情况下使测头和其他齿面接触，求得蜗杆轴向齿距值。为了消除纵向托架移动方向与顶尖轴线不平行性所产生的测量误差，也应在蜗杆轴线两侧的同一螺旋面上测量，取其平均值作为轴向齿距。

测量蜗杆轴向齿距时应注意的问题是，由于蜗杆的轴向齿距不是封闭尺寸，不能任意测量对某一齿距的相对值，而应直接测量蜗杆轴向齿距的绝对值或偏差值。

3）在滚刀检查仪上测量。利用蜗杆滚刀检查仪等专用仪器测量蜗杆轴向齿距的原理如图 3-36 所示。测头与一齿廓中部接触，然后径向退出测头，并沿轴向移动一个齿距或几个齿距，其移动距离用量块控制，测头重新沿径向进入齿槽，齿距误差从指示表读出。

3. 蜗杆齿形的测量

蜗杆齿形误差 Δf_{fl}，蜗杆齿形误差是压力角偏差和齿面形状误差的总和，即指在蜗杆轮齿给定截面的齿廓工作部分内，包容实际齿廓且距离为最小两条设计齿廓间的法向距离（当两条设计齿形线为非等距离的曲线时，应在靠近齿体内的设计齿形线上确定其两者间的法向距离）（图 3-37），它是齿形半角误差和齿面直线度误差的综合值，它影响蜗杆传动的平稳性。可以直接测量齿形误差，也可分别测量齿形半角偏差和齿面形状误差。

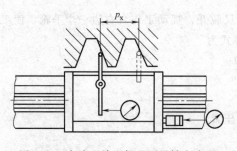

图 3-36 在滚刀检查仪上测量轴向齿距

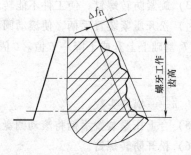

图 3-37 蜗杆齿形误差

（1）用计量仪器测量　齿形误差可用通用仪器如大型或万能工具显微镜、投影仪等，以影像法、轴切法、光学接触器法及投影比较法等进行测量，也可以用专用仪器如滚刀检查仪、蜗杆齿形检查仪等进行测量。

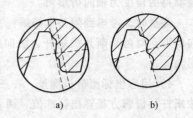

图 3-38　万能工具显微镜-影像法测量齿形
a) 一次测出　b) 分单项测

1）用万能工具显微镜-影像法测量齿形。当蜗杆螺旋升角 $\lambda < 12°$ 时，在万能工具显微镜上可以直接测量出齿形误差，也可分别测量出齿形角偏差和齿面形状误差，如图 3-38 所示。

测量时，把主目镜的十字虚线转成名义的齿形角（$\alpha = 20°$），使它与齿面最凸和最凹的部分相切（图 3-38a），纵向两次读数之差为 $f_1 - f_2$，则齿面齿形误差为

$$\Delta f_{fl} = (f_1 - f_2)\cos\alpha_x$$

式中　α_x——轴向齿形角。

用影像法测量时，显微镜立柱倾斜一个蜗杆螺旋升角 λ，测得的是法向齿形角 α_n，须将它换算为轴向齿形角 α_x，换算公式为

$$\tan\alpha_x = \frac{\tan\alpha_n}{\cos\lambda}$$

式中　λ——蜗杆分度圆螺旋升角。

取每次测量齿形误差的最大值作为测量结果。

2）用万能工具显微镜-接触法测量齿形。测量时，显微镜立柱应在垂直位置。这时，在万能工具显微镜的分度台上配制一个小型顶尖架以安装被测蜗杆。用装有钩形小测头的灵敏杠杆测量轴向截面的齿形，如图 3-39所示。测量时，首先校正顶尖中心线平行于显微镜纵向导轨，安装蜗杆后，旋转分度台为理论齿形角值。使测头与齿面接触，移动横向托架，使测头在齿面上由齿根处移到齿顶处。灵敏杠杆双刻线在齿面全长上的最大变动量即为该齿的轴向齿形误差 Δf_{fl}。用同样方法可测得另一面的齿形误差。此方法应注意的是测量头球心应位于顶尖中心线的水平面内。为了提高其测量精度，需用标准圆棒校正顶尖中心线与显微镜纵向导轨平行，此时测角目镜为

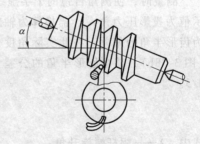

图 3-39　万能工具显微镜-接触法测量齿形

0°，然后转动目镜分划板，转动的角度为蜗杆名义齿形角的一半，再转动分度圆台使标准圆棒素线与目镜十字虚线相重合，此时圆台转角为蜗杆的名义半角值。角度目镜返回0°，然后使测头接触，横向移动工作台即可测得蜗杆轴向齿形误差。

3）用万能工具显微镜-轴切法测量齿形。用测量刀测量蜗杆齿形误差时，主显微镜立柱不倾斜，将测量刀刃贴切于蜗杆实际表面轮廓，用米字线瞄准刀刃刻线，从测角目

镜测得的角度为轴向齿形角。

测量时，考虑到阿基米德蜗杆，轴向断面的齿形是直线的，应用测量刀直接测量轴向齿形。对延长渐开线蜗杆，法向断面的齿形是直线的，应用影像法直接测量法向齿形角。

4）用三坐标测量机测量。在三坐标测量机上测出蜗杆螺旋面上一系列点的坐标，按蜗杆的齿廓方程算出标准值，两者比较得出各点偏离理论值的齿廓误差，取差值最大者为测量结果。并将其换算到定义要求的齿廓误差，也可按坐标点画出误差曲线。

（2）用样板检验 在生产车间广泛采用样板来检验齿形。利用样板可检验加工过程中蜗杆齿形及刀具齿形，也可检验成品齿形。用齿形样板检测。测量蜗杆齿形时，应根据所测蜗杆的螺旋面特点，选择直线齿形的截面进行测量。检验方法如下：

对于阿基米德蜗杆，将样板放置在轴向截面上；对于法向直廓蜗杆，将样板放置在法向截面上；对于渐开线蜗杆，将样板放置在基圆切平面上。

在法向截面上检测时，样板的放置位置如图 3-40 所示；需要在轴向截面上检测时，被测蜗杆及样板均应安装于机床上，以保证在正确位置上进行测量。

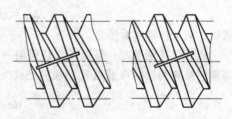

4. 蜗杆压力角的测量

（1）用角度样板或游标角度量规测量 这种方法简单、方便，但测量准确度低。

图 3-40　在法向截面上检测时样板放置位置

（2）在万能或大型工具显微镜上测量

1）影像法测量。在蜗杆螺旋升角 $\lambda < 12°$ 时，在万能工具显微镜上可用影像法分别测量出齿形半角偏差和齿廓直线度误差。

测量时，使测角目镜的十字虚线与齿面实际弯曲的中线相重合，此时角度目镜的示值为投影压力角 α_p，需换算为轴向压力角 α。读出的实际角度与名义半角的差值则为齿形半角的偏差。在此实际角度位置，测出齿面的最大弯曲度为齿廓直线度误差（图 3-38b），其中齿形半角的公差为齿形公差的 2/3，而齿廓直线度为齿形公差的 1/3。

$$\tan\alpha = \frac{\tan\alpha_p}{\cos\lambda}$$

式中　λ——蜗杆螺旋升角。

而齿形半角误差为

$$\Delta\alpha = \alpha_{实} - \alpha_{理}$$

式中　$\alpha_{实}$——实际轴向齿形半角；

　　　$\alpha_{理}$——理论轴向齿形半角。

在万能工具显微镜上，用灵敏杠杆也可以测量蜗杆齿形半角偏差和齿廓直线性误差。测量时应调整蜗杆使之与仪器纵向托架移动方向一致，测头沿齿面从齿根处移至齿顶处，设 h 为横向读出的移距，s 为纵向读出的移距，则齿形半角 α 为

$$\tan\alpha = \frac{s}{h}$$

而齿面中间各点坐标尺寸的变化量为齿面直线度误差。

2）轴切法。测量时，测量刀贴切于蜗杆齿廓，然后用目镜米字线瞄准，如图3-41所示。在角度目镜里读数，即为实际轴向齿形半角。

5. 蜗杆齿厚的测量

对于蜗杆传动应该通过减小蜗杆的齿厚来获得传动间隙，因此，控制蜗杆的齿厚在蜗杆传动中是比较重要的。保证了蜗杆齿厚和蜗轮齿厚的偏差也就基本保证了蜗杆传动副的侧隙。蜗杆齿厚偏差的测量，应以蜗杆工作轴线为基准，可以直接测量和间接测量。

（1）直接测量 是指直接测量蜗杆实际齿厚，求其与公称值之差，获得齿厚偏差。

对于大尺寸、低精度蜗杆的实际齿厚，可用齿厚游标卡尺以蜗杆齿顶圆为基准直接测量。如图3-42所示，测量时先计算蜗杆齿顶至测量弦齿厚的高度，并以此调整垂直游标尺高度，齿顶圆作为测量基准，水平游标尺两量爪间的最短距离即为实际齿厚。必要时可按齿顶圆实际尺寸和齿顶圆径向圆跳动来校正测量结果。

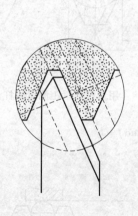

图 3-41 轴切法测量齿形角

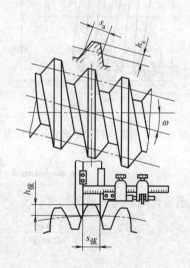

图 3-42 用齿厚游标卡尺测量蜗杆齿厚

用齿厚游标卡尺测量蜗杆分度圆弦齿厚时，其计算公式见表3-3。

（2）间接测量 对于精度较高或大螺旋角的蜗杆，采用量柱测量距测量。所谓量柱测量距（简称M值）是指将三根尺寸相同的量柱相对地放入蜗杆齿槽，测出的量柱的外尺寸（图3-43）。即用量柱测量距M值来间接地评定齿厚偏差。

用量柱测量距法测量齿厚的计算方法如下：

如图3-44所示，若a为理论值，即轮齿齿厚无增大（或减薄）时，则从图中看出：

表 3-3　用齿厚游标卡尺测量蜗杆分度圆弦齿厚的计算公式

螺旋升角	蜗杆分度圆法向弦齿厚	蜗杆齿顶圆至分度圆的弦齿高
$\gamma \leqslant 7°$，蜗杆头数 $z_1 = 1$ $\gamma \leqslant 10°$，蜗杆头数 $z_1 = 2$	$\bar{s}_n = s_\alpha \cos\gamma$	$\bar{h}_\alpha = m$
$\gamma > 7°$，蜗杆头数 $z_1 = 1$ $\gamma > 10°$，蜗杆头数 $z_1 = 2$	$\bar{s}_n \approx s_\alpha \cos\gamma$	$\bar{h}_\alpha \approx m + (s_\alpha \sin\gamma \cos\gamma)^2/(8r)$

注：1. s_α 为蜗杆分度圆轴向齿厚；r 为蜗杆当量分度圆半径；m 为蜗杆模数。

2. 对螺旋升角非常大的蜗杆，一般情况下按表中 $\gamma > 7°$ 的公式计算，但应注意对计算结果的修正。

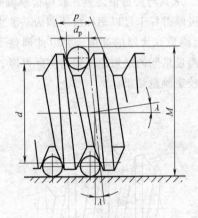

图 3-43　用量柱测量距测量蜗杆齿厚　　　　图 3-44　用量柱测量距测量蜗杆齿厚

$$a = \frac{d_p}{2}\sin\alpha + \frac{d_p}{2} - h' = \frac{d_p}{2}(1 + \sin\alpha) - h'$$

当轮齿增厚（或减薄）时：

$$b = \frac{d_p}{2}(1 + \sin\alpha) + \frac{\Delta s}{2\tan\alpha} + \frac{d_p}{2} - h'$$

其中：

$$d_p = \frac{m\pi}{2\cos\alpha}$$

因为 b 值可以测得，所以

$$\Delta s = 2(b - a)\tan\alpha$$

因此用量柱测量距直接测蜗杆的 M 值，可测得齿厚。在 z_1 为偶数时用两个圆柱，z_1 为奇数时用三个圆柱（图 3-45）。对于一般的蜗杆，M 值可用千分尺测量，而对于精度较高的蜗杆，则在测长仪或光学计上测量。

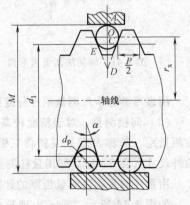

图 3-45　M 值的计算

理论 M 值计算如下：

$$M = 2r_x + d_p$$

$$r_x = \frac{d_1}{2} + \overline{OC}$$

$$\overline{OC} = \overline{OD} - \overline{CD} = \frac{d_p}{2\sin\alpha_n} - \frac{\pi m \cot\alpha}{4}$$

$$M = d_1 + d_p\left(1 + \frac{1}{\sin\alpha_n}\right) - \frac{\pi m}{2}\cot\alpha_x$$

式中　d_1——蜗杆分度圆直径；

　　　d_p——圆柱直径；

　　　m——轴向模数；

　　　r_x——量柱中心至蜗杆中心的距离；

　　　α_x——轴向齿形半角；

　　　α_n——法向齿形半角。

通过分度圆直径偏差 Δd_1、量柱尺寸偏差 M 可按下式换算成齿厚偏差 ΔE_{s1}：

$$\Delta E_{s1} = \Delta d_1 \tan\alpha_x = \Delta M \tan\alpha_x$$

最佳量柱直径 d_p 可用下式计算：

阿基米德螺旋线蜗杆：

$$d_p = \frac{P_z}{2z_1}\sec\alpha$$

渐开线蜗杆：

$$d_p = \frac{P_z}{2z_1}\cos\gamma_b = \frac{P_z}{2z_1}\cos\alpha_n\cos\gamma$$

式中　P_z——蜗杆导程（$P_z = \pi m z_1$）；

　　　z_1——蜗杆头数；

　　　γ_b——蜗杆基圆螺旋升角；

　　　α——蜗杆轴向齿形半角；

　　　α_n——蜗杆法向齿形半角；

　　　γ——蜗杆分度圆螺旋升角。

量柱也可用测量螺纹中径的三针代替。测量蜗杆推荐用的量柱直径见表3-4。

表 3-4　测量蜗杆推荐用的量柱直径　　　　　　　　（单位：mm）

蜗杆模数 m/mm	0.3	0.4	0.5	0.6	0.7	0.8	1.0	1.25	1.5	1.75	2.0	2.5	3.0
量柱直径 d_p/mm	0.572	0.724	0.866	1.008	1.302	1.114	1.732	2.311	2.595	3.177	3.468	4.211	5.176

◆◆◆ 第五节 螺纹和蜗杆检验技能训练实例

一、梯形螺纹丝杠的检验

1. 零件图样

车床长丝杠零件如图 3-46 所示。

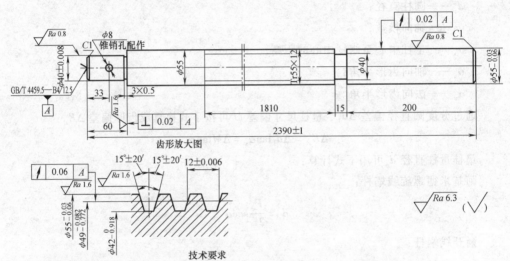

技术要求

1. 螺距累积公差在25内为±0.009，在100内为±0.012，在300内为±0.018，以后每增加300公差增加
   ±0.005，全长不大于±0.04。全长中径尺寸变动量公差为0.036。
2. 调质235HBW，材料40Cr。

图 3-46 车床长丝杠

2. 零件精度分析

图 3-46 所示为一梯形螺纹丝杠，材料为 40Cr，调质处理至 235HBW。该螺纹大径处的标注形式为 "Tr55 × 12"，表明该丝杠的公称直径（大径尺寸）d 为 $\phi55^{-0.03}_{-0.06}$ mm，中径尺寸 d_2 为 $\phi49^{-0.082}_{-0.772}$ mm，小径尺寸 d_3 为 $\phi42^{\ 0}_{-0.918}$ mm，螺距 $P = 12$ mm，螺纹的牙型角 $\alpha = 30°$，该丝杠的螺纹是牙型角为 30° 的单线梯形螺纹。

1）丝杠的螺距相邻公差为（12 ± 0.006）mm，螺距累积误差在 25mm 内为 ± 0.009mm，在 100mm 内为 ± 0.012mm，在 300mm 内为 ± 0.018mm，以后每增加 300mm，公差增加 ± 0.005mm。牙型半角公差为 ± 20′，全长中径尺寸变动量为 0.036mm。螺纹中径对两端中心孔公共轴线的径向圆跳动为 0.06mm。

2）外圆 $\phi(40 \pm 0.008)$mm、$\phi55^{-0.03}_{-0.06}$ mm 对两端中心孔公共轴线的径向圆跳动公差

为 0.02mm。

3）外圆 $\phi 55$mm 端面对两端中心孔公共轴线垂直度公差为 0.02mm。

4）外螺纹大径及齿面的表面粗糙度值为 $Ra1.6\mu m$。

3．测量器具和辅具

外螺纹千分尺、量针、游标卡尺、量程为 25～50mm 和 50～75mm 的外径千分尺、公法线千分尺、带前后顶尖检验平台、V 形架、带磁力表架和测头提升装置的百分表、量块或标准丝杠、游标万能角度尺及角度块、3m 测长机或带有分度装置的丝杠测量仪。

4．零件检测

1）螺距误差及螺距累积误差的检测。用螺距仪检测，方法如前述丝杠单个螺距误差及螺距累积误差的检测。

2）Tr55×12 螺纹大径 $\phi 55_{-0.06}^{-0.03}$mm 的检测。用公法线千分尺在被测工件的轴线方向测三个截面，对每个截面要在相互垂直的两个部位上各测一次，记录测量数值。根据测量读数中的最大值和最小值和被测大径的公差要求，判断被测大径是否合格。

3）螺纹中径尺寸 $\phi 49_{-0.772}^{-0.082}$mm 及全长中径尺寸变动量误差 0.036mm 的检测。

① 外螺纹千分尺测量螺纹中径。对于精度不高的外螺纹中径，可用带有插头的外螺纹千分尺来测量。外螺纹千分尺附带一套不同规格的可换测量头，其中每对都分别由一锥形和 V 形测头组成，使用时将它们分别插在千分尺的测杆和砧座上。每对测量头只能用来测量一定螺距范围的螺纹，如图 3-47 所示。

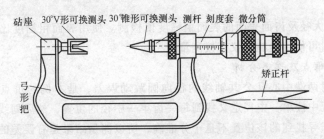

砧座　30°V形可换测头　30°锥形可换测头　测杆　刻度套　微分筒

矫正杆

弓形把

图 3-47　可换测头的外螺纹千分尺

用外螺纹千分尺进行螺纹中径测量时，把 V 形测头端插放在螺纹的牙型上，把锥形测头端插放在螺纹的牙槽间，转动微分筒，使两个测头与螺纹接触，即可读出测量数值。外螺纹千分尺精度不高，用绝对测量法测量时，测量误差为 0.10～0.15mm；用比较法测量时，测量误差为 0.04～0.05mm，因此它只用于普通精度螺纹的测量，本例梯形螺纹中径尺寸要求为 $\phi 49_{-0.772}^{-0.082}$mm，公差值为 0.69mm，用比较测量法可以获得较满意的检测精度。本例需使用梯形螺纹测头，并使用与所测尺寸（即中径为 49mm）相一致的矫正杆对螺纹千分尺进行校对调零，然后按上述方法及外径千分尺使用方法进行检测。

② 用三针法在全长上测量。测量单一中径，可以利用三针法进行。方法一，是根据单一中径计算公式，直接测量出量针测量距，代入公式进行计算；方法二，是将单一

中径公式换算成量针测量距公式，查螺纹单一中径公差表，将单一中径代入公式计算出量针测量距，把公差标注出，直接测量出量针测量距，判断是否在公差范围内，确定合格否，这种方法也是车间常用的。

量针直径 $d_0 = 0.518P = 0.518 \times 12\text{mm} = 6.216\text{mm}$，取 $d_0 = 6.212\text{mm}$。量针测量距为：

$$M = d_2 + 4.864d_0 - 1.866P$$
$$= 49\text{mm} + 4.864 \times 6.212\text{mm} - 1.866 \times 12\text{mm}$$
$$= 56.823\text{mm}$$

量针测量距及偏差 $M = 56.823_{-0.772}^{-0.082}\text{mm}$，测量时全长误差不大于 0.036mm。

4）$\phi40\text{mm} \pm 0.008\text{mm}$ 肩平面对两端中心孔公共轴线的垂直度误差 0.02mm 的检验。测量时，将工件夹于两顶尖间（前后顶尖必须是同轴的），指示表夹于方刀架上，使测量头接触工件肩平面移动中滑板并旋转工件，测量整个肩平面，指示表指针的摆动值不大于 0.02mm 即为合格。

5）螺纹中径对两端中心孔公共轴线的径向圆跳动误差 0.06mm 的检验。

在带顶尖的检验平台上检验。把工件夹于平台两顶尖之间，使指示表测量头接触螺纹中径处齿面，缓慢回转工件一周过程中，指示表指针最大摆动值即为单个测量面的径向圆跳动。按上述方法，测量若干个齿面，取各齿面上测得的跳动量中最大值即为径向圆跳动误差，该误差值不大于 0.06mm 即为合格。

6）牙型角用游标万能角度尺或角度量规直接测量，读数值如果在 $15° \pm 20'$ 之内，即为合格。

7）外螺纹大径及齿面表面的表面粗糙度值检测。使用表面粗糙度比较样块进行比较检验，必要时可使用粗糙度仪直接测量。

5. 重点和难点及误差分析

螺纹中径对两端中心孔公共轴线的径向圆跳动误差，是本例的重点，同时也是难点。在测量过程中按单一中径定义找到每一齿单一中径的位置，然后划线做出标记，再进行测量。由于寻找到的该位置不是十分准确，所以测量结果是有误差的。可以使用螺纹检测仪进行测量，以减小误差。

二、蜗杆轴的检验

1. 零件图样

蜗杆轴零件如图 3-48 所示。

2. 零件精度分析

图 3-48 所示为一蜗杆轴，材料为 40Cr，热处理、调质处理至 250HBW。

（1）几何尺寸

1）蜗杆齿顶圆直径为 $\phi90_{-0.054}^{0}\text{mm}$。

2）基准外圆 $2 \times \phi65_{+0.020}^{+0.039}\text{mm}$。

3）外圆 $\phi62_{-0.03}^{0}\text{mm}$、$\phi55_{+0.020}^{+0.039}\text{mm}$。

（2）蜗杆精度

1）蜗杆形式为 ZN 蜗杆，即为法向直廓蜗杆，轴向模数为 6mm，三头蜗杆。

2）法向齿厚为 $9.18_{-0.204}^{-0.133}$mm。

3）轴向齿距为（18.85 ± 0.02）mm。

（3）几何公差

1）$2 \times \phi65_{+0.020}^{+0.039}$mm 基准外圆，其圆柱度公差为 0.008mm。

2）蜗杆齿顶圆直径为 $\phi90_{-0.054}^{0}$mm，对基准圆 A、B 公共轴线径向圆跳动误差为 0.025mm。

3）外圆 $\phi62_{-0.03}^{0}$mm 对基准圆 A、B 公共轴线径向圆跳动误差为 0.01mm。

4）外圆 $\phi75$mm 各一侧端面对基准圆 A、B 公共轴线径向圆跳动误差为 0.02mm。

（4）表面粗糙度　各级主要外圆表面粗糙度值为 $Ra1.6\mu m$。

3. 测量量具及辅具

游标卡尺、量程为 50～75mm 的（数显）外径千分尺、公法线千分尺、齿厚游标卡尺、带前后顶尖的检验平台、V 形量具、指示表、量程为 50～75mm 的杠杆千分尺。

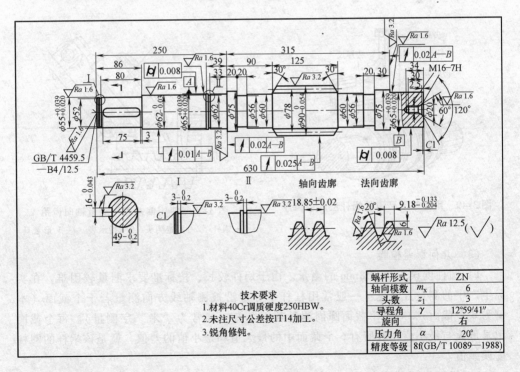

图 3-48　蜗杆轴

4. 零件检测

（1）几何尺寸

1）外圆 $2 \times \phi65_{+0.020}^{+0.039}$mm、$\phi62_{-0.03}^{0}$mm、$\phi55_{+0.020}^{+0.039}$mm 的测量。用（数显）外径千分

尺沿被测轴的轴线方向测量三个截面，对每个截面要在相互垂直的两个部位各测一次，千分尺读数应在上、下极限偏差范围内。

2）齿顶圆直径 $\phi 90_{-0.054}^{0}$ mm 的测量。用公法线千分尺按上述1）的方法进行测量。

（2）蜗杆精度测量

1）法向齿厚 $9.18_{-0.204}^{-0.133}$ mm 的测量。用齿厚游标卡尺测量，如图 3-49 所示：先将齿高游标卡尺读数按照模数调整到等于齿顶高尺寸，本例 $h_{a1} \approx m = 6$ mm，然后以齿顶圆作为测量基准，将齿厚游标卡尺的两量爪法向卡入齿廓，使齿厚游标卡尺和蜗杆轴线相交成一个导程角的角度，调节测微螺钉，使两量爪测量面轻轻接触齿面，然后进行读数，记录测量值，如果测量值在 8.976 ~ 9.047mm 范围内即合格。

2）轴向齿距（18.85 ± 0.02）mm 的检验。可使用图 3-50 所示齿距偏差表座测量。测量时，将 V 形量具 4 骑跨于蜗杆 1 上，使量具上的固定测头 2 接触齿侧的一面，指示表 3 测头接触相邻齿距相应的另一齿侧面（接近分度圆直径处），并调整指示表指针到零位；将仪器移至第二个齿，进行测量，记录指示表读数；再移至第三齿按上述方法测量并记录，如此逐齿测量，指示表指针摆动量不大于 ±0.02mm 即为合格。

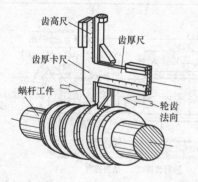

图 3-49　用齿厚卡尺测量蜗杆法向弦齿厚

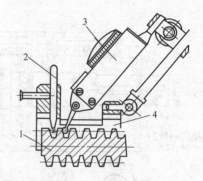

图 3-50　使用偏差表座测量轴向齿距
1—蜗杆　2—固定测头　3—指示表　4—V 形量具

（3）几何误差检验

1）圆柱度误差 0.008mm 的测量。由于蜗杆较长，按标准要求测量较困难，在实际生产中的测量方法是：一般常用杠杆千分尺沿被测轴线方向测量若干个截面（本例为 6 个截面），对每个截面圆周测量若干点（通常为"米"字测量）。每个截面记录最大与最小值；取所有 6 个截面中的最大值和最小值的差值，就是该蜗杆的圆柱度误差值。

2）蜗杆齿顶圆直径为 $\phi 90_{-0.054}^{0}$ mm，对基准圆 A、B 公共轴线径向圆跳动误差为 0.025mm。

平台检测法：如图 3-51 所示，将一对等高的 V 形架安放在检验平板上，再用它们将蜗杆支在检验平板上，支承部位是蜗杆作为基准 A 和 B 的两个 $\phi 65_{+0.020}^{+0.039}$ mm 的轴段，蜗杆右端通过钢球顶靠在安装在 V 形架上的挡板上，将带球形测头的指示表安装在表架合适位置上并将其放置在检验平板上。检验时，调整表架和球形测头的位置，使测头位于齿顶圆的最高点，即位于通过蜗杆轴线且垂直于检验平板的测量面内，观察并记录指示表上的读数。然后，保持指示表相对于检验平板的高度不变，转动蜗杆，用上述同样的方法测量下一位置并记录指示表的读数，指示表读数的最大值和最小值之差即为被测蜗杆的齿顶圆跳动误差值。

3）外圆 $\phi 62_{-0.03}^{0}$ mm 对基准圆 A、B 公共轴线径向圆跳动误差检测。如图 3-52 所示，测量方法与齿顶圆跳动测量方法相同，安装时指示表测头的测量方向要沿着被测点的法向方向，检测时工件要做无轴向移动的连续回转，指示表读数的最大值和最小值之差即为被测蜗杆外圆 $\phi 62_{-0.03}^{0}$ mm 的跳动误差值。

4）外圆 $\phi 75$ mm 各一侧端面对基准圆 A、B 公共轴线径向圆跳动误差测量。如图 3-52 所示，蜗杆工件的定位与上述蜗杆径向圆跳动误差的检测相同，测量仪器换成杠杆指示表。安装杠杆指示表时要尽量使其测头摆动的线速度方向与被测点的法线方向相同，检测时工件需做无轴向移动的连续回转，被测端面的轴向圆跳动误差值就是杠杆千分表的指针摆动范围。

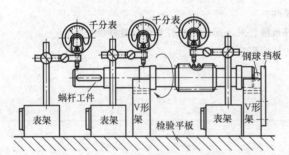

图 3-51　蜗杆各部径向圆跳动误差的检测

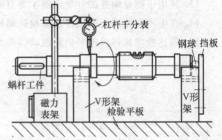

图 3-52　蜗杆轴肩端面圆跳动误差的检测

（4）主要外圆表面、蜗杆齿面的表面粗糙度值检测　使用表面粗糙度比较样块进行比较检验，必要时可使用粗糙度仪直接测量。

5. 重点和难点及误差分析

对于蜗杆蜗轮传动应该通过减薄蜗杆的齿厚来获得传动间隙，控制蜗杆的齿厚在蜗杆蜗轮传动中是比较重要的。因此，蜗杆的齿厚测量是非常重要的。

蜗杆圆柱度误差为 0.008mm，精度要求较高，而且比较长，用常用计量器具检测比较困难。本例介绍的方法是车间生产中检验常用的方法，测量繁琐，但有一定的可靠性，不过对这么高精度的要求，用该方法测量是有一定误差的，可以用专用检测仪器进行测量，以减小误差。

蜗杆齿顶圆直径为 $\phi 90_{-0.054}^{0}$ mm，对基准圆 A、B 公共轴线径向圆跳动误差测量，外圆 $\phi 75$ mm 各一侧端面对基准圆 A、B 公共轴线径向圆跳动误差测量，重点是必须保证测量过程不能有轴向窜动，否则会产生误差。常用的方法是在 V 形架后面放置一挡板，该挡板可以是方箱或大一些的 V 形架（只要高出被测工件中心轴 10mm 以上即可），同放置一个粘有润滑脂的钢珠，便于被测工件旋转。

复习思考题

1. 常用的圆锥螺纹锥度 K、圆锥半角 φ、牙型角 a、螺距 P 都有哪些？

2. 举例说明测量圆锥螺纹螺距的方法。

3. 测量圆锥螺纹中径及锥度时，最佳三针直径如何计算？

4. 在工具显微镜上直接测量圆锥螺纹的锥度、中径有哪些方法？

5. 蜗杆齿顶圆直径对基准圆公共轴线径向圆跳动测量时，为什么不允许有轴向窜动？

6. 丝杠参数测量一般分静态和动态两种方法，请简述其测量原理。

7. 什么是丝杠的单个螺距误差和螺距累积误差？

8. 在工具显微镜上测量螺距时，怎样消除安装系统误差？

9. 简述圆锥螺纹的综合测量与圆柱螺纹的综合测量的区别。

10. 密封螺纹的量规检验与密封保证间的关系如何？

11. 圆锥螺纹的单项测量主要用于圆锥螺纹塞规，有哪些检测项目？

12. 蜗杆测量项目主要有哪些？

13. 常用于测量蜗杆的计量仪器主要有哪些？

14. 在生产车间广泛采用样板来检验蜗杆齿形，对不同类型蜗杆如何放置样板？

15. 简述检测蜗杆齿槽径向圆跳动误差的注意事项。

第 四 章

锥齿轮与轮盘及凸轮的检验

培训目标: 了解锥齿轮术语和定义,熟悉直齿锥齿轮中主要参数的计算,了解检验锥齿轮的常用仪器。掌握锥齿轮齿圈径向圆跳动、齿厚以及齿距的测量方法;熟悉蜗轮检验中各误差项目的定义,掌握蜗轮齿厚、齿距和齿圈径向圆跳动的测量方法;熟悉凸轮的种类及主要被检参数,各类凸轮的检验方法;熟读轮盘类零件图,能根据公差要求选择合适的计量器具,熟练实施检测并判断其是否合格。熟练掌握轮盘类零件中各几何公差的测量方法。

锥齿轮是"在两相交轴之间传递运动的圆锥形齿轮",也称为伞齿轮。它类似在雨伞顶部切削,是一种在外侧斜面刻上齿的零件。

"两相交轴"的角度可以是任意的,但一般是垂直相交的。因为从机械的结构及加工上来看,直角是最好的,而且精度也是最容易满足的。构成直角也不限于两个 45° 角。但是,垂直相交两轴的两个锥齿轮齿数相同时,这种一副两个的齿轮,单独称为等径锥齿轮。当两个齿轮的齿数相同时,分度面是 45°。

锥齿轮根据不同的齿线方向,分为直齿锥齿轮、斜齿锥齿轮、弧齿锥齿轮,如图 4-1 所示。

a)   b)   c)

图 4-1 锥齿轮的类别

a) 直齿锥齿轮 b) 斜齿锥齿轮 c) 弧齿锥齿轮

(1) 直齿锥齿轮 齿线方向与分度圆锥的素线方向一致的锥齿轮。其主要特征是齿廓是直的。

（2）斜齿锥齿轮　如同直齿轮与斜齿轮之间的关系那样，可以认为与直齿锥齿轮相对的，就是斜齿锥齿轮。

（3）弧齿锥齿轮　与这个啮合的冠轮的齿线是曲线的锥齿轮。尽管斜齿锥齿轮的齿线实际上是曲线，可肉眼看起来却像直线，而弧齿锥齿轮则不同，它的齿线即使用肉眼看，也可以看出是弯曲的。

锥齿轮是在分度圆锥上切齿的零件，所以它的齿顶和齿根都是圆锥形的。因此，一般的锥齿轮的齿高是靠近圆锥顶部的方向逐渐降低。与此相对，也有无论是外侧还是内侧齿高都相同的等高齿的锥齿轮。锥齿轮的优点是齿很结实，测量也很方便。

◇◇◇ 第一节　锥齿轮的单项检验

直齿锥齿轮的齿是做在圆锥面上的，这样每个齿两端的大小就不一样，越靠近锥顶齿越小；越远离锥顶齿越大。在计算锥齿轮参数时，是以大端的参数为标准的。这是因为此处尺寸最大，计算出来的数值比较准确，同时也便于估计机构的外形尺寸。

直齿锥齿轮一般用于低速运动，$v < 5\text{m/s}$。直齿锥齿轮理论上齿长曲线为直线，齿线的延长线交于轴线。实际上为了补偿小量的安装误差及负载变形，常在齿长方向制造成微量的鼓形。

一、齿锥角的测量

1. 单个齿轮

用游标万能角度尺进行测量计算：

（1）测出角度 τ　将万能角度尺校零位后，按图 4-2 所示位置测量角度 τ，并计算得到顶锥角（分锥角）δ：

$$\delta = 180° - \tau$$

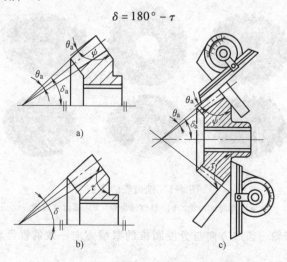

图 4-2　用游标万能角度尺测量齿锥角（一）

（2）测出角度 ψ 和 δ_a 同样将万能角度尺校零位后，按图4-3所示位置测量角度 ψ。按下式计算得到顶锥角（分锥角）δ：

$$\delta = \delta_a + \psi - 90°$$

2. 一对啮合齿轮

测出轴交角 $\sum$，数出齿数 z_1、z_2，用公式计算出分锥角 δ：

当 $\sum = 90°$ 时

$$\delta_1 = \arctan \frac{z_1}{z_2}$$

当 $\sum < 90°$ 时

$$\delta_1 = \arctan \frac{\sin \sum}{u + \cos \sum}$$

式中　u——大、小齿轮的齿数比。

当 $\sum > 90°$ 时

$$\delta_1 = \arctan \frac{\sin(180° - \sum)}{u - \cos(180° - \sum)}$$

3. 测量顶锥角

常按图4-3a是用游标万能角度尺测量面与小端外锥面和顶锥面贴合进行检验，此时游标万能角度尺的读数经换算可得出顶锥角。用这种方法时如小端面的倒角不均匀将影响测量精度。图4-3b所示测量方法是以定位端面为基准的，测量时将齿坯基准面放在测量平板的平行垫块上，量具测量面与平板和顶锥面贴合进行测量。

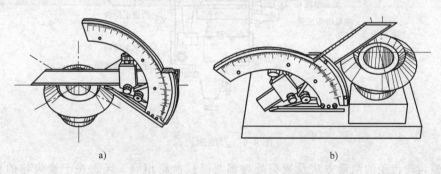

a)　　　　　　　　　　　　　　b)

图4-3　用游标万能角度尺测量齿锥角（二）

二、齿距及齿距误差的测量

齿轮的齿距是指在齿轮的分度圆上两相邻同侧齿面间的弧长。

锥齿轮的齿距累积误差是评定其运动准确性的主要项目，它是通过齿长与齿高中部附近，以齿轮旋转轴线为圆心的圆周上，任意两个同侧齿廓相互位置的最大误差。而齿距偏差是在通过齿长与齿高中部以齿轮旋转轴线为圆心的圆周上，齿距的实际值与平均值之差，用于评定锥齿轮的工作平稳性。

在实际工作中对齿距的绝对值进行测量没有多大的意义，而是对测得的齿距的均匀性的数据进行处理，分别得到齿距偏差和齿距累积误差。测量时一般采用万能测齿仪。

万能测齿仪是指以被测齿轮轴线为基准，上、下顶尖定位，采用指示表类器具测量齿轮、蜗轮的齿距误差及基节偏差、公法线长度、齿圈径向圆跳动等的测量仪器。万能测齿仪的形式及主要部分的名称如图 4-4 所示。

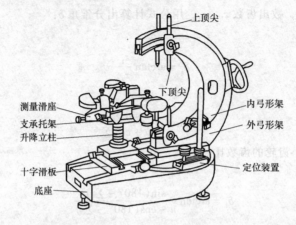

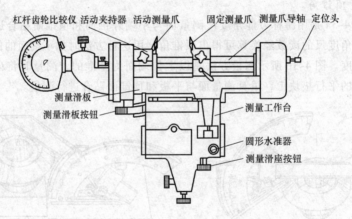

图 4-4　万能测齿仪

锥齿轮齿距的测量方法及数据处理都与圆柱齿轮相同，区别在于锥齿轮的轮齿分布在圆锥面上，而不是分布在圆柱面上。因此，所用的测量仪器应能使安装锥齿轮的顶针或测量架旋转，以保证测量平面垂直于分度圆锥素线，转动的角度要与分锥角相等。

1. 测量方法和测量仪器

（1）测量方法　齿距的测量方法也比较多。例如：齿距的测量方法有直线距离测量法和角度测量法。而直线距离测量法，又有旋转中心基准法、齿顶圆柱基准法、齿根圆柱基准法等。法向齿距的测量方法又分为手提式和固定式等。

在这些测量方法里，旋转中心基准法的测量仪器大多数是固定式的，而齿顶圆柱基准法、齿根圆柱基准法的测量仪器一般都是手提式的。图 4-5 所示为以齿顶圆柱为基准的齿距测量仪器，图中测量仪器支承在外周两点上，正在测量斜齿轮；测量法向齿距如图 4-6 所示，图中左侧是固定触头。

图 4-5 以齿顶圆柱为基准的齿距测量仪器

图 4-6 法向齿距的测量

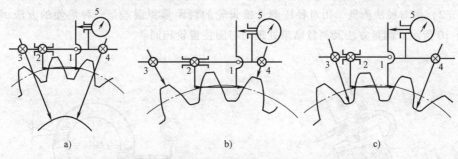

图 4-7 直线距离测量齿距基准方法示意图

1—测头 2—固定触头 3、4—定位触头 5—指示表

直线距离测量齿距基准方法如图 4-7 所示：图 4-7a 所示齿距测量的基准是旋转中心；图 4-7b 所示齿距测量的基准是齿顶圆柱；图 4-7c 所示齿距测量的基准是齿根圆柱。

法向齿距测量方法如图 4-8 所示：图 4-8a 所示齿距测量的仪器是手提式的；图 4-8b 所示齿距测量的基准是旋转中心。

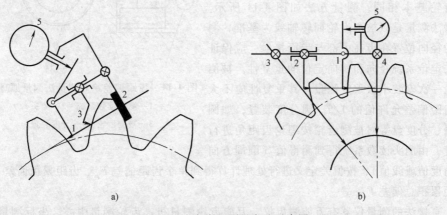

图 4-8 法向齿距测量方法示意图

1—测头 2—固定触头 3、4—定位触头 5—指示表

总之，测量齿距的方法主要分为相对测量法和绝对测量法两种。

（2）测量仪器　测量仪器有：光学分度头及测微表、万能测齿仪、万能齿轮检测仪、自动齿距检测仪、齿轮万能检测仪、锥齿轮检测仪、万能工具显微镜等。

2. 齿距的测量

（1）用带有专用附件的齿距仪测量　用带有专用附件的手持式齿距仪测量锥齿轮齿距时，齿距一般都是指"平均值"，如图 4-9 所示。测量方法如下：

1）将被测锥齿轮安装在能够旋转的顶尖架或测量架上。

2）将专用附件安装在手持式齿距仪上，以锥齿轮背锥定位。

3）调整测头与轮齿的中间部分在节圆锥附近接触。

4）以任意齿距调整齿距仪的零位，用相对测量法逐齿进行测量。

5）测量结果的处理与圆柱齿轮相同。

（2）用对径法测量　用对径法测量锥齿轮的齿距累积误差是一种简便的方法，如图 4-10 所示。测量方法及测量结果处理均与圆柱齿轮相同。

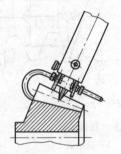

图 4-9　用齿距仪测量锥齿轮齿距

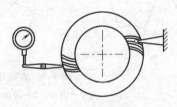

图 4-10　用对径法测量锥齿轮齿距

3. 齿距误差及齿距累积误差测量

（1）用万能测齿仪测量　生产中，常用万能测齿仪测量齿距误差。测量原理及方法与圆柱齿轮基本相同，测量方法如图 4-11 所示。绝对法测量是以被测齿轮回转轴线为基准，测头的径向位置在齿高中部与齿面接触，应保证测头定位系统径向和切向定位的重复性。被测齿轮一次安装十次重复测量，其重复性应不大于齿距偏差允许值的 1/5。圆分度装置，如圆光栅、分度盘等对被测齿轮按理论齿距角进行分度，由测头读数系统得到测得值（圆周方向

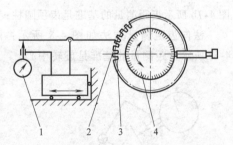

图 4-11　齿距偏差绝对测量法测量原理图
1—测头读数系统　2—测头
3—被测齿轮　4—分度装置

的角度值或线值），按偏差定义进行处理计算得到单个齿距偏差 F_{pt}、齿距累积偏差 F_{pk}、齿距累积总偏差 F_p。

直接法的测量仪器有万能测齿仪、万能齿轮测量机、齿轮测量中心、坐标测量机、分度头和万能工具显微镜等，这里重点介绍万能测齿仪。

万能测齿仪除测量圆柱齿轮的齿距、基节、齿圈径向圆跳动和齿厚外，还可以测量锥齿轮和蜗轮，其测量基准是齿轮的内孔。

万能测齿仪（图4-4）的弧形机架可绕基座的垂直轴线旋转，安装被测齿轮心轴的顶尖装在弧形架上，可以倾斜某一角度。支架可以在水平方向做纵向和横向移动，工作台装在支架上。工作台上装有能够做指向被测齿轮直径方向移动的滑板，借锁紧装置可将滑板固定在任意位置上，松开锁紧装置后，靠弹簧的作用，滑板能缓缓地移向齿轮的测量位置，往复动作进行逐齿测量。测量装置上有指示表，其分度值为 0.001mm。用这种仪器测量齿轮齿距时，其测量力靠装在齿轮心轴上的重锤来保证。

测量前，将齿轮借助心轴安装在两顶尖之间，调整测量装置，使球形测量爪位于齿轮分度圆附近，并与相邻两个同侧齿面接触。选定任一齿距作为基准齿距，将指示表调零，然后逐齿测量出其余齿距对基准齿距之差。

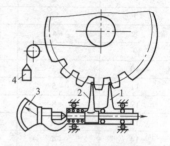

图 4-12　齿距测量附加装置
1—球头固定量爪　2—球头活动量爪
3—测微表　4—重锤

用万能测齿仪测量齿距的测量附加装置如图 4-12 所示。测量步骤如下：

第一步：将被测齿轮装在测量心轴上，再将心轴顶在仪器的上下顶尖之间，根据齿轮模数的大小，选一对相适应的测头，一个测头起定位作用，另一个是活动测头，它与测微表相连。

第二步：调整仪器的支座、工作台和滑板等的位置，使两个测头在被测齿轮的分度圆附近，齿宽中部两个相邻同侧面相接触。

第三步：在被测齿轮上系一条带重锤的绳子，通过定位支架上的滑板使固定测头与齿面在一个恒定的旋转力矩作用下相接触，即重力使齿轮有顺时针方向旋转的趋势，使齿轮齿面紧靠在测量头上。以齿轮上任意一个齿距作为基准，并调整测微的指针于零位，即第一个测量值为零。

第四步：逐齿测量各齿距，直到测完一圈，这时应保证测微表的回零误差在半个刻度以内，不能超过一个刻度（否则应重新测量）。通过测量可得到一系列测量值 Δ_1（$\Delta_1 = 0$），Δ_2，Δ_3，$\cdots$，Δ_z。

第五步：上述测量方法可测得被测齿距与基准齿距的相对偏差，要通过数据处理才能得到齿距偏差 Δf_{pt} 和齿距累积误差 ΔF_p 的数值。最后可按齿轮图样上给定的齿距极限偏差 $\pm f_{pt}$ 和齿距累积公差 F_p 判断被测齿轮该项的合格性。

根据仪器读数值 $\Delta f_{pt相对}$ 求解被测齿轮的齿距偏差 Δf_{pt} 和齿距累积误差 ΔF_p，可以采用计算法或作图法求解。下面以实例说明其方法。

例： 被测齿轮齿数 $z = 15$。测量数据处理见表 4-1。

表中，Δ_k 是仪器读值与公称齿距的偏差，这是因为作为标准的第一齿距是任意选取的，大多数情况下它（即调零齿距）不等于公称齿距。

第二列的值减去 Δ_k 即为第三列的值；第三列的值再累积起来就是第四列的值；齿距偏差（Δf_{pt}）是第三列中偏差最大的一个，即 $-12\mu m$。

表 4-1　齿距的相对测量法计算实例

齿序号 n	仪器读数 $\Delta_1/\mu m$	齿距偏差 $\Delta f_{pt}/\mu m$	齿距累积偏差值 $\Delta F_{pt}/\mu m$	齿距累积误差 $\Delta F_p/\mu m$
1	0	-2	-2	
2	+3	+1	-1	
3	+4	+2	+1	
4	+5	+3	-4	
5	+7	+5	(+9)	
6	-2	-4	+5	$\Delta F_p = +9\mu m - (-15\mu m) = 24\mu m$
7	-10	(-12)	-7	需要 ΔF_{pk} 时（设 $k=4$），则
8	+4	+2	+5	$\Delta F_{p4} = -9\mu m - (-9\mu m) = 18\mu m$
9	-2	-4	(-9)	
10	+3	+1	-8	
11	-5	-7	(-15)	
12	+8	+6	-9	
13	+6	+4	+5	
14	+4	+2	-3	
15	+5	+3	0	

$\sum \Delta_1 = +30\mu m;\quad \Delta_k - \sum \Delta_1/z - 30/15 = +2\mu m;\quad \Delta f_{pt} = -12\mu m$（取表第三列中，绝对值最大者）

第四列中的最大值减最小值就是齿距累积误差（ΔF_p）。k 个齿距累积误差（ΔF_{pk}）就是在第四列中找出在任意相隔 k 的数据中相差最大的一对，即最大值与最小值之差。

（2）用对径法测量　齿距的对径法测量原理如图 4-10 所示，它与一般的相对法测量不同之处是两测头的距离不是按两相邻齿距，而是按对径 180°（对奇数齿数，则按相隔 $180° - 180°/z$ 的角度）来调整。其中一个为固定测头，另一个活动测头与测微表相连，与测量头接触后得一读数，然后转过 180° 即两齿对换位置。由于有齿距累积误差存在，测微表的示值变化为 Δ_1，逐齿测量完毕后测量结果的最大正、负绝对值之和的二分之一即为齿距累积误差。

这种测量方法效率高，计算简单，仪器比较简单。但测量精度较低，适用于 7 级以下精度的齿轮测量。

三、齿圈径向圆跳动误差的测量

在距分度圆锥顶点任意固定距离上垂直于分度圆锥素线方向上测量，与原始齿形相对应的测量头对齿轮旋转轴线距离的最大变动量为齿圈跳动误差。

因为锥齿轮垂直于旋转轴线的不同截面的厚度不相等，所以测量齿圈径向圆跳动误差时，只能使用锥形或球形测量头。

锥齿轮齿圈径向圆跳动误差的测量方法及所用仪器与圆柱齿轮基本相同，不同之处在于测量时必须将指示器测头或齿轮的安装架旋转一个分度圆锥角，使测头垂直于齿轮的圆锥素线。

由于锥齿轮的模数、齿高和齿厚等是沿齿长方向变化的，因此测头尺寸的计算应与背锥展开图形即锥齿轮的当量圆柱齿轮为基准。在实际测量中大都是采用目测法来选择球形测头的直径。

1. 用偏摆检查仪测量

锥齿轮齿圈径向圆跳动误差可以用偏摆检查仪进行测量，如图 4-13 所示。测量方法如下：

1）根据被测齿轮的模数来选择测量头。测量锥齿轮齿圈圆径向跳动误差时只能采用锥形或球形测量头（采用锥形测头的锥角为齿轮压力角的 2 倍），使测头接触点在固定弦处。

2）对于带孔的圆锥齿轮，应当使用与内孔精密配合的带锥度的心轴。注意：心轴的跳动误差应严格控制，否则它将全部反映到测量结果中去。心轴的跳动误差应在 0.002mm 内，最大不超过 0.005mm。有时为了降低心轴跳动误差对测量结果的影响，还可以在第一次测量后，将齿轮在心轴上转动 180°，进行第二次测量，然后取同一齿槽的两次读数的算术平均值作为测量结果。

3）将装有测量头的指示表倾斜一个节锥角，使测量轴线垂直于节锥素线。整个测量过程中，指示表的位置不准移动。测量时，以任意一齿对好指示表的零位，逐齿测量一圈，取其最大值与最小值的绝对值之和，为齿圈径向圆跳动误差。

2. 用检查夹具测量

齿轮生产车间大批量生产时，常用图 4-14 所示检查夹具进行测量，方法如下：

第一步：将被测齿轮安装在心轴上，把心轴另一端插入夹具孔中。心轴在孔中只能转动但不能径向移动，也就是说心轴与孔的配合间隙要接近于零。

第二步：根据被测齿轮模数选择测量头（球形或锥形），将其装夹固定。

第三步：以任意一齿对好指示表的零位，逐齿测量一圈，取其正、负值中绝对值最大的数值相加，即为锥齿轮齿圈径向圆跳动误差。

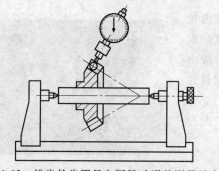

图 4-13 锥齿轮齿圈径向圆跳动误差测量示意图

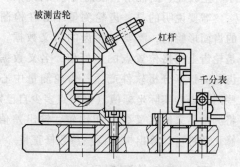

图 4-14 用检查夹具测量

四、齿形及齿面形貌的测量

1. 齿形的测量

锥齿轮的齿廓曲线在理论上为球面渐开线，因此其齿形的测量比较困难，一般情况下无须检测。主要针对综合测量用的测量齿轮才进行齿形检测，可近似地在其大端背锥面上测量。

一般可在投影仪上测量锥齿轮的齿形误差。该方法也是测量背锥齿廓的齿形误差，因此必须有专用夹具或正弦规夹具。如图 4-15 所示，将被测齿轮的背锥面调整到水平面上。

若用正弦规夹具，则调整正弦规的量块尺寸为

$$H = L\sin(90° - \delta)$$

式中　δ——分度圆锥角（°）；

　　　L——正弦规两圆柱中心距（mm）。

在坐标纸上画出放大的齿形轮廓曲线（放大倍数与所用投影仪的相同）。在画齿形放大图时，需计算锥齿轮齿形坐标尺寸。锥齿轮计算公式中的齿数、直径等都应换算成背锥面上的

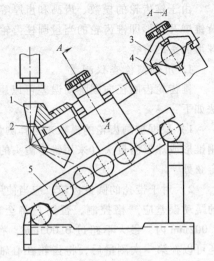

图 4-15　正弦规夹具
1—心轴　2—被测齿轮　3—心轴夹持器
4—V 形架　5—正弦规

当量齿数和当量直径。用投影仪放大了的齿廓图形与坐标纸上画出的标准齿廓图形进行比较，即可得到齿形误差或判断齿形是否合格。

2. 齿面形貌的测量

弧齿锥齿轮的齿面是空间三维曲面，进行齿貌测量需要根据机床调整参数计算出齿面各点的坐标，利用齿轮测量中心进行测量，如图 4-16 所示。齿轮测量中心不仅可以准确测量大小齿轮的齿面形貌，而且也可利用相关的软件（克林贝格或格里森软件）对齿轮的加工精度进行全面测量，如齿距偏差、齿圈径向圆跳动、螺旋角、压力角、齿厚、全齿高、面锥角、根锥角等项目。

需要说明的是，齿轮测量中心在检测锥齿轮的齿面形貌前，需要有轮齿的名义数据，该数据是轮齿上网格位置点的坐标值，名义数据一般由齿轮的计算分析软件产生；齿轮测量中心测量这些网格点的实际坐标值（网格点多少自己定），并将测量结果同名义数据相比较，输出差值，配合修正软件可计算出机床调整参数修正量。

五、齿向的测量

图 4-16　用齿轮测量中心测量锥齿轮

齿向误差可在瑞士马格 KP-42 锥形齿轮测量仪上测量，检查齿廓面上素线的直线性和方向性。移动测量头，理想的直齿轮齿向应为直线，如果齿向有误差，测量头沿齿长实际轮廓素线运动，记录器直接显示并记录下来。但是这种仪器国内还不是太多，应用不是很广泛。

1. 在偏摆仪上用正弦规检验夹具组合测量齿向

这种方法操作简单，计算繁琐。其测量原理是锥齿轮节圆锥素线必须与齿轮轴线相交。图4-17所示为正弦规夹具与偏摆仪组合使用情况。将正弦规夹具放在偏摆仪上，与纵向滑板的基面 A、B 用螺栓压紧靠实。根据被测齿轮的节圆锥角 δ 计算量块高度 H_1，垫在夹具基面 N 和正弦规滚柱之间，使节圆锥素线处于水平位置。根据基面 C 上的量块尺寸 H_2 精确地调整测量头的高度（测量头底面经研磨是具有刃口形的碟形测量头），使测量头的刃口准确地通过齿轮的锥顶。测量头刃口与过齿轮轴线的平面 M 接触，使杠杆指示表指零（此时刃口恰好在节圆锥素线上）。测量时，移动滑板使测量头进入齿槽，与大端齿廓面接触，转动齿轮使指示表仍指零，此时测量头相对于被测锥齿轮沿通过锥顶的理论节圆锥素线运动。测量头自齿轮大端至小端，指示表的读数即齿向误差值。

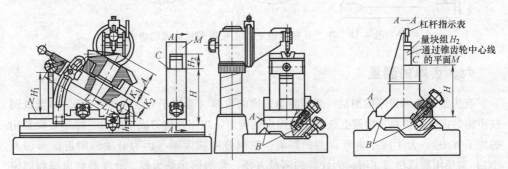

图 4-17　在偏摆仪上用正弦规检验夹具组合测量齿向

量块组尺寸 H_1 和 H_2 的计算公式如下：

$$H_1 = L\sin(90° - \delta)$$

式中　L——正弦规两圆柱中心距；

　　　δ——被测齿轮节圆锥角。

$$H_2 = \left[h + r + L_1\cos\delta + K_2\sin\delta + (K_1 + K)\sin\delta \right] - H$$

式中　h——正弦规下支承点至滑板上平面 B 之间的距离；

　　　r——正弦规圆柱直径；

　　　L_1——装卡被测齿轮的心轴中心至正弦规圆柱中心间的距离；

　　　K_2——正弦规圆柱中心至正弦规上平面间的距离；

　　　K_1——被测齿轮支承套高度；

　　　H——支承平面 C 至底平面 B 间的距离。

2. 在万能工具显微镜上测量齿向

小模数锥齿轮齿向误差可在万能工具显微镜上用正弦规或专用夹具进行测量。测量时使分度圆锥素线处于水平位置，转动齿轮，使相邻两齿顶棱线在视场中清晰。一端的相邻两齿顶与目镜中央米字虚线处于轴对称位置，然后用十字线交点对准 A_1 点（图

4-18），由横向读数显微镜读出 a_1；随后分别瞄准 A_2、B_1、B_2 点，由横向读数显微镜分别读出 a_2、b_1、b_2。O_1 及 O_2 点的横坐标值分别为

$$O_2 = (a_1 + a_2)/2, O_1 = (b_1 + b_2)/2$$

齿向误差为

$$\Delta_B = |O_1 - O_2|$$

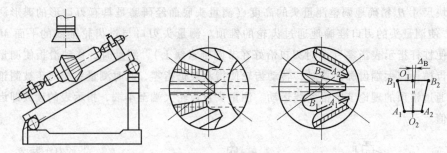

图 4-18　在工具显微镜上用正弦规测量锥齿轮齿向

六、齿厚的测量

直齿锥齿轮的齿厚的测量一般是测量背锥的齿厚（垂直于分度圆锥素线），即当量圆柱齿轮的齿厚。可测分度圆上弦齿厚或固定弦齿厚。当用片铣刀成形法加工时（一般常用的加工方法），为了减小齿形误差的影响，常测分度圆齿厚（因为分度圆附近齿形误差小）；当使用展成法加工时，为计算和测量方便，常测固定弦齿厚。分度圆弦齿厚和固定弦齿厚的计算公式和数据，仍可使用直齿圆柱齿轮齿厚测量中介绍的公式和数据，只是将 r、m、z 等参数变换为锥齿轮背锥上的当量齿轮的分度圆半径 r_v、当量模数 m_v 和当量齿数 z_v，也可以根据当量齿数 z_v 和当量模数 m_v，直接应用圆柱齿轮的齿厚表格确定。

1. 直接测量法

最常用的是使用齿厚游标卡尺（图 4-19）、光学测齿卡尺（图 4-20）测量齿厚。

用齿厚游标卡尺在齿轮的大端法向测定（垂直于圆锥素线的背锥面上），以齿顶圆作为测量基准，即可测量直齿锥齿轮的分度圆弦齿厚和固定弦齿厚。

测量时，首先将垂直游标尺调整到图样要求或计算得出的弦齿高位置进行测量，再从水平游标尺上读出背锥面上弦齿厚的实际测得值。

对准双曲面齿轮的齿厚则在齿宽中点的法向测量；对曲线锥齿轮的齿厚则在背锥处沿法向测量。

2. 间接测量法（用工具显微镜测量）

为了提高测量精度，还可以用工具显微镜间接测量齿厚。

在万能工具显微镜上测量锥齿轮齿厚，实际上是测量背锥面齿廓上的固定弦齿厚 S_x。测量时可以将齿轮安装在专用夹具（图 4-21a）或正弦尺上（图 4-21b），使被测齿轮的背锥面与显微镜光轴相垂直，转动齿轮，使被测轮齿相邻两齿的顶边与显微镜十字线的水平虚线相切（图 4-21c 中的 A、B 两点），再以齿顶圆为基准，移动一个固定弦

高 h_x 值的距离。

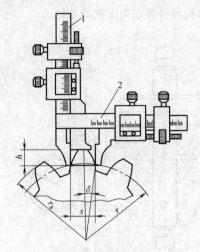

图 4-19 齿厚游标卡尺

1—垂直游标尺 2—水平游标尺

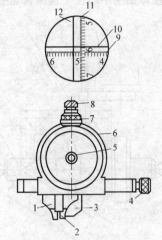

图 4-20 光学测齿卡尺

1—固定量爪 2—活动量爪 3—高度尺

4、8—棘轮装置 5—放大镜 6—外壳

7—紧固装置 9—水平刻度尺

10、12—指标线 11—垂直刻度尺

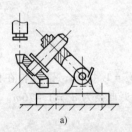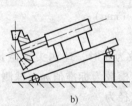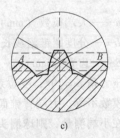

图 4-21 锥齿轮齿厚测量用夹具及测量锥齿轮的固定弦齿厚

用球测头测量锥齿轮的齿厚,是将锥齿轮安装在万能工具显微镜的顶尖架上,在显微镜管上固定一个带球测头的千分表(图 4-22a)。在安装锥齿轮之前,应先用心轴调整球测头,使其中心位于顶尖连线的垂直平面上,其方法是将球测头与心轴顶面相接触,移动横向托架,当千分表的示值最大时,千分表即位于顶尖连线的垂直平面上,记下横向读数。

调整尺寸 x_M 时,可装上被测锥齿轮,使测头轻轻地靠在齿轮心轴基面上,记下纵向托架读数,将测头移向齿面一侧,重新固定在顶尖连线的垂直面上。

具体测量方法如下:

1)将被测齿轮装在工具显微镜的顶尖架上,在显微镜上管上固定装一个带球测量头的指示表,如图 4-22b 所示。

2）测量前，应选择恰当直径的球测头，并使指示表测杆轴线垂直于锥齿轮节圆锥素线，使球测头中心位于被测齿轮分度圆上并且球测头与齿廓在固定弦处接触。

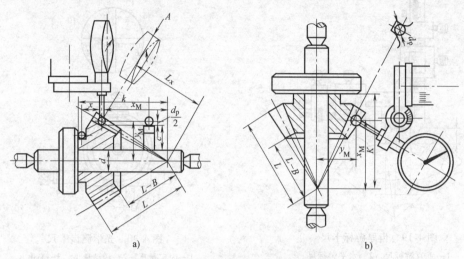

图 4-22　在工具显微镜上间接测量齿厚

测头直径选择范围为

$$d_p = 1.476m \sim \frac{1.476m}{L}(L - B)$$

式中　m——大端模数（mm）；

L——分度圆锥素线长度（mm）；

B——齿宽（mm）。

当压力角 $\alpha = 20°$，变位系数为 0 时，球测头直径 $d_p = 1.476m$；锥齿轮在齿宽范围内各处模数不等，大端背锥面上模数为标准值 m，球测头直径 $d_p = 1.476m$。

若在小端测量，则球测头直径为

$$d_p = \frac{1.476m}{L}(L - B)$$

3）按被选定的测头直径 d_p 计算坐标尺寸 L_x、x_M 和 y_M。

$$L_x = \frac{d_p L}{1.476m}$$

$$x_M = L_x \cos\varphi$$

$$y_M = L_x \sin\varphi$$

式中　L_x——分度圆锥顶至球形测头中心距离（mm）；

φ——分度圆锥角（°）。

4）测量时，用量块调整测量头中心距轴线 y_M 坐标，让指示表指零，调整好后，移动纵向托架，当测头与齿面接触时读取读数。

5）因为指示表测量方向垂直于分度圆锥素线，所以指示表读得的偏差相当于被测之处的分度圆半径差值 Δr_d，由此可换算为大端齿厚偏差 $\overline{\Delta s}$。

6）指示表读数为被测处分度圆半径偏差 Δr_d，若指示表的测杆与齿轮轴线垂直或平行安装，则简化的计算公式如下：

$$\Delta \bar{s} = 2\Delta r_d \tan\alpha \frac{L}{L_x}$$

式中　α——压力角（°）；

　　　L——分度圆锥素线长度（mm）。

◆◆◆ 第二节　蜗轮的检验

蜗轮的测量方法及所用量具和量仪基本上与圆柱齿轮相同，所不同的是蜗轮各测量项目要在垂直于轴线的中央剖面上进行。由于蜗轮在齿宽方向上呈圆弧形，因此不能直接测量齿形误差，而是用规定的刀具成形面误差来控制蜗轮齿形误差。

一、蜗轮齿厚的测量

蜗轮齿厚偏差常用齿厚卡板测量。用通端和止端控制齿厚偏差，对于精度不高的蜗轮，还可以用游标卡尺直接测量分度圆的法向齿厚。测量齿厚时，必须以轴线为基准，在分度圆处测量。若受条件限制，不得不以齿顶圆为基准，则在齿弦高中要计实际外径的修正量，以保证测量精度。

1. 用齿厚游标卡尺测量

测量时，按实际分度圆弦齿高 h' 来调整垂直游标卡尺的位置，由水平游标卡尺读出实测齿厚 S'。实测齿厚 S' 与公称值 S 之差即为齿厚偏差 ΔE_{S2}，即 $\Delta E_{S2} = S' - S$。

2. 用标准蜗杆法测量蜗轮齿厚

测量方法如下：

1）测量时，将两根标准蜗杆平行放在蜗轮的直径方向，并与其紧密啮合，使用外径千分尺测量其尺寸 M，如图 4-23 所示。

2）M 的理论值可以简单地用下式计算：

$$M = D_{分} + d_{分平} + d_{顶平}$$

式中　$D_{分}$——蜗轮分度圆直径（mm）；

　　　$d_{分平}$——两标准蜗杆分度圆直径实际尺寸的平均值（mm）；

　　　$d_{顶平}$——两标准蜗杆顶圆直径实际尺寸的平均值（mm）。

3. 用钢球法测量蜗轮齿厚

用两个钢球放在蜗轮对径方向的齿槽内，测量尺寸 M，以计算钢球中心到蜗轮轴线的半径 R，如图 4-24 所示。

两个钢球外端尺寸 M 的值按下式计算：

对于齿数为偶数的蜗轮：

$$M = 2(R + r_p)$$

对于齿数为奇数的蜗轮：

$$M = 2\left[R\cos(90°/z_2) + r_p \right]$$

式中　R——钢球中心至蜗轮中心间的距离（mm）；

　　　z_2——蜗轮齿数；

　　　r_p——钢球半径（mm）。

钢球直径在 $2r_p = (1.4 \sim 1.8)m$（m 为蜗轮的模数）尺寸范围内选择，对于不同啮合曲线的蜗轮，其 R 值按不同公式计算。

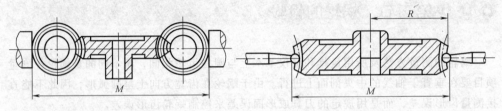

图 4-23　用标准蜗杆测量蜗轮齿厚示意图　　　图 4-24　用钢球法测量蜗轮齿厚

二、蜗轮齿距的测量

蜗轮齿距偏差和齿距累积误差的测量方法基本上与圆柱齿轮相同，采用相对法测量和绝对法测量。不同的是蜗轮轮齿为圆弧形的螺旋面，所以应在中心截面上测量。

1. 相对法测量

用相对法测量蜗轮齿距误差时常使用万能测齿仪和齿距误差测定器。

1）用万能测齿仪时，先调整仪器弓形架旋转一相应螺旋角，测量蜗轮法向齿距。测量时，两个测头分别接触在蜗轮分度圆附近的两个同侧齿廓上，以任意一个齿距为基准，将测微仪指针调到零位，依次测量其他各齿轮相对基准齿距的偏差，在测微仪上读出数值。

被测蜗轮转动一周后，测微仪指针应回到零位，在测微仪上读出各齿距的相对偏差值，通过计算或作图法求出蜗轮齿距偏差 Δf_{pt} 和蜗轮齿距累积误差 ΔF_p 的值。

2）使用齿距误差测定器也可以测量蜗轮的齿距，如图 4-25 所示。

测量时，以齿根圆为测量基面，两测量头应在分度圆附近的同一圆周上，以一定的测量力在同名齿廓上接触，将两个测微表调零。当进行第二个齿距测量时，以测微表 1 对零，从测微表 2 上读数，此读数就是第二个齿距的相对误差。

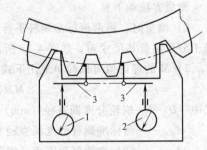

图 4-25　用齿距误差测定器测量齿距
1、2—测微表　3—杠杆

逐齿进行测量，通过数据处理，便可得出齿距误差和齿距累积偏差。

3）相对法测量数据处理有计算法和作图法两种：

计算法数据处理见表 4-2。

表 4-2　相对法测量蜗轮齿距数据处理　　　　　（单位：μm）

齿序	读数值 ΔP_i	累加值	齿距偏差 Δf_{pti}	齿距累积偏差 ΔF_{pi}
1	0	0	−1.5	−1.5
2	+2	+2	+0.5	−1.0
3	+3	+5	+1.5	+0.5
4	−1	+4	−2.5	−2.0
5	−3	+1	(−4.5)	(−6.5)
6	+5	+6	+3.5	−3.0
7	+3	+9	+1.5	−1.5
8	+4	+13	+2.5	+1.0
9	0	+13	−1.5	−0.5
10	+3	+16	+1.5	+1.0
11	+3	+19	+1.5	+2.5
12	−1	+18	−2.5	0
	$\Delta P_m = \dfrac{1}{z}\sum\limits_{i=1}^{z}\Delta P_i = 1.5$		$\Delta f_{pt} = \mid \Delta f_{pti}\mid_{max}$ $= +4.5$	$\Delta F_p = \mid +\Delta F_{pi}\mid_{max} + \mid -\Delta F_{pi}\mid_{max}$ $= 2.5 + \mid -6.5\mid = 9$

作图法数据处理如图 4-26 所示。作图法是指直接利用所测得的一系列 ΔP_i 值而画出曲线，作图时，将测得的齿距偏差逐齿累积起来画在直角坐标图中。纵坐标表示测量结果（即相对齿距差 ΔP_i），横坐标表示齿序 z。以曲线 ΔF_p 的相对值轴线（水平坐标）为累积坐标轴线，将误差累积到最后一齿上，作图与测量可以同时进行。

测量时是以第一齿作为基准来调整仪器零位的，因此第一齿 $\Delta_1 = 0$，故纵坐标为零。以第一齿的读数为零起始点，第二齿的读数以第一齿为零点画出其坐标点，第三齿又以第二齿为零画出读数坐标点……依次画出各齿数的坐标点（计算图上最后一齿的累积误差为 $\sum\limits_{i=1}^{z}\Delta P_{pi}$），把这些点连接起来，得到的折线就是相对齿距偏差的累积折线。再把代表这个数值的纵坐标的端点和坐标原点连成一斜线。以此斜线为计算齿距累积误差（ΔF_p）的基准线。在基准线上方为正值，下方为负值。沿纵坐标方向距基准线上、下最远的两点正、负值之和就是齿距累积误差 ΔF_p。

2. 绝对法测量

绝对法测齿距误差如图 4-27 所示。

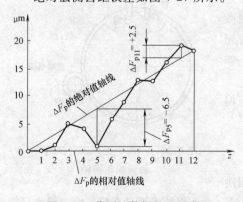

图 4-26　作图法数据处理示意图

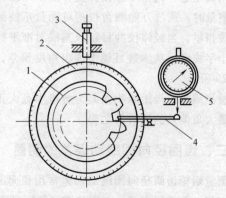

图 4-27　绝对法测齿距偏差

1—被测齿轮　2—分度盘　3—显微镜

4—测量杆　5—指示表

用分度装置以理论齿距角定位，由测微表直接得出被测蜗轮各齿面的线值误差 ΔF_{pi}，此数值即是各被测齿距误差的累积值，经数据处理可求出 ΔF_p 和 Δf_{pt}，见表4-3。

表 4-3　绝对法测量蜗轮齿距线值读数数据处理

齿序	理论齿距角 $\Delta\theta_i$	测微仪读数值 $\Delta F_{pi}/\mu m$	齿距偏差 $\Delta f_{pti}/\mu m$
0	0	0	0
1	30°	+1	−1
2	60°	+4	−3
3	90°	+8	−4
4	120°	+12	−4
5	150°	(+14)	−2
6	180°	+6	+8
7	210°	−4	(+10)
8	240°	−12	+8
9	270°	(−14)	+2
10	300°	−12	−2
11	330°	−8	−4
12	360°	0	−8
齿距偏差：$\Delta f_{pt} = \mid \Delta f_{pti} \mid_{max} = 10 \mu m$			
齿距累积误差 $\Delta F_p = \mid +\Delta F_{pi} \mid_{max} + \mid -\Delta F_{pi} \mid_{max} = 28 \mu m$			

在用分度装置直接测量时，因蜗轮尺寸大，分度装置的分度准确度相对要高，否则会给蜗轮齿距测量带来较大的测量误差。

3. 用万能测齿仪和两个千分表定位组合测量

将被测蜗轮放在圆转台上，使蜗轮与其圆转台同心后紧固。测量时用万能测齿仪的测量装置，在固定量爪上装一个用来定位的千分表。每次以一个千分表对零，另一个千分表读数，如图4-28所示。

4. 用高精度经纬仪组合测量

将被测蜗轮放在圆转台上，再将经纬仪安装在专用底座上，调整至工作位置，然后用螺栓紧固。测量时，通过万能测齿仪的可动量爪使测微表定位指零，当经纬仪的目镜双刻线对准平行光管的十字线时，从读数目镜中读出角度偏差，如图4-29所示。

被测蜗轮的齿距累积误差为各齿中最大正偏差和最大负偏差的绝对值之和。

三、齿圈径向圆跳动误差的测量

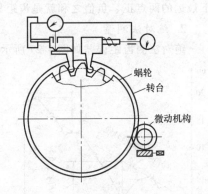

图 4-28　用两个千分表定位组合
测量蜗轮齿距

测量蜗轮齿圈径向圆跳动误差常用径向圆跳动检查仪、万能测齿仪、偏摆检查仪等仪器测量。由于蜗轮齿面具有特殊性，因此只能用球形测头测量。测头在分度圆处与齿廓接触时直径的计算公式为

$$D = m_n \pi / (2\cos\alpha_n)$$

当 $\alpha_n = 20°$ 时，$D \approx 1.672 m_n$。

实际测量中，常用目测法来选择球形测头的直径。测量时，测头应位于和蜗轮轴线相垂直的中心平面上，与齿槽在分度圆或固定弦处接触，逐齿转动蜗轮一周，并记录测微仪读数，取读数中最大值和最小值之差，即为被测蜗轮齿圈径向圆跳动误差，如图 4-30 所示。

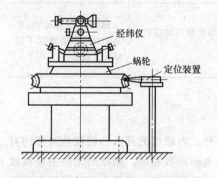

图 4-29　用高精度经纬仪测量蜗轮齿距

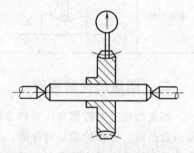

图 4-30　蜗轮齿圈径向圆跳动测量

测量高精度蜗轮时，蜗轮应相对测量心轴转动 180°，再次测量，以消除心轴偏心的误差。

◈◈◈ 第三节　凸轮的检验

一、凸轮的种类及主要被检参数

凸轮的种类及主要被检参数见表 4-4。

表 4-4　凸轮的种类及主要被检参数

凸轮名称	检测简图	主要被检参数	特点
圆盘凸轮		理论转角与升程	利用凸轮工作面上各点到轴线距离的变化来推动从动件工作
圆柱凸轮		理论转角与轴向升程	利用工作面各点沿圆柱轴线方向距离的变化推动从动件工作

（续）

凸轮名称	检测简图	主要被检参数	特点
圆锥凸轮		理论转角与沿圆锥素线方向的升程	利用工作面各点沿圆锥素线方向距离的不同来推动工件运动
平板凸轮		x 方向移动的距离与对应的 z 方向升程	做周期往复运动，使从动件做不等速或不连续往复运动

二、圆盘凸轮的检验

圆盘凸轮分对称圆盘凸轮和非对称圆盘凸轮两种。内燃机的进气凸轮就是典型的对称圆盘凸轮，工作轮廓是对称的。凸轮曲线可用极坐标函数表示。圆盘凸轮的主要被检参数是与转角相对应的升程，因此需用角度和线值测量仪器组合测量，一般常用光学分度头和阿贝读数头组合进行，如图4-31所示。

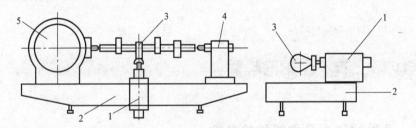

图 4-31 用通用仪器测量凸轮升程装置

1—阿贝读数头 2—导轨 3—凸轮轴上的圆盘凸轮 4—尾座 5—光学分度头

组合测量仪器的工作原理：将阿贝读数头的测量头与凸轮接触，测量时转动分度头主轴，和与之连接的凸轮同步回转，在光学分度头的读数显微镜中读取转过的角度值，以阿贝读数头的读数显微镜中读取相应的升程值。

组合测量仪器测量步骤及要求见表4-5。

表 4-5 组合测量仪器测量步骤及要求

序号	步骤	要求
1	光学分度头顶尖和尾座顶尖轴线的调整	该轴线对工作台工作面和侧平面的平行度误差在100mm长度上应不大于0.05mm
2	凸轮基圆中心和两顶尖孔中心连线的同轴度调整	同轴度误差应不大于0.005mm
3	测量头的选择	按图样要求选择平板测量头、圆滚子测量头或尖顶测量头

（续）

序号	步骤	要求
4	测量头的安装、调整	圆滚子测量头或尖顶测量头沿径向对准凸轮中心，不重合度应不大于 0.01mm；平板测量头的测量素线应与工作台工作面垂直，在 60mm 范围内的垂直度误差不大于 0.002mm
5	凸轮最高点的确定	用转折点法、对称点法或敏感点法确定

1. 仪器调整

（1）光学分度头顶尖和尾座顶尖轴线的调整　分度头两顶尖的连线与工作台面和侧面导向面的平行度不大于 0.05/100mm，达不到时应进行调整。

调整时，将标准心轴装在两顶尖间，用千分表和表架来调整轴线对工作台侧面的平行度，调好后即锁紧尾座，不必每次测量都调整。

（2）凸轮轴顶尖孔的调整　凸轮基圆中心与顶尖连线的同轴度误差应不大于 0.005mm。也就是说被测凸轮的顶尖孔和凸轮基圆要求同心。因此，首先要测量凸轮上某一基圆柱的偏心量，如果有偏心，则应记下偏心量的大小和方向，并据此对所测升程值进行修正。

一般来说，当偏心量不大于 0.005mm 时，对普通凸轮升程值影响不大，可以忽略不计。若测量凸轮靠模，则需对测量值进行修正。

2. 测量头的选择与调整

测量头的选择原则是，被选用测量头的形状应与同凸轮机构配合件头部形状一致，以便更好地模拟凸轮机构的实际工作状况，使得测量的升程值直接是凸轮机构中跟随件的工作位移。也可以根据图样要求选取测量头。

测量头的形状，一般分为平板测量头、圆滚子测量头和尖顶测量头三种。

（1）平板测量头的安装与调整　调整的目的是使平板测头的测量素线与工作台的工作面相垂直。

调整时，将测量头安装在阿贝读数头上，然后使测量头与凸轮基圆或其他同心圆柱接触，旋转阿贝读数头的升降旋钮，使测量头上下移动，同时在显微镜中观察玻璃尺毫米刻线的移动情况。若有移动，说明测量头的测量素线与底面不垂直，此时需轻轻调节平板测量头，直到阿贝读数头上下移动时，显微镜中所观察到的玻璃尺毫米刻线不动为止。此时说明测量头素线已与底面垂直。

（2）圆滚子测量头和尖顶测量头的安装与调整　调整的目的是使圆滚子测量头和尖顶测量头的中心线与凸轮轴的轴线在同一水平面内互相垂直。

调整时，将测量头安装在阿贝读数头上，然后使测量头与凸轮基圆或其他同心圆柱接触，旋转阿贝读数头的升降旋钮，使测量头上下移动，同时在显微镜中读取离凸轮轴轴线最远一点的转折示值，此时测量头已经调整到所要求的位置上了。

圆滚子测头和尖顶测头沿径向对准凸轮中心，不重合度不大于 0.01mm；平板测量头的工作面应与分度头底座的台面垂直，在 60mm 长度内垂直度误差应不大于 0.002mm。

3. 凸轮最高点的确定

凸轮最高点是测量凸轮升程和凸轮轴上各凸轮相位角的基准点，其确定方法有：

（1）转折点法　在最高点附近直接找升程的转折点。该方法简便，精度低，误差通常在1°内，升程仅有5μm左右的变化量，所以常用于粗加工。

（2）对称点法　在最高点两侧，取若干组升程值相同的对称点对应的角度值，取各组对称点所夹中心角平分线所对应角度值的均值，该角度值所对应凸轮上的点认为是最高点。由于取了多组平均值，这种方法比转折点法测量精度高，所取的最高点更接近于理想的最高点。

（3）敏感点法　以升程变化率最大的点即敏感点作为对称基准来确定最高点的方法，称为敏感点法。它是找升程变化率最大的两对称点间所夹中心角平分线的角坐标值，该角度对应轮廓曲线上的最高点。用这种方法确定的凸轮最高点，引起的升程误差较小，测量精度最高。

4. 升程测量

测量前，应采用鸡心夹头将被测凸轮轴装夹在已经调整好的光学分度头顶尖和尾座顶尖之间，使凸轮轴与光学分度头一起转动，阿贝读数头的测量头与凸轮轮廓面接触；测量时，转动凸轮轴，在光学分度头的读数显微镜中读取转过的角度值，在阿贝读数头的读数显微镜中读取相应的升程值；测量数据与理论升程相对照，即可得出升程误差。

（1）圆盘凸轮相位角的测量　凸轮轴上各凸轮最高点相对键槽中心的夹角称为凸轮的相位角。一般规定的公差为±15′～±30′。确定凸轮最高点位置的方法如前述。这里所测的相位角，实质是确定键槽中心的位置。常用的检具是升降平台，如图4-32所示。

先用通用量具测出轴径 D 和键槽宽 E，算出量块组尺寸 $x = D/2 + E/2$，将量块置于台面 A 上，用杠杆表测量量块组的上测量面，使之与轴的上边素线等高。然后转动凸轮轴，用杠杆表打 A' 面使之与 A 面等高，此时分度头的示值即为键槽中心的位置。它与凸轮最高点对应的分度头示值之差，即为该凸轮的相位角。

（2）圆盘凸轮升高量和导程检验　图4-33a所示为对心直动圆盘凸轮的升高量检验，图4-33b所示为偏心（偏心距为 e）直动圆盘凸轮的升高量（径向）检验。先将心轴无间隙地插入圆盘凸轮中心孔中；然后将其放入机械分度盘卡爪中固定；把组装好的百分表及磁力表架一起放在检验平板上，调整测头接触到圆盘凸轮工作面上。检验时，用微力缓慢转动分度头（避免心轴与圆盘凸轮中心孔相对转动）转过凸轮形面所占中心角 θ，百分表示值之差应等于凸轮形面的升高量 H。

三、圆盘内凸轮的检验

圆盘内凸轮的升程一般采用由光学分度头和安装在导轨上的阿贝读数头组成的装置进行测量，但此时需将光学分度头中的顶尖取下，装上自行设计制造的能定心的卡盘即可。检测简图见表4-4，测量方法步骤如下：

1）专用的能定心的卡盘可以根据所用的光学分度头，自行设计制造。若凸轮测量仪中的顶尖轴孔是莫式4号锥度，则可制造一个带有法兰的莫式4号心轴，塞进分度头锥孔中，在法兰上固定一个单动卡盘。该卡盘卡住圆盘内凸轮时，要进行调整，以保证凸轮轮廓中心与分度头中心同心。

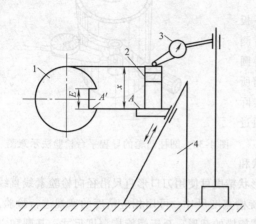

图 4-32 用升降平台确定键槽中心的位置

1—被测凸轮轴 2—量块组 3—杠杆表 4—升降架

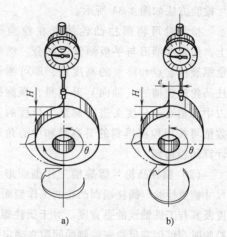

a)   b)

图 4-33 圆盘凸轮升高量和导程检验

2）圆盘内凸轮升程的测量，一般采用尖顶测量头或圆滚子测量头。如果用圆滚子测量头，则它的半径必须小于圆盘内凸轮轮廓中最小的曲率半径，否则就不能进行测量。

3）测量时，转动圆盘内凸轮，在分度头读数显微镜中读取转过的角度值，在阿贝读数头的读数显微镜中读取相应的升程值。

4）测量结果与理论升程值相比较，即可求出升程误差。

四、圆柱凸轮的检验

1. 用万能工具显微镜测量

圆柱凸轮的从动件移动方向平行于圆柱凸轮的轴线。因此，它的工作轮廓线是以转角和轴向升程来表示的。圆柱凸轮的升程可用万能工具显微镜进行测量，检测简图见表 4-4。

测量方法及步骤如下：

1）测量前，首先在万能工具显微镜上装好圆分度头和尾座，再将被测圆柱凸轮装在分度头和尾座两顶尖间，用鸡心夹头使圆分度头可以带动凸轮转动，以圆分度头确定凸轮的圆周分度，用光学测孔器（灵敏杠杆）的测头接触被测凸轮的轮廓表面。

2）测量起始点的确定，可根据图样上规定的基准，或按圆盘凸轮测量中类似于求最高点的方法求出，然后逐点进行测量。

3）测量时，移动纵向滑台，以光学测孔器定零位，以圆分度头按图样上设计要求的角度进行分度，当每次圆分度转角后，凸轮升程值即可在纵向的读数装置中读出。

4）实际测得值与理论升程值之差，即为升程误差。

2. 圆柱凸轮平台检验方法

圆柱凸轮（或螺旋槽）的平台检验主要包括：导程、升高量、螺旋槽中心角、槽或工作面的形状、尺寸和位置精度检验等。

（1）检验圆柱凸轮（或螺旋槽）升高量 检验方法如图4-34所示。

检测时可将圆柱凸轮放置在检验平板上，使基准端面与平板测量面贴合。然后测量螺旋槽起点和终点的高度差，即可测得圆柱凸轮螺旋槽的（轴向）升高量，螺旋槽所占中心角通过分度头进行测量。导程的实际数值可按照检测得到的升高量和中心角通过计算间接得到。

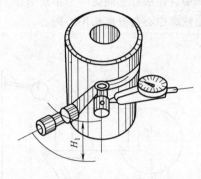

图4-34　圆柱凸轮的导程平台检验法示意图

（2）圆柱凸轮与螺旋槽工作型面形状和尺寸精度检验　圆柱端面凸轮的工作型面形状精度可使用刀口形直尺沿径向检验素线直线度及其与工件轴线的垂直度。对于圆柱螺旋槽宽度尺寸，可用相应精度的塞规进行检验。检验时，可用塞尺检查两侧的间隙来确定螺旋槽的截形。至于螺旋槽深度尺寸、基圆和空程圆弧尺寸，可用游标卡尺进行测量。

（3）检验螺旋槽与圆柱凸轮工作型面的位置精度　圆柱端面凸轮的起始位置可用游标卡尺检验。测量圆柱凸轮螺旋面与基面的位置，可直接用游标卡尺测量，也可把基准面贴合在平板上用指示表测量。

五、圆锥凸轮的检验

圆锥凸轮从动件移动方向平行于圆锥素线，因此，它的轮廓表面是以转角和沿圆锥素线方向的升程来表示的。圆锥凸轮的升程，可用万能工具显微镜进行测量，检测简图见表4-4。

测量方法及步骤如下：

1）测量前，首先在万能工具显微镜上装好圆分度头和尾座，将圆锥凸轮装在圆分度头顶尖和尾座顶尖间，并用鸡心夹头使圆分度头可以带动凸轮转动，然后在圆锥素线方向安装一个百分表。

2）测量时，起始点的确定，可根据图样上规定的基准，或按圆盘凸轮测量中类似于求最高点的方法求出，然后用圆分度头带动凸轮进行转动，每次转动的角度应按图样上的设计要求进行，其转角读数由圆分度头读出，升程值由百分表读出。

3）实际测得值与理论升程值之差，即为升程误差。

六、平板凸轮的检验

平板凸轮相当于基圆半径等于无穷大的圆盘凸轮。平板凸轮的测量方法可根据不同要求进行选择，只要能完成两个方向（x、y）的同时测量，任何仪器均可以。平板凸轮可在万能或大型工具显微镜上测量，检测简图见表4-4，其方法如下：

1）将平板凸轮安放在工具显微镜的平工作台上，并调整平板凸轮使其轮廓方向平行于纵向测量方向。在测高表架上安装一个百分表，使百分表测头沿z方向与凸轮轮廓接触。

2）测量时，纵向移动工作台，则 x 方向的数值在纵向读数显微镜中读出，z 方向的数值在百分表上读出。

3）百分表上测得的实际值与理论值之差，即为升程误差。

◇◇◇◇ 第四节　轮盘类零件的检验

一、轮盘类零件的功能和结构特点

轮盘类零件包括手轮、飞轮、凸轮、带轮、齿轮（单独讲解）等，其主要功能是传递运动和动力。

轮盘类零件的主体部分多为轴向尺寸较小的回转体，如图 4-35 所示。轮类零件常具有轮辐或辐板、轮毂和轮缘。轮毂多为带键槽或花键的圆孔，手轮的轮毂多为方孔。轮辐多沿垂直于轮毂轴线方向径向辐射至轮缘，而手轮的轮辐常与轮毂轴线倾斜一定的角度，径向辐射至轮缘。轮辐的剖面形状有矩形、圆形、扁圆形等各种结构形式。辐板上常有圆周均布的圆形、扇形或三角形的镂空结构，以减小轮盘的质量。轮缘的结构取决于轮的功能，如齿轮的轮缘为各种形状的轮齿，带轮的轮缘为各种形状的轮槽，手轮的轮缘形状多为圆形。

图 4-35　典型的轮盘类零件

二、轮盘类零件的检测

1. 几何尺寸的检测

1）轮盘类零件的内孔一般用百分表、千分表测量；对于批量较大的零件，内孔可用光滑塞规检测。

2）外圆用千分尺或专用量具测量。

2. 平面度误差的测量

平面是由直线组成的，因此直线度误差测量中的直尺法、光学准直法、光学自准直法、重力法等也适用于测量平面度误差。测量平面度误差时，先测出若干截面的直线度误差，再把各测点的量值按平面度公差带定义用图解法或计算法进行数据处理，即可得出平面度误差；也有利用光波干涉法和平板涂色法测量平面度误差的。

3. 圆柱度误差、圆度误差的测量

（1）圆柱度误差的测量　圆柱度是圆柱体圆度和素线直线度的综合。

圆柱度误差一般是在圆度仪（图4-36）上进行测量的。测量时，长度传感器的测头沿精密直线导轨测量被测圆柱体的若干横截面，也可沿被测圆柱面做螺旋运动取样。测得的半径差由电子计算机按最小条件确定圆柱度误差。在配有电子计算机和相应程序的三坐标测量机上利用坐标法也可测量圆柱度。测量时，长度传感器的测头沿被测圆柱体的横截面测出若干（取样）点的坐标值 (x, y)，并按需要测量若干横截面，然后由电子计算机按最小条件确定圆柱度误差。此外，还可利用 V 形架和平板

图4-36　圆度仪

（带有径向定位用直角座）等分别测量具有奇数棱边和偶数棱边的圆柱体的形状误差，但这时 V 形架和平板的长度应大于被测圆柱体的全长。测量时，被测圆柱体在 V 形架内或带直角座的平板上回转一周，从测微仪读出一个横截面中最大和最小的示值，按需要测量若干横截面，然后取从各截面读得的所有示值中最大与最小示值差之半，作为被测圆柱体的圆柱度误差。

（2）圆度误差的测量　有回转轴法、三点法等。

1）回转轴法。利用精密轴系中的轴回转一周所形成的圆轨迹（理想圆）与被测圆比较，两圆半径上的差值由电子式长度传感器转换为电信号，经电路处理和电子计算机计算后由显示仪表指示出圆度误差，或由记录仪记录出被测圆轮廓图形。回转轴法有传感器回转和工作台回转两种形式。前者适用于高精度圆度测量，后者常用于测量小型工件。按回转轴法设计的圆度测量工具称为圆度仪。

2）三点法。常将被测工件置于 V 形架上进行测量。测量时，使被测工件在 V 形架上回转一周，从测微仪读出最大示值和最小示值，两示值差之半即为被测工件的圆度误差。

◈◈◈◈ 第五节　锥齿轮及蜗轮零件检验训练实例

一、锥齿轮检验训练实例

1. 图样

图 4-37 所示为直齿锥齿轮的零件图。

2. 零件几何量精度分析

（1）几何尺寸

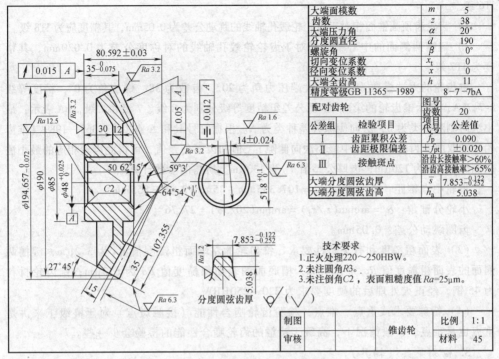

大端面模数		m	5
齿数		z	38
大端压力角		α	20°
分度圆直径		d	190
螺旋角		β	0°
切向变位系数		x_t	0
径向变位系数		x	0
大端全齿高		h	11
精度等级GB 11365—1989			8-7-7bA
配对齿轮		图号	
		齿数	20
公差组	检验项目	项目代号	公差值
I	齿距累积公差	f_p	0.090
II	齿距极限偏差	$\pm f_{pt}$	±0.020
III	接触斑点		沿齿长接触率>60% 沿齿高接触率>65%
大端分度圆弦齿厚		$\bar{s}$	$7.853^{-0.122}_{-0.252}$
大端分度圆弦齿高		$\bar{h}_a$	5.038

技术要求
1. 正火处理220～250HBW。
2. 未注圆角R3。
3. 未注倒角C2，表面粗糙度值 $Ra=25\mu m$。

制图		锥齿轮	比例	1:1
审核			材料	45

图 4-37　直齿锥齿轮的零件图

1）齿顶圆直径。锥齿轮大端的齿顶圆直径为 $\phi 194.657^{\ 0}_{-0.072}$ mm，其精度为 IT8 级，公差带代号为 h8；锥齿轮的轴孔直径为 $\phi 48^{+0.025}_{\ 0}$ mm，其精度为 IT7 级，公差带代号为 H7。

2）键槽。键槽的宽度为（14±0.024）mm，此为非标准公差，精度介于 IT9～IT10 之间。键槽轮毂孔内尺寸为 51.8 $^{+0.1}_{\ 0}$ mm，这一尺寸及其公差是由相应的国家标准查表得出的，不用对其进行精度分析。

3）角度。齿顶圆锥面锥角要求为 $64°54'^{+1'}_{\ 0}$，其精度要求是非标准的，大致相当于 ATa7 级精度（GB/T 11334—2005）。锥齿轮的齿宽为 35mm，锥距（分锥顶点到背锥的距离）为 107.355mm，分度圆直径为 $\phi 190$mm，分度圆锥面锥角为 62°15′，齿根圆锥面锥角为 59°3′，这些数值均为理论值，其精度一般由齿轮公差组中的检验项目以及相关的尺寸和几何公差精度间接保证。

4）其他。齿轮轮毂左端面距锥齿轮大端齿顶圆的轴向距离为 35 $^{\ 0}_{-0.075}$ mm，此尺寸的公差为非标准公差，其精度介于 IT9～IT10 之间；齿轮轮毂左端面距锥齿轮锥顶的距离为（80.592±0.03）mm，其公差也为非标准公差，其精度介于 IT8～IT9 之间，分度圆弦齿厚为 7.853 $^{-0.122}_{-0.252}$ mm，最大齿厚为 7.731mm，最小齿厚为 7.601mm，公差是 0.130mm；大端分度圆弦齿高为 5.038mm。

（2）几何公差

1）齿轮大端轮毂的左端面相对于齿轮轮毂孔轴线的跳动公差为 0.015mm，精度为

IT6 级。

2）齿轮齿顶圆锥面相对于齿轮轮毂孔轴线的跳动公差为 0.05mm，其精度应为 IT8 级。

3）键槽两侧面的中心平面相对于齿轮轮毂孔轴线的对称度公差为 0.020mm，其精度为 IT7 级。

锥齿轮的大端模数为 5mm，大端压力角为 20°，齿数为 38，螺旋角为 0°，精度等级 8-7-7bA，表示锥齿轮的第 I、II、III 公差组精度等级分别为 8 级、7 级和 7 级，bA 表示：最小法向侧隙种类为 b，法向侧隙公差种类为 A。根据符号 b 和 A 查 GB 11365—1989《锥齿轮和准双曲面齿轮 精度》中最小法向侧隙 j_{nmin} 值和齿厚公差值，可得此齿轮相应的最小法向侧隙 j_{nmin} 值为 120μm，齿厚公差值 T_s 为 130μm。所需的参数计算如下：

齿轮中点锥距：$R_m = R - b/2 = 107.355mm - 35mm/2 = 89.855mm$。

小轮分锥角：$\delta_1 = \arctan(z_1/z_2) = \arctan(20/38) = 27.76°$。

齿圈跳动公差：0.05mm。

（3）表面粗糙度和有关特性要求　锥齿轮的左端面粗糙度值 Ra 为 3.2μm，键槽两侧面的表面粗糙度值 Ra 为 3.2μm，槽底面的表面粗糙度值 Ra 为 6.3μm；锥齿轮材料为 45 钢，经正火处理后的硬度要求为 220～250HBW。

（4）特殊要求或重点、难点　检验齿轮啮合性能（接触斑点）对于高级工来讲是重点也是难点，一般情况下，高级工接触的齿轮啮合性能的检验会少一些。

3. 检测量具（辅具）

（1）量具　齿厚游标卡尺或数字式齿厚卡尺、200mm 的正弦规、成套量块、磁力表架、千分表、杠杆千分表、百分表、量程为 175～200mm 的外径千分尺、量程为 5～30mm 和 50～75mm 的内测千分尺、量程为 35～50mm 的内径千分表、0.01mm 分度值的 200mm 数显游标卡尺。

（2）辅具　检验平板、φ48mm 心轴、等高 V 形架一对等。

4. 零件检测

（1）一般几何形状尺寸及齿轮形状尺寸测量

1）几何形状尺寸。锥齿轮的轴孔直径为 IT7 级精度，可使用量程为 35～50mm 的内径千分表进行检测。

作为一名合格的检验人员，特别是高级工以上的技能人员，应养成一个好的习惯，在检测前，应将千分表和千分尺进行必要的校对调零，以提高检测精度，避免误判。

零件图中，齿轮轮毂左端面距锥齿轮大端齿顶圆的轴向距离为 $35_{-0.075}^{0}$mm，此尺寸为定位尺寸，放在后面介绍。

键槽的宽度尺寸可用量程为 5～30mm 的内测千分尺进行检测，键槽轮毂孔内尺寸 $51.8_{0}^{+0.1}$mm 可用量程为 50～75mm 的内测千分尺进行检测。

2）齿顶圆直径。对于完整的齿轮，用数显游标卡尺（外径千分尺）在 3～4 个不同的直径位置上进行测量，然后取其平均值。当齿轮的齿数为偶数时，可直接测出 d_a 和 d_f，如图 4-38a 所示；当齿数为奇数时，测得的数值 d_a' 不是真实的齿顶圆直径尺寸 d_a，如图 4-38b 所示。此时应按下式校正：

因为本例齿轮齿数为偶数，所以可直接使用量程为 175~200mm 的外径千分尺进行检测。

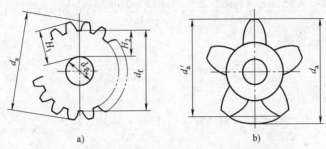

图 4-38　齿顶圆直径 d_a、齿根圆直径 d_f 的测量方法

$$d_a = kd'_a$$

式中　　k——校正系数，见表 4-6。

表 4-6　奇数齿齿轮齿顶圆直径校正系数

z	7	9	11	13	15	17	19
k	1.02	1.0154	1.0103	1.0073	1.0055	1.0043	1.0034
z	21	23	25	27	29	31	33
k	1.0028	1.0023	1.0020	1.0017	1.0015	1.0013	1.0011
z	35	37	39	41,43	45	47~51	53~57
k	1.0010	1.0009	1.0008	1.0007	1.0006	1.0005	1.0004

3）用大端分度圆弦齿高 $\bar{h}_a$ 测量大端分度圆弦齿厚 $\bar{s}$。用齿厚游标卡尺测量锥齿轮的大端，垂直尺根据分度圆弦齿高 $\bar{h}_a$ 调整，由水平尺读出锥齿轮的分度圆弦齿厚 $\bar{s}$，然后进行计算：

$\bar{s}$ 和 $\bar{h}_a$ 的理论值计算公式为：

$$\varphi = \frac{s\cos\delta}{mz}$$

$$\bar{s} = mz\frac{\sin\varphi}{\cos\delta}$$

$$\bar{h}_a = \frac{d_a - mz\cos\varphi}{2\cos\delta}$$

式中　　φ——齿厚半角（分度圆弦齿厚在背锥上所对圆心角的 1/2）（°）；

δ——分锥角（°）；

s——分度圆齿厚（mm）；

m——锥齿轮模数（mm）；

z——锥齿轮齿数；

d_a——锥齿轮大端齿顶圆直径（mm）；

$\bar{s}$——大端分度圆弦齿厚（mm）；

$\bar{h}_a$——大端分度圆弦齿高（mm）。

将本例已知数据代入上式得：

$$\varphi = \frac{s\cos\delta}{mz} = \frac{7.853\text{mm} \times \cos62.25°}{5\text{mm} \times 38} = \frac{7.853 \times 0.4656}{190} = 0.01924\text{rad} = 1.1026°$$

大端分度圆弦齿厚：

$$\bar{s} = mz\frac{\sin\varphi}{\cos\delta} = 5\text{mm} \times 38 \times \frac{\sin1.1026°}{\cos62.25°} = 7.85\text{mm}$$

大端分度圆弦齿高：

$$\bar{h}_a = \frac{d_a - mz\cos\varphi}{2\cos\delta} = \frac{194.657\text{mm} - 5\text{mm} \times 38\cos1.1026°}{2\cos62.25°} = 5.04\text{mm}$$

4）从锥齿轮大端齿顶圆直径所在位置到锥齿轮圆锥顶点的距离 L_1。从锥齿轮大端齿顶圆直径所在位置到锥齿轮圆锥顶点的距离 L_1 可用间接的方法测出，如利用上述测出的锥齿轮大端齿顶圆实际直径值 D_{aa} 和齿顶圆顶锥角实际值 δ_{aa}，即可计算出所需的 L_1，公式如下：

$$L_1 = D_{aa}/(2\tan\delta_{aa})$$

齿轮轮毂左端面距锥齿轮锥顶的实际距离为

$$L_{端顶} = L_1 + L_端$$

5）顶锥角检验。正弦规测量顶锥角如图 4-39 所示，将被测齿轮套在 $\phi48\text{mm}$ 的检验心轴上，心轴放置于正弦规上，正弦规放置在检验平板上，将正弦规用量块组合出一个尺寸 h，将正弦规垫起一个顶锥角 δ_a，然后用百分表测量锥齿轮大小端顶部的高度差。根据顶锥角 δ_a 计算应垫起的量块高度为

$$h = L\sin\delta_a$$

式中　h——量块组的高度；

　　　L——正弦规两圆柱的中心间距；

　　　δ_a——正弦规需放置的角度。

本例中，$h = 200\text{mm} \times \sin64.9° = 181.114\text{mm}$，测量时连表架一起沿图示方向移动千分表，测出锥齿轮大端和小端齿顶的高度差 Δ，则其顶锥角的实际偏差 δ_{aa}。为：

$$\delta_{aa} = 180\Delta/(b\pi)$$

式中　Δ——锥齿轮大端和小端齿顶的高度差（mm）；

　　　b——锥齿轮齿宽（mm），本例为 35mm。

经常在用正弦规进行角度测量时，角度偏差会有正负之分，所以还要注意此偏差值的符号。如图 4-39 所示，测量时，如左侧大端齿顶高，则 δ_{aa} 值为正值；如右侧小端齿顶高，则 δ_{aa} 值为负值。

（2）几何误差测量

1）齿轮大端轮毂的左端面相对于齿轮轮毂孔轴线的跳动误差和齿轮齿顶圆锥面相对于齿轮轮毂孔轴线的跳动误差检验。

跳动误差的检测一般在工艺检验卡片规定在齿轮坯精加工完成后，切齿前进行，尤

其是齿顶圆锥的斜向圆跳动误差的检测，因为切齿后进行这项检测将会非常困难。

如图 4-40 所示，将精加工后的齿轮坯安装定位在一标准检验心轴上，并将心轴连同工件一起支在一对等高 V 形架上；然后将它们一起放置在检验平板上的，心轴端部通过钢珠顶靠在一个固定物上（如方箱）；将带磁力表架的杠杆千分表吸附在检验平板的合适位置上，调整其测头，使之与工件轮毂左端面可靠接触。同样，再将另一个带磁力表架的百分表吸附在检验平板的合适位置上，调整其表头，使测头与被测圆锥面可靠接触并使其测头的移动方向尽可能与其接触点的法线方向相一致，向固定物方向轻顶心轴并缓慢旋转心轴，带动工件做无轴向移动的连续回转，观察并记录百分表和杠杆千分表指针的摆动范围。这些数据分别是齿轮齿顶圆锥面相对于齿轮轮毂孔轴线的斜向圆跳动误差和齿轮大端轮毂的左端面相对于齿轮轮毂孔轴线的跳动误差。当这些误差值分别不大于各自的公差值时，工件的该项检测合格。

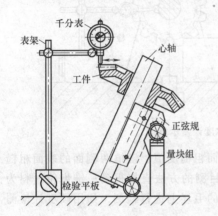

图 4-39　用正弦规测量顶锥角

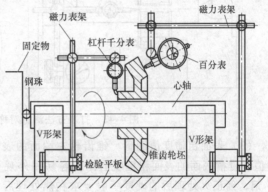

图 4-40　锥齿轮坯工件各种跳动误差的检测

2）键槽两侧面的中心平面相对于齿轮轮毂孔轴线的对称度误差。

锥齿轮轮毂孔中，键槽中心平面的对称度误差的检测，与键槽中心平面的对称度误差检测基本相同。

键槽两侧面的对称中心平面以锥齿轮轮毂孔轴线为基准的对称度公差为 0.012mm，检测零件的实际偏差时，用普通计量仪器的测量方法较复杂。如图 4-41 所示，在齿轮轮毂孔键槽中插入一检验卡板（如键槽极限量规、标准键、卡板之类），要求两者配合无间隙，用内测千分尺分别测量出检验卡板两侧工作面和锥齿轮轮毂孔面之间最远点之间的实际尺寸 a 和 b，计算出两者的差值 $\Delta_1 = | a - b |$。

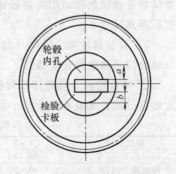

图 4-41　用标准键测量对称度误差示意图

然后，向工件轮毂内孔中插入标准心轴，要求配合无间隙，将心轴连同锥齿轮支在一对顶尖架上（图 4-42）。顶尖架放置在一检验平板上，转动工件将被测齿轮的键槽两工作侧面转至水平位置，用一固定物顶住锥齿轮使之不能随意转动，再将一安装好杠杆千分表的磁力表架吸合在检验平板上，用此千分表测出键槽一个工作侧面在被测锥齿轮两端面附近的高度差 Δ_2。则轮毂孔键槽对称度误差 f 可按下式计算：

$$f = \frac{h\Delta_1}{r+h} + \Delta_2$$

式中　r——锥齿轮轮毂内孔半径（mm）；

　　　h——键槽深度（mm）。

检测轮毂孔键槽对称度误差 f 计算结果，若不大于 0.012mm，则锥齿轮该项指标合格，否则不合格。

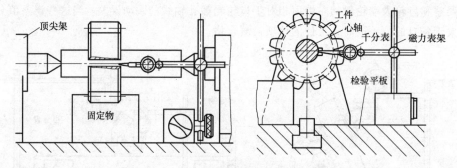

图 4-42　打表方法测量对称度误差示意图

（3）表面粗糙度值测量　锥齿轮左端面的表面粗糙度值、键槽两侧面的表面粗糙度值和键槽底面的表面粗糙度值比较容易用外观目测的方法直接得到；锥齿轮材料为45 钢，经正火处理后的硬度一般要求在热处理后的毛坯上进行检测，如用硬度计检测毛坯硬度的办法判断是否合格。

（4）特殊要求或重点、难点测量及讲评

1）齿轮轮毂左端面距锥齿轮大端齿顶圆的轴向距离为 $35_{-0.075}^{\ \ 0}$ mm，此尺寸为定位尺寸，用一般的计量器具很难进行测量，一般情况下，这类尺寸应由装备有类似万能测长仪的计量室进行检测，利用万能测长仪上读数显微镜的刻线对准工件的相应部位，并对读数显微镜的移动距离进行计量，从而进行测量力为零的非接触测量，获得其相应的实际距离尺寸 $L_{端}$。

2）检验齿轮啮合性能（接触斑点）对于高级工来讲是重点，也是难点，下面较详细地介绍具体的操作步骤。

① 啮合检验。首先用一对标准锥齿轮进行对啮，此时接触斑点应符合精度等级相应的百分比，见表4-7。

表 4-7　锥齿轮接触斑点百分比

精度等级	4~5	6~7	8~9	10~12
沿齿长方向（%）	60~80	50~70	35~65	25~55
沿齿高方向（%）	65~85	55~75	40~70	30~60

注：表中数值范围适用于齿面修形的齿轮。对齿面不作修形的齿轮，其接触斑点的大小应不小于其平均值。但该表仅供参考，接触斑点的形状、位置和大小在设计时规定。对齿面修形的齿轮，在齿面大端、小端和齿顶边缘处，不允许出现接触斑点。

② 将被测锥齿轮与标准锥齿轮进行形状尺寸的比较，如根锥角、安装位置等，调整好啮合位置，涂上红丹油后进行啮合、转动，然后与标准锥齿轮的接触斑点进行比较，判断合格与否。

③ 本例图中，明确规定了沿齿长接触率大于60%，沿齿高接触率大于65%。具体操作，检验接触斑点时，在被测锥齿轮的工作齿面上涂上一层薄薄的红丹粉（检验接触斑点时理论上应该不用涂料，而以齿面上的实际擦亮痕迹来考核。但在生产过程中，为便于观察，接触斑点一般都用薄膜涂料着色检验，为保证测量的准确性，涂抹要均匀，且要尽可能薄，涂层厚度一般为0.005～0.012mm）。

④ 在轻载作用下，使这对斜齿轮在安装状态下进行一定时间的啮合传动，然后观察、测量齿面接触斑点的分布情况，如图4-43所示。一般必须对两个配合齿轮所有的齿都加以观察，并以检验接触斑点占有面积最小的那个齿作为检验结果，接触痕迹的大小在齿面展开图上用百分率计算。公式如下：

沿齿宽方向接触率：$b_c = [(b'' - nc)/b'] \times 100\%$

沿齿高方向接触率：$h_c = (h''/h_m) \times 100\%$

式中　b''——接触痕迹的总长度；

c——超过一个模数值的断开部分长度；

n——超过一个模数值的断开部分长度的个数；

b'——齿面工作长度（一般情况下等于齿宽b，但当有齿面宽度方向的修形时，则两者并不相等）；

h''——沿齿高方向的接触痕迹的平均高度，一般需要进行较多的采样测量和求平均值，本例$h'' = (h_1 + h_2)/2$；

h_m——齿面平均工作高度，即齿宽中点处的齿面高度，一般情况下等于齿宽中点处齿面总高度减去顶隙所对应的高度，有时还得减去齿顶修研所去掉的一段高度。

锥齿轮第Ⅰ和第Ⅱ公差组所涉及的两个公差：齿距累积公差和齿距极限偏差，它们所对应的检验需要用到较复杂、昂贵的专用设备和仪器，如齿轮综合检测仪，如需要请查阅相关资料，在这里不做介绍。

⑤ 根据对啮接触点的接触情况进行综合分析。

a. 接触斑点处于齿面中部，属于正常接触，如图4-44a（齿面中部接触）所示。

b. 接触斑点处于齿顶部，偏铣分度转角过大，如图4-44b（齿顶部接触）所示。

c. 接触斑点处于齿根部，偏铣分度转角过小，如图4-44c（齿根部接触）所示。

d. 接触斑点处于小端或大端，小端或大端齿厚偏大或偏小，如图4-44d（同向偏接触）所示。

e. 接触斑点异向偏接触，齿形偏向一边，不对称齿轮轴线，如图4-44e（异向偏接触）所示。

f. 接触斑点单面偏接触，轮齿两侧偏铣不对称，一侧大端或小端偏铣过量，如图4-44f（单面偏接触）所示。

g. 接触斑点由一侧逐渐转向另一侧，等分精度差，如图4-44g（游离接触）所示。

h. 不规则接触，有时齿面一个点接触，有时在端面边线上接触，齿面有毛刺或碰伤。

5. 误差分析

在锥齿轮检测过程中，针对不同的参数，每种测量方法都有它的局限性，特别是平台测量，或多或少存在测量误差。应该在测量过程中，把每一个细节都把握好。例如：心轴插入孔内时，要求无间隙，就一定要做到，否则有间隙、产生相对运动都会给检测带来误差，使测量结果不准确。本例中：

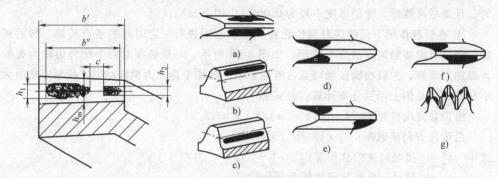

图 4-43　齿面接触斑点计算示意图　　　图 4-44　接触斑点综合情况示意图

1）在实际对大端分度圆弦齿高 $\bar{h}_a$ 进行测量时，应考虑齿顶圆的加工误差，对大端分度圆弦齿高 $\bar{h}_a$ 加以修正。为提高精度可使用带表齿厚卡尺在齿轮大端背锥面内测量。

2）上述 $35_{-0.075}^{\ 0}$ mm 定位尺寸，如果用间接的方法测量就会产生误差，读者可以采用两种方法测量，然后分析产生的误差有多大，为今后测量及分析误差打下基础。

二、蜗轮检验训练实例

1. 图样

图4-45为一蜗轮零件图，轮心材料为HT200，轮缘材料为ZCuSn10P1。

2. 零件几何精度分析

（1）几何尺寸

1）蜗轮最大外圆直径为 $\phi222$mm，属于未注公差的线性尺寸，查 GB/T 1804—2000《一般公差　未注公差的线性和角度尺寸的公差》得到：中等精度为（222±0.5）mm。

2）在蜗轮中间平面内的齿顶圆直径为 $\phi218_{-0.072}^{\ 0}$ mm，其精度为 IT8 级，蜗轮的轮毂孔直径为 $\phi42_{0}^{+0.025}$ mm，其精度为 IT7 级，其公差带代号为 H7，蜗轮的轮心与轮缘配合尺寸为 $\phi175$H7/r6，这是一种小过盈紧密定位配合，蜗轮与蜗杆的中心距为（125±0.050）mm。

3）蜗轮齿顶圆弧半径为 $R16$mm，蜗轮轮齿分度圆弧半径为 $R20$mm。蜗轮中心平面到右侧轮毂端面的距离尺寸为（25±0.04）mm，此尺寸的公差值 $T=80\mu$m，是非标准的，其等级在 IT9~IT10 之间。

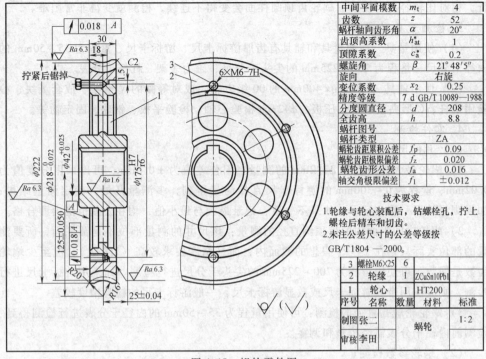

中间平面模数	m_t	4
齿数	z	52
蜗杆轴向齿形角	α	20°
齿顶高系数	h_{at}^*	1
顶隙系数	c_a^*	0.2
螺旋角	β	21°48′5″
旋向		右旋
变位系数	x_2	0.25
精度等级		7 d GB/T 10089—1988
分度圆直径	d	208
全齿高	h	8.8
蜗杆图号		
蜗杆类型		ZA
蜗轮齿距累积公差	f_p	0.09
蜗轮齿距极限偏差	f_z	0.020
蜗轮齿形公差	f_a	0.016
轴交角极限偏差	f_i	±0.012

技术要求
1. 轮缘与轮心装配后，钻螺栓孔，拧上螺栓后精车和切齿。
2. 未注公差尺寸的公差等级按 GB/T 1804 —2000。

3	螺栓M6×25	6		
2	轮缘	1	ZCuSn10Pb1	
1	轮心	1	HT200	
序号	名称	数量	材料	标准
制图 张二			蜗轮	1:2
审核 李田				

图 4-45 蜗轮零件图

（2）蜗轮参数 蜗轮的精度等级是：7 d GB/T 10089—1988，7 的含义是蜗轮的三个公差组的精度等级均为 7 级，d 是指蜗轮、蜗杆安装后相配的最小法向侧隙种类为 d，根据本例蜗轮与蜗杆传动的中心距 （125 ± 0.050）mm，查 GB/T 10089—1988《圆柱蜗杆、蜗轮精度》可得：$j_{nmin} = 63\mu m$。同理，根据本例蜗轮与蜗杆传动的中心距及模数 4mm、精度等级为 7 级，通过查 GB/T 10089—1988，可得蜗轮的 $T_{S2} = 110\mu m$，根据 GB/T 10089—1988 的相关规定，此蜗轮齿厚的上极限偏差为 0，下极限偏差为 - 0.110mm。

（3）几何公差

1）蜗轮最大外圆圆柱面对蜗轮轮毂孔轴线的径向圆跳动公差为 0.018mm。

2）左端面对蜗轮轴线的跳动公差为 0.018mm。

这些跳动公差值均为非标准值，对照 GB/T 1184—1996 中的数值可知：图样中这些跳动值与 IT6 级精度的跳动公差值接近 （IT6 级精度的公差值是 0.020mm），其精度要求比 IT6 级精度还稍高一些。

（4）表面粗糙度和有关特性要求 （涂镀层测量、力学性能、化学成分）

蜗轮轴孔的表面粗糙度加工要求为表面粗糙度值 $Ra = 1.6\mu m$。两端面的表面粗糙度值均为 $Ra = 6.3\mu m$。可以用目测的方法检验。

（5）特殊要求及重点、难点

1）检测蜗轮中心平面到右侧轮毂端面的距离尺寸是本例的难点。

2）蜗轮齿顶圆柱面相对于轮毂孔轴线的径向圆跳动的检测如果在蜗轮切齿前进

行，相对比较容易；切齿后蜗轮齿顶圆柱面会变得不连续，检测就变得非常困难。

3. 检测量具（辅具）

（1）使用量具　检测量具和辅具有齿厚游标卡尺、游标卡尺、量程为 35～50mm 的内径千分尺、量程为 200～225mm 的尖头千分尺、磁力表架、杠杆千分表。

（2）使用辅具　400mm×400mm 的 00 级方箱、成对等高的 V 形架、成套量块、检验用蜗杆、C 形夹紧装置、压板、φ42mm 检验心轴、检验平板、钢珠、固定物等。

4. 零件检测

（1）几何尺寸测量

1）蜗轮最大外圆直径 φ222mm 的测量：因公差值为 ±0.5mm，可以采用分度值为 0.02mm、量程为 0～300mm 的游标卡尺直接测量得到，多测量几处，确定测量结果；如果测量结果一致，记录；如果不一致，记录最大与最小值，均在公差范围内即合格。

2）蜗轮中间平面内的齿顶圆直径的测量：该尺寸的测量部位不是圆柱面，所要测量的部位实际只存在于一个假想的截面内，而且精度要求较高（IT8 级），但至少蜗轮齿数是偶数，可使用量程为 200～225mm 的尖头千分尺进行检测。如果用游标卡尺进行检测，则应使用带表游标卡尺或数显游标卡尺，一般游标卡尺的检验精度较差。

3）蜗轮轮毂孔直径的检测：可使用量程为 35～50mm 的内径千分表进行检测得到，检测前内径千分表需经校对和调零。

（2）蜗轮参数检测

1）齿厚检测。用齿厚游标卡尺测量时，应将游标卡尺放在齿顶圆直径处测量其分度圆法向弦齿厚，将齿厚卡尺的垂直尺根据下述计算获得的分度圆弦齿高 $\bar{h}_{n2}$ 调整好，用齿厚游标卡尺的水平尺读出蜗轮的分度圆法向弦齿厚 $\bar{s}_{n2}$。

分度圆弧齿厚

$$s_2 = m_t\left(\frac{\pi}{2} + 0.2\tan\alpha\right) = 4 \times \left(\frac{3.1416}{2} + 0.2\tan 20°\right) = 6.5744\text{mm}$$

分度圆弦齿厚

$$\bar{s}_2 \approx s_2\left(1 - \frac{s_2^2}{6d_2^2}\right) = 6.5744 \times \left(1 - \frac{6.5744^2}{6 \times 208^2}\right) = 6.5733\text{mm}$$

分度圆法向弦齿厚

$$\bar{s}_{n2} = \bar{s}_2\cos\gamma = 6.5733 \times \cos 21°48'05'' = 6.1032$$

测量 $\bar{s}_{n2}$ 用的齿高 $\bar{h}_{n2}$

$$\bar{h}_{n2} \approx h_{an}^* m_t + \frac{s_2^2\cos^4\gamma}{4d_2^2} = 1 \times 4 + \frac{6.5744^2 \times \cos^4 21°48'05''}{4 \times 208^2} = 4\text{mm}$$

注意：实际测量时还应根据蜗轮齿顶圆的实际测量结果对此计算齿高 $\bar{h}_{n2}$ 进行修正。

2）检测蜗轮中心平面到右侧轮毂端面的距离尺寸比较难，在加工中，工人可以通过测量滚刀外圆面到蜗轮轴向定位基准面的距离来间接地测量滚刀轴线到蜗轮轴向定位基准面的距离，这就是蜗轮中心平面到右侧轮毂端面的距离，从车床上拿下来的成品再测量就比较困难了，放在后面介绍。

（3）几何误差测量

1）蜗轮齿顶圆柱面相对于轮毂孔轴线的径向圆跳动误差的检测。如图 4-46 所示，将安装配合好的蜗轮齿坯的轮毂孔中插入精密心轴，将心轴连同其上的工件定位在一对等高的、安放在检验平板上的 V 形架上，在心轴端部安放钢珠并顶靠在一固定物上，将一带磁力表架的杠杆千分表也安放在检验平板上。调整表的测头使之与蜗轮坯的外圆柱面可靠接触，在固定物上靠近心轴并带动工件做无轴向移动

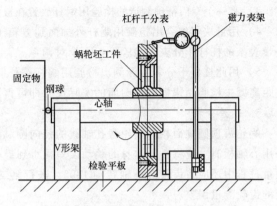

图 4-46　齿顶圆径向圆跳动误差检测

的连续回转，观察、记录千分表指针的摆动范围，此数值即为蜗轮齿顶圆柱面相对于轮毂孔轴线的径向圆跳动误差，将其与图样规定的公差值进行比较并进行合格性判断。

2）蜗轮齿圈轴向圆跳动误差的检测。蜗轮齿圈轴向圆跳动误差的检测可在蜗轮加工全部完成后进行。如图 4-47 所示，方案与蜗轮齿顶圆柱面相对于轮毂孔轴线的径向圆跳动误差的检测基本相同，只有检测部位和检测方向不同。

（4）表面粗糙度和有关特性要求（涂镀层测量、力学性能、化学成分）检测蜗轮轴孔的表面粗糙度及两端面的表面粗糙度可以用目测的方法检验得到。

（5）特殊要求或重点、难点检测及讲评　检测蜗轮中心平面到右侧轮毂端面的距离尺寸比较困难，这里提供一个平台检测方案，如图 4-48 所示：

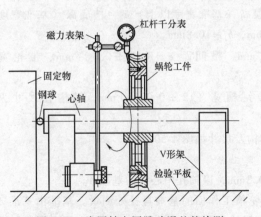

图 4-47　齿圈轴向圆跳动误差的检测

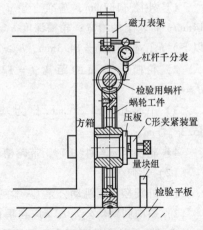

图 4-48　右侧轮毂的距离检测

1）将蜗轮零件的定位轮毂端面靠在方箱的一个工作面上，确保可靠定位，并用压板和 C 形夹紧装置将其固定。

2）将它们放置在一个检验平板上，蜗轮工件的中间平面应处于垂直状态。

3）将一个专门精确制造的检验用蜗杆放置在被测蜗轮的上部轮齿中（与轮齿配合）。

4）用量块组合出检验用蜗杆外圆面到方箱工作面的理想最大尺寸，用量块组将一带表架的杠杆千分表在检验平板上校对调零。

5）用此杠杆千分表实际测出检验用蜗杆的外圆面到方箱工作面的实际距离，用这一距离减去检验用蜗杆的外圆面的实际尺寸即可得到所需的被测尺寸。

5. 误差分析

蜗轮齿顶圆柱面相对于轮毂孔轴线的径向圆跳动误差和蜗轮齿圈轴向圆跳动误差都采用心轴检测。应将心轴本身的跳动误差减小到最小，否则检测结果误差就大。所以在测量过程中还应将齿轮对心轴转动 180°，进行第二次测量，以消除心轴跳动误差所引起的齿轮测量误差。

◇◇◇◇ 第六节　轮盘类零件检验训练实例

一、轮类零件检验训练实例

1. 图样

图 4-49 所示为典型的带轮及其实物立体示意图，材料一般为灰口铸铁，如 HT150、HT200，本例为 HT150。

2. 零件几何量精度分析

（1）几何尺寸

1）外径 $\phi 187$ mm、基准直径 $d_d = 180$ mm；基准宽度 b_d 图中未标注，查表为 $b_d = 14$ mm；带轮上的槽宽；轮槽深度 $h =$ 槽顶高（基准宽度以上）$h_a +$ 槽底深（基准宽度以下）h_f，本例为 $h = 14.3$ mm，$h_a \geq 3.5$ mm，$h_f \geq 10.8$ mm。

2）轮槽与端面的距离 $f = 12.5^{+2}_{-1}$ mm、槽间距 $e = (19 \pm 0.4)$ mm、带轮宽 $B = 63$ mm。

3）中心孔 $\phi 42^{+0.025}_{0}$ mm 作为基准，键槽宽（12 ± 0.0215）mm，键槽孔尺寸为 $45.3^{+0.2}_{0}$ mm。

4）轮槽角 $\varphi = 34° \pm 1°$，带轮槽形结构及尺寸如图 4-50 所示。

（2）几何公差

1）外圆径向圆跳动公差 t。本例为 0.3mm，以轴孔中心线为基准 A。

2）斜向圆跳动公差 t。t 应在垂直于轮槽工作面的基准直径处测量。基准由基准 A 和基准 B（与轴肩端面配合的带轮端面）组成，如图 4-50 所示。本例是以轴孔中心线为基准测量轴孔端面的跳动误差。

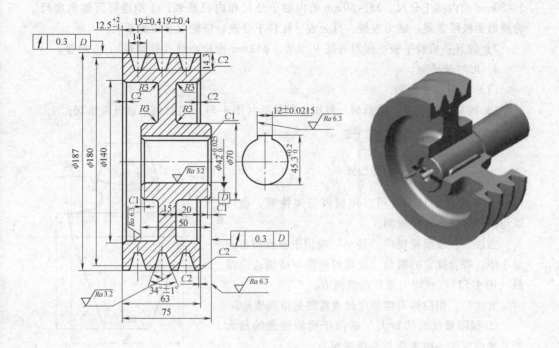

图 4-49　典型的带轮零件及其实物立体示意图

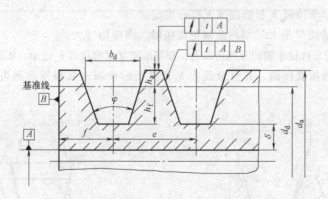

图 4-50　带轮槽形结构及尺寸示意图

（3）表面粗糙度　基准孔表面粗糙度值为 $Ra3.2\mu m$，键槽工作面表面粗糙度值为 $Ra6.3\mu m$，其余加工面为 $12.5\mu m$，采用目测及手触摸的方式检测。

（4）重点和难点　带轮检测的重点主要是轮锥角和截面尺寸，难点是槽工作面的跳动误差，本例没有此要求。

3. 量具和辅具

1）量具：$0 \sim 150mm$ 的游标卡尺、$0 \sim 300mm$ 的游标卡尺和 300 的游标高度卡尺；

5～30mm 的内测千分尺、35～50mm 的内测千分尺和内径量表；Ⅰ型游标万能角度尺、轮槽截面极限量规；磁力表架、百分表、杠杆千分表；带轮综合检测系统。

2）辅具：检验平板、成对等高 V 形架、$\phi42mm$ 检验心轴（检验棒）、方箱等。

4. 几何量检测

（1）几何尺寸检测

1）槽截面的检验。槽截面一般用极限量规（图 4-51）进行测量。极限量规：

$$\beta_1 = \frac{\varphi - \Delta\varphi}{2}$$

$$\beta_2 = \frac{\varphi + \Delta\varphi}{2}$$

① 轮槽角的检验。可以用极限量规检测，也可以用游标万能角度尺检测。

方法一：极限量规的"最小"端用于检验槽角的最小值。符合规定的槽角，量规的底角与槽侧边应接触（图 4-52），或均匀地靠在槽侧边。

方法二：用游标万能角度尺直接测量得到槽角。

② 极限量规的"最大"端用于检验槽角的最大值、基准宽度、槽顶高 h_a 和槽底深 h_f。

如果量规在宽度 b_d 处的角顶与槽侧边接触，并且量规的平台位于轮槽的直侧边以内（图 4-53），则槽角、基准宽度、槽顶高 h_a 和槽底深 h_f 符合规定。

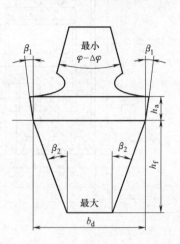

图 4-51　极限量规

如果仅是量规"最大"端的角顶与槽接触，则槽角过大。

如果量规的平台位于槽的直侧边以上，则基准宽度或槽顶高 h_a 过小，如图 4-54 所示。

如果量规与槽底接触，并且量规在 b_d 宽度处的角顶未接触槽的侧边，则槽深过小（图 4-55）。

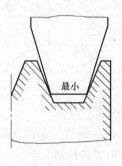

图 4-52　待检槽形

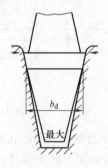

图 4-53　合格

2）槽间距的检验。

① 槽间距。两相邻轮槽截面中心线之间的距离，公称值为 e；任意两相邻轮槽截面

中心线间距离公称值 e 的公差。

② 带轮端面与第一个轮槽截面中心线间的距离。对于所有单槽或多槽带轮，带轮端面与相邻轮槽截面中心线间的距离 f 值，应规定其最小值。为便于带轮找正，可规定 f 值的正负偏差。

③ 使用可更换测量球的测量装置检验槽间距（不同的槽形应更换相应的测量球）。

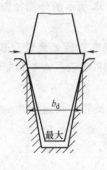

图 4-54　不合格

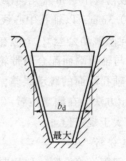

图 4-55　槽深过小

使用带游标卡尺并且测量球可换的测量装置测量每个轮槽的槽间距值 e，如图 4-56 所示。

根据相关的表选择测量球直径。当测量球完全放入轮槽后，可动测量球的滑动装置应固定，用游标卡尺或千分尺测出距离 X。被测槽间距 e 值等于两测量球外端间距离 X 与测量球直径 d_B 之差。被测槽间距 e 值按下式计算：

$$e = X - d_B$$

式中　e——槽间距，（mm）；

　　　X——两测量球外端间距离（mm）；

　　　d_B——测量球直径，（mm）。

3）基准直径的检验。基准直径 d_d 应在测量球或量棒同时与轮槽侧边紧密接触时通过测量确定。使用直径符合相关表规定的测量球或量棒。将两个测量球或量棒放入待测轮槽中（图 4-57）测量与带轮轴线平行的两个测量球或量棒外切面的距离 K，此距离可用平面平行量具，如游标卡尺测量。

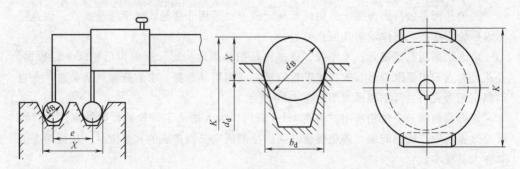

图 4-56　槽间距检验装置　　　　　　图 4-57　待检轮槽中的测量棒

如果带轮有多个轮槽，则应分别测量每一个轮槽。

4）基准孔的检测。用经校对过的内径量表（可以测量 $\phi42mm$ 孔）直接对基准孔进行测量，并记录测量结果。

5）其他尺寸为常规检测，不再赘述。

（2）几何误差检测

1）一般情况下，带轮几何误差检验内容主要是图 4-58 所示的外圆径向圆跳动公差 t_1，本例为 0.3mm，以轴孔中心线为基准 A。

2）斜向圆跳动公差 t_2。t_2 应在垂直于轮槽工作面的基准直径处测量。基准由基准 A 和基准 B（与轴肩端面配合的带轮端面）组成，如图 4-58 所示。本例以轴孔中心线为基准，测量轴孔端面的跳动误差。

3）检验方法。在测量位置（图 4-58），围绕基准 A 旋转一周过程中的径向和斜向圆跳动不应大于规定值。

5. 误差分析

带轮槽间距 e 的检测：使用带游标卡尺并且测量球可换的测量装置测量每个轮槽的槽间距值 e，应该对每两个槽进行检测，即两两检测，并记录每组测量数据；不能只测量一组数据就判断合格与否，这样的结果是有误差的，通过分析每组结果然后判断是否在 $(19\pm0.4)mm$ 的范围内，在范围内就是合格，否则只要有一组不在范围内，即为不合格。

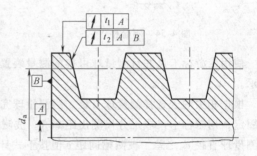

图 4-58　外圆径向及斜向圆跳动公差

6. 带轮综合检测系统检验

随着机械设备转速的不断提高，带轮的可靠性面临着严峻的考验。为了满足生产企业对带轮产品生产精度的要求，采用自动化快速检测设备替代以往人工抽检方式成为可能。带轮综合检测系统已经开始应用到一些企业。图 4-59 所示为带轮综合检测设备的外观及软件操作界面。

带轮几何参数检测设备，采用机器视觉技术，运用非接触式光学测量方式，快速检测齿形轮廓参数，跨棒跳动几何公差等。

该方案采用机器视觉技术路线，通过光幕扫描带轮齿形，获得齿形轮廓坐标数据，并从坐标点云中提取齿形参数；使带轮转动，获得跳动数据，求解跨棒跳动参数，并自动判定是否合格。其原理示意图如图 4-60 所示。

该方案检测一个带轮所用时间在 1min 以内，大大提高了带轮的检测效率，这样可以及时发现生产线的问题，避免传统办法因检测周期长而造成的大量废品，从而为企业节省大量成本。

该检测系统采用先进的视觉测量技术，全自动检测带轮参数，由计算机记录显示检测结果，是目前最先进的带轮综合检测设备。

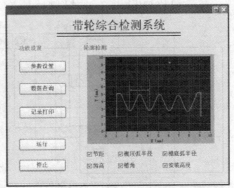

图 4-59　带轮综合检测设备的外观及软件操作界面图

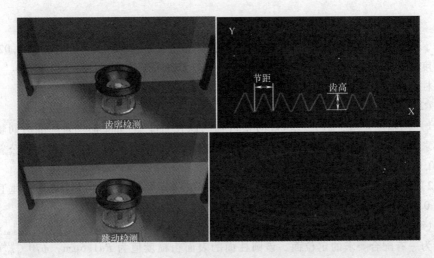

图 4-60　带轮综合检测设备原理示意图

二、盘类零件检验训练实例

1. 图样

图 4-61 所示为法兰零件。

2. 零件形状尺寸精度分析

（1）几何尺寸

1）基准孔。$\phi 42^{+0.027}_{0}$ mm 孔的精度在标准公差 IT7 ～ IT8 级之间，比较接近 IT7 级精度。

2）外止口结构和配合定位面。零件图中尺寸为 $\phi 70^{-0.012}_{-0.032}$ mm 的短外圆面为一外止口

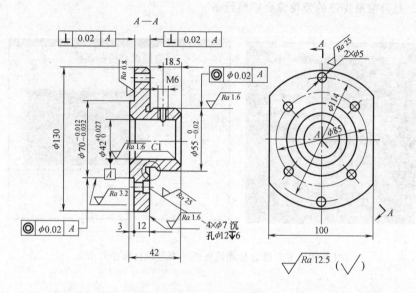

图 4-61　法兰零件图

结构，其最大极限尺寸为 $\phi69.988$mm，最小极限尺寸为 $\phi69.968$mm，公差是 0.020mm，其精度是非标准精度，在标准公差在 IT6～IT7 级之间；长外圆面尺寸为 $\phi55_{-0.02}^{\ 0}$mm，此圆柱面为一有配合要求的定位面，其精度在标准公差 IT6～IT7 级之间。

（2）几何公差

1）同轴度公差。$\phi70_{-0.032}^{-0.012}$mm 的止口轴线以孔 $\phi42_{\ 0}^{+0.027}$mm 轴线为基准的同轴度公差要求为 $\phi0.02$mm；以 $\phi42_{\ 0}^{+0.027}$mm 孔轴线为基准，$\phi55_{-0.02}^{\ 0}$mm 圆柱的同轴度公差要求为 $\phi0.02$mm，精度等级在 IT6～IT7 之间。

2）垂直度公差。两被测端面相对于 $\phi42_{\ 0}^{+0.027}$mm 孔轴线（基准轴线）的垂直度公差为 0.02mm，其精度为 IT5 级。

（3）表面粗糙度要求　$\phi42_{\ 0}^{+0.027}$mm 孔的表面粗糙度值为 $Ra1.6\mu$m；$\phi55_{-0.02}^{\ 0}$mm 圆柱面为一有配合要求的定位面，该圆柱面的表面粗糙度值为 $Ra1.6\mu$m；$\phi70_{-0.032}^{-0.012}$mm 的短外圆，该圆柱面的表面粗糙度值为 $Ra3.2\mu$m。

（4）特殊要求或重点、难点　该零件相对比较简单，用常规检测方法就能完成，没有特别的难度，唯一应注意的就是零件比较短，检测几何误差时应注意。

3. 检测量具（辅具）

（1）量具　量程为 50～75mm 的公法线千分尺，量程为 50～75mm 的外径千分尺，量程为 35～50mm 的内径千分表，0～150mm 的游标卡尺。

（2）辅具　$\phi42$mm 心轴、成对等高的 V 形架、0 级 90°角尺、塞尺、检验平板、方箱、$\phi10$mm 左右的钢球、杠杆千分表、磁力表架及润滑脂（黏一只钢球到方箱工作面）等。

4. 零件检测

（1）几何尺寸测量

1）尺寸误差的检测由于尺寸为 $\phi70^{\,-0.012}_{\,-0.032}$mm 的外止口轴向尺寸很短，一般的外径千分尺测头无法接触到该被测面，可用量程为 50～75mm 的公法线千分尺直接测量得到，使用这种千分尺测量这种精度的尺寸仍需有较高的操作技能。也可以用 6 等量块组合出该尺寸的最大极限尺寸和最小极限尺寸，用量块夹持器夹持作为通规和止规来检测工件，只能判断合格与否，不能给出实际值。

2）尺寸为 $\phi55^{\,0}_{\,-0.02}$mm 的圆柱面可直接使用量程为 50～75mm 的千分尺进行检测。

3）直径为 $\phi42^{\,+0.027}_{\,0}$mm 的内孔实际偏差的检测可使用量程为 35～50mm 的内径千分表进行，检测前同样应对此内径千分表进行校对。

4）其他几何形体上未注公差的尺寸，均可用游标卡尺进行测量、检验。

（2）几何公差测量

1）同轴度误差的检测。实际上在大多数工作现场的检测是按检测径向圆跳动误差的检验方法进行的。检测前，将一尺寸为 $\phi42$mm 的标准心轴插到零件的 $\phi42^{\,+0.027}_{\,0}$mm 孔中，用以模拟基准轴线 A 和心轴安装好后，工件应位于它的中部；再将心轴两端部的圆柱面支承于一对放置在检验平板上且等高的 V 形架上。检测时，将心轴一端通过钢球顶靠在一个固定物（如方箱）上，测量时采用的仪器是安装在磁力表架上的杠杆千分表。磁力表架一般需吸合在检验平板上，调整表架的关节使杠杆千分表的测头与被测圆柱面接触。千分表测头与工件被测圆柱面要有一定的预压量（一般预压量应使表针转 0.5 圈左右），并且一般要求千分表测头此刻的运动方向应大致沿着接触点处被测面的法线方向（即应大致垂直于被测面），然后用手向固定物方向轻轻顶着工件并缓慢转动工件，观察杠杆千分表指针的摆动范围，记录下其指针最大的摆动范围（即最大读数减去最小读数）。此数值只要不超过图样上标注出的公差值，即可断定此件工件该项同轴度误差合格。两处同轴度误差均可用此方法检测，如图 4-62 所示。

2）两端面垂直度误差的检测。测量前，将一尺寸为 $\phi42$mm 的标准心轴插到零件 $\phi42^{\,+0.027}_{\,0}$mm 孔中，用以模拟基准轴线 A，心轴安装好后，工件应位于它的中部；再将心轴两端部的圆柱面支承于一对放置在检验平板上且等高的 V 形架上。测量时将一 0 级 90°角尺放置在检验平板上，它的底座工作面与检验平板工作面接触，垂直的直角测量面与工件被测端面接触（图 4-63），目测两者之间存在的缝隙透出的光色并结合塞尺进行检测，厚度为 0.02mm 的塞尺塞不到此缝隙中时说明缝隙宽度小于 0.02mm，工件被测端面的垂直度误差合格。

（3）表面粗糙度值测量　$\phi42^{\,+0.027}_{\,0}$mm 孔的表面粗糙度值、$\phi55^{\,0}_{\,-0.02}$mm 圆柱面的表面粗糙度值和 $\phi70^{\,-0.012}_{\,-0.032}$mm 的短外圆的表面粗糙度值通过目测直接得到测量值。

（4）特殊要求或重点、难点检测　该法兰零件相对比较简单，测量基本上没有什么难度。几何误差测量前，应将心轴无间隙地插入基准孔中，模拟孔轴基准。

5. 误差分析

测量误差存在于"人机料法环测"诸因素中，特别是该零件几何误差测量时应该避免。应将心轴无间隙的插入基准孔中，模拟孔轴基准。如果有间隙存在，势必造成测量误差；同轴度检测过程中，旋转心轴（或零件）不允许轴向窜动，否则会形成误差，即不是同一个截面的测量值，与同轴度误差测量定义不一致，测出结果，不是所要求的误差值。

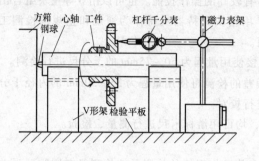

图 4-62　同轴度误差的检测

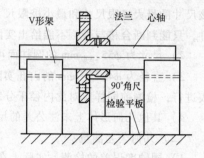

图 4-63　两端面垂直度误差的检测

复习思考题

1. 如何测量锥齿轮的齿距偏差？

2. 齿距的测量方法有哪些？试举例说明齿距是如何测量的。

3. 如何测量锥齿轮齿圈径向圆跳动误差？

4. 锥齿轮齿厚如何测量？

5. 如何用球测头垂直齿轮轴线法测量锥齿轮的齿厚？

6. 如何检测锥齿轮的接触斑点？

7. 蜗轮、蜗杆传动的特点是什么？有哪些类型？

8. 蜗轮检验中各误差项目是如何定义的？

9. 如何测量蜗轮的单项误差，即蜗轮齿厚、齿距和齿圈径向圆跳动？

10. 凸轮有哪些种类？各自的特点是什么？

11. 凸轮主要被检参数有哪些？

12. 简述各类凸轮的检验方法。

第五章

箱体、叉架类零件的检验

培训目标：了解箱体、叉架类零件及组合件的结构特点；熟悉箱体、叉架类零件及组合件检验的主要内容；针对不同结构选择合理的检测方案，正确理解检测方法的内涵；掌握箱体类零件空间尺寸的检测和几何误差检测的基本方法；熟悉叉架类零件几何误差的检测方法；熟悉组合件接口尺寸的公差要求及检测精度与其他尺寸的区别；掌握组合件检测的特点。

◇◇◇ 第一节　箱体类零件的检验

箱体类零件（图5-1）包括各种减速器、泵体、阀体、机床的主轴箱、变速箱、动力箱、基座等。

箱体类零件体形较大，结构较复杂，且非加工面较多，所以常采用金属直尺、钢卷尺、内（外）卡钳以及各种常用计量器具，并借助检验平板、方箱、检验心轴和千斤顶等辅助量具进行测量。

箱体类零件的主要技术要求为：孔的尺寸、形状精度要求；孔的相互位置精度要求；箱体主要平面的精度要求。

箱体零件加工完成后的最终检验包括：主要孔的尺寸精度、孔和平面的形状精度、孔系的相互位置精度，即孔的轴线与基面的平行度；孔轴线的相互平行度及垂直度；孔的同轴度及孔距尺寸精度；主轴孔轴线与端面的垂直度。

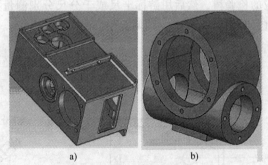

图 5-1　箱体类零件
a）齿轮箱体　b）蜗轮、蜗杆箱体

1. 孔的尺寸、形状误差测量

箱体零件上孔的尺寸精度和几何形状精度要求较高。一般来说，主轴轴承孔的尺寸精度为 IT6，形状误差小于孔径公差的 1/2，表面粗糙度 Ra 值为 $1.6 \sim 0.8 \mu m$，其他孔的尺寸精度为 IT7，形状误差小于孔径公差的 $1/3 \sim 1/2$，表面粗糙度 Ra 值为 $0.8 \sim 1.6 \mu m$。

在单件、小批量生产中，孔的尺寸精度可用内径指示表、游标卡尺、千分尺检测，或通过使用内卡钳配合外径千分尺检测。在大批大量生产中，可用塞规检测孔的尺寸精度。

图 5-2 所示为用内径指示表检测孔。测量时必须摆动内径指示表，指示表的最小读数即为被测孔的实际尺寸。

孔的几何精度（表面的圆度、圆柱度误差）也可用内径指示表检

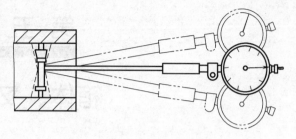

图 5-2　用内径指示表检测孔

测。测量孔的圆度时，只要在孔径圆周上变换方向，比较其半径差即可。测量孔的圆柱度误差时，只要在孔的全长上取前、后、中几点，比较其测量值，其最大值与最小值之差的 1/2 即为全长上的圆柱度误差。

2. 孔位置尺寸的测量

（1）孔的坐标位置　孔轴线到基准面的距离常借助检验平板、等高垫块，用游标高度卡尺或量块和指示表进行测量。

如图 5-3 所示，当被测孔径较小时，可在被测孔上插入心轴。测量时，在检验平板上先测出心轴上素线在垂直方向上的高度，再减去等高垫块的厚度和心轴半径，即可得出孔轴线在 y 方向到基准面的距离 y_1；然后将箱体翻转 $90°$，用同样的方法进行测量，并计算出孔轴线在 x 方向上到基准面的距离 x_1。（x_1，y_1）即为该孔的坐标位置。

当被测孔径较大时（图 5-3），可在表架上装上杠杆指示表，借助量块测量出孔的下素线到基准面的距离后加上孔的半径即可得出孔轴线到基准面的距离 H。

（2）两孔间的距离

1）用检验棒检测孔距。如图 5-4 所示，首先在两组孔内分别推入与孔径尺寸相对应的检验棒，然后用游标卡尺或千分尺分别测量检验棒两端的尺寸 L_1 和 L_2。若检验棒直径分别为 d_1 和 d_2，则两孔中心距离为

$$A = \frac{L_1 + L_2}{2} - \frac{d_1 + d_2}{2}$$

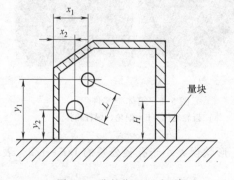

图 5-3　孔的位置尺寸测量

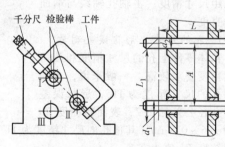

图 5-4　用检验棒检测孔距

2）直接检测孔距。如图 5-5 所示，在同一平面上的两孔的中心距 L 还可直接用游标卡尺或内测千分尺的内量爪测出孔壁间的最大距离 A，通过下式计算得出：

$$L = A - \frac{D_1}{2} - \frac{D_2}{2}$$

或者用游标卡尺直接测出孔壁间最小距离 B，通过下式计算得出：

$$L = B + \frac{D_1}{2} + \frac{D_2}{2}$$

3）计算法。如图 5-3 所示，先测出两孔的坐标位置 (x_1, y_1) 和 (x_2, y_2)，用这些数据还可以计算出两孔间的中心距 L，即

$$L = \sqrt{(x_1 - x_2)^2 + (y_1 - y_2)^2}$$

3. 孔的位置公差测量

（1）同轴孔系同轴度的测量

1）用检验棒检测同轴度误差。用检验棒检测的方法大多用在大批量生产中。检测孔的精度要求高时，可用专用检验棒。若检验精度要求较低，则可用通用检验棒配外径不同的检验套检验，如图 5-6 所示。如果检验棒能顺利通过同一轴线上的两个以上的孔，则说明这些孔的同轴度误差在规定的允许范围内。

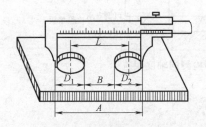

图 5-5　测量两孔中心距

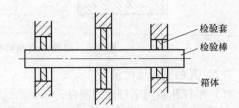

图 5-6　通用检验棒配专用检验套

2）用检验棒和千分表检验同轴度误差。如图 5-7 所示，先在箱体两端基准孔中压入专用的检验套，再将标准的检验棒推入两端检验套中，然后将千分表固定在检验棒上，校准千分表的零位，使千分表测头伸入被测孔内。检测时，先从一端转动检验棒，记下千分表转一圈后的读数差，再按此方法检测孔的另一端，其检测结果中哪一个横剖面内的读数差最大则为同轴度误差。

3）用杠杆指示表检测同轴度误差。如图 5-8 所示，先在其中一基准孔中装入衬套，再将标准的检验棒推入检验套中，然后在检验棒靠近被测孔的一端吸附一杠杆指示表，指示测头与被测孔壁接触并产生约 0.5mm 的压缩量，转动检验棒，观察表针摆动范围，表头读数即为被测孔相对于基准孔的同轴度误差。

4）用指示表和检验棒检测同轴度误差。如图 5-9 所示，将检验棒插入孔内，并与孔成无间隙配合，调整被测零件使其基准轴线与检验平板平行。在靠近被测孔端 A、B 两点测量，并求出该两点分别与高度 $(L + d_2/2)$ 的差值 f_{Ax} 和 f_{Bx}。然后把被测零件翻转

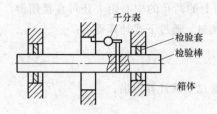

图 5-7　用检验棒和千分表检验同轴度误差

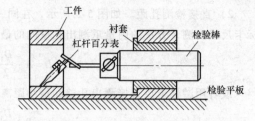

图 5-8　用杠杆指示表检测同轴度

90°，按上述方法测量取 f_{Ay} 和 f_{By} 的值。测得 A、B 点处同轴度误差为：

$$f_A = 2\sqrt{f_{Ax}^2 + f_{Ay}^2}$$

$$f_B = 2\sqrt{f_{Bx}^2 + f_{By}^2}$$

取其中较大值作为该被测要素的同轴度误差。

5）用综合量规检测同轴度误差。如图 5-10 所示，量规的直径为孔的实效尺寸，检测时，若综合量规能通过工件的孔，则认为工件的同轴度合格，否则就不合格。

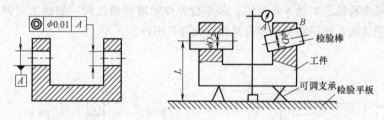

图 5-9　用指示表和检验棒检测同轴度误差

（2）孔的平行度的测量

1）平行孔系间平行度的测量。

① 用百分表和检验棒检测孔与孔中心线的平行度误差。如图 5-11 所示，检测箱体两孔中心线时，用千斤顶将箱体支承在检验平板上，将基准孔 A 与检验平板找平，然后在被测孔给定长度上进行检测。

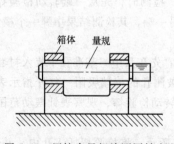

图 5-10　用综合量规检测同轴度误差

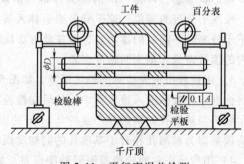

图 5-11　平行度误差检测

检测另一方向或任意方向的平行度误差时，可将箱体转 90°之后再找平基准孔 A，

测得另一方向上的平行度误差，再计算平行度误差

$$f = \sqrt{f_x^2 + f_y^2}$$

② 用千分尺和游标卡尺检测孔与孔中心线的平行度误差。如图 5-12 所示，将检验棒分别推入两孔中，用千分尺或游标卡尺检测出两端的孔距 L_1 和 L_2，其差值即是在被测长度上的平行度误差值。

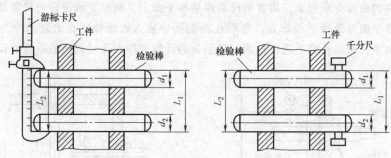

图 5-12　用千分尺和游标卡尺检测平行度误差

2）孔中心线对装配基准面的平行度误差检测。如图 5-13 所示，检测孔的中心线对底面的平行度误差时，将零件的底面放在检验平板上，向被测孔内推入检验棒。如果未明确检测长度，则在孔的全长上测量并分别记下指示表的最大读数和最小读数，其差值即为平行度误差。

（3）孔中心线间垂直度测量

1）用直角尺和千分表检测孔的中心线间垂直度误差。如图 5-14 所示，将检验棒 1和 2 分别推入孔内，箱体用三个千斤顶支承并放在检验平板上，利用直角尺调整基准孔的轴线至垂直于检验平板，然后用指示表在给定长度 L 上对被测孔进行检测，指示表读数的最大差值即为被测孔对基准孔的垂直度误差。若实际检测长度 L_1 不等于给定长度 L，则垂直度误差为

$$f = f_1 L / L_1$$

式中　f——垂直度误差；

　　　f_1——L_1 上实际测得的垂直度误差。

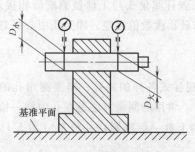

图 5-13　孔中心线对装配基准面的
　　　　　平行度误差检测

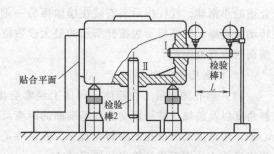

图 5-14　用直角尺和指示表检测孔的垂直度误差

用同样的方法，可使直角尺与平面贴合，测出孔Ⅰ对贴合平面在给定长度内的垂直度误差。

2）用指示表检测孔中心轴线的垂直度误差。如图 5-15 所示，在检验棒上安装指示表，然后将检验棒旋转 180°，即可测量出在 l 长度上的垂直度误差。

3）用直角尺和指示表检测孔中心线对孔端面的垂直度误差。如图 5-16 所示，在平台上将零件的底面支承起来，用直角尺靠在基准平面上，调整支承使直角尺紧贴基准平面，使基准平面与检验平板垂直，然后在被测孔中推入检验棒，在给定一个方向检测时，用指示表在给定长度上进行检测，指示表的读数差即为孔对端面的垂直度误差。

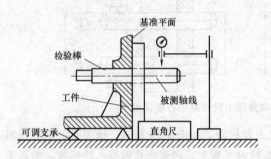

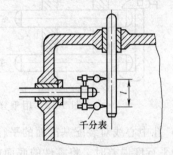

图 5-15　用指示表检测孔的垂直度误差　　图 5-16　用直角尺和指示表检测垂直度误差

在给定两个方向上检测时，将零件翻转 90°，用直角尺调整可调支承并将基准平面调整到与检验平板垂直，再检测一次。

在给定任意方向的检测时，将互相垂直的两个方向的检验结果 f_x 和 f_y，按下式进行计算：

$$f = \sqrt{f_x^2 + f_y^2}$$

在所有的检测中要在给定长度 L 上进行检测，若实际检测长度 L_1 不等于给定长度 L，则需要按下式进行换算：

$$f = f_1 L / L_1$$

4）用杠杆指示表和检验心轴检测孔中心线对孔端面的垂直度误差。如图 5-17 所示，在检验棒上安装杠杆指示表，用角铁（弯板）顶住检验棒一端，顶端加一个大小合适的小钢球，杠杆指示表安装在检验棒另一端，表杆测量头与工件被测端面相接触，转动检验棒，杠杆指示表指针所示的最大读数值与最小读数值之差，即为孔中心线对孔端面的垂直度误差。

4. 其他尺寸的测量

（1）斜孔的测量　在箱体、阀体上经常会出现各式各样的斜孔，需要测出孔的倾斜角度以及轴线与端平面交点到基准面的距离尺寸。常用的测量方法是在孔中插一检验心轴，用角度尺测出孔的倾斜角度 α，然后在心轴上放一标准圆柱并校平（图 5-18），测出尺寸 M，用下式计算出位置尺寸 L：

$$L = M - \frac{D}{2} + \frac{D + d}{2\cos\alpha} - \frac{D}{2}\tan\alpha$$

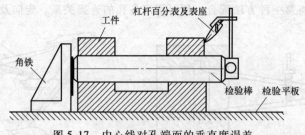

图 5-17　中心线对孔端面的垂直度误差

当零件较小时，也可用正弦规、量块、指示表精确测量斜孔角度 α（图 5-19）。

$$\alpha = \arcsin \frac{H}{L}$$

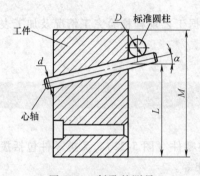

图 5-18　斜孔的测量

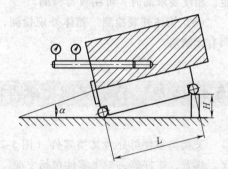

图 5-19　较小零件斜孔角度测量

（2）凸缘的测量　凸缘的结构形式很多，有些极不规则，测量时可采用以下几种方法：

1）拓印法。将凸缘清洗干净，在其平面上涂一层红丹粉，将凸缘的内外轮廓拓印在白纸上，然后按拓印的形状进行测量，也可用铅笔和硬纸板进行拓描，然后在拓描的硬纸板上测量。

2）软铅拓形法。将软铅紧压在凸缘的轮廓上，使软铅形状与凸缘轮廓形状完全吻合。然后取出软铅，平放在白纸上进行测量。

3）借用配合零件测绘法。箱体零件上的凸缘形状与相配合零件的配合面形状有一定的对应关系。如凸缘上的纸垫板（垫圈）和盖板，端盖的形状与凸缘的形状基本相同，可以通过对这些配合零件配合面的测量来确定凸缘的形状和尺寸。

（3）内环形槽的测量　内环形槽的直径，可以用弹簧卡钳来测量，如图 5-20 所示。另外还可以用印模法，即把石膏、石蜡、橡皮泥等印模材料注入或压入环形槽中，拓出样模进行测量。

（4）油孔的测量　箱体类零件上的润滑油和液压油的通道比较复杂，为了弄清各孔的方向、深浅和相互之间的连接关系，可用以下几种方法进行测量。

1）插入检查法。用细铁丝或软塑料管线插入孔中进行检查和测量。

2）注射检查法。用油液或其他液体直接注入孔中，检查孔的连接关系。

3）吹烟检查法。将烟雾吹入孔中，检查孔的连接关系。

后两种方法与第一种方法配合，便可测出各孔的连接关系、走向及深度尺寸。

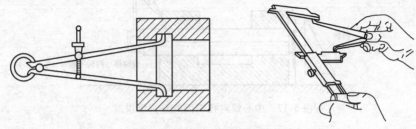

图 5-20　用弹簧卡钳测量内环形槽

（5）箱体表面粗糙度的检测　在车间里多使用表面粗糙度样块采用比较法进行评定。精度要求高时，可用仪器检测。

（6）箱体外观检测　箱体外观检测，主要是根据工艺规程检验完工情况及加工表面有无缺陷。

◈◈◈ 第二节　叉架类零件的检验

叉架类零件可分为叉类零件（图 5-21）和架类零件（图 5-22）。叉类零件包括拨叉、摇臂、连杆等，架类零件包括支架、支座、托架等。

1）由叉架类零件的结构特点可知，其中大部分尺寸的形成为铸（锻）造直接成形，均为未注公差尺寸，测量时可用游标卡尺或钢直尺、钢卷尺、半径样板等进行测量。

图 5-21　叉类零件　　　　　　　　　　　图 5-22　架类零件

2）叉架类零件起支承作用的孔或轴均有较严的尺寸公差、形状公差和表面粗糙度等要求。测量时可用外径千分尺、内测千分尺、内径量表等量具，并通过对孔或轴不同方向、不同位置的测量计算出该孔或轴的半径差，即可得出相应孔或轴的圆度或圆柱度误差。

3）叉架类零件中另一重要的测量要求是位置公差检测，即定位平面对支承平面的垂直度公差和平行度公差；定位平面对支承孔或轴的轴向圆跳动或垂直度公差等。测量时，可利用平板、方箱或心轴与定位平面和孔贴合，并以平板、方箱表面和心轴中心线作为测量基准进行位置公差检测。

例一，测量拨叉孔直径 $\phi15^{+0.038}_{0}$ mm，$\phi27^{+0.033}_{0}$ mm 及中心距 $120^{0}_{-0.5}$ mm，如图 5-23 所示。

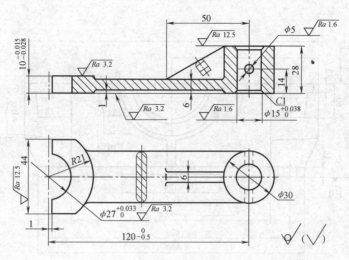

图 5-23　拨叉

孔径 $\phi15^{+0.038}_{0}$ mm 可用内测千分尺或内径量表直接测量；直径 $\phi27^{+0.033}_{0}$ mm 可用标准圆柱进行比较测量；中心距 $120^{0}_{-0.5}$ mm 的测量可用游标卡尺测量两孔间最小距离后分别加上两孔半径值即可。

例二，测量轴承座孔的平行度误差（图 5-24a）。用杠杆千分表直接测量被测孔的上下素线，测量素线对基准面的平行度误差（图 5-24 b）。测量时，将被测零件 1 放置在平板 3 上，将杠杆千分表 2（或电感测头）直接伸入孔内，

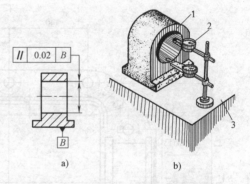

图 5-24　孔的平行度误差测量示意图
1—被测零件　2—杠杆千分表　3—平板

在若干个横截面位置，孔的上下素线处千分表示值为 y_1 和 y_2，记录每个测位上的示值 (y_1-y_2)，取其中最大值与最小值代入下式，即可求得该零件的平行度误差

$$f = \frac{1}{2} \mid (y_1 - y_2)_{\max} - (y_1 - y_2)_{\min} \mid$$

◈◈◈ 第三节　箱体类和叉架类零件的检验训练实例

一、锥齿轮箱体的检验

1. 零件图

锥齿轮箱箱座如图 5-25 所示，齿轮箱箱盖如图 5-26 所示。

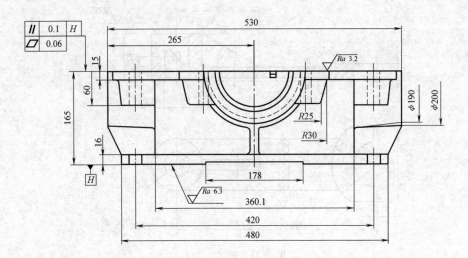

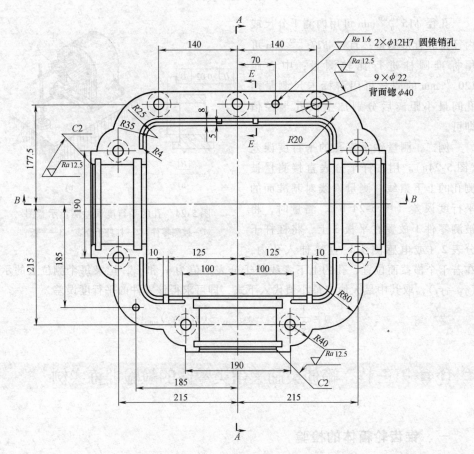

图 5-25　齿轮

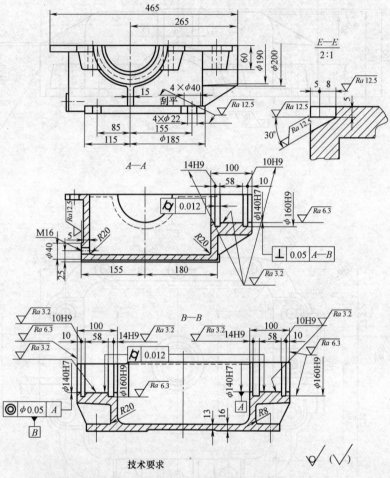

技术要求

1. 铸件表面上不允许有气孔、裂纹、缩松、夹渣等影响强度的缺陷。
2. 未注明的铸造圆角 R6～R8。
3. 经退火处理后进行机械加工。
4. 内表面涂红色耐油油漆。
5. $\phi140H7$、$\phi160H9$、$\phi12H7$圆锥销孔应与锥齿轮箱盖同时加工。

箱箱座

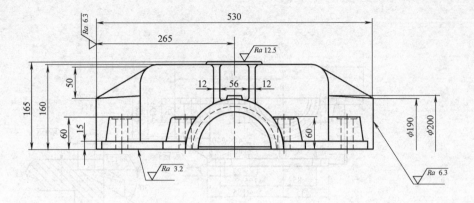

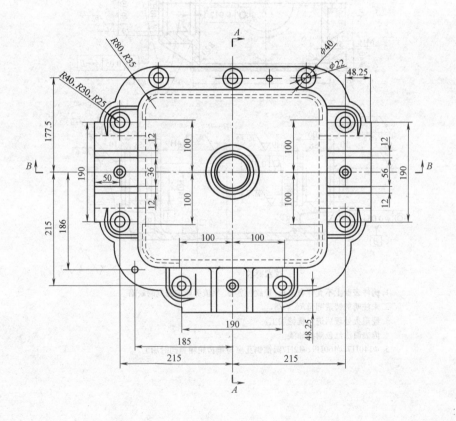

图 5-26　齿轮

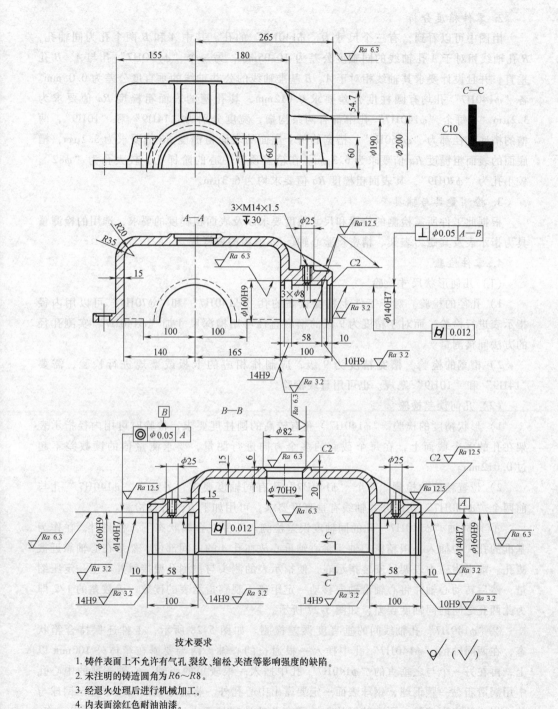

技术要求

1. 铸件表面上不允许有气孔、裂纹、缩松、夹渣等影响强度的缺陷。
2. 未注明的铸造圆角为 $R6 \sim R8$。
3. 经退火处理后进行机械加工。
4. 内表面涂红色耐油油漆。
5. $\phi140H7$、$\phi160H9$、$\phi12H7$ 圆锥销孔应与锥齿轮箱盖同时加工。

箱箱盖

2. 零件精度分析

由图中可以看到，有三个尺寸为"φ140H7"的孔。其中 A 和 B 两个孔为同轴孔，B 孔轴线相对于 A 孔轴线的同轴度公差为 φ0.05mm，另一个"φ140H7"孔与 A、B 孔垂直，并且设计要求其轴线相对于 A、B 基准轴线的公共轴线的垂直度公差为 0.05mm。各"φ140H7"孔均有圆柱度公差要求 0.012mm，其孔壁的表面粗糙度 Ra 值要求为 3.2μm。在每个"φ140H7"孔中都有两条沟槽，宽度分别为"14H9"和"10H9"，两槽的槽底直径都为"φ160H9"，槽宽的两个侧面的表面粗糙度 Ra 值要求为 3.2μm，槽底面的表面粗糙度 Ra 值要求为 6.3μm。在箱盖顶部中心的阶梯孔，较大孔为"φ82"，较小孔为"φ70H9"，其表面粗糙度 Ra 值要求均为 6.3μm。

3. 检测量具与辅具

根据此工件所需检测的位置和尺寸精度要求以及表面粗糙度的要求，选用的检测量具为指示表及其磁力表架、精密检验心轴、Ra 值粗糙度样块。

4. 零件检验

（1）几何形状尺寸检验

1）孔径的检验。对于工件上精度较高的孔"φ140H7"和"φ70H9"可以用内径指示表进行检验，而对于精度为 9 级的槽底直径可用槽深尺寸加"φ140H7"实测孔径的方法间接测量。

2）槽宽的检验。槽宽精度为 9 级，应制作相应的卡板或塞规进行检验，需要"14H9"和"10H9"塞规。也可用量块检验。

（2）几何误差检验

1）形状精度的检验。"φ140H7"孔有较高的圆柱度要求，检验时可用内径指示表架在孔的多个截面上，在每个截面的多个方向进行测量，要求测量值的读数差不超过 0.012mm。

2）位置精度的检测。两个"φ140H7"孔有同轴度要求，另一个"φ140H7"孔与前两个"φ140H7"孔的公共轴线有垂直度要求，可用如下方法进行检测。

① 两同轴"φ140H7"孔的同轴度误差检测。工件在合箱状态下，检测时，在作为基准的孔 A 中插入一根精密心轴，将心轴重心放在孔 A 的中间部位，然后在心轴靠近被测孔一端吸附磁力表架，安装指示表，使指示表的测头与被测孔壁接触并产生一定压缩量，然后转动心轴并将心轴沿轴向移动一定距离，观察指示表的读数，读数差的 1/2 即为此两孔之间的同轴度误差，如图 5-27 所示。

② "φ140H7"孔轴线间的垂直度误差检测。如图 5-28 所示，工件还保持合箱状态，在两同轴的"φ140H7"孔中插入一根通长的心轴，两端要露在箱体外 100mm 以上，再在另一个与之垂直的"φ140H7"孔中插入一根较短的心轴，心轴端部的中心孔中用润滑脂黏一颗钢球，钢球表面一定要露出中心孔外。将此心轴推入孔中直至钢球与前一根心轴表面接触，再在较短的心轴露在孔外的圆柱面上，用磁力表座安装指示表，指示表的测头要与较长的心轴露在孔外的部分微微接触，轻轻转动表座吸附的那根心轴，找到指示表的测头所接触的心轴最高点，将表的读数调零。然后将表座吸附的心轴

轻轻旋转 180°，旋转过程中始终要保持钢球与两心轴的接触，此时磁力表座带着指示表也转过 180°，其测头与较长心轴的另一端接触，再微微转动较短的心轴，使表的测头与较长心轴表面的最高点接触，读出此时的指示表读数 Δ，则被测孔轴线的垂直度误差可用如下公式计算：

$$\delta_{垂直} = \Delta L_1 / L_2$$

式中　$\delta_{垂直}$——被测孔轴线的垂直度误差；

$\quad\quad L_1$——被测孔的轴线长度；

$\quad\quad L_2$——指示表测头两次与心轴接触点间的轴向长度。

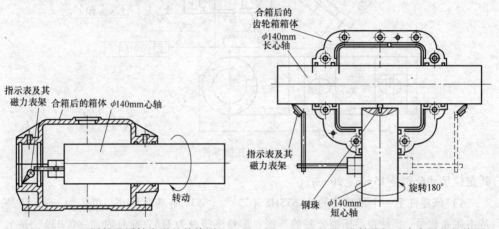

图 5-27　两同轴孔同轴度误差的检测　　图 5-28　"ϕ140H7" 孔轴线间垂直度误差的检测

当垂直度误差值小于垂直度公差值时，工件合格。

二、托架的检验

托架零件如图 5-29 所示。

1. 零件几何精度分析

1）门形截面板在此托架上主要起支承和连接的作用，其截面定形尺寸从移出剖面图上看分别是宽 50mm、高 30mm、壁厚 7mm 和 8mm。这些尺寸均为未注公差尺寸，这些尺寸的极限偏差可按 GB/T 1804—2000《未注公差线性尺寸的极限偏差数值》执行，具体选用哪一等精度应视制造工厂的实际加工能力而定。

2）托架底板有两个长圆形孔，其定形尺寸是孔半径 R6mm、两半圆孔孔心距为 3mm，定位尺寸分别是 90mm、70mm。主视图中尺寸 R40mm 是定形尺寸，175mm 是定位尺寸，带括号的尺寸"（14）"是参考尺寸。此尺寸是在保证其他尺寸及其精度的前提下自动形成的尺寸，一般不用保证其精度。这些尺寸均为未注公差尺寸。

3）尺寸"2×M8-7H"表示有两个螺孔，M 表示普通螺纹，8 表示基本尺寸（大径）为 8mm，螺距是 1.25mm。因为是标准的粗牙螺纹，所以该螺距尺寸并没有在标注中写出。7H 表示中径和顶径的公差带代号，表示该内螺纹精度为 7 级，基本偏差为 H，

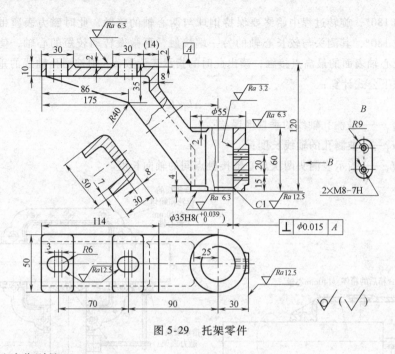

图 5-29 托架零件

其定位尺寸分别是 15mm、20mm。

4）该零件上一个最精确的孔 φ35H8（$^{+0.039}_{0}$），φ35 是基本尺寸，单位为 mm，H 是基本偏差代号，8 是表示标准公差的等级，即精度等级为 IT8，括号内"+0.039"是上极限偏差，"0"是下极限偏差（单位均为 mm），所以公差是 0.039mm。

5）几何公差：φ35H8（$^{+0.039}_{0}$）孔的轴线相对于 A 基准面在任意方向的垂直度公差为 φ0.015mm，其精度等级介于 IT5～IT6 之间，且接近 IT5 级，属于非标准公差值。

2. 检测用量具与辅具

35～50mm 内径千分表、游标卡尺、检验平板、方箱、千分表、表架、φ35mm 标准检验心轴。

3. 零件检测

（1）尺寸误差的检测　此托架零件仅有一个"φ35H8"孔的尺寸精度等级较高，达到了 IT8，该孔实际尺寸的检测可用量程为 35～50mm 的内径千分表进行，使用前应在计量室对其进行校对，使其千分表在尺寸 35mm 处读数归零。其他未注公差的尺寸可用游标卡尺或钢直尺进行检测，当然有的尺寸要使用间接测量法进行测量。两个"M8"的内螺纹的检测一般需要使用相对应的规格、尺寸和精度的螺纹塞规来进行。

（2）垂直度误差的检测　此托架零件"φ35H8"轴线相对于顶面 A 的垂直度要求较高，这里可用尺寸为 150mm 的 0 级或 00 级方箱进行检测，方法如图 5-30 所示：将托架的顶面 A 与方箱的一个工作面可靠接触并定位，用 C 形夹具将托架工件夹紧在方箱上，将方箱连同夹好的工件一起放置在 0 级检验平板上，方箱与检验平板的接触定位面应与上述托架顶面 A 垂直，在工件的 φ35H8 孔中插入一根标准心轴，它们之间的配合应无间隙，即用心轴模拟被测轴线，此时心轴轴线应与检验平板处于垂直状态；取一带表座的千分表也放置在检验平板上，调整千分表的位置使其测头与露在被测孔面外且靠近基准面 A 的那一侧心轴圆柱面的最高位置的素线接触，接触点要尽可能靠近被测孔端面并产生一定的压缩量；随后将千分表调零，沿检验平板移动千分表及其表座，用千分表测头与露在工件孔另一端端面的外心轴圆柱面处于最高位置的素线接触，接触点同样要尽量靠近工件被测孔另一端端面，观察并记录此刻千分表的读数（Δ_x）。这一阶段结束后，将方箱连同夹在上面的工件绕被测孔轴线转过 90° 再放置在检验平板上，如图 5-31 所示。用上述带表座的千分表进行与上述方法相同的检测过程，同样将靠近 A 面的那一端千分表调零，远离 A 面的那一端读数（Δ_y），得另一方向的检测值，则工件被测孔轴线的垂直度误差应为：

$$f_{\perp} = \sqrt{\Delta_x^2 + \Delta_y^2}$$

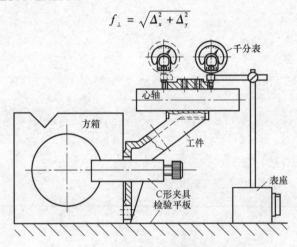

图 5-30　孔轴线垂直度误差检测第一步

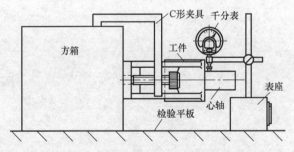

图 5-31　孔轴线垂直度误差检测第二步

复习思考题

1. 箱体类零件空间尺寸的检测内容有哪些？
2. 箱体类零件几何误差检测基本方法有哪几种？

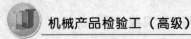
3. 简述平台测量法用的主要检验器具和辅具。

4. 根据叉架类零件的结构特点，其中大部分尺寸可以用哪些量具进行测量？

5. 叉架类零件起支承作用的孔或轴一般有哪些要求？测量时可用什么量具？

6. 叉架类零件中重要的测量要求是位置公差检测，请举例说明常见的有几种。

7. 请叙述利用平板、方箱或心轴等平台检验方法进行位置公差检测。

8. 箱体类零件上的表面相互位置精度的含义是什么？

9. 检测箱体的支承孔与端面的垂直度误差时，可用哪些方法？

第 六 章

机械类加工用刀具的检验

培训目标 了解麻花钻的结构和几何角度；熟练掌握钻头主要检验项目的测量方法。了解铰刀的种类及切削角度；熟练掌握铰刀主要检验项目的测量方法。了解圆拉刀的结构和切削角度；掌握圆拉刀主要检验项目的测量方法。了解键槽拉刀的几何角度；掌握键槽拉刀主要检验项目的测量方法。了解立铣刀的结构、几何角度参数；熟练掌握立铣刀主要检验项目的测量方法。熟练掌握圆柱形铣刀主要检验项目的测量方法。

　　机械制造、特别是现代制造业的主要加工方法是切削加工。切削加工与刀具技术是先进的装备制造业的组成部分和关键技术，振兴我国装备制造业必须充分发挥切削技术和刀具的作用，重视切削技术和刀具的发展。切削加工系统中包含着硬件与软件两类要素。硬件系统中有机床、夹具、刀具、附具、切削液；软件系统中有运动控制系统、检测控制系统、环境控制系统。硬件中刀具最小，投入比机床要少得多。但刀具最为活跃，灵活多样。

❖❖❖ 第一节　钻孔类刀具的检验

　　对于加工孔类的方法，一般所见的是钻孔、攻螺纹、扩孔和铰孔。它们大都是采用多刃刀具并以类似的切削和进给条件进行的切削加工方法，如图 6-1 所示。

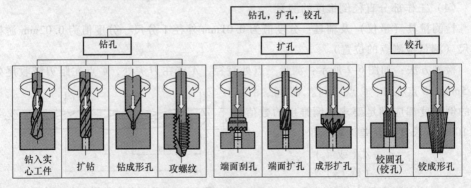

图 6-1　孔类切削加工方法

钻孔直径最大至 20mm，深度最大至 5m 时，麻花钻是最常用的钻孔工具。它由刀柄和带有钻头尖的切削刃部分组成。

一、麻花钻主要检验项目的检验

钻削加工是机械加工中最常采用的工艺方法之一。麻花钻是一种粗加工或扩孔用刀具，常用规格为 $\phi1 \sim \phi80mm$。

麻花钻主要检验项目：外观、表面粗糙度、工作部分直径、工作部分直径倒锥度、钻心厚度最小值、工作部分对柄部轴线的径向圆跳动、钻心对工作部分轴线的对称度、切削刃对工作部分轴线的斜向圆跳动、沟槽分度误差、总长和工作部分长度、锥柄麻花钻莫氏锥柄、刃带宽度、刀背直径、麻花钻顶角、切削刃外径处的后角、横刃斜角、螺旋角、材料和硬度、表面处理、标志和包装。

麻花钻是在实体材料上进行孔加工的刀具。它的精度直接影响着加工孔的质量，对麻花钻精度的检测是必不可少的工艺过程。

在检测过程中需要准备的辅具有：纯棉布、纯棉手套、油石、汽油或无水酒精、润滑脂等。

（1）外观的检测　B 类不合格中的外观缺陷和 C 类不合格中的外观缺陷的检测方法：一般情况下采用目测，发生争议时使用放大镜检测。

（2）表面粗糙度的检测

检测量具（量仪）及辅具：表面粗糙度比较样块、双管显微镜、表面粗糙度检查仪。

检测方法：用表面粗糙度样块与刀具被测表面目测对比检查，发生争议时用双管显微镜或表面粗糙度检查仪检测。

（3）工作部分直径的测量　工作部分直径的检测按图样要求的精度进行。

检测量具（量仪）及辅具：分度值为 0.01mm 外径千分尺、分度值为 0.02mm 游标卡尺。

检测方法：用外径千分尺测量在切削部分与外圆刃带交界处的直径，测得的结果与图样要求比较，判断精度的高低，即合格与否。

（4）工作部分直径倒锥度的测量

检测量具（量仪）及辅具：分度值为 0.01mm 外径千分尺、分度值为 0.02mm 游标卡尺（测量检测点的位置）。

检测方法：如图 6-2 所示：测量三点处直径，A 点在刀尖处，C 点在距刃带收尾处前 5mm，B 点在 A、C 点中间。AB 间、AC 间的倒锥度都应满足要求；倒锥度的数值按 100 mm 长度直径差计算，即

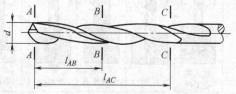

$$倒锥度 = \frac{d_A - d_C(\text{或} d_B)}{l_{AC}(\text{或} l_{AB})} \times 100$$

（5）钻心厚度最小值的测量

图 6-2　工作部分直径倒锥度检测部位

检测量具（量仪）及辅具：尖头千分尺。

检测方法：在钻尖处用尖头千分尺直接测量钻心厚度的最小值。

（6）工作部分对柄部轴线的径向圆跳动误差的测量

检测量具（量仪）及辅具：V形架、百分表、定位块、磁力表架、检验平板、钢球、工具显微镜。

检测方法：将麻花钻柄部放在V形架上，柄端部顶靠一定位块（锥柄麻花钻端部与定位块间加一钢球），将百分表测头触靠在刀尖处刃带上（图6-3），读取百分表读数；再旋转麻花钻180°，读取另一刃带上百分表读数，取两次读数差的绝对值。在距刀尖1/4导程处重复上述操作，测量1/4导程处的径向圆跳动误差。

对于直径不大于2mm的麻花钻可用工具显微镜测量。

图6-3　径向圆跳动误差测量

（7）钻心对工作部分轴线的对称度误差的测量

检测量具（量仪）及辅具：V形架、百分表、定位块、磁力表架、检验平板。

检测方法：将麻花钻工作部分放在V形架上，刀尖横刃顶靠一定位块，将百分表测头触靠在刀尖处沟底，稍左右旋转麻花钻，读取百分表最小读数，如图6-4所示；再旋转麻花钻180°，读取另一沟底的百分表读数，取两次读数差的绝对值。在距刀尖1/4导程处重复上述操作，测量1/4导程处的钻心对称度误差。本方法适用于直径大于3mm的麻花钻。

（8）切削刃对工作部分轴线的斜向圆跳动误差的测量

检测量具（量仪）及辅具：V形架、百分表、定位块、磁力表架、检验平板、工具显微镜。

检测方法：将麻花钻工作部分放在V形架上，刀尖横刃顶靠一定位块，将百分表测头垂直触靠在靠近转角处的切削刃上，读取百分表读数，如图6-5所示；再旋转麻花钻180°，读取另一切削刃上的百分表读数，取两次读数差的绝对值。

对于直径不大于2mm的麻花钻可在工具显微镜上测量。

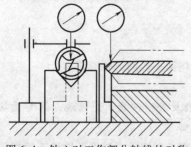

图6-4　钻心对工作部分轴线的对称
　　　　度误差的测量

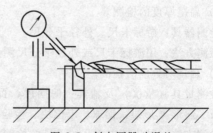

图6-5　斜向圆跳动误差
　　　　的测量

（9）沟槽分度误差的测量

检测量具（量仪）及辅具：V形架、百分表、定位块、磁力表架、检验平板。

检测方法：如图6-6所示，将麻花钻工作部分放在V形架上，刀尖横刃顶靠一定位块，并使另一定位块顶靠在一沟槽周刃处，百分表测头触靠在另一沟槽周刃处，读取百分表读数，重复测量另一沟槽，读取百分表读数，取两次读数差的绝对值。本方法适用于直径大于3mm的麻花钻。

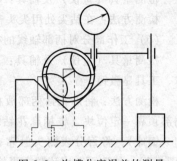

图6-6　沟槽分度误差的测量

（10）总长和工作部分长度的测量

检测量具（量仪）及辅具：游标卡尺、金属直尺（俗称钢板尺）。

检测方法：用游标卡尺沿刀具轴向测量刀具全长。工作部分长度用游标卡尺沿刀具轴向在相应的部位上测量。根据被测麻花钻的精度，上述项目允许用金属直尺测量。

（11）锥柄麻花钻莫氏锥柄的检测

1）莫氏锥柄长度的检测。

检测器具：游标卡尺、游标高度卡尺。

检测方法：用游标卡尺或游标高度卡尺测量锥柄大端边界线到小端面（有扁尾的到扁尾端面）的轴向距离。

2）大端直径的检测。

检测量具（量仪）及辅具：A型或B型3级莫氏锥柄环规。

检测方法：用莫氏圆锥环规检测，莫氏锥柄的尾部端面应处于Z标志线之内。对于不带扁尾的莫氏锥柄，用A型莫氏圆环规检测，如图6-7所示；对于带扁尾的莫氏锥柄，用B型莫氏圆锥环规检测，如图6-8所示。

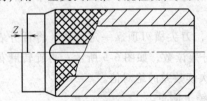

图6-7　A型莫氏圆环规检测

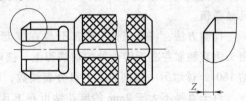

图6-8　B型莫氏圆锥环规检测

3）扁尾厚度的检测。

检测器具：游标卡尺、外径千分尺。

检测方法：用游标卡尺或外径千分尺测量扁尾两平面间的垂直距离。

4）扁尾对称度的检测。

检测量具（量仪）及辅具：偏摆仪、百分表及表座两套、正弦规、四等量块、检验平板、斜形V形架、钢球、定位块、检验平板等。

检测方法：对于带中心孔的刀具的检测，如图6-9所示。先将刀具置于偏摆仪两顶尖之间，用百分表在水平方向将扁尾找等高，记下读数。再将刀具旋转180°用同样的方法找等高后的读数，取两次读数差的绝对值为扁尾对称度。

对于一端（或两端）不带中心孔的麻花钻，有两种检测方法。

方法一：用正弦规检测。如图6-10a所示，将正弦规一端用量块垫高 H 值，H 值的计算公式如下。刀具

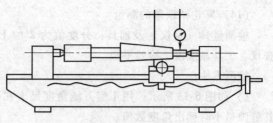

图6-9 用偏摆仪检测对称度误差

柄部置于正弦规上，柄端（有中心孔的在孔中加钢球）顶靠于定位块处，用百分表在水平方向将扁尾找等高，记下读数。再将刀具旋转180°，同样方法找等高后的读数，取两次读数差的绝对值为扁尾对称度。

$$H = L\sin\alpha$$

式中　L——正弦规两圆柱间的中心距（mm）。

　　α——圆锥角的一半（°）。

方法二：用斜形 V 形架检测。如图6-10b所示，将刀具柄部置于斜形 V 形架（斜角为圆锥角的一半）上，柄端（有中心孔的在孔中加钢球）顶靠于定位块处，同正弦规的方法找出两次等高位置时读数差的绝对值为扁尾对称度误差。当发生争议时，采用方法一仲裁。

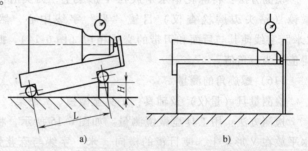

图6-10 用正弦规、斜形 V 形架检测对称度误差

（12）刃带宽度测量

检测量具（量仪）及辅具：分度值为 0.02mm 的游标片尺、分度值为 0.01mm 的尖头千分尺及工具显微镜。

检测方法：如图6-11所示，在麻花钻工作部分靠近刀尖处垂直于螺旋线方向用游标卡尺测量。如果该尺寸精度比较高，可用工具显微镜或尖头千分尺测量。

（13）刀背直径测量

检测量具（量仪）及辅具：游标卡尺或外径千分尺。

检测方法：如图6-12所示，在麻花钻工作部分靠近刀尖处，用游标卡尺或千分尺测量得到实测值。

图6-11 刃带宽度测量

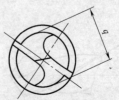

图6-12 刀背直径测量

（14）麻花钻顶角的测量

检测量具（量仪）及辅具：分度值为 2′ 的 I 型万能角度尺、V 形架、钻头刃磨检查仪、工具显微镜、检验平板。

检测方法：

1）如图 6-13 所示，用 I 型万能角度尺卡在两切削刃上，使得其缝隙最小时读出角度数值。

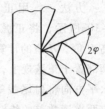

2）将麻花钻水平放在 V 形架上，钻尖在钻头刃磨检查仪或工具显微镜目镜"米"字线中心使其顶角在水平面内投影最大时，将一"米"字线与顶角一射线重合；转动手柄再与另一射线重合，此时其测得值即为顶角值。

图 6-13 顶角测量

（15）切削刃外径处的后角的测量

检测量具（量仪）及辅具：工具显微镜、V 形架、钻头刃磨检查仪。

检测方法：将麻花钻水平放在 V 形架上，刀尖对准工具显微镜（钻头刃磨检查仪）目镜"米"字线中心，然后转动"米"字线使其与后面和刃带的交线相切（图 6-14），此时的测得值即为后角值。

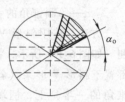

（16）螺旋角的测量

检测量具（量仪）及辅具：工具显微镜、V 形架。

图 6-14 后角的测量

检测方法：用工具显微镜测量。如图 6-15 所示，将麻花钻水平放在 V 形架上，使目镜的横向"米"字线与麻花钻的轴线重合，然后转动"米"字线与刃带相切所得的角度为螺旋角。

（17）横刃角的测量

检测量具（量仪）及辅具：I 型万能角度尺、V 形架、工具显微镜。

检测方法：对于直径大于 10mm 麻花钻可用万能角度尺测量。测量时将固定脚靠切削刃，将转动尺与横刃重合即可读出横刃角，如图 6-16a 所示。

也可在工具显微镜上测量。用 45° 反光镜使麻花钻后面成水平投影，将影像中的横刃同切削刃的交点与"米"字线的中心重合，并使目镜的纵向"米"字线（图 6-16b）与主切削刃重合再转动目镜使纵向"米"字线与横刃重合，其测得值为横刃角值。

（18）材料和硬度的检测　一般使用高速钢和硬质合金作麻花钻头的材料。高速钢具有很高的韧性，因此特别适宜制作麻花钻。在高速钢中加入钴所制成的材料更具耐磨

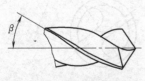

图 6-15 螺旋角的测量

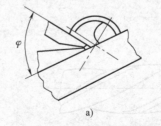

a)　　　　　　　b)

图 6-16 横刃角的测量

性能好和热硬度高的特点。

1）化学成分及金相组织检测。高速钢、合金工具钢、碳素钢和硬质合金材料的检测方法和检测器具均由检验人员请托理化部门按国家有关标准实施化验检测，检验人员依据他们提供的检测报告对照图样或检测工艺要求判断合格与否。对于新材料的请托按上述程序进行，理化部门按国家相关标准检测。

2）硬度检测。

检测量具（量仪）及辅具：洛氏硬度计或维氏硬度计。

检测力法：首先被测的试件应预先加工以达到硬度检测的要求。硬度计应先用标准硬度块校准，然后在标准规定部位内均匀分布三点检测，取其算术平均值。如三点的算术平均值不符合标准规定，可补测两点，取五点的算术平均值作为最后检测结果。

对于标准规定了硬度上限值，且测试值又超过了上限值的产品，允许补充金相检验及性能试验，结果正常者可判为合格。

对于一些细小及厚度较薄的刀具用洛氏硬度计无法检测时，可检测维氏硬度，其值换算成洛氏硬度后再作评判。洛氏硬度与维氏硬度的换算按 GB/T 11720 执行。

（19）表面处理检测。　一般情况下，在高速钢麻花钻表面做有一层降低磨损的涂层，涂层材料通常采用氮化钛（TiN）这种涂层极硬、耐磨、耐高温材料。采用的是化学蒸发沉积涂层法：

在保护气体中，将一种气体状金属化合物导引到已加热超过 1000℃ 的待涂层工件上。工件热表面上金属化合物分解并沉积在工件表面形成一个硬质材料层。该方法可以使用氧化物、金属碳化物和金属氮化物进行涂层，还可形成多层薄涂层，化学蒸发沉积涂层法原理如图 6-17 所示。

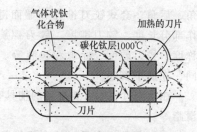

图 6-17　化学蒸发沉积涂层法原理

检测方法：目测。在判断有无涂层前，检验人员应该对无涂层的麻花钻和有涂层的麻花钻的外观多次观察，寻找出不同点，为准确判断打基础。对于外观检验，少数企业的检验负责人对其认识存在偏见，通常安排新人检验。这是非常错误的做法，会对产品的检验结果造成误判。正确的做法是，对于外观检验，特别是涉及产品性能的外观检验，一定要安排具有丰富检验的检验人员操作，如水压试验检验、探伤检验、表面裂纹检验及本例钻头涂层的检验等。

另外，检验人员作为工艺监督者，应该对化学蒸发沉积涂层生产过程进行监督，监督是否按工艺执行以及环境保护是否做到。国家目前对环境保护非常重视，作为检验人员应该担负一定的监督责任，保护我们工作的环境。

二、铰刀主要检验项目的检验

用于铰削加工的刀具称为铰刀。铰刀是孔的半精加工或精加工刀具。由于铰刀齿数多，槽底直径大，其导向性及刚度好，因为它的加工余量很小，铰刀的制造精度高、结构合理，所以铰孔的公差等级一般可达 IT6 ~ IT8，表面粗糙度值可达 $Ra0.4 ~ 1.6\mu m$。

铰刀最常用的有高速钢铰刀、硬质合金铰刀和浮动铰刀三种。高速钢铰刀直径 $d = 1 ~ 20mm$ 时做成直柄，$d = 6 ~ 50mm$ 时做成锥柄，它们用以成批生产的低速铰削，硬质合金铰刀直径 $d = 6 ~ 20mm$ 时做成直柄，$d = 8 ~ 40mm$ 时做成锥柄，它们用以成批生产的难加工材料的铰削，如图 6-18 所示。

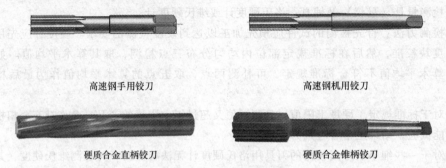

高速钢手用铰刀	高速钢机用铰刀
硬质合金直柄铰刀	硬质合金锥柄铰刀

图 6-18　铰刀实物示意图

铰刀是对孔进行精加工的刀具。它的精度直接影响着孔的质量，对铰刀精度的检测是必不可少的工艺过程。

主要检验项目：外观、表面粗糙度、铰刀直径及直径倒锥、铰刀位置公差、前角、后角、套式铰刀锥孔和端面键槽、直柄铰刀柄部直径、莫氏锥柄、总长度和工作部分长度、铰刀锥度、铰刀螺旋角、硬质合金铰刀刀片、手用铰刀方头尺寸及对称度、铰刀硬度、标志和包装等。有一些检验项目与麻花钻检验项目的检验方法相同，在此不赘述。

在检测过程中需要准备的辅具有：纯棉布、纯棉手套、油石、汽油或无水酒精、润滑脂等。

（1）偶数齿直径（校准部分直径）

1）检测量具（量仪）及辅具：杠杆千分尺、4 等量块、分度值为 0.001mm 的数显千分尺、分度值为 0.001mm 或 0.01mm 的 V 形砧千分尺、万能工具显微镜等。

2）检测方法。

方法一：根据铰刀直径选择量块尺寸，校对量具——杠杆千分尺零位，然后在校准部分起始处按每对齿逐一检测，测量时应使量具在铰刀的轴向平面内稍加摆动，直至指针出现反值为止。注意示值方向，并记下示值，此时量块尺寸与指针示值的代数和即为铰刀的实测尺寸。按上述方法测量铰刀的校准部分起始处直径和末尾处直径，其直径差即为倒锥。

校准部分直径测量时，应在校准部分的前端最少测出相互垂直的两个直径尺寸，最后依照此方法测量校准部分的倒锥（表 6-1）。

方法二：校对量具——数显千分尺零位，在校准部分起始处按每对齿逐一检测。校准起始处与末尾处的直径差，即为倒锥。

表 6-1　铰刀倒锥部分的倒锥度

铰刀类型	手用铰刀		机用铰刀					
直径 d	≤20	>20~50	≤2.8	>2.8~6	>6~18	>18~32	>32~50	>50~80
倒锥度/ 100mm^{-1}	0.005~0.015	0.01~0.02	0.005~0.02	0.02~0.04	0.03~0.05	0.04~0.05	0.05~0.07	0.06~0.08

方法三：用万能工具显微镜检测。采用影像法，调整仪器，用"米"字线中心虚线对校准部分起始处直径上的成 180° 的两个刀齿分别压线，横向两次压线读数之差，即为铰刀实测直径。校准部分起始处与末尾处的直径差即为倒锥。对检测结果有争议时，可采用方法二检测。

（2）奇数齿直径　棒类奇数齿刀具外径用三沟或五沟千分尺测量，应在靠近刃尖处测量，直接得到直径值。

圆盘类奇数齿刀具用外径千分尺或游标卡尺测量 3~5 个位置的最大弦长，取其平均值。最大弦长与刀具外径 D 的换算公式为：

$$D = \frac{L_{弦}}{\cos(90°/n)}$$

式中　$L_{弦}$——最大弦长实测平均值（mm）；

　　　n——容屑槽数。

（3）铰刀位置误差——径向圆跳动误差的测量　切削部分和校准部分的圆跳动误差在校准部分起始处两侧的圆锥部分和圆柱部分测量，柄部的圆跳动在柄部中间位置测量。

1）检测量具（量仪）及辅具：带双顶尖的检测仪、分度值为 0.01mm 或 0.001mm 的指示表、磁力表架等。

2）检测方法：如图 6-19 所示，将铰刀放在偏摆检测仪的顶尖架上，用顶尖顶住（套式铰刀套装在锥度心轴上），使指示表的测头垂直接触被检部分，用千分表测量径向圆跳动误差，旋转铰刀一周，读出百分表的最大值与最小值，取其差值即可。

（4）前角与后角的测量

1）检测量具（量仪）及辅具：多刃角度尺。

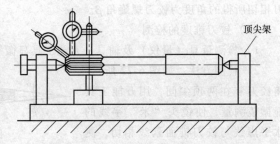

图 6-19　铰刀径向圆跳动误差的测量

2）检测方法：测量前角时，如图 6-20 所示，把支承直尺 6 的工作面 C 支承在被测刀齿相邻齿的齿顶处，转动扇形板 3，使导滑座 4 上的后角直尺的工作面 B 与被测刀齿齿顶接触。并使前角直尺 5 的工作面 A 与被测刀齿前刀面接触。被测铰刀为 6 个齿。这时主尺 1 上标称铰刀齿数的刻线，所对准分度板 2 上的刻线值，即为前角测量值。图中主尺 1 的齿数刻线"6"，对准分度板 2 上"0°"刻线的右侧，所以前角为正值，即 1°。

测量后角时，把支承直尺工作面支承在被测刀齿相邻齿的齿顶上，转动扇形板，使导滑座上的后角直尺工作面 B 与被测刀齿后刀面接触，则主尺上的齿数刻线所对准的分度板上刻线，该刻线的读数值即为后角角度。

对不易采用多刃角度尺检测的铰刀或有争议时，可采用万能工具显微镜检测。

（5）莫氏锥柄圆锥角的测量

1）检测量具（量仪）及辅具：莫氏套规。

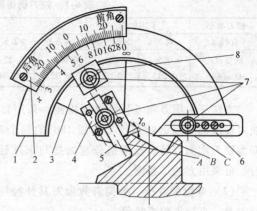

图 6-20　铰刀前角的测量

1—主尺　2—分度板　3—扇形板　4—导滑座
5—前角直尺　6—支承直尺　7—紧固螺钉　8—滑块

2）检测方法：圆锥角可用带扁部莫氏套测量。测量时首先在沿着被检莫氏锥柄表面素线方向的全长上，涂上 3～4 条均匀而微薄的红色印记，然后与莫氏套规对研，要求其接触位置在被检莫氏锥柄大端，且接触长度不小于工作长度的 75%。

（6）铰刀螺旋角的测量

1）检测量具（量仪）及辅具：偏摆检测仪和万能工具显微镜。

2）检测方法：如图 6-21 所示，将铰刀顶在偏摆检测仪的顶尖间，用万能工具显微镜测量，使镜头"米"字线的水平虚线与铰刀的轴线重合，"米"字线与切削刃相切所得的角度为铰刀螺旋角 β。

图 6-21　铰刀螺旋角的测量

（7）铰刀锥度的检测

1）检测量具（量仪）及辅具：万能工具显微镜。

2）检测方法：如图 6-22 所示，将铰刀装在两顶尖间，用万能工具显微镜测量，使镜头"米"字线的水平虚线与铰刀锥面素线相切，测量出铰刀轴线与锥面素线之间的夹角即为圆锥角的一半（$\alpha/2$）。

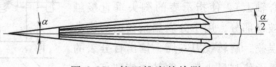

图 6-22　铰刀锥度的检测

（8）手用铰刀方头尺寸及对称度误差的测量

1）检测量具（量仪）及辅具：外径千分尺或游标卡尺、套规、跳动检查仪。

2）检测方法：

方法一：用套规测量。首先用外径千分尺或游标卡尺测量方头的实际尺寸，应符合产品图样和标准规定，然后用套规检测，以方头全部进入套规为合格。

方法二：用跳动检查仪测量。首先用外径千分尺或游标卡尺测量方头的实际尺寸，应符合产品图样及标准规定；如图 6-23 所示，将铰刀装在跳动检查仪的顶尖上，打表测量出两组平面的对称度误差，应不超过产品标准规定。

对结果有争议时，可采用方法二检测。

（9）硬度的测量

1）检测量具（量仪）及辅具：洛氏硬度计或维氏硬度计。

2）检测方法：首先被测试件应预先加工以

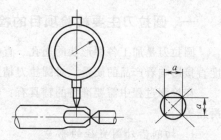

图 6-23　手用铰刀方头尺寸及
对称度误差的测量

达到硬度检测的要求。硬度计应先用标准硬度块校准，然后在标准规定部位内均匀分布三点检测，取其算术平均值。如三点的算术平均值不符合标准规定，可补测两点，取五点的算术平均值作为最后检测结果。

对于标准规定了硬度上限值，且测试值又超过了上限值的产品，允许补充金相检验及性能试验，结果正常者可判为合格。

对于一些细小及厚度较小的刀具用洛氏硬度计无法检测时，可检测维氏硬度，将其值换算成洛氏硬度后再作评判。洛氏硬度与维氏硬度的换算按 GB/T 11720 执行。

◇◇◇ 第二节　拉刀类刀具的检验

拉削是只有主运动而没有进给运动的加工工艺，是一种具有多齿、高效率和较高加工精度的加工工艺形式。拉削时，拉刀上各齿依次从工件上切下很薄的一层金属，加工表面质量稳定、可靠，加工精度可达 IT8 ~ IT9，表面粗糙度 Ra 值为 0.5 ~ 3.2μm。拉刀制造复杂，主要用于大量、成批零件的加工。

拉刀通常用于拉削各种机器上使用的齿轮和花键孔及键槽等，图 6-24 所示为拉刀实物图。常用的有圆拉刀和键槽拉刀。

图 6-24　拉刀实物图

一、圆拉刀主要检验项目的检验

圆拉刀是加工各种形状的通孔、直槽、螺旋槽以及成形内、外表面的刀具。它的精度直接影响着产品的质量。对圆拉刀精度的检测是必不可少的工艺过程。

在检测过程中需要准备的辅具有：纯棉布、纯棉手套、油石、汽油或无水酒精、润滑脂等。

1. 切削齿外圆直径的测量

1）检测量具（量仪）及辅具：杠杠千分尺或外径千分尺。

2）检测方法：测量时，用零级千分尺对拉刀切削齿逐齿进行测量，测量当中要摆动千分尺，取最小值作为切削齿的外径尺寸。

2. 精切齿与校准齿外圆直径的测量

1）检测量具（量仪）及辅具：杠杠千分尺或杠杆卡规、量块。

2）检测方法：测量前，按被测公称外圆直径组合四等量块，然后调整杠杠千分尺或杠杆卡规，使指针对零；测量时，对精切齿和校准齿进行测量，测的校准齿与精切齿外圆直径相同即为合格。

3. 外圆径向圆跳动误差的测量

1）检测量具（量仪）及辅具：千分尺、平测头、带两顶尖的检验平板。

2）检测方法：测量前，把拉刀安装在具有一定精度的两顶尖之间，分别对切削齿、校准齿、精切齿三个部位进行测量。测量时，用带有平测头的千分表接触被测部位的刃带，压缩千分表，旋转拉刀一周，千分尺示值最大变动量，就是该部位的外圆径向圆跳动误差。

4. 容屑槽各部位尺寸偏差的测量

1）检测量具（量仪）及辅具：专用样板。

2）检测方法：测量时，用透光法使专用样板与容屑槽形状比较，检查间隙的大小和技术要求比对进行。

5. 前、后角的测量

1）检测量具（量仪）及辅具：多刃角度尺。

2）检测方法：拉刀前、后角的测量与铰刀的测量方法基本相同。只是测量拉刀时，支承直角的工作面放在具有齿升量的刀齿上，所以应对测得的角度进行修正。如图6-25 所示，其修正量的计算公式：

$$\tan\gamma_1 = H'/t$$

式中　　H'——齿升量；

　　　　t——容屑槽齿距。

$$实际前角为：\gamma_o = \gamma'_o + \gamma_1$$

式中　　γ'_o——前角实测值。

同理，后角的测量也需要修正，测量方法如图6-26 所示。修正后的实际后角为：

$$\alpha_o = \alpha'_o + \gamma_1$$

式中　α'_{0}——后角的实测值。

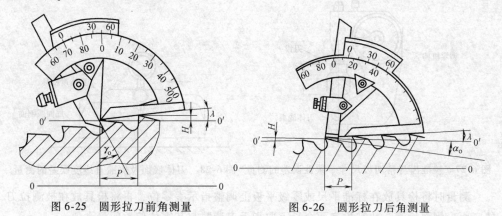

图 6-25　圆形拉刀前角测量

图 6-26　圆形拉刀后角测量

6. 硬度的测量

1）检测量具（量仪）及辅具：洛氏硬度计或维氏硬度计。

2）检测方法：首先被测试件应预先加工以达到硬度检测的要求。硬度计应先用标准硬度块校准，然后在标准规定部位内均匀分布三点检测，取其算术平均值。如三点的算术平均值不符合标准规定，可补测两点，取五点的算术平均值作为最后检测结果。

对于标准规定了硬度上限值，且测试值又超过了上限值的产品，允许补充金相检验及性能试验，结果正常者可判为合格。

对于一些细小及较薄的刀具用洛氏硬度计无法检测时，可检测维氏硬度，其值换算成洛氏硬度后再作评判。洛氏硬度与维氏硬度的换算按 GB/T 11720 执行。

二、键槽拉刀主要检验项目的检验

键槽拉刀是加工直槽的刀具。它的精度直接影响着产品的质量。对键槽拉刀精度的检测是必不可少的工艺过程。

在检测过程中需要准备的辅具有：纯棉布、纯棉手套、油石、汽油或无水酒精、润滑脂等。

（1）校准齿与其尺寸相同的精切齿尺寸一致性误差的测量

1）检测量具（量仪）及辅具：五等量块、杠杆卡规或杠杆千分尺。

2）检测方法：如图 6-27 所示，将量块组成拉刀齿高 H 的基本尺寸，用杠杆卡规或杠杆千分尺进行相对比较测量。以拉刀刀体底面为基准面，活动测砧座接触刀齿刃带部分，轻微活动量尺，取其最小值为测得齿高值。对校准齿及与其尺寸相同的切削齿齿高应逐齿进行测量，依次测得各齿高值，取最大值与最小值之差即为尺寸一致性误差。

（2）刀体底面及侧面直线度误差的测量

1）检测量具（量仪）及辅具：直线度检具、分度值为 0.01mm 的百分表、标准平尺或零级平板。

2）检测方法：用专用的直线度检具检测，如图 6-28 所示。

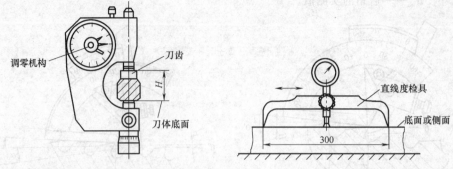

图 6-27　校准齿与精切齿尺寸一致性误差的测量　图 6-28　刀体底面及侧面直线度误差的测量

测量时将检具放在标准平尺或零级平板上调整指示表零位，再将检具放在被测拉刀的底面、侧面检测。在被检表面全长上取指示表读数与其零位偏差的最大值。

（3）刀齿宽度和刀体宽度的测量

1）检测量具（量仪）及辅具：五等量块、杠杆卡规或杠杆千分尺、外径千分尺。

2）检测方法：用杠杆卡规或杠杆千分尺对刀齿宽度进行检测。将量块组成刀齿宽度基本尺寸，用以调整确定量具零位，检测全部刀齿宽度。用外径千分尺"十字"测量方法直接检测刀体宽度，在长度方向上分别取 3～5 个位置测量。

（4）刀齿侧面对刀体同一侧面的平行度误差的测量

1）检测量具（量仪）及辅具：专用检具、分度值为 0.01mm 的指示表、检验平板。

2）检测方法：在检验平板上用专用检具检测，在长度方向上进行平行度误差检测。如图 6-29 所示，将检具平放于刀体侧面上，表的触头与刀齿侧面刃带触靠，在刀齿长度方向上均匀检 3～5 齿，依次读取各刀齿上指示表读数，取最大值与最小值之差。再用同一方法检测另一侧，两个差值的最大值即为刀齿侧面对刀体同一侧面的平行度误差。

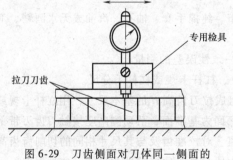

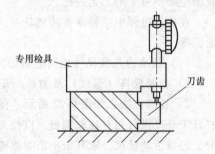

图 6-29　刀齿侧面对刀体同一侧面的
平行度误差的测量

图 6-30　刀齿中心面对刀体
中心面的对称度误差的测量

（5）刀齿中心面对刀体中心面对称度误差的测量

1）检测量具（量仪）及辅具：专用检具、分度值为 0.01mm 的指示表、检验平板。

2）检测方法：在检测平板上用专用检具检测。如图 6-30 所示，将检具平放刀体侧面，表的触头与刀齿侧面刃带触靠，读取指示表读数再将拉刀翻转180°，在同一齿用同一方法读取指示表读数，取两次读数中大值与小值之差。在刀齿长度方向上可均匀取三点进行检测，取其中差值最大值。

（6）刀齿齿高和相邻切削齿齿升量差的测量

1）检测量具（量仪）及辅具：零级千分尺。

2）检测方法：用零级千分尺测量。如图6-31所示，以拉刀刀体底面为测量基准，逐齿测得各齿实际齿高 H_i 值。相邻切削齿的实际齿升量（$H_{i+1} - H_i$）值与规定齿升量之差值为相邻切削齿齿升量差。

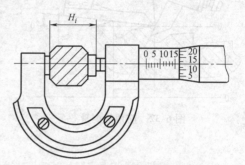

图6-31　刀齿齿高和相邻切削齿
齿升量差的测量

（7）前角的测量

1）检测量具（量仪）及辅具：Ⅰ型万能角度尺。

2）检测方法：检测校准齿及其尺寸相同的精切齿前角，可用万能角度尺直接测量，读取实际后角 γ 值。测量切削齿前角应注意齿升量带来的影响，测量结果需要修正。修正值的正负号与拉刀和万能角度尺的方向有关。

如图6-32所示，测量时万能角度尺基尺与拉刀顶刃靠紧，调整游标，使直尺部分的平端刀口与切削齿后角面触靠无缝隙，读取刻度盘上的刻度值 γ_o。

齿升量影响的修正值，即齿升角 λ 按下式算出：

$$\tan\lambda = H/P$$

式中　H——拉刀相邻齿齿升量；

　　　P——齿距。

$$实际前角\ \gamma = 测量值\ \gamma_o + 齿升角\ \lambda$$

（8）后角的测量

1）检测量具（量仪）及辅具：Ⅰ型万能角度尺。

2）检测方法：检测校准齿及其尺寸相同的精切齿后角，可用万能角度尺直接测量，读取实际后角 α 值。测量切削齿后角时应注意齿升量带来的影响，测量结果需要修正。修正值的正负号与拉刀和万能角度尺的方向有关。

如图6-33所示，测量时万能角度尺基尺与拉刀顶刃靠紧，调整游标，使直尺部分的平端刀口与切削齿后角面触靠无缝隙，读取刻度盘上的刻度值 α_o。

齿升量影响的修正值，即齿升角 λ 按下式算出：

$$\tan\lambda = H/P$$

式中　H——拉刀相邻齿齿升量；

　　　P——齿距。

$$实际后角\ \alpha = 测量值\ \alpha_o + 齿升角\ \lambda$$

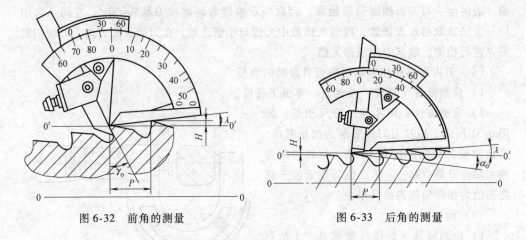

图 6-32　前角的测量　　　　　　　　　图 6-33　后角的测量

◇◇◇ 第三节　铣刀类刀具的检验

　　铣刀的分类有多种，其中按刀具材料分为高速钢铣刀和硬质合金铣刀；按刀齿和铣刀的轴线的相对位置分为圆柱形铣刀、角度铣刀、球头铣刀、面铣刀、成形铣刀；当今广泛使用的是数控类铣刀等。如图 6-34 所示，面铣刀用于粗精加工各种平面、台阶面；立铣刀用于加工台阶面、侧平面、沟槽、孔及内外曲线面；键槽铣刀用于键槽的铣削加工；角度铰刀用于固定的角度面及直槽的清根加工；球头铣刀用于清角和曲面的加工。

图 6-34　铣刀的实物示意图

　　立铣刀是一种多刃刀具，用于铣削沟槽、螺旋槽与工件上各种形状的孔；铣削台阶平面、侧面；铣削各种盘形凸轮与圆柱凸轮；按照靠模铣削内、外曲面，是机械加工中广泛采用的刀具。

一、立铣刀主要检验项目的检验

　　立铣刀是加工沟槽、平面、台阶、特型面的刀具。它的精度直接影响着产品的质量。对立铣刀精度的检测是必不可少的工艺过程。检验的主要项目有：外径及外径倒锥度、莫氏锥柄圆锥角、圆周刃对柄部轴线径向圆跳动、圆周刃对柄部轴线径向圆跳动、硬度、标志和包装。在检测过程中需要准备的辅具有：纯棉布、纯棉手套、油石、汽油或无水酒精、润滑脂等。

1. 外径及外径倒锥度的测量

1）检测量具（量仪）及辅具：外径千分尺或 V 形砧千分尺。

2）检测方法：对偶数齿立铣刀，可用外径千分尺直接测量工作部分某个截面，可测实际尺寸。在工作部分接近前端面和接近柄处两处，测得的外径尺寸之差，若为正值，即为立铣刀外径倒锥度的值。

对奇数齿立铣刀，可选用三槽或五槽 V 形砧千分尺测量外径。

V 形砧夹角为：　　　　　　　　　$\alpha = 180° - 360°/z$

式中　z——立铣刀的齿数。

2. 莫氏锥柄圆锥角的测量

1）检测量具（量仪）及辅具：莫氏界限量规。

2）检测方法：测量时，首先在沿着被检莫氏锥柄表面素线方向的全长上，均匀涂上 3~4 条较薄的红丹粉，然后与莫氏界限量规对研。其接触面积不低于 75% 为合格。

3. 圆周刃对柄部轴线径向圆跳动误差的测量

1）检测量具（量仪）及辅具：检验平板、V 形架、挡块（定位块）、钢球、百分表、磁力表座。

2）检测方法：如图 6-35、图 6-36所示，测量时，将立铣刀柄部放在 V 形架上，在尾端中心孔与挡块（定位块）之间放一钢球，百分表测头垂直接触立铣刀外圆刃带处（在距铣刀端部 5mm 内的周刃上），且位于最高点。旋转立铣刀一周，百分表示值的最大变动量，就是圆周刃对柄部轴线的径向圆跳动误差。

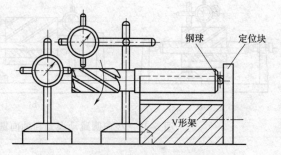

图 6-35　直柄立铣刀圆跳动误差的检测

4. 端刃对柄部轴线的轴向圆跳动误差的测量

1）检测量具（量仪）及辅具：检验平板、V 形架、挡块、钢球、百分表、磁力表座。

2）检测方法：测量时，将立铣刀柄部放在 V 形架上，如图 6-35、图 6-36 所示。在尾端中心孔与挡块之间放一钢球，百分表测头垂直接触立铣刀端面，测头靠近立铣刀外圆处接触端刃（在距外圆 2mm 内的端刃上），旋转立铣刀一周，百分表示值的最大变动量，就是立铣刀端刃对柄部轴线的轴向圆跳动误差。

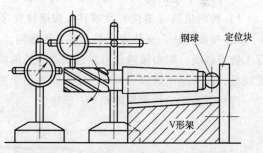

图 6-36　锥柄立铣刀圆跳动误差的检测

二、圆柱形铣刀主要检验项目的检验

圆柱形铣刀是加工各种平面的粗、半精和精加工的刀具。它的精度直接影响着产品的质量。对圆柱形铣刀精度的检测是必不可少的工艺过程。检验的项目主要有：外径锥度、圆周刃对内孔轴线径向圆跳动、两支承端面对内孔轴线轴向圆跳动。在检测过程中需要准备的辅具有：纯棉布、纯棉手套、油石、汽油或无水酒精、润滑脂等。

1. 外径锥度误差的测量

1）检测量具（量仪）及辅具：外径千分尺。

2）检测方法：测量时，用外径千分尺分别测出铣刀两端外圆直径尺寸，其两端直径尺寸之差，就是外径锥度误差。

2. 圆周刃对内孔轴线径向圆跳动误差的测量

1）检测量具（量仪）及辅具：偏摆检查仪、心轴、百分表及磁力表座。

2）检测方法：如图6-37a所示，测量时，将铣刀安装在锥度心轴上，将心轴装在偏摆检查仪两顶尖间。使百分表测头在铣刀轴界面内接触铣刀刃口，转动心轴一周，百分表示值的最大变动量，即为圆周刃对内孔轴线径向圆跳动误差。

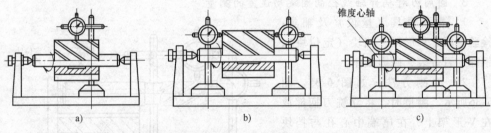

图6-37　径向圆跳动误差和轴向圆跳动误差测量示意图

3. 两支承端面对内孔轴线轴向圆跳动误差的测量

1）检测量具（量仪）及辅具：偏摆检查仪、心轴、百分表及磁力表座。

2）检测方法：安装方式与上述方法相同，如图6-37b所示。使百分表测量轴线平行于铣刀轴线，测头接触铣刀靠近圆周刃处的端面，转动心轴一周，百分表示值的最大变动量，即为端面对内孔轴线的轴向圆跳动误差。

两种圆跳动的检测用图6-37c示意。

复习思考题

1. 用角度简图描述麻花钻的主切削刃、前角、后角、顶角、横刃斜角、螺旋角。

2. 简述麻花钻工作部分直径倒锥度误差的测量方法。

3. 简述麻花钻切削刃对工作部分轴线的斜向圆跳动的测量方法。

4. 简述麻花钻切削刃外径处后角的测量方法。

5. 简述检验铰刀莫氏锥柄圆锥角的方法。

6. 简述检验铰刀圆跳动所使用的量具及量仪。

7. 简述检验铰刀径向圆跳动误差的测量方法。

8. 简述拉刀精切齿与校准齿外圆直径的测量方法。

9. 简述拉刀外圆径向圆跳动的测量方法。

10. 说明检验平刀体键槽拉刀刀齿宽度和刀体宽度使用的量具的特点。

11. 简述测量平刀体键槽拉刀刀齿侧面对刀体同一侧面的平行度误差的步骤。

12. 说明测量平刀体键槽拉刀校准齿及与其尺寸相同的精切齿尺寸及一致性的方法。

13. 简述测量平刀体键槽拉刀前角的方法。

14. 简述立铣刀圆周刃对柄部轴线径向圆跳动的测量方法。

15. 举例说明检验立铣刀端刃对柄部轴线的轴向圆跳动的量具。

16. 分析测量圆柱形铣刀两支承端面对内孔轴线轴向圆跳动误差的常用方法。

17. 简述圆柱形铣刀圆周刃对内孔轴线径向圆跳动误差的测量步骤。

第 七 章

常用金属切削机床精度的检验

培训目标：了解金属切削机床（车床、铣床）的结构特点；熟悉机床和设备验收概要；熟悉机车检验前的准备工作；针对不同结构车床部件选择合理的检测方案，正确理解检测方法的内涵；掌握车床部件直线度误差、平行度误差、垂直度误差的主要检测方法；掌握车床及铣床检验的主要项目要求；掌握车床几何精度检测基本方法；掌握铣床利用常用量具量规检测几何精度的基本方法。

金属切削机床是用切削、磨削或特种加工方法加工各种金属工件，使之获得所要求的几何形状、尺寸精度和表面质量的机床（手携式的除外）。金属切削机床是使用最广泛、数量最多的机床类别。

车削加工是利用工件的旋转和刀具的直线移动加工工件的，在车床上可以加工各种回转表面。由于车削加工具有高的生产率、广泛的工艺范围以及可得到较高的加工精度等特点，所以车床在金属切削机床中占的比例最大，占机床总数的20%～35%，车床是应用最广泛的金属切削机床之一。

◆◆◆ 第一节　车床精度的检验

使用机床加工工件时，由于人、机、料、法、环、测等各方面的影响，工件会产生各种误差。而这些因素中，机床设备本身精度的影响很大，因此，对机床设备的几何精度进行检验，使机床的几何精度保持在一定的范围内，对保证机床的加工精度是十分重要的。国家标准对各类通用机床，如普通车床、铣床、刨床、数控车床、磨床等精度检验的项目、方法及公差等都进行了规定。

一、车床几何精度的检验

1. 机床检验前的准备工作

（1）机床检验前的调平和安装　检验前须将机床安装在适当的基础上，并按制造厂的使用说明书将机床调平。

1）安装机床的准备工作包括调平，由机床的特点来决定。

调平的目的，不是取得机床零部件理想的水平或垂直位置，而是得到机床的静态稳定性，以利其后的测量，特别是那些与零部件直线度误差有关的测量。

对车床来说，横向滑板水平地或适当倾斜地放置于床身中间位置。借垫块和紧固螺栓使两条导轨的两端放置成水平，必要时还应校正床身的扭曲。

卧式机床调平方法如图7-1所示：①将机床置于可调垫铁上，安装上专用测量平板，在某一固定位置将机床导轨用框型水平仪a、b调平；②将专用测量平板移动至床身最左端，记下两水平仪读数，再将专用测量平板移动至床身中间和最右端，每两个读数差即为误差值（两框型水平仪分别计算）。

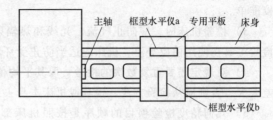

图7-1 卧式机床调平方法

2）机床安装时，所用垫铁和垫铁组的形式、规格，应符合随机技术文件的规定；无规定时，应符合下列要求：

① 每一地脚螺栓近旁，应至少有一组垫铁；垫铁组在能放稳和不影响灌浆的条件下，宜靠近地脚螺栓和底座主要受力部位的下方；相邻两个垫铁组间的距离不宜大于800mm；机床底座有接缝处的两侧，应各垫一组垫铁；每一垫铁组的块数不应超过3块。

② 垫铁组应放置整齐、平稳且接触良好。

③ 机床调平后，垫铁组伸入机床底座底面的长度应超过地脚螺栓的中心；垫铁端面应露出机床底面的外缘，平垫铁宜露10～30mm，斜垫铁宜露出10～50mm；螺栓调整垫铁应留有再调整的余量。

3）调整机床的安装水平时，应使机床处于自由状态，并用垫铁自然调平；不应采用紧固地脚螺栓等局部加压方法调平；按上述条件进行安装。

4）机床安装完后，即可进行导轨直线度（或横向滑板运动的直线度）的检验。

（2）机床检验前的状态

1）零部件的拆卸。机床检验原则上在制造完工的成品上进行。如果检验时，需要拆卸机床的某些零部件（如为了检验导轨而拆卸机床的工作台等），必须按制造厂规定的办法进行。

2）检验前某些零部件的温度条件。检验几何精度和工作精度时，机床应尽可能处于正常工作状态。应按使用条件和制造厂的规定将机床空运转，使与温度有关的机床零部件达到恰当的温度。

对于数控机床可能要考虑特殊的温度条件，由制造厂在专门的验收规则中规定。

3）运转和负荷。几何精度的检验可在机床静态下或空运转时进行，当制造厂有加载规定时（如对重型机床要求装载一件或多件试件的规定），按制造厂规定执行。

2. 几何精度检验

在机床几何精度检验过程中，有一些通用要求，检验时应注意：

1）检验机床时，可以用检验其是否超差（如用极限量规检验等）或者实测误差的方法。如用"实测误差"的方法需要用精密的测量方法和耗费大量时间，则可用校验其是否超差的方法替代，而不必实测数值。

2）检验时必须考虑检验工具和检验方法所引起的误差，检具引起的误差只能占被检项目公差的一小部分。如因使用场合不同检具精度有明显变化，该检具必须附有精度校准单。

3）检验机床时，应防止气流、光线和热辐射（如阳光或太近的灯光等）的干扰。检验工具在使用前应等温，机床应适当防止受环境温度变化的影响。

4）对规定需要重复数次的检验，取其平均值为检验结果。每次测得的数据不应相差太大，否则应从检验方法、检具或机床本身去寻找原因。

5）几何精度检验项目的顺序是按照机床部件排列的，所以并不表示实际检验次序。为了使装拆检验工具和检验方便，可按任意次序进行检验。

6）检验车床时，并不总是必须检验下列的所有项目。可由用户取得制造厂同意选择一些感兴趣的检验项目，但这些项目必须在机床订货时明确提出。作为企业的检验人员，对车床几何精度的检验应依据检验技术文件和工艺规程；应该熟练掌握下述的检验方法。

7）导轨直线度局部偏差是指在指定的基本长度上两端点垂直坐标的差值。基本长度与导轨长度相比是小的。

8）当导轨上所有的点均位于其两端点连线之上时，则该导轨被认为是凸的。即使是对于具有近似对称导轨全长中心的规则凸起曲线的导轨，也要限制导轨两端处的局部公差。在这种情况下导轨两端四分之一部位的局部公差规定值可以加倍。

9）测量两个面或两条线的位置误差时，检具的读数包含了形状误差。该检验方法仅适用于两个面或两条线间的综合误差的测量，因此，综合误差已包含了有关被测面的形状误差（预检可以确定线和面的形状误差及其部位）。

（1）直线度误差检测

1）纵向导轨在垂直平面内的直线度误差检测。

公差要求：最大工件回转直径≤800mm；最大工件长度≤500mm；在任意250mm测量长度上为0.0075mm。

检测器具与辅具：精密水平仪或光学仪器。

检验方法：如图7-2所示，在纵滑板上靠近前导轨处，纵向放一水平仪。等距离（近似等于规定的局部误差的测量长度）移动纵滑板检验。将水平仪的读数依次排列，画出导轨误差曲线。曲线相对其两端点连线的最大坐标值就是导轨全长的直线度误差。也可以将水平仪直接放在导轨上进行检验。

2）溜板移动在水平面内的直线度误

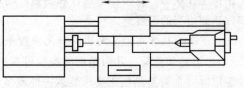

图7-2　纵向导轨在垂直平面内的直线度误差检测

差检测。

公差要求：0.02mm。

检测器具与辅具：检验心轴或检验棒、指示器（百分表）及表座、钢丝和显微镜或光学仪器。

检验方法一：如图 7-3 所示，将检验心轴置于两顶尖间，松紧程度适当，锁紧尾座主轴；将百分表及表座置于溜板上，百分表触头与检验心轴侧素线接触，从左至右移动溜板，百分表读数差即为该项误差值。

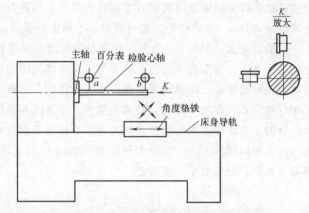

图 7-3　溜板移动在水平面内的直线度误差检测（一）

检验方法二：将指示器固定在纵滑板上，使其测头触及主轴和尾座的顶尖间的检验棒表面上，如图 7-4 所示，调整尾座，使指示器在检验棒两端的读数相等。移动纵滑板在全部行程上检验。指示器读数的最大代数差值就是直线度误差。

检验方法三：用钢丝和显微镜检验，如图 7-4 所示。在机床中心高的位置上绷紧一根钢丝，显微镜固定在纵滑板上，调整钢丝，使显微镜在钢丝两端的读数相等。等距离移动纵滑板在全部行程上检验。显微镜读数的最大代数差值就是直线度误差。

（2）平行度误差检测

1）横向导轨的平行度误差检测。

公差要求：0.04mm/1000mm。

检测器具与辅具：精密水平仪或光学仪器。

检验方法：如图 7-5 所示，在纵滑板上横放一水平仪，等距离移动纵滑板检验。精密水平仪或光学仪器也可以将水平仪放在专用桥板上，在导轨上进行检验。

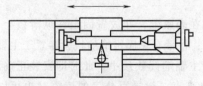

图 7-4　溜板移动在水平面内的
　　　　直线度误差检测（二）

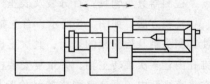

图 7-5　横向导轨的平行度误差检测

2）尾座套筒轴线对溜板移动的平行度（尾座移动对纵滑板移动的平行度）误差检测。

公差要求：最大工件回转直径≤800mm；最大工件长度≤1500mm；在垂直平面和

水平面内的公差均不大于 0.03mm，在任意 500mm 测量长度不大于 0.02mm。

检测器具与辅具：指示器（百分表）及表座。

检验方法一：将尾座套筒摇出尾座孔大于 2/3 并锁紧；如图 7-6 所示，将百分表及表座置于机床溜板上，与尾座套筒垂直平面内套筒外素线最高点 a 接触，移动溜板，百分表读数差即为尾座套筒在垂直平面内的误差；再将百分表触头置于尾座套筒水平面内外素线最高点 b，按同样的方法可测得水平面上的误差。

检验方法二：如图 7-7 所示，将百分表固定在纵滑板上，使其测头触及近尾座体端面的顶尖套上；在垂直平面内，测头与近尾座体端面的顶尖套外素线最高点读数，尾座与纵滑板一起移动，在纵滑板全部行程上再读数，读数的差值为尾座套筒在垂直平面内的平行度误差；在水平面内，锁紧顶尖套，使尾座与纵滑板一起移动，在纵滑板全部行程上检验。在水平面内指示器读数的差值为尾座套筒在水平面内的平行度误差，误差分别计算，用同样的方法，百分表在任意 500mm 行程上和全部行程上读数的最大差值就是局部长度和全长的平行度误差。

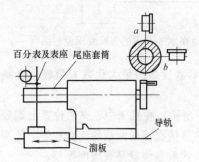

图 7-6　尾座套筒轴线对溜板移动
的平行度误差检测

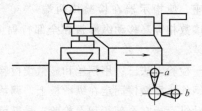

图 7-7　尾座移动对纵滑板移动
的平行度误差检测

3）主轴轴线对纵滑板移动的平行度误差检测。

公差要求：最大工件回转直径 ≤800mm；在垂直面内，在 300mm 测量长度上为 0.02mm（只许向上偏）；在水平面内（相互位置精度），在 300mm 测量长度上为 0.015mm（只许向前偏）。

检测器具与辅具：百分表及表座、检验棒。

检验方法：如图 7-8 所示，首先把百分表固定在表座上，并放置固定在纵滑板上，使其测头触及检验棒的表面；其次正确安装检验棒：将带有莫氏锥柄的检验棒置于主轴锥孔内；多次旋转主轴，并重复安装检验棒使其近主轴端读数最小，此时即安装正确。在垂直平面内，百分表测头接触检验棒外素线上最高点，记录百分表的读数（也可以调整到零位），移动纵滑板大约 300mm，记录百分表的读数，两个读数差即为主轴轴线对纵滑板移动在垂直平面内的平行度误差；在水平面内，百分表测头接触检验棒外素线水平方向上的最高点，用同样的方法移动纵滑板检验得到水平面内的平行度误差。将主轴旋转 180°用同样方法再检验一次。垂直面内两次测量结果的代数和之半，就是垂直面内的平行度误差值；水平面内两次测量结果的代数和之半，就是水平面内的平行度误差值。两者均应满足各自公差要求。

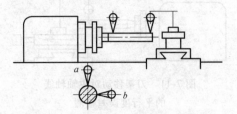

图7-8 主轴轴线对纵滑板移动的
平行度误差检测

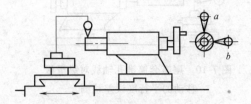

图7-9 尾座套筒轴线对纵滑板移动
的平行度误差检测

4）尾座套筒轴线对纵滑板移动的平行度。

公差要求：最大工件回转直径≤800mm；在垂直平面内，100mm 测量长度上为0.015mm（只许向上偏）；在水平面内，100mm 测量长度上为 0.01mm（只许向前偏）。

检测器具与辅具：百分表及表座。

检验方法：如图7-9所示，尾座套筒伸出量约为最大伸出长度的一半，并锁紧。把百分表固定在表座上，并放置固定在纵滑板上；在垂直面内，百分表测头与尾座套筒外素线最高点接触，记录百分表读数，移动纵滑板大约100mm，记录百分表读数，两读数之差即为尾座套筒在垂直平面内的平行度误差；在水平面内，用同样的方法移动纵滑板检验尾座套筒在水平面内的平行度误差。两者均应满足各自公差要求。

5）尾座套筒锥孔轴线对纵滑板移动的平行度误差检测。

公差要求：最大工件回转直径 ≤800mm；在垂直平面内 300mm 测量长度上≤0.03mm（只许向上偏）；在水平面内 300mm 测量长度上≤0.03mm（只许向前偏）。

检测器具与辅具：百分表及表座、检验棒。

检验方法：如图7-10所示，顶尖套筒退出尾座内，并锁紧。在尾座套筒锥孔中，插入检验棒。将百分表固定在纵滑板上：在垂直面内，百分表测头接触检验棒外素线上最高点，记录百分表读数，移动纵滑板300mm，记录百分表读数，两读数之差即为尾座套筒锥孔对纵滑板移动在垂直平面内的平行度误差；在水平面内，百分表测头接触检验棒外素线水平方向上的最高点，用同样的方法移动纵滑板检验得到水平面内的平行度误差。拔出检验棒，旋转180°，重新插入尾座顶尖套筒锥孔中，重复检验一次。垂直平面内两次测量结果的代数和之半就是垂直平面内平行度误差值。水平面内两次测量结果的代数和之半，就是水平面内的平行度误差值。

6）刀架移动对主轴轴线的平行度误差检测。

公差要求：最大工件回转直径≤800mm；在300mm 测量长度上为0.04mm。

检测器具与辅具：百分表及表座、检验棒。

检验方法：如图7-11所示，将检验棒插入主轴锥孔内，百分表固定在溜板刀架上，使其测头在水平面内触及检验棒。调整小刀架，使百分表在检验棒两端的读数相等。再将指示器测头在垂直平面内触及检验棒，移动小刀架检验。将主轴旋转180°，再同样检验一次。两次测量结果的代数和之半，就是平行度误差值。

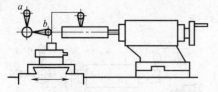

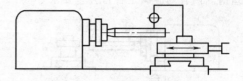

图 7-10　尾座套筒锥孔轴线对纵滑板　　　　　图 7-11　刀架移动对主轴轴线
移动的平行度误差检测　　　　　　　　的平行度误差检测

（3）床头和尾座两顶尖的等高度误差检测

公差要求：最大回转直径≤800mm，0.04mm（只许尾座高）。

检测器具与辅具：检验棒、百分表及表座。

检验方法：如图 7-12a 所示，在主轴与尾座顶尖间装入检验棒（或置于两顶尖间，如图 7-12b 所示），将百分表固定在溜板上，使其测头在垂直平面内触及检验棒；将溜板移至适当位置，即在检验棒的两极限位置上进行检验；再移动百分表与检验棒上素线接触找到最高点（圆周截面Ⅰ上），记下 a 点百分表最高点读数；再将溜板移至尾座端，再移动百分表与检验棒上素线接触找到最高点（圆周截面Ⅱ上），记下 b 点百分表最高点读数；a、b 点百分表读数之差即为该项等高度误差值，且 a 点应该大于 b 点。

当最大工件长度小于或等于 500mm 时，尾座应紧固在床身导轨末端。如果大于 500mm，则尾座应紧固在一半地方。检验时尾座顶尖套应退入尾座内，并锁紧。

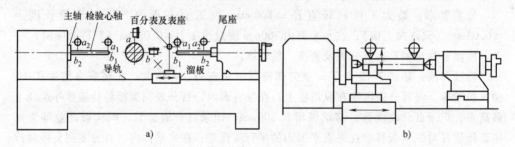

图 7-12　床头和尾座两顶尖的等高度检测

（4）刀架移动对主轴轴线的垂直度误差检测

公差要求：最大回转直径≤800mm，0.02mm/300mm（偏差方向：$\alpha > 90°$）。

检测器具与辅具：检验棒、百分表及表座、方箱。

检验方法一：如图 7-13 所示，将平盘固定在主轴上。将百分表固定在横刀架上，使其测头触及平盘，移动横刀架进行检验。将主轴旋转 180°，再用同样的方法检验一次。两次测量结果的代数和之半，就是垂直度误差值。

检验方法二：如图 7-14 所示，将百分表固定在主轴端面上，百分表触头与方箱左侧面接触。旋转主轴，使回转半径尽量大，找正方箱，百分表读数差值在横向最小时表示方箱已找正。

将百分表固定在横刀架上，使百分表触头与方箱右侧接触。摇动横向进给手柄，使百分表沿横向移动，百分表在方箱长度范围内的读数差即为该项误差值，且 b 点大于 a 点。

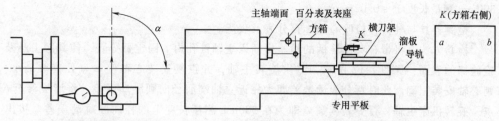

图 7-13　刀架移动对主轴轴线
　　　　的垂直度误差检测

图 7-14　横刀架横向移动对
　　主轴轴线的垂直度误差检测

（5）跳动误差检测

1）主轴的轴向窜动误差和主轴轴肩支承面的轴向圆跳动误差检测。

公差要求：最大回转直径≤800mm，主轴的轴向窜动误差≤0.01mm；主轴轴肩支承面的端面圆跳动误差≤0.02mm。

检测器具与辅具：钢球、指示器（百分表）和专用检具。

检验方法：如图 7-15 所示，主轴的轴向窜动误差检测方法：将检验棒插入主轴锥孔中，根据检验棒端面顶尖孔的尺寸，选择一合适的钢球，黏一些润滑脂，放入顶尖孔内（便于放置，润滑脂一定要干净，否则影响检测结果）；固定指示器，使其测头触及插入主轴锥孔的检验棒端部钢球上；手动旋转主轴，同时沿主轴轴线加一力 F，指示器读数的最大差值就是轴向窜动误差。

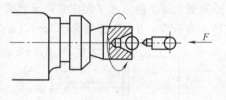

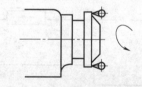

图 7-15　主轴的轴向窜动误差和主轴
　　轴肩支承面的轴向圆跳动误差检测

主轴轴肩支承面的端面圆跳动误差检测方法：固定指示器，使其测头分别触及轴肩支承面的端面垂直方向上下两点（图 7-15 下图），指示器读数的最大差值就是轴肩支承面的端面圆跳动误差。

2）主轴定心轴颈的径向圆跳动误差检测。

公差要求：最大回转直径≤800mm，0.01mm。

检测器具与辅具：百分表和表座。

检验方法：如图 7-16 所示，安装百分表，使其触头垂直触及轴颈（包括圆锥轴颈）的表面；旋转机床主轴一周，百分表读数的最大差值就是径向圆跳动误差值。

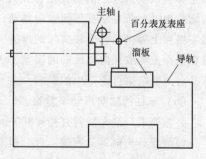

图 7-16　主轴定心轴颈的径向
　　圆跳动误差检测

3）主轴锥孔轴线的径向圆跳动误差检测。

公差要求：最大回转直径≤800mm；靠近主轴端面径向圆跳动误差≤0.01mm；在300mm测量长度上≤0.02mm。

检测器具与辅具：检验心轴、百分表及表座。

检验方法：将带有莫氏锥柄的检验棒插入主轴锥孔内。固定百分表，使其触头触及检验棒的表面：如图7-17所示，多次旋转主轴，并重复安装心轴使 a 点处读数最小，则心轴安装正确。此时百分表读数差即为靠近主轴端面径向圆跳动误差。将溜板移至 b 点，旋转机床主轴，百分表读数差即为在300mm测量长度上的径向圆跳动误差。拔出检验棒，相对主轴旋转90°，重新插入主轴锥孔内依次重复检验三次，靠近主轴端面径向圆跳动误差和在300mm测量长度上的径向圆跳动误差分别计算，四次测量结果的平均值就是径向圆跳动误差值。

4）顶尖的径向圆跳动误差检测。

公差要求：最大回转直径≤800mm，0.015mm。

检测器具与辅具：专用顶尖、百分表及表座。

检验方法：如图7-18所示，将专用顶尖插入主轴锥孔内，固定百分表，使其触头垂直触及顶尖锥面上（即注意百分表测量杆应垂直于锥面）。沿主轴轴线加一个力，旋转主轴检验，百分表读数除以 $\cos\alpha$（α 为锥体半角），就是顶尖的径向圆跳动误差值。

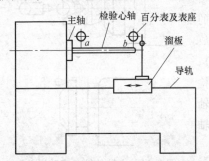

图7-17　主轴锥孔轴线的径向圆跳动误差检测

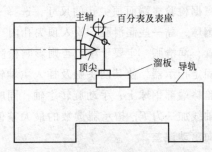

图7-18　顶尖的径向圆跳动误差检测

在这里应该注意：有的教材中，在测量该误差时，"旋转机床主轴检验，百分表读数差即为该项误差"的前提是锥角比较小，轴向无窜动。因为，在检验主轴锥面的径向圆跳动时，若主轴有任何轴向移动，则被检验圆的直径就会变化（增大或减小），这时在锥面上测得的数值较实际的增大（或减小）。因此，只有当锥度不太大时，才可直接在锥面上测取径向圆跳动的误差，否则，要预先测量主轴的轴向窜动，并根据锥角计算其对测量结果可能产生的影响。

（6）丝杠的轴向窜动误差检测

公差要求：最大回转直径≤800mm，0.015mm。

检测器具与辅具：钢球、百分表及表座。

检验方法：如图7-19所示，丝杠装配完毕后，在丝杆的顶尖孔内涂抹上少许清洁的润滑脂，将一颗直径适当的0级精度钢球置于顶尖孔内，用润滑脂黏住，并使其紧贴顶尖孔 60°锥面；将百分表固定在机床床身导轨上，使其测头与丝杠顶尖孔内的钢球顶部接触；在丝杠的中段处闭合开合螺母，旋转丝杠检验。检验时，有托架的丝杠应在装有托架的状态下检验。接通螺纹传动链，丝杆旋转一周后百分表读数的最大差值，就是丝杠的轴向窜动误差值。

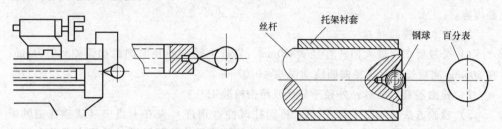

图 7-19　丝杠的轴向窜动误差检测

（7）由丝杠所产生的螺距累积误差检测

公差要求：最大工件回转直径 ≤800mm；最大工件长度 ≤2000mm；在任意 300mm 测量长度内为 0.04mm；在任意 60mm 测量长度内为 0.015mm。

检测器具与辅具：标准丝杠和电传感器、长度规、指示器和专用检具。

检验方法：如图 7-20 所示，将不小于 300mm 长的标准丝杠装在主轴与尾座的两顶尖间，电传感器固定在刀架上，使其测头触及螺纹侧面，移动溜板进行检验。

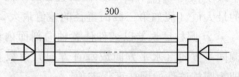

图 7-20　由丝杠所产生的螺距累积误差检测

电传感器在任意 300mm 和任意 60mm 测量长度内读数的差值就是丝杠所产生的螺距累积误差。

二、车床工作精度的检验

1. 工作精度检验的通用要求

1）车床使用。工作精度检验用精车。例如：背吃刀量为 0.1mm，每转进给量为 0.1mm。不用粗车，因为粗车易产生相当大的切削力。

2）对于局部误差的规定。如果实测长度和标准中规定的值不同，则给定的公差值应依据相关标准要求进行折算。公差的最小折算值对于精密级为 0.005mm，对于普通级为 0.01mm。

也就是说，几何形状公差和几何公差（位置和定位）通常在整个范围内与几何误差有关。例如：在 1000mm 测量长度上为 0.03mm，应注意检验时可能会出现这样的误差，即误差不是分布在整个（1000mm）形状和位置上，而是集中在一个小范围内（即局部，如 200mm）。如要避免这种实际上很少遇到的局部变化，则可对总公差附加一个局部公差的说明，或者用与总公差成比例的简单方法来确定，确定与总公差成正比的局部公差不应小于所规定的最小值（如 0.01mm 或 0.005mm）。

3）工作精度检验应在工件或规定的试件上进行。与在制造的机床上加工零件不同，它不要求工序。对这些工件和试件的要求和简图应在该机床精度标准的"工作精度检验"中予以规定。对机床工作精度的评定应是检验机床的精加工的精度。

工件或试件的数目或切削次数等应视情况而定，使其能得出加工的平均精度。必要时，应考虑刀具的磨损。若有关标准未予明确，则用于工作精度检验的工件或试件的性质、尺寸、材料和要求达到的精度等级以及切削次数等应列为制造厂和用户间协议的必要内容。

2. 精车外圆的精度

1）公差要求：最大回转直径≤800mm，靠近主轴端面径向圆跳动误差≤0.01mm；在300mm测量长度上的径向圆跳动误差≤0.03mm。

2）检测器具与辅具：外径千分尺或精密检验工具。

3）检验方法：如图7-21所示，将圆柱试件（钢件）夹在卡盘中（或插在主轴锥孔中），精车三段直径如 d_I、d_{II}、d_{III}。用外径千分尺检验圆柱试件的圆度误差和圆柱度误差。图中：$D >$ 最大工件回转直径/8；$l_1 =$ 最大工件回转直径/2；$l_{1max} = 500mm$；$l_{2max} = 20mm$。

① 圆度误差以试件同一横截面内的最大与最小直径之差计。例如：在 d_{II} 截面内"米"字测量法，测得 d_{II1}、d_{II2}、d_{II3}、d_{II4} 四个数值，假如第三个最大，为 d_{II3max}，第一个最小，为 d_{II1min}，那么该截面直径的差值即为 $\delta_2 = d_{II3max} - d_{II1min}$；三个截面直径的差值的最大值（假如第三截面直径的差值最大，即 δ_{3max}）即为圆柱试件的圆度误差值。

② 圆柱度误差以试件任意轴向剖面内最大与最小直径之差计，即在整个试件上检测同一方向（水平方向或垂直方向）三段直径 d_I、d_{II}、d_{III}，最大值和最小值的差值，即为圆柱试件的圆柱度误差值。

3. 精车垂直于主轴的端面

1）公差要求：最大回转直径≤800mm，0.03mm/300mm。

2）检测器具与辅具：平尺和量块或百分表（或杠杆百分表）及表座。

3）检验方法：如图7-22所示，用一铸铁试件，夹在车床卡盘中精车端面。用平尺和量块检验，也可以用百分表（或杠杆百分表）检验。将安装好的百分表及表座固定在横滑板上，使其测头触及端面的后部半径上，移动横滑板检验，百分表读数的最大差值之半就是平面度误差值。

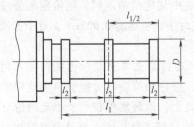

图 7-21　精车外圆的精度示意图

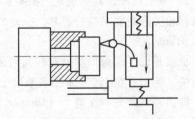

图 7-22　精车垂直于主轴的端面示意图

4. 精车300mm长螺纹的螺距

1）公差要求：最大回转直径≤800mm，0.04mm/300mm；在任意60mm测量长度内为0.015mm。

2）检测器具与辅具：专用精密检验工具。

3）检验方法：如图 7-23 所示，用一钢件试件，车一螺距与母丝杠相同，直径应尽可能接近母丝杠的 60°普通螺纹。精车后在 300mm 和任意 60mm 长度内进行检验。螺纹表面应洁净、无凹陷与波纹。

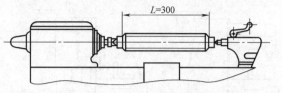

图 7-23　精车 300mm 长螺纹的螺距示意图

也可与几何精度检验中的"由丝杠所产生的螺距累积误差"检验项目任检一项。

三、结论判定原则

几何精度检验和工作精度检验，只有当两者具有相同目的时，其结果才是可相比的。在某些情况下由于经济或技术上的困难，机床的精度可以仅用几何精度检验或仅用工作精度检验做出结论。

若几何精度检验和工作精度检验得出不同的结论，则以工作精度的检验结论为准。

某些情况下，工作精度检验可用相应标准中所规定的特殊检验来代替（如钻床以系统刚度检验代替工作精度检验等）。

◆◆◆◆ 第二节　铣床精度的检验

因为铣床种类比较多，而且介绍卧式铣床和立式铣床的精度检验方法的教材比较多，为了扩大知识面，本书选择常用的平面铣床和摇臂铣床进行精度检验内容讲解，其他铣床精度检验可参照相关标准要求进行。

1. 几何精度检验

（1）主轴箱垂直移动对工作台面的垂直度误差检测（仅适用于立式、柱式、滑枕式、圆工作台式平面铣床）

1）公差要求：在横向垂直平面内（OYZ 平面），0.0025mm/300mm；在纵向垂直平面内（立式：OZX 平面；卧式：OXY 平面），0.0025mm/300mm。

2）检测器具与辅具：指示器和角尺。

3）检验方法：如图 7-24 所示，工作台位于行程的中间位置。角尺放在工作台面上；指示器固定装在运动部件上，并随运动部件一起按规定的范围移动；测头垂直触及被测面（角尺检验面），并沿该平面滑动。即在规定测量长度上移动主轴箱，锁紧检验。在横向垂直平面内和纵向垂直平面内的垂直度误差分别计算。误差以指示器读数的最大差值计。

（2）升降台垂直移动（W 轴）的直线度误差检测

1）公差要求：在任意 300mm 测量长度上为 0.025mm。

2）检测器具与辅具：指示器和角尺。

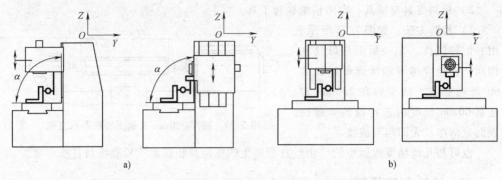

图 7-24　主轴箱垂自移动对工作台面的垂直度误差检测

3）检验方法：如图 7-25 所示，工作台位于纵向（X 轴）、横向（Y 轴）行程的中间位置，工作台和床鞍锁紧。角尺放在工作台面上：固定指示器，使其测头触及角尺检验面。调整角尺，使指示器读数在测量长度的两端相等。移动升降台（W 轴）检验。横向（OYZ）平面和纵向（OZX）平面内的直线度误差分别计算。误差以指示器读数的最大差值计。

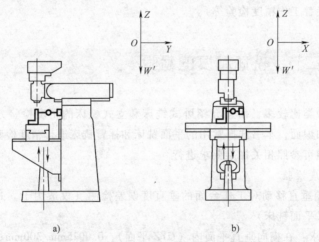

图 7-25　摇臂铣床升降台垂直移动的直线度误差检测

（3）升降台垂直移动（W 轴）对工作台面的垂直度误差检测

1）公差要求：横向（OYZ）平面内，0.0025mm/300mm（α≤90°）；纵向（OZX）平面内，0.0025mm/300mm。

2）检测器具与辅具：指示器和角尺。

3）检验方法：如图 7-26 所示，工作台位于纵向（X 轴）、横向（Y 轴）行程的中间位置，工作台和床鞍锁紧。角尺放在工作台面上；固定指示器，使其测头触及角尺检验面，移动升降台（W 轴），锁紧后读数。横向（OYZ）平面和纵向（OZX）平面内的垂直度误差分别计算。误差以指示器读数的最大差值计。

（4）主轴套筒垂向移动（Z 轴）对工作台面的垂直度误差检测

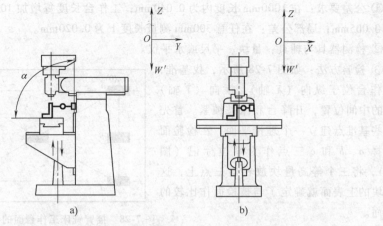

图 7-26　摇臂铣床升降台垂直移动对工作台面的垂直误差检测

1）公差要求：横向垂直（OYZ）平面内，机动：0.015mm/125mm（$\alpha \leqslant 90°$）；手动：0.020mm/125mm（$\alpha \leqslant 90°$）；纵向垂直（OZX）平面内，机动：0.015mm/125mm，手动：0.020mm/125mm。

2）检测器具与辅具：指示器和角尺。

3）检验方法：如图 7-27 所示，工作台位于纵向（X 轴）、横向（Y 轴）行程的中间位置，摇臂、转盘、工作台、床鞍和升降台锁紧。角尺放在工作台面上；固定指示器，使其测头触及角尺检验面。

机动：移动主轴套筒读数。横向平面（OYZ）和纵向平面（OZX）内的垂直度误差分别计算。误差以指示器读数的最大差值计。

手动：移动主轴套筒，锁紧后读数。横向平面（OYZ）和纵向平面（OZX）内的垂直度误差分别计算。误差以指示器读数的最大差值计。

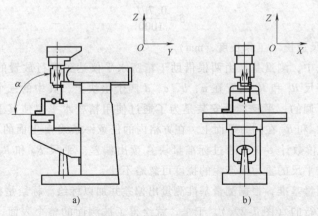

图 7-27　主轴套筒对工作台面的垂直度误差检测

（5）工作台面的平面度误差检测

1）摇臂铣床。

① 公差要求：在1000mm长度内为0.040mm；工作台长度每增加1000mm，公差值增加0.005mm；局部公差：在任意300mm测量长度上为0.020mm。

② 检测器具与辅具：量块、平尺或水平仪。

③ 检验方法：如图7-28所示，找基准，将工作台位于纵向（X轴）、横向（Y轴）行程的中间位置，升降台和床鞍锁紧。首先用一些基准点建立一个理论平面，在检验面上选择 a、b 和 c 三点作为零位标记（图7-28），将三个等高量块放在这三点上，这些量块的上表面就确定了与被检面作比较的基准面。

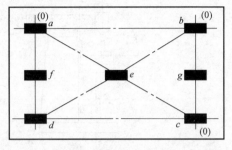

图7-28　摇臂铣床工作台面的平面度误差检测

然后选定位于基准平面内的第四点 d，利用一些高度可调的量块，将平尺放在 a 和 c 点上，在检验面上的 e 点放一可调量块，使其与平尺的下表面接触。这时，a、b、c 和 e 量块上的上表面均处于同一表面上。

再将平尺放在 b 和 e 点上即可找到 d 点的偏差；在 d 点放一可调量块，并将其上表面调到由已经就位的那些量块的上表面所确定的平面中。

将平尺放在 a 和 d 及 b 和 c 点即能找到被检面上处于 a 和 d 之间及 b 和 c 之间的各点的偏差。处于 a 和 b 之间及 c 和 d 之间的偏差可用同样的方法找到（应对平尺的挠度进行必要的修正）。

矩形和正方形内的读数是这样获得的；仅需要在已知 f 和 g 点放置调整到准确高度的可调量块，将平尺置于其上，用量块即可测量出该表面与平尺之间的偏差。

普通角尺的刚度公差：在角尺刚度较弱的长边末端处平行于短边的方向上施加一个2.5N的负载（图7-29a），其挠度（mm）不应超过下式计算值 δ。

$$\delta = \frac{0.7\sqrt{L}}{1000}$$

式中　L——角尺边长（工作长度，mm）。

在这种方法中，测量基准由两根借助于精密水平仪达到平行放置的平尺提供（见7-29b）。两根平尺 R_1 和 R_2 放置在 a、b、c、d 四个垫块上，其中的三个是等高的，另一个的高度是可调的；平尺如此安装是为了通过使用精密水平仪使其上表面平行。这样，两条直线 R_1 和 R_2 在同一平面上。在方格内的任意一条线 fg 上面的 R_1 和 R_2 上放一基准平尺 R，用读数计 G（或通过标准量块）读出偏差。平尺 R_1 和 R_2 应有足够的刚度，以使因基准平尺的重力而产生的挠度可忽略不计。

建立一个测量基准，根据测量基准测量出偏差并加以标绘。标绘是在有规律的方格的不同节点上进行的（图7-29c），于是，就绘得了被测面的整个表面，误差以读数的最大差值计。各点距离的选择与使用的仪器无关。

2）平面铣床。

① 公差要求：在1000mm测量长度内为0.040mm；工作台长度每增加1000mm或直

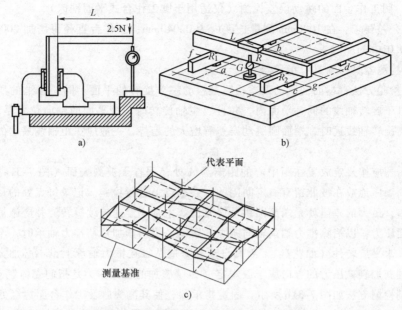

图 7-29　平面度误差检测及检测结果示意图

径每增加 200mm 公差值增加 0.005mm；全长上的公差为 0.050mm。局部公差：在任意 300mm 测量长度上为 0.020mm。

② 检测器具与辅具：平尺、量块或精密水平仪。

③ 检验方法：工作台位于行程的中间位置。用平尺检验：按图 7-30 所示将等高量块分别放在工作台面的 a、b、c 三个基准点上。平尺放在 a-c 等高量块上，在 e 点处放一可调量块，调整后，使其与平尺的检验面接触。再将平尺放在 b-e 量块上，在 d 点处放一可调量块，调整后，使其与平尺的检验面接触。用同样方法，将平尺放在 d-c 和 b-c 量块上，分别确定 h、g 位置的可调量块。

按图 7-30a 所示方位放置平尺，用量块测量工作台面与平尺检验面间的距离，误差以其最大与最小距离之差值计。圆工作台按图 7-30b 所示方位放置平尺，用量块测量工作台面与平尺检验面间的距离，误差以其最大与最小距离之差值计。用水平仪检验，按 GB/T 17421.1 中规定的方法进行。

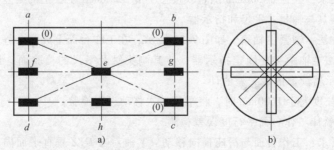

图 7-30　平面铣床工作台面的平面度误差检测方法

（6）圆工作台面的跳动误差检测（仅适用于圆工作台式平面铣床）

1）公差要求：在1000mm测量长度内为0.040mm；工作台直径每增加200mm，公差增加0.010mm。

2）检测器具与辅具：指示器。

3）检验方法：端面圆跳动误差检测是检验一个旋转的平面。同一圆上的所有点应处在垂直于旋转轴线的同一平面内，并且当主轴旋转时，该平面的轴向位置是不变的。由于距离旋转轴线远时，端面圆跳动误差有增大的趋势，一般应在距轴线最远的圆周上检验。

指示器应按规定放置在距中心的距离为 A 处，垂直于被测表面（图7-31a），并围绕着圆周顺序地放在彼此留有一定间隔的一系列点上进行检验。记录每点处的最大和最小读数差，最大的差值就是端面圆跳动误差值。主轴应慢速连续旋转，并应施加一个轻微的端面压力，以消除推力轴承轴向游隙的影响。当用预加负荷推力轴承时，不必对主轴力。水平旋转件（如花盘），靠其自重充分地贴靠在推力轴承上也不必加力。检验时对主轴施加轻微压力的方向应予以规定（如"施加的轻微压力是指向壳体"）。

本例检测方法如图7-31b所示，固定指示器，使其测头触及工作台面边缘处（距轴线最远的圆周上），旋转工作台检验。误差以指示器读数的最大代数差值计。

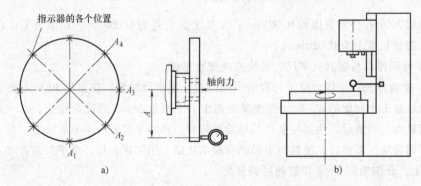

图7-31　圆工作台面的跳动误差检测示意图

（7）工作台移动对工作台面的平行度误差检测（适用于立式、柱式、端面式、滑枕式平面铣床）

1）公差要求：在任意300mm测量长度上为0.025mm；全长上的公差为0.050mm。

2）检测器具与辅具：平尺和指示器。

3）检验方法：锁紧主轴箱。如图7-32所示，在工作台面上放两个等高块，平尺放在等高块上。在主轴中央处固定指示器，使其测头触及平尺的检验面。移动工作台检验。误差以指示器读数的最大差值计。

当工作台长度大于1600mm时，将平尺逐次移动进行检验。

（8）摇臂铣床工作台面平行度误差检测

1）公差要求：工作台面与滑座横向移动（Y轴）在 OYZ 垂直平面内的平行度误差及工作台面与工作台纵向移动（X轴）在 OZX 垂直平面内的平行度误差，在任意

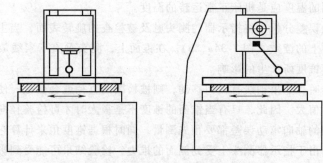

图 7-32 平面铣床工作台平行度误差检测

300mm 测量长度上≤0.025mm，全长上的公差为 0.050mm。

2）检测器具与辅具：指示器、平尺、检验棒、等高块。

3）检验方法：如图 7-33 所示在工作台面上放两个等高块，平尺放在等高块上；固定指示器，平尺位于纵、横向行程的中央位置，使测头触及平尺检验面，分别移动滑座和工作台检验。

检验工作台面与滑座横向移动（*Y* 轴）在 *OYZ* 垂直平面内的平行度误差时，工作台、升降台锁紧；检验工作台面与工作台纵向移动（*X* 轴）在 *OZX* 垂直平面内的平行度误差时，床鞍、升降台锁紧。两项误差分别计算。误差以指示器读数的最大差值计。

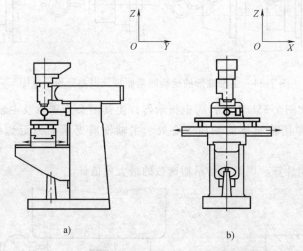

图 7-33 摇臂铣床工作台平行度误差检测

（9）主轴端部的跳动误差检测

1）公差要求：定心轴颈的径向跳动公差（用于有定心轴颈的机床），0.010mm；周期性轴向窜动公差，0.010mm；轴肩支承面的跳动公差（用于有基准支承面的机床），0.020mm。

2）检测器具与辅具：指示器和专用检验棒

3）检验方法：检验前，应使主轴充分旋转，以保证在检验期间润滑油膜不会变化。同时所达到的温度应是机床正常运转的温度。

测量原理及误差分析：将指示器的测头触及被检查的旋转表面，当主轴慢慢地旋转时，观测指示器上的读数（图7-34a、b）。在锥面上，测头垂直于素线放置；并且在测量结果上应计算锥度所产生的影响。

当主轴旋转时，如果轴线有任何移动，则被检圆的直径就会变化，使产生的径向圆跳动误差比实际值大。因此，只有当锥面的锥度不是很大时才可检验径向圆跳动。在任何情况下，主轴的轴向窜动误差都要预先测量，同时根据锥度角来计算它对检验结果可能产生的影响。由于指示器测头上受到侧面的推力，检验结果可能受到影响。为了避免误差，测头应严格对准旋转表面的轴线。

为了消除止推轴承游隙的影响，在测量方向上对主轴加一个轻微的压力，指示器的测头触及前端面的中心，在主轴低速连续旋转和在规定方向上保持着压力的情况下测取读数。

如果主轴是空心的，则应安装一根带有垂直于轴线的平面的短检验棒。将球形测头触及该平面进行检验（图7-34c），也可用一根带球面的检验棒和平测头（图7-34d）进行检验；如果主轴带中心孔，可放入个钢球，用平测头与其触及进行检验（图7-35a）。

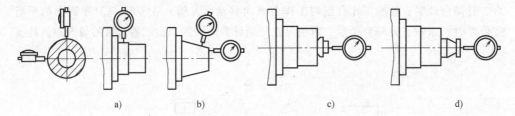

图 7-34　主轴端部的跳动测量原理及误差分析示意图

检测方法：如图7-35b所示，固定指示器，使其测头分别触及主轴定心轴颈表面、插入主轴锥孔的专用检验棒的端面中心处、主轴轴肩支承面靠近边缘处。旋转主轴检验。

三项误差分别计算。误差以指示器读数的最大差值计。

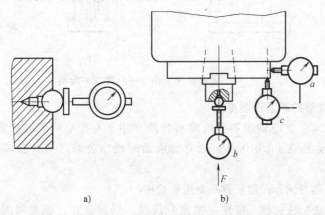

图 7-35　主轴端部的跳动误差检测

进行后两项检验时，应通过主轴轴线施加一个由制造厂规定的力 F（对已消除轴向游隙的主轴，可不加力）。

（10）主轴锥孔轴线的径向跳动误差检测

1）公差要求：靠近主轴端部（图 7-36 中 a 处）：0.010mm；距主轴端部 300mm 处（图 7-36 中 b 处）：0.020mm。

2）检测器具与辅具：指示器及架子、检验棒。

3）检验方法：当圆柱孔或锥孔不能直接用指示器检验时，可在该孔内装入检验棒，用检验棒伸出的圆柱部分按上述第（9）项误差检验的方法检验。如果仅在检验棒的一个截面上检验，则应规定该测量圆相对于轴的位置，因为检验棒的轴线有可能在测量平面内与旋转轴线相交，所以应在规定间距的 a 和 b 两个截面内检验（图 6-36a）。例如：在靠近检验棒的根部处进行一次检验，另一次则在离根部某规定距离处检验；由于检验棒插入孔内（尤其是锥孔内）可能会出现误差，这些检测至少应重复四次，即每次将检验棒相对主轴旋转 90° 重新插入，取读数的平均值为测量结果。

在每种情况下，均应在垂直的轴向平面和水平的轴向平面内检测径向圆跳动误差（图 6-36a 中的 C_1、C_2 位置）。

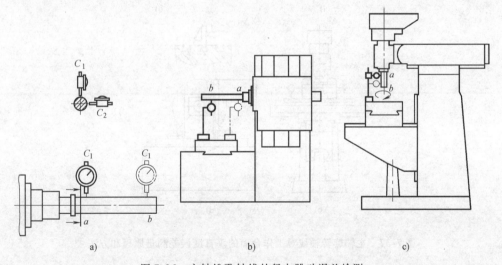

图 7-36 主轴锥孔轴线的径向跳动误差检测

如图 7-36b、c 所示，在主轴锥孔中插入检验棒，固定指示器，使其测头触及检验棒表面，旋转主轴检验；拔出检验棒，相对主轴旋转 90° 重新插入主轴锥孔中，依次重复检验三次。a、b 两处的误差分别计算。误差以四次测量结果的算术平均值计。

（11）主轴旋转轴线对工作台面或主轴旋转轴线与工作台中央或基准 T 形槽的垂直度误差检测（适用于柱式、端面式、滑枕式平面铣床） 平面铣床检测如下：

1）公差要求：0.02mm/300mm（300mm 为指示器两个测量点之间的距离）。

2）检测器具与辅具：指示器、专用检验棒、专用滑板。

3）检测方法：检测原理如图 7-37a 所示。工作台中央或基准 T 形槽的垂直度误差检测方法（适用于柱式、端面式、滑枕式平面铣床）如图 6-37d，所示，工作台位于纵向行程的中间位置。锁紧主轴箱和主轴套筒（或滑座和滑枕）。

将专用滑板放在工作台面上，并紧靠 T 形槽一侧。按测量长度，移动滑板后旋转主轴检验。误差以测量结果的差值计。

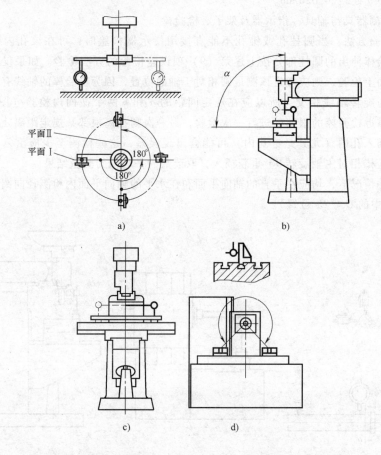

图 7-37　主轴旋转轴线对工作台面的垂直度误差测量原理和方法

（12）工作台中央或基准 T 形槽的直线度误差检测（适用于立式、柱式、端面式、滑枕式平面铣床）

1）公差要求：在任意 500mm 测量长度上为 0.010mm；最大为 0.030mm。

2）检测器具与辅具：等高块、平尺、指示器、专用滑块、钢丝、显微镜。

3）检验方法：在水平面内测量情况下，采用一把水平放置的平尺作为基准面，指示器在与被检面接触的情况下移动，并触及基准面（图 7-38a）放置平尺时，使其在平尺的两端读数相等（平尺作为基准校准，相当于量具的校零），可直接读出该直线相对于连接两端点的直线的偏差。应该指出，不论平尺在其两个支点上有任何挠度，基准面的直线度实际上都不会因重力挠度而改变；在水平面内测量直线度误差采取平尺法的另一个特点是，能把作为基准面的平尺所具有直线度偏差从测量结果中排除。

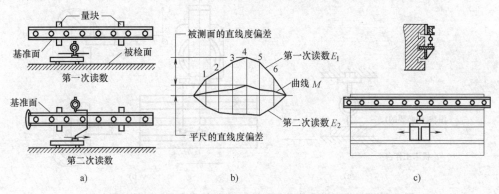

图 7-38　工作台中央或基准 T 形槽的直线度误差检测

为此，采取了所谓的翻转法。即按以上所述进行完第一次测量后，使平尺绕其纵向轴线翻转 180°，使翻转过来的同一个基准面和翻转过来的且始终贴靠于被检面上的同一个指示器横向挪动。这样就获得了图 7-38b 中的可加以比照的两条偏差曲线 E_1 和 E_2。其中一条是平尺偏差和被检面偏差之和，另一条是两者偏差之差，中间曲线 M 是平尺基准面的偏差。偏差 ME_1（或相等的 ME_2）为被检面的直线度偏差。

图 7-38c 所示为工作台中央或基准 T 形槽的直线度误差检测示意图，在工作台面上放两个等高块，平尺放在等高块上。将专用滑块放在工作台上并紧靠 T 形槽一侧，其上固定指示器，使其测头触及平尺检验面。调整平尺，使指示器读数在测量长度的两端相等，移动专用滑块检验。T 形槽两侧均需检验。误差以指示器读数的最大差值计。

（13）工作台纵向移动（X 轴）对中央或基准 T 形槽的平行度误差检测（或工作台移动对中央或基准 T 形槽的平行度）

1）公差要求：在任意 300 测量长度上为 0.015mm，最大为 0.040mm。

2）检测器具与辅具：指示器及架子、滑块。

3）检验方法：一般来说，测量方法与测量线和面的平行度误差的方法相同。考虑到导轨间隙及缺陷的影响，运动部件应尽可能按通常方法驱动。指示器装在机床的固定部件上使其测头垂直触及被测面，按规定的范围移动运动部件（图 7-39a）。这种测量方式有代表性的应用对象是工件放置在工作台上的铣床和磨床。指示器安放在主轴端部（图 7-39a），工作台移动，所得到的读数可反映对完工工件精度（对平行度而言）的影响。

工作台位于横向（Y 轴）行程的中间位置，床鞍（Y 轴）、升降台（W 轴）锁紧。如图 7-39b 所示，固定指示器，使其测头触及 T 形槽侧面，移动工作台在全行程上检验。T 形槽两侧均需检验。误差以指示器读数的最大差值计。

（14）摇臂移动对工作台面的平行度（在 OYZ 平面内）

1）公差要求：在 300mm 测量长度上为 0.035mm。

2）检测器具与辅具：指示器、平尺和等高块。

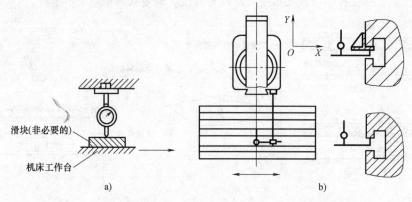

图 7-39　工作台纵向移动（X 轴）对中央或基准 T 形槽的平行度

3）检验方法：平面不在运动部件上，将测量工具装在运动部件上，并随运动部件一起按规定的范围移动；使测头垂直触及被测面，并沿该平面面滑动（图 7-40a）。

如果测头不能直接触及被测面（如狭槽的边），可任选下列两种方法之一：使用带杠杆的辅助装置（图 7-40b）；使用适当形状的附件（图 7-40c）。

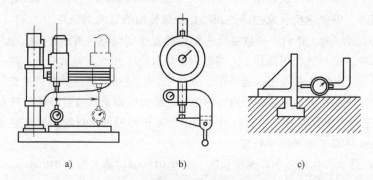

图 7-40　摇臂移动对工作台面的平行度

（15）转盘回转对工作台面的平行度

1）公差要求：0.035mm。

2）检测器具与辅具：指示器和量块。

3）检验方法：如图 7-41 所示，工作台位于纵向（X 轴）、横向（Y 轴）行程的中间位置，主轴位于工作台中央，工作台（X 轴）、床鞍（Y 轴）、升降台（W 轴）和摇臂锁紧。

固定指示器，使其测头触及位于工作台面中央处的量块检验面。转动转盘，锁紧后检验。误差以指示器读数的

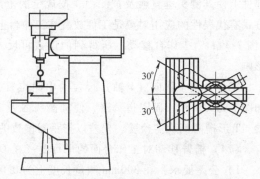

图 7-41　转盘回转对工作台面的平行度

最大差值计。

（16）摇臂后端垂直面对工作台面在垂直面（*OYZ*）内的垂直度（仅适用于摇臂后端垂直面安装附件的机床）

1）公差要求：0.015mm/100mm。

2）检测器具与辅具：指示器和专用圆柱角尺。

3）检验方法：将圆柱形角尺放在其中一个平面上（图7-42上图），指示器沿另一平面移动，并在规定距离内记录读数；圆柱形角尺转180°重新测量，并记录读数。取两次测得的读数的平均值。

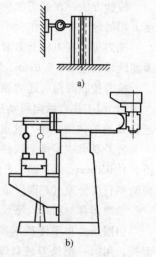

该摇臂铣床工作台位于纵向（*X*轴）行程的中间位置，摇臂、转盘、工作台和升降台均锁紧。如图7-42b所示，专用圆柱角尺安装在附件安装基面上。将带有指示器支架的专用滑板放在工作台面上，使指示器测头触及专用圆柱角尺面。移动专用滑板检验。旋转专用圆柱角尺180°，重复检验1次。误差以两次测量结果的代数和之半计。

图7-42　摇臂后端对工作台面的垂直度

2. 工作精度检验

1）工作精度检验应在标准试件或由用户提供的试件上进行。与实际在机床上加工零件不同，实行工作精度检验不需要多种工序。工作精度检验应采用该机床具有的精加工工序。

工件或试件的数目或在一个规定试件上的切削次数，需视情况而定，应使其能得出加工的平均精度。必要时，考虑刀具的磨损。

除有关标准已有规定外。用于工作精度检验的试件的原始状态应予以确定，试件材料、尺寸和要达到的精度等级以及切削条件应在制造厂与用户之间达成一致。

2）工作精度检验中试件的检查。应按测量类别选择所需精度等级的测量工具。在某些情况下，工作精度检验可以用相应标准中所规定的特殊检验来代替或补充（如在负载下的挠度检验、动态检验等）。

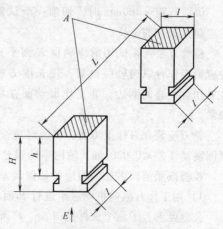

（1）平面铣床

1）用工作台机动进行 *A* 面的铣削（适用于立式、圆台式平面铣床）。

公差要求：①每个试件的 *A* 面的平面度公差为 0.020mm；②试件的等高度公差为 0.030mm。

检测器具与辅具：千分尺、平板和指示器。

切削条件和零件技术要求：切削条件：用端面铣刀；材料：铸铁。如图7-43所示，*L*

图7-43　机动铣削 *A* 面

为试件的长度或两试件外侧面之间的距离，$L = 1/2$ 纵向行程；$l = h = 1/8$ 纵向行程。

$L \leqslant 500$mm 时，$l_{max} = 100$mm；$500 < L \leqslant 1000$mm 时，$l_{max} = 150$mm；$L > 1000$mm 时，$l_{max} = 200$mm。$l_{min} = 50$mm。

纵向行程 $\geqslant 400$mm 时，切削一个或两个试件，纵向切削应超过两端试件的长度。

纵向行程 < 400mm 时，切削一个试件，纵向切削应超过试件的全长。

检验方法：在试切前应确保 E 面平直。切削试件应沿工作台纵向轴线放置，使长度 L 相等地分布在工作台中心的两边。非工作滑动面在切削时均应锁紧。

铣刀应装在刀杆上刃磨，安装时应符合下列要求：径向圆跳动误差 $\leqslant 0.020$mm，端面圆跳动误差 $\leqslant 0.020$mm，轴向窜动误差 $\leqslant 0.030$mm。

检验按照前面讲述的相应的几何误差检验方法进行操作。

2) 用工作台纵向机动进给进行 A 面的铣削。用工作台纵向机动和主轴箱垂向手动进行 B 面的铣削，接刀处重叠 $5 \sim 10$mm（适用于柱式、滑枕式平面铣床）。

公差要求：①每个试件的 B 面、F 面的平面度公差为 0.020mm；②试件的等高度公差为 0.030mm；③B 面、F 面分别对 E 面的垂直度公差为 0.020mm/100mm；④B 面与 F 面的平行度公差（F 面仅适用于双柱平面铣床）为 0.030mm。

检测器具与辅具：平尺、量块、外径千分尺、指示器和角尺。

切削条件和零件技术要求：用套式面铣刀进行滚铣，用同一把铣刀进行端铣；材料：铸铁。如图 7-44 所示，L 为试件的长度或两试件外侧面之间的距离，$L =$ 纵向行程/2；$l = h =$ 纵向行程/8。

$L \leqslant 500$mm 时，$l_{max} = 100$mm；$500 < L \leqslant 1000$mm 时，$l_{max} = 150$mm；$L > 1000$mm 时，$l_{max} = 200$mm。$l_{min} = 50$mm。

纵向行程 $\geqslant 400$mm 时，切削一个或两个试件，纵向行程应超过两端试件的长度。

纵向行程 < 400mm 时，切削一个试件，纵向切削应超过试件的全长。

检验方法：在试切前应确保 E 面平直。切削试件应沿工作台纵向轴线放置，使长度 L 相等地分布在工作台中心的两边。非工作滑动面在切削时均应锁紧。

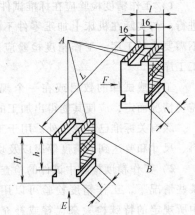

图 7-44　机动铣削 A 面，机动和手动铣削 B 面

铣刀应装在刀杆上刃磨，安装时应符合下列要求：径向圆跳动误差 $\leqslant 0.020$mm，端面圆跳动误差 $\leqslant 0.020$mm，轴向窜动误差 $\leqslant 0.030$mm。

检验按照前面讲述的相应的几何误差检验方法进行操作。

3) 用工作台纵向机动进给进行 B 面的铣削（适用于端面式平面铣床）。

公差要求：①每个试件的 B 面、F 面的平面度公差为 0.020mm；②B 面、F 面分别对 E 面的垂直度公差为 0.020mm/100mm；③B 面与 F 面的平行度公差（F 面仅适用于双端面平面铣床）为 0.030mm。

检测器具与辅具：平尺、量块、指示器和角尺。

切削条件和零件技术要求：用端面铣刀；材料：铸铁。如图 7-45 所示，L 为试件的长度或两试件外侧面之间的距离，L = 纵向行程/2；$l = h$ = 纵向行程/8。

$L \leqslant 500$mm 时，$l_{max} = 100$mm；$500 < L \leqslant 1000$mm 时，$l_{max} = 150$mm；$L > 1000$mm 时，$l_{max} = 200$mm。$l_{min} = 50$mm。

纵向行程 ≥ 400mm 时，切削一个或两个试件，纵向行程应超过两端试件的长度。

纵向行程 < 400mm 时，切削一个试件，纵向切削应超过试件的全长。

检验方法：在试切前应确保 E 面平直。切削试件应沿工作台纵向轴线放置，使长度 L 相等地分布在工作台中心的两边。非工作滑动面在切削时均应锁紧。

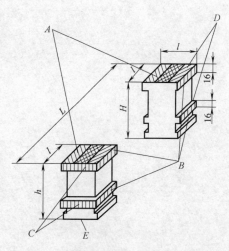

图 7-45　机动铣削 B 面

铣刀应装在刀杆上刃磨，安装时应符合下列要求：径向圆跳动误差 ≤ 0.020mm；端面圆跳动误差 ≤ 0.020mm；轴向窜动误差 ≤ 0.030mm。

检验按照前面讲述的相应的几何误差检验方法进行操作。

（2）摇臂铣床

1）用工作台纵向（X 轴）机动和床鞍横向（Y 轴）手动进给铣削 A 面，接刀处重叠 5 ~ 10mm；

2）用工作台纵向（X 轴）移动和床鞍横向移动（Y 轴）、升降台垂向手动进行 B 面、D 面、C 面铣削。

公差要求：①每个试件的 A 面的平面度公差为 0.020mm；②试件的等高度公差为 0.030mm；③C 面和 B 面、D 面和 B 面的相互垂直度公差及 B 面、C 面、D 面分别对 A 面的垂直度公差为 0.020mm/100mm。

检测器具与辅具：平板和指示器、千分尺、角尺和量块。

切削条件和零件技术要求：①用套式面铣刀；②用同样的铣刀进行滚铣；材料：铸铁。如图 7-46 所示，L 为试件的长度或两试件外侧面之间的距离，L = 纵向行程/2；$l = h$ = 纵向行程/8。

$L \leqslant 500$mm 时，$l_{max} = 100$mm；$500 < L \leqslant$

图 7-46　摇臂铣床工作精度切削条件图

1000mm 时，$l_{max} = 150mm$；$L > 1000mm$ 时，$l_{max} = 200mm$；$l_{min} = 50mm$。

纵向行程≥400mm 时，切削一个或两个试件，纵向行程应超过两端试件的长度。

纵向行程＜400mm 时，切削一个试件，纵向切削应超过试件的全长。

检验方法：在试切前应确保 E 面平直。切削试件应沿工作台纵向轴线放置，使长度 L 相等地分布在工作台中心的两边。铣刀应装在刀杆上刃磨，安装时应符合下列要求：①径向圆跳动误差≤0.020mm；②端面圆跳动误差≤0.030mm，切削时所有非工作滑动面均应锁紧。

检验按照前面讲述的相应的几何误差检验方法进行操作。

复习思考题

1. 简述机床和设备验收概要。

2. 叙述直角尺（或方尺）打表检测导轨垂直度的检验法。

3. 如何检测刀架移动对主轴轴线的平行度误差？

4. 车床的跳动误差检验有哪几项要求？

5. 简述车床工作精度检验通用要求的内容。

6. 车床几何精度检验和工作精度检验结论的判定原则是什么？

7. 摇臂铣床工作台面的平面度误差如何检测？

8. 简述平面铣床主轴锥孔轴线的径向圆跳动误差检测方法。

9. 如何检测摇臂铣床工作台面平行度误差？

第 八 章

各类毛坯件和表面处理及热处理的检验

培训目标： 通过学习了解冲压（轧制）毛坯检验的相关知识；熟悉冲压（轧制）的检验内容及方法；了解铸件毛坯检验的相关知识；熟悉铸件的检验内容及方法；了解锻造毛坯检验的相关知识；熟悉锻造件的检验内容及方法；了解焊接件检验的相关知识；熟悉焊接件的检验内容及方法；了解镀涂（表面处理）检验的相关知识；熟悉镀涂（表面处理）件的检验内容及方法；了解热处理的类别，熟悉热处理检验的项目、内容和方法；掌握热处理硬度测量的常用方法。

由于机械产品检验这个职业包含了：模型检查工，铸件检查工，锻件检查工，机械检查工，热处理检查工，量具检查工，电镀、油漆检查工，铆、焊检查工，刀具检查工，轴承检查工，特殊材料检查工，化学零件检查工等33个工种，这些工种应掌握一些必要的各类毛坯件、表面处理和热处理的相关知识和技能，这一章，概要地介绍这些相关内容。

毛坯的种类很多，每一种毛坯又有许多不同的制造方法。机械制造中，常用的毛坯类型有型材、铸件毛坯、锻件毛坯、焊接件毛坯、冲压件毛坯等金属毛坯，以及注塑件、压铸件等塑料毛坯和刀具常用的粉末冶金毛坯件等。在加工前，各类毛坯均需要进行形状、尺寸、外表质量和内部性能的检验验收，以便满足加工中对毛坯的质量要求。

在机械加工中，以冲压（轧制）件（各类型材）、铸件、锻件以及焊接件四类毛坯最为常用，下面就这几种毛坯的检验项目、内容和方法进行讨论。

◇◇◇ 第一节　冲压（轧制）件毛坯的检验

一、冲压（轧制）件

有些国家把冲压成形法分为两种，一种是成形模具做旋转运动，如滚花和螺纹成形（图8-1），另一种是成形模具做直线运动，如模镗冲压（图8-2），模镗冲压内六角螺钉或十字槽螺钉时，既可使用冷态材料也可使用热态材料。

我国冲压件的加工方法通常有冲裁（冲制、裁剪）、弯曲和拉深加工三种，有时三

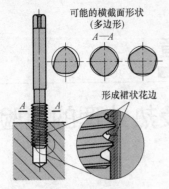

图 8-1　螺纹成形法

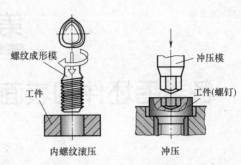

图 8-2　冲压成形法

者在一台机器上一次完成。按照加热与否可以分为热加工和冷加工。据其变形特点，可以分为两大类：一类是分离工序，主要包括切断、冲裁、切口、切边等，其特点是板料所受外力超过抗剪强度，使其一部分与另一部分相互分离；另一类是变形工序，主要包括弯曲、拉深、成形等，其特点是原材料（板料、棒料、方钢等，下同）受力超过屈服极限，小于强度极限，使其产生塑性变形得到一定形状。此外，为了提高劳动生产率，常将两个以上的基本工序合并成一个工序，如落料拉延、切断弯曲、冲孔翻边等，这称为复合工序。在生产实际中，对于批量生产的零件绝大部分是采用复合工序。

由于原材料质量、压力机精度、模具结构和冲压工艺过程等会引起各种不合格品，冲压加工技术极富经验性，要解决冲压加工中的不合格品更是如此；针对这些不合格品应当采取的措施，作为高级检验人员应该比较全面的掌握。

1. 冲压件的检验项及内容

冲压件的检验项（七大项）包括：金属物理性能检验、金属力学性能检验、金属工艺性能检验、金属金相组织检验、金属无损伤检验、金属化学性能检验、钢铁与铁合金化学分析。

2. 冲压件外观检验

冲压件毛坯易出现的不合格状态及其检验方法见表 8-1。

表 8-1　冲压件毛坯易出现的不合格状态及其检验方法

序号	类别	状态	检验方法
1	冲裁	1）由发热引起的故障 2）剪切断面形状不良 3）冲压件形状不良 4）废料堵塞 5）废料上移	到目前为止，消除冲裁加工中所产生的不合格，均以在静态下调整模具间隙为主要措施
2	弯曲	1）弯曲裂纹 2）翘曲 3）回弹 4）冲撞不合格 5）形状不良、精度差	

（续）

序号	类别	状态	检验方法
3	拉拔或拉伸	1）深拉深破裂 2）胀形破裂 3）凸缘延伸裂纹 4）纵弯曲折皱 5）壁增厚折皱 6）表面精度不良（外观不好） 7）表面形状不良 8）制订消除不合格的方法	到目前为止,消除冲裁加工中所产生的不合格,均以在静态下调整模具间隙为主要措施

3. 冲压件力学性能检验

冲压件力学性能检验项包括：拉伸试验、冲击试验、硬度试验等。

4. 冲压件工艺性能试验

金属材料的工艺性能，是指金属材料所具有的能适应各种加工工艺要求的能力。工艺性能是机械、物理、化学性能的综合表现。

金属材料常用铸造、压力加工、焊接和切削加工等方法制造成零件，各种加工方法均对材料提出了不同的要求。

二、金属材料轧制件

1. 金属材料轧制件的检验项内容

金属材料扎制件的检验项（七大项）与冲压件相同。

2. 轧制件外观检验

（1）轧制件的外观不合格　轧制件毛坯外观不合格检查的主要内容有：不圆度、形状不正确、弯曲度、裂纹、锈蚀、非金属夹杂物、金属夹杂物、脱碳等指标。

（2）外观不合格检验方法　型材外观不合格的特征及其检验方法见表8-2。

表8-2　型材外观不合格的特征及其检验方法

序号	不合格名称	不合格的特征	检验方法
1	不圆度	圆形截面的轧材,如圆钢和圆形钢管的横截面上,各个方向上的直径不等	用游标卡尺检验同一截面的不同方向,并沿轴向选择所需检验的截面进行检验
2	形状不正确	轧材横截面几何形状歪斜、凹凸不平,如六角钢的六边不等、角钢顶角大、型钢扭转等	针对不同的形状及检验不同的尺寸选择用游标卡尺检验同一截用游标卡尺、万能角度尺、样板、直尺棱边等进行检验
3	裂纹	一般呈直线状,有时呈 Y 形,多与拔制方向一致,但也有其他方向,一般开口处为锐角	小裂纹可用磁粉探测;较大裂纹可凭肉眼观察
4	弯曲度	轧制件在长度或宽度方向不平直,呈曲线状	用较长的直尺棱边检验

（续）

序号	不合格名称	不合格的特征	检验方法
5	锈蚀	表面生成铁锈，其颜色由杏黄色到黑红色，除锈后，严重的有锈蚀麻点	凭肉眼观察
6	非金属夹杂物	在横向酸性试片上可见到一些无金属光泽，呈灰白色、米黄色和暗灰色等色彩，系钢中残留的氧化物、硫化物、硅酸盐等	凭肉眼观察或进行化学试验
7	金属夹杂物	在横向低倍试片上见到一些有金属光泽与基体金属显然不同的金属盐	
8	脱碳	钢的表层碳分较内层含碳量降低的现象称为脱碳。全脱碳层是指钢的表面因脱碳而呈现全部为铁素体组织；部分脱碳是指在全脱碳层之后到钢的含碳量未减少的组织处	金相组织观察或进行化学试验

3. 轧制件力学性能检验

GB/T 10623—2008《金属材料　力学性能试验术语》中对力学性能的定义为：材料在力作用下显示的与弹性和非弹性反应相关或包含应力-应变关系的性能。力学性能检验包括拉伸试验、冲击试验、硬度试验等。

（1）拉伸试验

1）拉伸试验的内容包括室温下拉伸、高温下拉伸、金属薄板拉伸、焊缝及堆焊金属材料的拉伸等。

2）拉伸试验的目的是测试材料的规定非比例延伸强度 R_p、规定残余延伸强度 R_r、抗拉强度 R_m、断后伸长率 A、断面收缩率 Z 等力学性能。

3）拉伸试验设备有油压万能材料试验机、杠杆试拉力试验机、引伸计等。

（2）冲击试验　冲击试验是一种动力学试验，也称冲击韧性试验。用这种试验测定材料的冲击韧性 a_k 值。根据试样的形式和断裂形式，冲击试验可分为拉伸冲击、弯曲冲击和扭转冲击等；按冲击试验次数可分为一次冲击和多次冲击试验；按冲击形态可分为摆锤式试验和落锤式试验等；按试样形态又可分为有缺口和无缺口两种，有缺口试验的目的是改变试样的应力分布状态。目前工程技术上广泛采用的是一次性摆锤弯曲冲击试验。

（3）硬度试验　金属材料抵抗物体压陷表面的能力称为硬度。硬度不像强度、伸长率等，硬度不是一个单纯的物理和力学量，而是代表弹性、塑性形变强化率、强度、韧性等一系列不同物体性能组合的一种综合性能指标。

1）硬度试验分为压入法和刻划法。在压入法中，根据加载速度不同又分为静载压入法和动载压入法。按试验温度高低可分为高温和低温下的硬度试验。目前生产中常用的是静载压入法。

硬度与强度之间可进行换算，见表8-3。

表 8-3　硬度与强度的换算

序号	金属材料	硬度范围供货状态	经验公式
1	未淬硬钢（碳钢）	<175HBW	$R_m \approx 0.362HBW$
		>175HBW	$R_m \approx 0.345HBW$
2	未淬硬钢（碳钢）	<10HRC	$R_m \approx 51.32 \times 10^4/(100-HRC)^2$
3	铸钢（碳钢铸件）	<40HRC	$R_m \approx (0.3 \sim 0.4)HBW$
		>40HRC	$R_m \approx 8.610^3/(100-HRC)$
4	灰铸铁	10~40HRC	$R_m \approx (HBW-40)/6$
			$R_m \approx 48.86 \times 10^4/(100-HRC)^2$
5	高碳钢	<255HBW	$R_m \approx 0.304HBW \pm 5$
6	铝	25~32HBW	$R_m \approx 0.27HBW$
7	硬铝	<100HBW	$R_m \approx 0.36HBW$
8	铝合金	<45HBW	$R_m \approx 0.266HBW$
9	铜	<150HBW	$R_m \approx 0.55HBW$
10	黄铜（H90、H80、H86）	<150HBW	$R_m \approx 0.35HBW$
11	黄铜（H62）	<164HBW	$R_m \approx 0.43 \sim 0.46HBW$
12	Cu-Zn-Al 合金	80~90HBW	$R_m \approx 0.48HBW$

2）常用的静载压入法试验方法有布氏硬度试验、洛氏硬度试验、维氏硬度试验和显微硬度试验。不同的硬度使用于不同的场合，各种硬度的测试方法也不相同。

3）不同硬度之间可以近似换算。当硬度大于 220HBW 时，1HRC≈10HBW。

4. 轧制件工艺性能试验

金属材料的工艺性能，是指金属材料所具有的能适应各种加工工艺要求的能力。工艺性能是力学、物理、化学性能的综合表现。

◇◇◇◇ 第二节　铸造的检验

一、铸造的检验项目

铸造的检验项目包括铸造工序检验、铸件成品检验等，具体项目如图 8-3 所示。

二、铸造工序检验

毛坯的检验内容中，毛坯工序检验是在铸造工序过程中进行的。铸造工序的检验项目如下：铸型的检验、配料的检验、合金冶炼检验、浇注的检验、清理的检验、吹砂的检验。

1. 铸型的检验

（1）砂型铸型的检验

1）模样的检验内容及方法：

① 模样的结构形式、分型面是否符合要求。

② 模样的钉接情况，纵向、横向撑挡起模装置是否牢固。

③ 模样的组合、装配是否合理和灵活好用。

④ 模样的形状、尺寸有无翘曲、变形。

2）型芯砂的检查内容及方法：

① 型砂有无染物，规格是否符合要求。

② 配备百分比是否正确，并检查配制过程。

③ 查看型砂的试验报告。

④ 型砂的存放时间是否符合规定。

3）砂芯的检验内容及方法：

① 用塞尺、专用样板检查砂芯的形状和几何尺寸。

② 砂芯有无毛刺、裂纹、凹凸不平的工作面和露出的芯骨。

③ 冷铁的安放位置和数量是否正确。

④ 形成铸件基准面的砂芯是否平整光洁，有无缺陷。

⑤ 干砂芯是否干透，有无过烧现象；颜色是否符合棕褐色或标准件的要求。

⑥ 砂芯通气孔是否畅通。

⑦ 砂芯有无合格标记。

⑧ 砂芯的存放时间是否符合规定。

4）造型合箱的检验内容及方法

① 模样是否完整，有无合格证。

② 冷铁的数量及安放位置是否正确，并用硬度计检查型砂的实度。

③ 砂芯是否有合格标记。

④ 砂芯放入铸型后用样板检查下芯位置的正确性。

⑤ 合箱时注意浇道畅通。

⑥ 合箱后的铸型在浇注前的停放时间是否符合规定。

（2）金属型的检验 金属型准备检验如下：

1）金属型有无合格证，各组件是否齐全。

2）型腔内的油污或旧涂料是否清除干净，通气塞及通气槽是否畅通。

3）涂料的成分和配制百分比是否符合要求。

4）金属型涂料的预热温度、涂料喷涂的厚度和分布情况是否符合要求。

5）浇注机是否灵活好用。

6）金属型的工作温度。

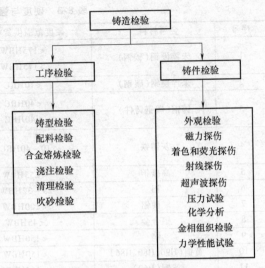

图 8-3　铸造检验项目

（3）熔模精密铸造铸型的检验

1）熔模制作的检验内容：

① 模料成分和配制百分比是否正确。

② 用水银温度计检验模料熔化温度、时间。

③ 模料压型温度和保持时间、压力是否正确。

④ 模料存放温度和时间是否符合规定。

⑤ 检查蜡模的表面质量。

⑥ 用专用量具检验蜡模的几何形状和指定的重要尺寸。

⑦ 蜡模组合的正确性和焊接的质量，有无熔化现象、粘料、机械损伤、杂物、变形等缺陷。

⑧ 模组的存放温度是否合适。

⑨ 模组表面是否除油干净。

2）型壳制作检验内容：

① 硬化剂的配制，石英粉和石英砂（刚玉粉、刚玉砂）是否洗涤干净，是否经高温烘烤，粒度是否符合要求。

② 水玻璃（或硅酸乙酯）处理后的性能是否符合要求。

③ 涂料成分和配制百分比、涂料的物理性能是否符合要求。

④ 熔模组表面油脂是否除净，模组表面质量是否符合要求。

⑤ 模组的涂料层是否均匀，涂料层数是否符合要求。

⑥ 型壳在涂制涂料后到熔失熔模的停放时间是否过长或过短。

⑦ 模组涂料层是否有脱落和裂纹。

⑧ 模组熔失时间以及熔失后型壳的表面质量是否符合要求。

⑨ 熔模熔失后，是否按规定时间送低温烘烤。

⑩ 型壳烘烤的温度和时间是否正确。

⑪ 型壳的存放时间和温度是否符合要求。

⑫ 型壳的焙烧时间和温度是否符合要求。

2. 配料的检验

配料检验一般包括如下内容：

1）查看原材料有无合格证、牌号，规格是否符合要求。

2）检验中间合金、回炉料的化学成分和质量是否符合要求。

3）检验配料成分和配制百分比是否符合规定。

4）检验辅助材料是否符合使用要求，有使用期限的，是否达到和超过使用期限。

3. 合金熔炼的检验

（1）铝镁合金熔炼的检验内容

1）熔炼坩埚的涂料和预热温度是否正确。

2）熔炼工具有无涂料和是否经过预热。

3）炉料表面是否清除干净。

4）炉料的预热温度、时间、加料顺序、中间合金加人时的温度是否正确。

5）熔化过程中合金的温度是否有超温或因仪表失灵而跑温的现象。

6）查看炉前化学分析、光谱分析的报告结果。

7）合金精炼的温度、精炼剂用量是否正确。

8）合金变质的处理情况，变质剂干燥情况，合金变质温度、时间、变质后的质量是否符合要求。

9）铝合金应检验含气率，镁合金应检验断口结晶。

10）每熔化炉次的熔化时间是否超过规定的要求。

（2）铜合金熔炼的检验内容

1）炉料表面是否清理干净。

2）炉料是否预热。

3）熔化工具是否刷了涂料和经过预热。

4）覆盖剂是否干燥。

5）加料顺序、脱气的温度是否正确。

（3）碳素钢、磁钢、高温合金和合金铸铁熔炼的检验内容

1）炉料表面是否干净，是否按需要进行预热。

2）加料顺序、中间合金和贵重元素的加料温度、合金的精炼温度是否正确。

3）注意炉前光谱取样温度和化学成分的分析结果。

4）按规定要求检验脱氧剂的质量。

5）合金熔炼后，保温的温度是否符合规定要求。

6）检查性能用的试样炉号是否正确。

4. 浇注的检验

浇注的检验内容如下：

1）检查铸型是否准备好了，要求模壳加脱碳保护剂的是否加了脱碳保护剂。

2）查看是否需要检验合金出炉温度和浇注温度。

3）观察浇注的渣子是否挡好，液流是否均匀，是否有中断现象；浇注速度是否符合要求，冒口是否充满。

4）查看铸件铸型内停留时是否正确；检验金属型铸件首件的形状、尺寸及表面质量是否符合图样要求。

5）查看金属型浇注过程中铸型的涂料有无脱落现象。

6）在浇注过程中，必须经常抽查铸件规定形状、尺寸和表面质量，注意有无变形现象。

7）查看力学性能和化学分析试样的浇注时间、数量、炉号是否符合要求，每个熔炼炉次的浇注时间是否正确。

5. 清理检验

（1）浇注后开箱清理时的检验内容

1）铸件上的型砂、芯骨是否完全清理干净，浇冒口是否按牌号分别存放。

2）查看铸件上炉号是否清楚、正确，施工卡片填写是否正确。

3）按规定挑选具有代表性的零件作试样。

（2）铸件清理过程中的检验内容

1）铸件非加工表面和基准面上的浇冒口残余量、毛刺、波纹、氧化皮、铸瘤等是否打磨得符合要求，加工表面上所有残余量是否符合尺寸公差。

2）用铜管细孔铸造的铸件，需检查腐蚀剂的浓度和铜管内是否干净。

3）铸件上有无机械损伤和变形。

4）铸件清理干净后，铸件上打炉号的位置是否正确、清楚。

6. 吹砂的检验

铸件吹砂的检验内容如下：

1）砂子粒度是否符合要求，压缩空气的压力是否符合规定。

2）铸件表面油脂脏物、氧化皮等是否吹干净。

3）铸件有无碰伤和变形。

4）铸件是否按炉次吹砂，实际数量与工艺（工序）流转卡上的数量是否相等。

三、铸件成品检验

1. 外观检验

铸件成品的外观检验包括外观质量检验和几何尺寸检验两项内容：

（1）外观质量检验　铸件外观质量检验项目见表8-4，表面粗糙度（Ra值）检验见表8-5。

表8-4　铸件外观质量检验项目

序号	检验项目	检验方法	检验依据	检验频次	检验人员
1	铸件表面有无飞边、毛刺、粘砂、氧化皮等	目视检查	技术条件	100%	操作员
2	铸件表面有无气孔、缩孔	目视检查	技术条件	100%	检验员
3	铸件表面有无夹渣、多肉、缺肉	目视检查	技术条件	100%	检验员
4	加工定位表面平整光洁	目视检查	图样要求	100%	检验员
5	铸件非加工面允许有小于加工余量2/3的不合格存在	卡尺	技术条件	100%	检验员
6	铸件表面无裂纹	磁粉探伤	技术条件	100%	检验员
7	铸件表面粗糙度	与标准样块对比	技术条件	抽查	检验员
8	铸件表面均匀涂防锈漆或防锈油	目视检查	技术协议	100%	检验员

表8-5　铸件表面粗糙度（Ra值）　　　　　　（单位：μm）

分类	小件（<100kg）		中件（100~1000kg）		大件（>1000kg）	
	一般件	较好件	一般件	较好件	一般件	较好件
铸钢砂型	50	25	100	25	100	50
铸铁砂型	25	12.5	50	25	100	50

（2）几何尺寸检验　实际尺寸制造的准确程度称为精度。按 GB/T 6414 的规定，不同的铸造方法采用不同的精度等级。

几何尺寸的检验应按规定的标准，用划线的方法进行检验，一种方法是采用划线法检查毛坯的加工余量是否足够；另一种方法是用毛坯的参考基准面（也称工艺基准面）作为毛坯的检验基准面的相对测量法（需要测量相对基准面的尺寸及进行简单换算）。

铸件检验一般按图样规定的尺寸作为测量的公称尺寸，根据图样规定的公差判定尺寸是否合格。图样没有规定的，不同的铸造方法铸件尺寸公差数值不同，查阅相关的国家标准。

具体检验方法如下：

1）在成批量生产及工艺过程稳定的条件下，一般只抽查几个容易变动的部分或要求精确的尺寸，进行划线检验，其他尺寸可采取定期划线检验。对尺寸有怀疑的地方，可随时进行划线检验。

2）划线用的铸件应从正常生产中抽取，必须清除冒口，并将表面毛刺打磨干净；其表面必须平整。

3）划线时，应从图样上规定的基准开始，按图样要求检验所有尺寸。

4）划线后，应将结果填写在划线报告中并通知有关单位。

2. 磁粉探伤检验

对于表面或近表面的微小缺陷，如微裂纹、气孔、夹渣等可用磁粉探伤检验，方法如下：

1）将待检铸件放在电磁铁的正负极间，使磁力线通过铸件，如图 8-4 所示。

2）然后在铸件被测表面上浇上磁粉悬浮油液。

3）如果铸件表面存在缺陷，缺陷处磁阻很大，阻碍磁力线通过致使一部分磁力线在缺陷处穿出铸件表面，绕过缺陷再进入铸件而达到电磁铁的另一个极。

4）这些穿出铸件表面的磁力线，就会将油液中悬浮的磁粉吸住，形成与缺陷形状相似的图案，并且磁粉吸聚的位置就指示出缺陷所处的位置。

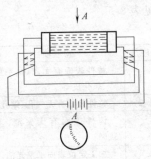

图 8-4　磁粉探伤原理

3. 着色和荧光探伤检验

对于铸件表面的微细缺陷，如微细裂纹、疏松等缺陷，可用着色和荧光探伤来检验。着色探伤的检验方法如下：

1）检验时，在经过加工过的被检验的表面上，徐上一层渗透性很好的着色液，如煤油、丙酮、颜料等的混合物。

2）待着色液渗入表面上的孔隙内后，把着色液从被检表面上揩去。

3）然后喷上一薄层锌白，这时残留在孔隙的着色液又被吸到表面上，从而显示出铸件上缺陷的形状和位置，如图 8-5 所示。

荧光探伤和着色探伤一样，不同的只是渗透液是荧光渗透液，在紫光灯照射下，能发出荧光，从而显示出缺陷的形状和位置。

4. 射线探伤检验

对于铸件内部的缺陷，如气孔、缩孔、夹渣等缺陷，可用射线探伤（X射线或γ射线探伤）来检验。射线探伤的检验方法如下：

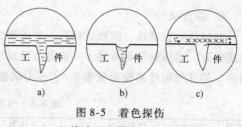

图 8-5　着色探伤
a）渗透　b）揩去　c）显示

1）凡图样或技术条件要求进行射线探伤检验内部质量的铸件，应先经目视检验，其表面应无毛刺，并切除浇冒口和清理干净后方可进行。

2）使射线通过被检铸件。当射线透过物体时，与物体中原子相互作用，射线不断地被吸收和散射而逐渐衰减。衰减的快慢与物体的密度有关，密度越大，衰减越快。

3）铸件气孔、缩孔和夹渣中的物质，一般都远比铸件金属的密度低，射线经过缺陷作用在底片上的能量较大，因而在底片上可显示出缺陷的图形。

4）使用 X 射线和 γ 射线探伤时，要注意安全防护。

5）X 射线探测的厚度一般在 50mm 以下；γ 射线探测的厚度一般在 150mm 以下。

5. 超声波探伤检验

对于铸件内部的缺陷，如气孔、裂纹、夹渣、缩松等缺陷，可用超声波探伤来检验。其探测铸件壁厚可达到 10m。超声波探伤的检验方法如下：

1）探伤时，为使探头发射的超声波能大部分进入铸件内部，应在铸件放置探头的探测面上涂刷一层耦合剂（如机油）。

2）然后一边按一定的路线缓慢地移动探头，一边注意探伤器示波屏上的图形，根据图形就可以确定缺陷的深度和大小，如图 8-6 所示。

3）图 8-6a 表示铸件没有缺陷，图形上只有铸件探测面上反射落成的 T 波和底面上反射形成的 B 波；图 8-6b 表示铸件有缺

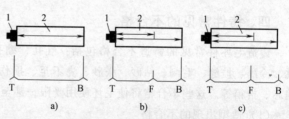

图 8-6　超声波探伤图形
a）无缺陷　b）有小缺陷　c）有大缺陷
1—探头　2—铸件

陷，图形上除了 T 波和 B 波外，还出现了因缺陷反射形成的 F 波，根据 F 波在 T 波和 B 波之间的位置，按比例可推出缺陷的位置（即深度）；缺陷越大，经缺陷反射的能量也越多，F 波的高度也越大，而 B 波相应要降低，如图 8-6c 所示。

4）根据缺陷的大小、所处的位置以及铸件材料的性质，结合生产经验，就可以判断它属于哪一种缺陷，或进一步用射线探伤判断缺陷的情况。

5）超声波探伤应用范围广泛，灵敏度高，设备小巧，运用灵活，但只能检验形状较简单的铸件，且表面要求经过加工等。

6. 压力试验

对铸件的致密性、疏松、针孔、穿通裂纹和穿通气孔等，可用压力试验检验。如汽轮机气缸、高压阀门等铸件，一般都应经过压力试验。压力试验分液压试验和气压试验两种。铸件气密性的检验见表 8-6。压力试验的检验方法如下：

表 8-6　气密性的检验

序号	试验方法	使用介质	工作压力	保压时间	试验结果	结论
1	水压试验	水	1～2 倍的铸件工作压力	15～20min	压力不下降	合格
2	气压试验	压缩空气	980kPa	5～10min	不冒气泡	合格

1）压力试验之前，铸件应经目视检验合格，铸镁件需经浸漆或浸油处理。

2）把具有一定压力的水、油或空气压入铸件内腔，如果铸件有贯穿的裂纹、缩松等缺陷，水、油或空气就会通过铸件的内壁渗漏出来，从而可发现缺陷的存在及其位置。

3）液压试验的压力容易升高，且试验时较安全，发现缺陷也较方便，所以应用较多。

4）气压试验时渗漏出来的气体很难发现，所以小铸件可浸在水中进行检验，大铸件可在容易产生缺陷的地方或怀疑处涂上肥皂水，当有气体渗出时，就有肥皂泡冒起。

5）当铸件不易构成密封的空腔而无法进行压力试验时，可倒入煤油检验铸件的致密性。因煤油黏度小，渗透性好，为了更容易显示渗漏的部位，还可在铸件的背面涂上白粉来增强显示效果。

四、铸件常见的不合格

铸造毛坯件常见的铸造不合格包括：气孔、缩孔、缩松、偏析、夹渣、砂眼、裂纹、冷隔、披缝、毛刺、粘砂、胀砂、浇不足、损伤、尺寸偏差、变形、错箱、错芯、偏芯、拾箱等。这些不合格将使毛坯使用受限，甚至造成报废。

（1）造型出现的不合格

1）粘砂（铸疤）。铸疤是铸件表面粗糙并且呈凸瘤状的隆起。它产生的原因有：型砂残余湿气的蒸发。这些蒸发的湿气稍后冷凝在砂层底部，导致砂箱壁变软。变软的部分可能会脱落（图 8-7a），脱落部分将导致型砂被包裹在铸件之内。

2）错箱（又称错型）。铸件错箱是指在合箱时上箱型面与下箱型面互不对称，两者偏移错开，产生相对位移，使铸件外形与图样不符。错箱产生的原因有：砂箱销扣得不紧等原因，导致上下砂箱之间木模脱模后形成的空腔错位，浇注后便产生错箱（图 8-7b）。

（2）浇注和冷却时出现的不合格

1）夹渣。夹渣在铸件上形成平坦光滑的表面凹穴。形成夹渣的原因有浇注溶液除渣不彻底以及不合理的浇口系统等。

2）气体空腔（气孔）。气孔是冷却在金属内部的气体无法逸出所致，严格遵照正

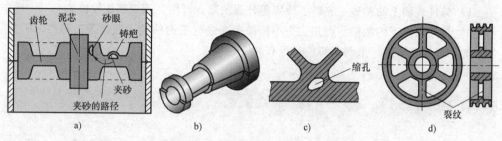

图 8-7　铸造常见不合格示意图

确的浇注温度可以在很大程度上避免气孔。

3）缩孔。缩孔是在冷却和凝固过程中，因冒口内的铸件材料已冷却而使内部液态金属无法继续通过冒口得到补偿所导致的收缩空腔（图 8-7c）。

4）偏析。所谓铸造偏析是指熔液的分解，即液态合金在铸型中凝固以后，铸件断面上各个部分及晶粒与晶界之间存在化学成分的不均匀现象。它有三种类型：晶内偏析、区域偏析和比重偏析。有时铸件上只存在某一种类型的偏析，有时则几种类型同时并存。由于偏析的存在，铸件断面上或晶粒与晶界处的机械性能也不一致，从而会影响到铸件的使用寿命。为此，在铸件的生产中，应尽量防止偏析的产生。它产生的原因有：合金元素的密度差别过大，偏析将导致在一个铸件内出现各不相同的材料特性。

5）铸件应力。铸件壁厚的差异、锐角过渡段以及阻碍收缩的设计结构等，都可能使铸件内形成应力。铸件应力的表现形式主要是铸件的扭曲，还有常见的裂纹（图 8-7d）。

（3）其余外观缺陷　铸件成品检验时可能发现的外观缺陷除上述还有一些铸造缺陷，与上述一并如图 8-8 所示，具体检验方法如下：

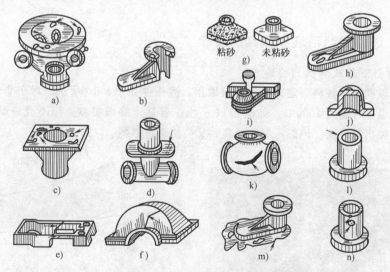

图 8-8　铸件成品外观缺陷

a）气孔　b）缩孔　c）渣眼　d）砂眼　e）热裂　f）冷裂　g）粘砂　h）结疤

i）错型　j）偏芯　k）冷隔　l）浇不到　m）拾箱　n）铁豆

1）铸件表面上的粘砂、夹砂、冷隔等外观缺陷，可用目测观察法检验。

2）铸件表皮下的缺陷，可用尖头小锤敲击来进行表面检验。通过敲击铸件，听其发出的声音是否清脆，来判断铸件是否有裂纹。

◈◈◈ 第三节　锻造的检验

锻造是对坯料施加外力使其产生塑性变形，以改变其尺寸、形状并改善其性能，用以制造机械零件、工件或毛坯的压力成形加工方法。由于锻件可使原材料经过模锻或自由锻来改变形状，改变内在质量达到精加工前工件的雏形，因此，使用锻件可以降低原材料的消耗，节省机械加工工时，提高生产率和力学性能，节约生产成本。适合选用锻件毛坯的一般是强度要求较高、形状比较简单的零件加工，如承受冲击、交变载荷，但结构形状较简单的轴、齿轮；汽车、摩托车的金属零件。

锻造检验包括工序检验和锻件（成品）检验两大项，具体检验项目如图 8-9 所示。

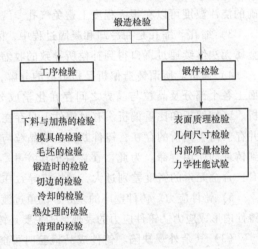

图 8-9　锻造检验项目

一、锻件材料毛坯和模具的检验

1．材料下料及加热的检验

锻压温度需视材料而定，必须查表取用。锻压件如图 8-10 所示。对于非合金建筑钢，锻压温度可达到 1000℃，如图 8-11 所示。若低于终锻温度，则不允许继续锻压，以防止工件出现裂纹。但锻压温度过高，又会使钢材燃烧。

图 8-10　模锻加工的转向轴

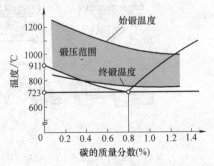

图 8-11　非合金钢的锻压范围

锻件毛坯材料和温度的检验见表8-7。

表8-7　锻件毛坯材料和温度的检验

序号	检验内容	检验方法及检验器具
1	原材料合格证及相关技术文件	目测
2	原配料成分及其含量	火花鉴别、光谱分析、化学分析
3	下料毛坯的规格、尺寸、表面质量、断口平整、质量是否符合工艺文件要求	目测、游标卡尺、磅秤
4	毛坯数量	计数、磅秤
5	每炉加热毛坯数量及在炉内安放位置是否符合工艺要求	目测、计数
6	毛坯的加热温度	测温仪
7	毛坯的加热时间	查看加热记录

2. 模具的检验

模具的检验在生产过程中非常重要：许多检验工艺或卡片中规定产品尺寸由模具保证。在大批量生产过程中，模具在温度交变、较大压力下的寿命一般都比较短（尺寸极限磨耗超限），所以对模具的控制是个薄弱环节，应引起检验人员的高度重视。一方面要对新模具进行控制，另一方面要对使用过程中的模具进行控制。

（1）新模具的检验　新模具在投入生产前，应查看模具有效期内的合格证或进行验证：对加工出的产品进行全尺寸检验，或者浇注样件。模具热处理后的硬度（模具在修理时有的先局部退火）直接关系到模具的使用寿命，硬度达不到要求会产生早期磨损，对锻件质量有很大影响，可用锉刀、硬度计等检验其硬度。

（2）在生产过程中模具检验　在使用中，应经常注意模具的质量变化情况。对锻件做首件检验，首件锻件检验合格后方能进行正常生产。

二、锻造过程检验

1. 毛坯的检验

毛坯的检验内容与方法：

1）检验材料合格证，对照牌号、炉批号、规格、状态等。

2）检验下料方法。

3）查对毛坯数量。

4）检验毛坯的规格、尺寸。

5）检验毛坯的表面质量及下料切头质量等。

2. 加热时的检验

加热时的检验内容与方法：

1）检验炉膛是否干净。

2）检验炉温。

3）检验加热毛坯的件数与其在炉中的位置是否符合规定。

4）检验毛坯加热的温度及时间等。

3. 锻造时的检验

锻造时的检验内容与方法：

1）查对生产用的工艺技术资料是否齐全。

2）检验工、模具是否有合格证。

3）检验工、模具的预热及模具的安装情况。

4）检验锻造时的操作方法，如毛坯放置、锤击的快慢及润滑情况等。

5）检验始锻温度、终锻温度。

6）抽查锻造成品的尺寸、形状和表面质量。

7）检验锻件的批次号标记是否正确等。

锻造过程检验一般情况下是控制出炉温度、始锻温度和终锻温度；对于有些产品还需要热检尺寸；还有一些产品对纤维组织有要求时，对锻造过程要进行检验，观察是否按工艺要求进行几个方向的锻造（自由锻），并送样进行组织观察。

4. 切边的检验

切边（冲孔）的检验内容与方法：

1）查对所用模具是否符合图样规定，有无合格证。

2）检验模具安装情况。

3）检验切边（冲孔）方法。

4）检验切边（冲孔）后的外观质量和尺寸。

5. 冷却的检验

冷却的检验内容与方法：

1）检验冷却的方法。

2）检验冷却后锻件的质量，主要是检验外观、形状等。

自由锻时，通过对毛坯件有目的地锤打，产生最终工件形状。加工过程中，材料可在模具之间自由移动。自由锻主要加工单件工件或为模锻准备预成形件；模锻时，在一个由两部分组成的锻模中把毛坯件锤打成所需的锻件，模具是由耐高温工具钢制成的钢模。对钢模的耐磨损要求非常高，一副钢模的使用寿命必须达到可锻打 10000 ~ 100000 件工件。

锻造时的检验见表 8-8。

表 8-8　锻造时的检验

序号	检验内容	检验方法
1	生产用工艺技术资料是否齐全	目测
2	工、模具合格证	目测
3	工、模具预热及模具的安装情况	目测、手测法
4	锻造时操作方法（毛坯放置方法、锤击快慢与轻重、润滑情况等）	目测
5	始锻、终锻温度	测温仪
6	抽查锻件的尺寸、形状、表面质量	游标卡尺、目测、划线检验
7	锻件数量	称重或计数
8	锻件的炉批及生产批次标记	目测

6. 热处理的检验

热处理的检验内容与方法：

1）检验锻件的装炉、出炉情况。

2）检验热处理温度及保温时间。

3）检验锻件的冷却方法。

4）检验锻件的硬度。

5）检验锻件的外观质量（有无变形、裂纹等）。

6）检验锻件的热处理印记。

7. 清理的检验

清理的检验内容与方法：

1）检验清理后的表面质量。

2）检验锻件的数量。

三、锻件成品检验

锻件外观检验包括表面质量、几何形状和尺寸检验两项内容。

1. 表面质量检验

表面质量检验的内容与方法：

1）用目视观察锻件表面有无裂纹、折叠、端部凹陷、伤痕和过烧等缺陷。

2）对某些有缺陷的锻件，当不能立即作出判断时，可在冷铲或机械粗加工后，再检验确定。

3）对表面细微裂纹等缺陷，当用目测不能直接发现时，可用磁粉探伤、着色探伤和荧光探伤检验。

2. 几何形状和尺寸检验

锻件的几何形状和尺寸，应按锻件图样要求进行检验，常用的检验方法如下：

（1）划线检验　先以锻件某一较精确的部分为基准划出基准线，然后用量具进行测量。图 8-12 所示连杆锻件的两头部、两孔及杆部都可能出现不对称情况（如尺寸 A、B）。如果杆部及小头的相对位置较精确，则可划出它们的中心线，以中心线为基准，测量大头及大孔。

（2）样板检验　对于形状复杂的锻件，如吊钩、扳手等锻件，可用样板进行检验。

（3）圆弧半径的检验　对于带有圆弧的锻件，可用半径样板检验，如图 8-13 所示。

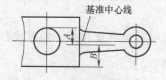
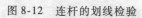

图 8-12　连杆的划线检验

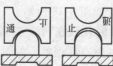
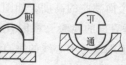

图 8-13　用半径样板检验圆弧半径

（4）高度与直径的检验　单件和小批生产时，一般可用游标卡尺、高度尺进行测量。大批量生产时，可用极限卡板检验，如图8-14所示。

（5）壁厚的检验　壁厚一般可用游标卡尺等通用量具检验。大批量生产时，可用有扇形刻度的外卡钳来测量，如图8-15所示。

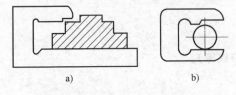

a)　　　　　　b)

图8-14　用极限卡板检验

a）高度检验　b）直径检验

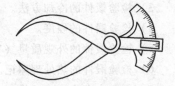

图8-15　带有扇形刻度的外卡钳

（6）错移的检验　对于杆类或轴类锻件，有横向错移时，可用游标卡尺测量分模线处的直径误差，如图8-16所示，错移量Δe为：

$$\Delta e = \frac{D_1 - D_2}{2}$$

（7）偏心度的检验　用游标卡尺测量锻件偏心最大处同一直径两个方向上的尺寸A和A'，如图8-17所示，其偏心度e为：

$$e = \frac{A - A'}{2}$$

（8）轴类锻件弯曲度的检验　将轴类锻件放在平板上滚动检验，也可用V形架将锻件两端架起慢慢转动，用划线盘进行检验。

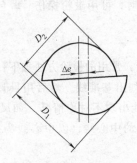

图8-16　错移的检验

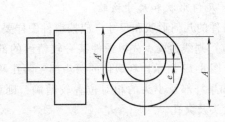

图8-17　偏心度的检验

（9）翘曲度的检验　测量时，将锻件的其中一个平面放在平台上，用游标高度卡尺测量另一个面翘曲的高度，如图8-18所示。

（10）垂直度的检验　将锻件放在两个V形架上，用指示表测量其某一端面或凸缘，即可测出端面与中心线的垂直度误差，如图8-19所示。

3．内部质量的检验

检验锻件内部缺陷的常用方法包括：低倍检验、高倍检验和无损检测。

（1）低倍检验　低倍检验的内容与方法：

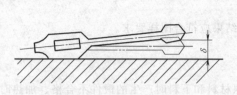

图 8-18　翘曲度的检验

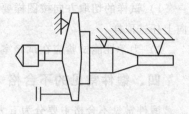

图 8-19　垂直度的检验

1）用肉眼或借助于 10～30 倍的放大镜，检验锻件断面上的缺陷。

2）对于流线、枝晶、缩孔痕迹、空洞、夹渣、裂纹等缺陷，一般用酸蚀法在其横向或纵向断面上检查。

3）对于过热、过烧、白点、分层、萘状、石板状断口等缺陷，一般用断口法检验。

4）对于金属偏析、特别是硫分布不均匀等缺陷，可采用硫印法检验。

5）低倍检验所用试样，须取自容易出现缺陷的部位，一般留在钢锭的冒口端。

6）低倍检验的试棒及其长度：当锻件长度大于 3m 时，锻件两端均留试棒；当锻件长度在 3m 以内时，在锻件一端留一个试棒。

低倍试棒长度按以下公式计算：

对于轴类件：

$$l \geqslant \frac{1}{2}D + a + b$$

对于方料件：

$$l \geqslant \frac{1}{2}A + a + b$$

对于空心件：

$$l \geqslant \frac{1}{2}\frac{D_2 - D_1}{2} + a + b$$

式中　l——低倍试棒长度（mm）；

　　　D——圆料的直径（mm）；

　　　D_2——空心料外圆直径（mm）；

　　　D_1——空心料内孔直径（mm）；

　　　A——方料的小边（mm）；

　　　a——切口（mm）；

　　　b——低倍试块的厚度（$b = 20～25$mm）。

（2）高倍检验　高倍检验的方法如下：

1）在被检锻件上截取金相试片。

2）将金相试片放在金相显微镜下，观察有无裂纹、非金属夹杂等缺陷。

3）必要时，可拍成照片，进行金相分析研究。

（3）无损检验　锻件常用的无损检验方法有磁粉探伤和超声波探伤两种。其具体方法可参看铸件的检验。

4. 力学性能试验

力学性能试验的内容如下：

1）试样的切取方向按图样要求决定，若图样上未注明要求，可在纵向、横向或切向上任选取样。

2）力学性能试验应在试验室进行，试验结果应符合图样要求。

四、锻件常见的不合格

锻件常见不合格主要分为五大类，即由原材料和下料时产生的锻件不合格、加热时产生的不合格、锻造时产生的不合格、锻件冷却时产生的不合格和锻件清理时产生的不合格等。

1. 下料时产生的不合格

锻件下料时产生的不合格见表 8-9。

表 8-9 锻件下料时产生的不合格

名称	产 生 原 因
下料切斜	剪床上下刀口间隙调整不当；材料装夹不当；锯床使用锯片变形；下料时进刀太快
端面弯曲	剪床上下刀口间隙过大；压紧力不够；剪切温度过高
端面裂纹	剪切温度过低；刀片刃口半径过大
端面毛刺	剪床上下刀口间隙过小；锯床下料锯片磨损或被撕裂

2. 加热及热处理时产生的不合格

加热及热处理时产生的不合格见表 8-10。

表 8-10 加热及热处理时产生的不合格

名称	产 生 原 因
过热	加热时温度高；高温区停留时间长
过烧	加热时炉温过高；在高温区停留时间过长，锻造时会产生开裂
氧化	炉中有氧化气体；在高温区停留时间过长
脱碳	加热时间太长，含碳量高的材料快速加热；与炉中气体成分有关
裂纹	加热速度过快；大截面毛坯未预热；毛坯中有残余应力

3. 锻造时产生的不合格

锻造时产生的不合格见表 8-11。

表 8-11 锻造时产生的不合格

名称	产 生 原 因
凹穴	加热不当；毛坯表面氧化皮厚，未清除；炉膛清理不干净
未充满（凸起部分、圆角半径、筋部）	加热温度不够，塑性差；锻造设备吨位小；锻模设计有不合格；模具内腔表面粗糙度值高
错移	锤头与导轨之间的间隙过大；锤杆弯曲变形；锻模设计有不合格；模具调整不当或模具松动；毛坯尺寸及形状超差或安放位置不当
弯曲变形	长锻件起模时产生弯曲及薄小锻件易变形；切边或冲孔时易产生弯曲变形，冷却时放置不当，热态锻件随便抛掷
切伤	锻模与切边模配合不当；切边时锻件未放正；操作不当
毛刺	切边模与锻模配合不当；切边模间隙不合理；切边模磨损
折叠	锻模设计不合理；毛坯尺寸大；模具产生错移；操作不当
裂纹	毛坯质量差；加热不规范；温度低时继续锤击
尺寸超差	锻模磨损；锻件冷却收缩考虑不当；模具制造超差；温度过高，氧化皮厚
偏斜偏心	锻造工艺或操作不当；加热不均匀

◆◆◆ 第四节　焊接检验

一、焊接检验的分类

焊接连接的质量不仅取决于所使用的焊接设备和材料，还取决于焊工的专业技能和可靠程度。钢结构制造业、管道制造业、机床制造业、核工业、交通制造业和航空航天工业等行业，都对焊接质量提出很高要求，通常必须通过特殊检验手段进行验证。

无损伤检验，这类检验主要有颜色渗入法、磁粉法、超声波检验法和 X 光检验法。如果必须验证机械强度数值或鉴定焊缝构成，则需要进行损伤性焊缝检验。属于损伤性检验的还有通过弯曲折断焊接样品，从断裂组织中辨认出未熔合缺陷或焊渣夹杂物。

概括地讲，焊接接头检验可分为无损检验（非破坏检验）和破坏检验，如图 8-20 所示。

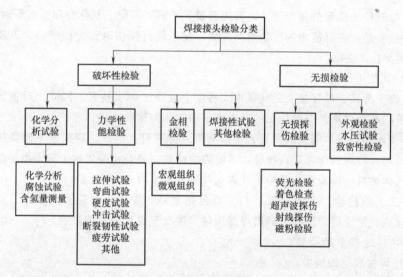

图 8-20　焊接接头检验分类

二、焊接检验的内容

焊接检验包括焊前检验、焊接过程中的检验和焊后成品检验三个方面。

1. 焊前检验

（1）原材料的检验

1）基本金属质量检验。焊接结构使用的金属种类和型号很多。使用时应根据金属材料的型号、出厂质量检验合格证加以鉴定。对于有严重外部缺陷的材料应剔除不用，对于没有出厂合格证或没有使用过的新材料，都必须进行化学成分分析、力学性能试验及可焊性试验后才能使用。严格防止错用材料，或使用不合格的原材料。

2）焊丝质量的检验。焊丝的化学成分应符合国家标准要求。焊丝表面不应有氧化皮、锈、油污等。必要时，应对每捆焊丝进行化学成分校核、外部检验及直径测量。

3）焊条质量的检验。焊条质量检验首先检验外表质量，然后核实其化学成分、力学性能、焊接性能等是否符合国家标准或出厂要求。焊条的药皮应是紧密的，没有气孔、裂纹肿胀或未调均的药团，药皮覆盖在焊芯上应同心，同时要牢固地紧贴在焊芯上，并有一定的强度。对变质或损伤的焊条不能使用。

4）焊剂的检验。焊剂检验主要是检验颗粒度、成分、焊接性能及湿度。焊剂检验可根据出厂证的标准来检验。

（2）结构设计、装配质量的检验

1）按图样检验各部分尺寸、基准线及相对位置是否正确，是否留有焊接收缩余量、机械加工余量等。

2）检验焊接接头的坡口形式及尺寸是否正确。

3）检验定位焊的焊缝布置是否恰当，能否起到固定作用，是否会给焊后带来过大的内应力。

4）检验待焊接部位是否清洁，有无裂缝、凹陷、夹层、氧化物和毛刺等缺陷。

5）检验是否留有适当的探伤空间位置、便于进行探伤时作为探测面，以及适宜探伤的探测部位的底面。

（3）其他工作的检验

1）焊工考核。焊接接头的质量很大程度上取决于焊工技艺。因此，对重要的或有特殊要求的产品焊接，应对焊工的理论水平和实际操作能力进行考核。

2）能源的检查。能源的质量直接影响焊缝的质量，因此，应根据不同焊接方法和所使用的能源特点对能源进行检验。对电源的检验主要是检验焊接电路上电源的波动程度，对气体燃料的检验重点是检验气体的纯度及其压力的大小。

3）工具的检验。手工电弧焊的工具包括面罩、焊钳、电缆等。辅助工具有敲渣锤、钢丝刷、錾子等。这些工具对焊接质量和生产率也有一定的影响。

2. 焊接过程中的检验

（1）焊接规范的检验

1）手工埋弧焊规范的检验。一方面检验焊条的直径和焊接电流是否符合要求，另一方面监督焊工严格执行焊接工艺规定的焊接顺序、焊接道数、电弧长度等。

2）自动埋弧焊和半自动埋弧焊规范的检验。除了检验焊接电流、电弧电压、焊丝直径送丝速度、自动焊接速度外，还要认真检验焊剂的牌号、颗粒度、焊丝伸出长度等。

3）电阻焊规范的检验。

① 对于对焊，主要检验夹头的输出功率、通电时间、顶锻量、工件伸出长度、工件焊接表面的接触情况、夹头的夹紧力和工件与夹头的导电情况等。

② 对于点焊，主要检验焊接电流、通电时间、初压力以及加热后的压力、电极表面及工件被焊处表面的情况等是否符合工艺规范要求。

③ 对于缝焊，主要检验焊接电流、滚轮压力和通电时间是否符合工艺规范。

4）气焊规范的检验。要检验焊丝牌号、直径、焊嘴的号码，并检验可燃气体的纯度和火焰的性质。

（2）焊缝尺寸的检验　焊缝尺寸应根据工艺卡或 GB/T 985.1—2008《气焊、焊条电弧焊、气体保护焊和高能束焊的推荐坡口》和 GB/T 985.2—2008《埋弧焊的推荐坡口》所规定的要求进行检验。检验时，一般采用特制的量规和样板测量，以保证焊接过程中焊缝达到所要求的质量。

（3）夹具夹紧情况的检验　夹具是结构装配过程中用来固定、夹紧工件的工艺装备，夹具应有足够的刚度、强度和准确度。在使用中，应定期对夹具进行检修和校核，检验它是否妨碍工件进行焊接，焊接后工件由于热变形是否妨碍夹具取出，此外，还应检验夹具所放的位置是否正确，夹紧是否可靠等。

3. 焊后成品检验

（1）外观及尺寸检验　外观检验是用目视法或用放大 5～20 倍的放大镜检验焊缝是否符合要求，如尺寸是否正确，有无裂纹、满溢、弧坑、未焊透、烧穿、咬边等缺陷。

外观检验前，必须将焊缝附近 10～20mm 表面清理干净，并注意覆盖层表面焊渣层的情况。根据焊渣覆盖的特征、飞溅分布情况等，可以预料焊缝大致会出现什么缺陷。例如：焊渣中有裂纹，焊缝中也可能有裂纹；飞溅成线状集结，则可能因电流产生磁场而使金属微粒堆积在裂缝上。在飞溅的线状集结处应仔细检验是否有裂纹存在。

对于高强度合金钢产品的外观检验，必须进行两次。即在焊接之后进行一次外观检验外，经过 15～30 天以后再检验一次。这是因为合金钢内产生的裂纹形成得很慢，可能在焊后一段时间才形成裂纹。

若焊缝表面出现缺陷，焊缝内部便有存在缺陷的可能。如焊缝表面出现咬边或满溢，则内部可能存在未焊透或未熔合；焊缝表面多孔，则焊缝内部可能会有气孔或非金属夹杂物存在。对未填满的弧坑应特别仔细检查，该处可能会有星形散射状裂纹。

可用样板和量规检验焊缝的尺寸，如图 8-21 和图 8-22 所示。

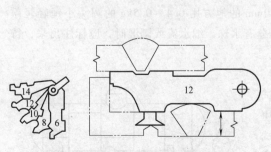

图 8-21　样板及其对焊缝的测量

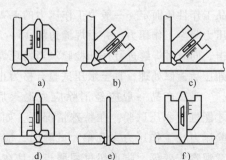

图 8-22　万能量规的应用

a）测量焊脚尺寸　b）、c）测量角焊缝的余高

d）测量对焊缝的余高　e）测量根部间隙

f）测量坡口角度

（2）致密性检验　致密性检验是用来发现焊缝中贯穿性的裂纹、气孔、夹渣、未焊透以及疏松组织的，常用的检验方法如下：

1）煤油试验。在容易修补和发现缺陷的一面，将焊缝涂上白粉水溶液，待干后另一面涂上煤油。若有穿透性缺陷时，则煤油会渗过缝隙，使涂有白粉的面上呈现出黑色斑痕或带条状的油迹。

2）吹气试验。用压缩空气对着焊缝的一面猛吹，焊缝另一面涂上肥皂水，若有缺陷存在，便产生肥皂泡。所使用压缩空气的压力不得小于4个大气压，喷嘴距焊缝表面的距离不得大于30mm，气流应正对焊缝表面。

3）氨气试验。在焊缝表面上贴一条比焊缝略宽，用质量分数为5%的硝酸汞水溶液浸过的试纸，在容器内加入含氨气的体积分数为1%的混合气体，加压到所需的压力值时，若焊缝及热影响区有泄漏，则试纸的相应部位上将呈现黑色斑纹。

4）氦气试验。在被检容器内充氦气或用氦气包围着容器后，检验容器是否漏氦及漏氦程度。它是灵敏度较高的一种试验方法。

5）载水试验。将贮器的全部或部分充水，观察焊缝表面是否有水渗出。不渗水视为合格。

6）水冲试验。在焊缝的一面用高压水流喷射，而在焊缝的另一面观察是否漏水。水流喷射方向与试验焊缝的表面夹角不应小于70°，垂直面上的反射水环直径不应大于400mm。

7）沉水试验。先将工件浸入水中，然后向灌内充压缩空气，为了易于发现焊缝的缺陷，被检焊缝在水面下20～40mm的深处为佳。若有缺陷，则在缺陷的地方有气泡出现。

（3）压力容器焊接接头的强度检验　产品整体的强度试验分为两类：一类是破坏性强度试验，另一类是超载试验。超载试验的方法如下：

1）水压试验。水压试验可用于焊接容器的致密性和强度检验。试验用的水温：普通碳素结构钢、16MnR不低于5℃；其他合金不低于15℃。试验方法如图8-23所示。试验时，贮器灌满水，彻底排尽空气，用水压机造成一附加静水压力。压力的大小视产品工作性质而定，一般为工作压力的1.25～1.5倍。在高压下持续一定时间以后，再将压力降至工作压力，并沿焊缝边缘15～20mm的地方用0.4～0.5kg的圆头小锤轻轻敲击，同时对焊缝进行仔细检验。当发现焊缝有水珠、细水流或潮湿时，应标注出来，待卸压后返修处理，直至水压试验合格为止。

受试产品一般应经消除应力退火后，才能进行水压试验。在特殊情况下，如试验压力比工作压力大几倍，试验时，应注意观察应变仪，防止超过屈服点。且在试验后，产品必须再经消除应力退火。试验所用的压力计，应经计量部门校核后方能使用，而且应至少有两只压力计同时使用，以避免非正常爆破造成人身事故。

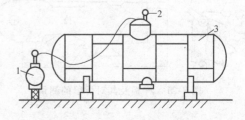

图8-23　锅炉气泡的水压试验
1—水压机　2—压力计　3—工件

2）气压试验。气压试验比水压试验更为灵敏和迅速，但试验的危险性也比水压试验大。故在试验时，必须遵守下列安全技术措施：

① 要在隔离场所或用厚度不小于 3mm 的钢板将被试验的产品三面或四面包围起来，才能进行试验。

② 处在压力下的产品不得敲击、振动和补修缺陷。

③ 在输送压缩空气到产品的管道中时，要设置一个气罐，以保证进气的稳定。在气罐的气体出入口处，各装一个开关阀，并在输出端（即产品的输入口端）管道上装设安全阀、工作压力计和监视压力计。

④ 产品压力升到所需的试验数值时，输入压缩空气的管道必须关闭，停止加压。

⑤ 在低温下进行试验时，要采取防止产品冰冻的措施。

试验时，先将气压值加至所需值（产品技术条件规定的），然后关闭进气阀，停止加压。用肥皂水检验焊缝是否漏气，或检验工作压力表读数是否下降。找出缺陷部位，卸压后进行返修补焊。返修后再进行检验。合格后才能出厂。

三、力学性能试验

在焊接检验中，力学性能试验是用来测定焊接材料、焊缝金属和焊接接头在各种条件下的强度、塑性和韧性数值的。根据这些数值来确定焊接材料、焊缝金属和焊接接头是否满足设计和使用要求。同时，也可根据这些数值判断所选用的焊接工艺的正确与否。

力学性能试验是使用材料试验机在物理试验室对试件进行抗拉、弯曲、冲击、硬度、剪切和疲劳试验等。

力学性能试验的取样、试样加工、操作及评定方法的选取等，可根据具体的试验需要，按照 GB/T 2650～2654—2008 和 JB/T 1616—1993 等规定进行。

四、焊接不合格

焊接不合格是焊接过程中，在焊接接头中产生的不符合设计或工艺文件要求（使用要求）的不合格。在金属焊接中，常见的焊接不合格可分为三类，即熔焊接头常见不合格、点（缝）焊接头常见不合格及钎焊接头常见不合格。

焊接件毛坯的不合格是焊接接头常见不合格。焊接时产生的不合格特征及原因分析参见表 8-12。

表 8-12　焊接时产生的不合格特征及原因分析

不合格名称	不合格特征	原因分析
气孔	焊缝表面及焊缝内部形成圆形、椭圆形或带状的及不规则的孔洞（有连续、密集或单个之分）	1）环境温度大 2）保护气体中有水分或碳氧化合物 3）电弧不稳定,气体保护不良 4）焊丝焊件清理不干净有油污 5）焊接速度过高,冷却快,气体也不易逸出 6）氩气流量过小或喷嘴直径不合适 7）焊接材料不致密,焊丝有夹渣 8）焊接垫板潮湿

（续）

不合格名称	不合格特征	原因分析
烧穿	基本金属上形成孔洞	1）焊接电流过大 2）焊接装配间隙太大 3）焊速太慢，电弧在焊缝处停留时间过长 4）焊机故障 5）焊接件变形（没压紧） 6）操作不正确造成短路
裂纹	在过渡区上的裂纹；在焊缝上的纵向、横向裂纹；从焊缝延伸到基体金属上的裂纹；补焊处的裂纹；熄弧处的弧坑裂纹；按温度及时间不同分热裂纹和冷裂纹	1）结构不合理使焊缝过于集中 2）装配件不协调，内应力过大 3）焊接顺序不当，造成强大的收缩应力 4）焊接收缩应力超过焊缝金属的强度极限 5）现场温度过低，冷却速度过快 6）定位焊点距离太大 7）加热或熄弧过快 8）加热或补焊次数过多 9）焊丝材料不对 10）焊缝向基体过渡太急剧
未焊透	熔化金属和基本金属间或焊缝层间有局部的未熔合，在"丁"字及搭接接头中往往基体金属熔透不足而留下空隙	1）焊接电流太小或焊接速度过快 2）焊缝装配间隙过小 3）坡口不正确 4）焊丝加入过早、过多 5）定位焊点过大、过密 6）焊件清理不彻底，有油污 7）自动焊焊偏 8）钨极距熔池距离大
咬边	在焊缝边缘与基体金属交界处形成凹陷	1）焊接电流、电弧电压过大 2）焊接速度太快 3）焊接顺序不对 4）焊件放置的位置不对 5）操作方法不正确
弧坑	在焊缝熄弧处留下一个凹坑（有一下陷现象）	1）操作不当，收弧太快，熄弧时间短 2）收弧时焊丝填不足 3）薄件焊接时电流过大
凹陷	焊缝高度低于基体金属	1）焊接电流大或焊机故障 2）加入焊丝不及时 3）焊件与整板间有间隙 4）对缝间隙大或焊丝直径小

◈◈◈ 第五节 表面处理的检验

一、表面处理概述

许多工业产品在制造完成后，都会根据其用途进行表面处理或涂层处理，以提高产品的外观吸引力和使用寿命；表面处理的作用是短时间防腐保护或为涂层做准备；涂层一般都是在零件的表面涂覆一层薄薄的、固定附着的涂层，涂层的材料主要是油漆、塑料、金属、搪瓷或陶瓷。

选择预处理方法和涂层方法以及涂层材料时，必须考虑环境的承受能力和对人身健康的危害性。表面处理的基本方法，一般分为涂漆、电镀、氧化处理和磷化处理四类，如图8-24所示；也有按照表面处理层分为：保护性覆盖层、保护装饰性覆盖层、工作保护性覆盖层和化学涂层等。

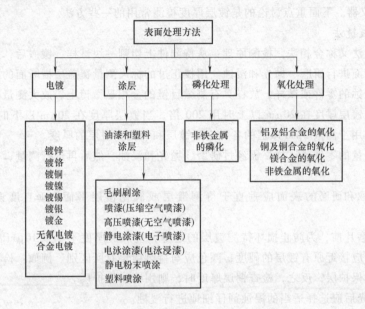

图 8-24　表面处理的基本方法

二、表面处理的检验项目

表面处理的主要检验项目见表8-13。

表 8-13　表面处理的主要检验项目

序号	检验项目	检验方法
1	外观	目测法
2	镀层厚度	物理法(显微镜法、磁性法、弦线测定法等)；化学法(计时液流法、点滴法、溶解法等)；镀层厚度也可用千分尺、游标卡尺、塞规等直接测出
3	镀层结合强度	弯曲法、加热法、挤压法、磨削法、刷光法、锉刀法、划痕法
4	镀层耐蚀性	大气曝晒法、各种盐雾试验法、腐蚀膏法、溶液点滴腐蚀试验法等
5	镀层孔隙率	贴置湿润滤纸法、浇浸法等
6	硬度及耐磨性	各种硬度及耐磨试验法
7	特殊性能	绝缘性能、抗硫性能、氢脆试验等
8	涂料及覆盖层	涂料、涂覆过程的检验

三、镀层厚度的检验

镀层厚度通常是表面技术中最常测量的定量参数之一。除了尺寸公差以外，镀层厚度在磨损、腐蚀过程中都是非常重要的参数并与经济价值有关。根据不同的测量原理可以将厚度测量区分为显微镜法、磁性法、计时液流法、点滴法、机械法、溶解法、电子法、电磁法、放射性法等。外径千分尺、游标卡尺、量规和重力仪是用来测量厚度不小于 $3\mu m$ 的仪器。下面重点讨论的是镀层厚度检测常用的一些方法。

1. 显微镜法

显微镜法又称金相法。检测原理：从待测件上切割一块试样，镶嵌后，采用适当的技术对横断面进行研磨、抛光和浸蚀。用校正过的标尺测量覆盖层横断面的厚度。即它是将经过浸蚀的零件或试样，放在具有测微目镜的金相显微镜上，放大测量断面上镀层的厚度。当镀层厚度在 $20\mu m$ 以上时用 200 倍，当镀层厚度在 $20\mu m$ 以下时用 500 倍。这种方法适用于测量 $2\mu m$ 以上的各种金属镀层和氧化物覆层的厚度。

用于测量的零件或试样，需经过研磨、抛光和浸蚀，然后再进行测量，但应注意以下几点：

1）切取和研磨的表面应垂直于待测镀层或氧化覆层平面，垂直度误差不得大于 $10°$。

2）在磨片前，为防止损坏待测镀层的边缘，应加镀厚度不小于 $10\mu m$ 的其他电镀层。其硬度应接近原有镀层的硬度，颜色应与待测镀层有所区别。例如：检查镍层厚度时，以铜作保护层；反之，检查铜层厚度时，则用镍作保护层。

3）抛光后应选择适当的浸蚀剂仔细地进行浸蚀。

4）为了提高金属层间的反差，除去金属遮盖的痕迹并在覆盖层界面处显示一条细线，一般采用浸蚀的方法。

5）测量仪器在测量前要标定一次，标定和测量由同一操作者完成。将浸蚀过的试样，放在已标定好的金相显微镜上，测量断面上镀层的厚度。在同一视场，每次测厚至少应是三次读数的平均值。如果要平均厚度，则应在镶嵌试样的全部长度内取 5 点测厚，取其算术平均值。

6）应用本方法可能涉及危险的材料、操作和装置的使用。检验人员有责任根据国家或当地的规定制定合适的健康和安全条例，并采取相应的措施。

其他要求可查阅 GB/T 6462—2005《金属和氧化物覆盖层　厚度测量　显微镜法》。

2. 磁性法

磁性法测量镀覆层厚度，是用磁性测厚仪对磁性基体上的非磁性镀覆层进行的非破坏性测量。检测原理：用磁性测厚仪测量永久磁铁和基体金属之间的磁引力，该磁引力受到覆盖层存在的影响；或者测量穿过覆盖层与基体金属的磁通路的磁阻。

用磁性测厚仪测量镀层厚度时，应注意以下几点：

1）对每种磁性测厚仪，基体金属都有一极限厚度，其极限厚度对不同的仪器是不同的。若基体金属厚度小于极限厚度，则对测量结果有影响。当遇此情况时，在测量时应该用与受检试样材质相同的材料衬垫在下面，或用与受检试样厚度相同、材质相同的标准样品进行校准。

2）测量前，应该除掉镀层表面上的油污及其他外在杂质，并且不应有可见的不合格，不应在焊接熔剂、酸斑、渣滓或氧化物处进行测量。

3）在粗糙表面上测量时，应在相同表面状态的未镀覆的基体金属表面上进行校准。

4）测量时，探头要垂直放在试样表面上。对于依测量断开力为基础的磁性测厚仪，因受地球重力场影响，用于水平方向或倒置方向测量时，应在相同方位上进行校准。

5）测量时，探头一般不应该在弯曲处、靠近边缘或内角处测量，如要求在这样的位置测量，则应该进行特别校准，并引入校正系数。

6）采用两极式探头的仪器进行测量时，应使探头的取向与校准件的取向相同，或将探头在相互成90°角的两个方向上进行两次测量。

7）使用磁力性仪器测量铝和铝合金镀层厚度时，磁体探头会被镀层粘附，这时可在镀层表面上涂上油膜，以改善重现性。但这不能用于其他镀层。

8）磷的质量分数大于8%的化学镀覆的磷-镍合金层是非磁性镀层。因此，应在热处理前测量厚度。若在热处理后测量，则仪器应该在经过热处理的标准样品上进行校准。

用磁性测厚仪测量镀层厚度的测量误差一般为±10%；镀层厚度小于$5\mu m$时，应进行多次测量，用统计方法求出其结果。

3. 计时液流法

计时液流法是用能使镀层溶解的溶液流注在镀层的局部表面上，根据局部镀层溶解完毕所需要的时间，来计算镀层的厚度。

计时液流法的测量装置如图8-25所示。

计时液流法所用的溶液成分可按标准要求配制，所用试剂应该是化学纯品级。

检验方法如下：

1）检验前，应将零件置于室内，使零件、溶液的温度与室温相同，然后用氧化镁膏剂或蘸有酒精的棉球除去受检部位的油脂。对于直接从镀槽中取出的零件，清洗干燥后，即可测量镀层厚度。为防止溶液流散，可用蜡笔或其他化学稳定材料按溶液在受检表面上流动的方向画几条平行线，线间距离约为4mm。再将零件放在滴管下，使受检表面距滴管口端$h = 4 \sim 5mm$，零件表面与水平的夹角为$45° \pm 5°$。

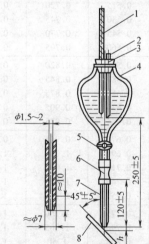

图8-25　计时液流法的测量装置

1—温度计　2—通气玻璃管　3—橡皮塞

4—分液漏斗（500～1000mL）

5—活塞　6—乳胶管

7—毛细管　8—试样

2）检验时，打开活塞的同时，开动秒表，当受检部位开始显露基体金属时，立即停止秒表，同时关闭活塞，记录显示终点的时间和溶液温度。如果有垢迹出现，并对镀层溶液结束的观察有妨碍，则可用滤纸轻轻擦除垢迹，然后继续试验。液流流注时间应累计计算。在检验多层镀层时，应分别记录每层镀层溶解所需要的时间。为了获得较为准确的数值，可测三次以上，取其平均值作为计算镀层厚度的时间。

镀层的局部厚度，可按下式计算：

$$\Delta = \delta_i t$$

式中　Δ——镀层的局部厚度（μm）；

　　　δ_i——每秒钟溶解的镀层厚度（μm/s）；

　　　t——溶解局部镀层所消耗的时间（s）。

各种镀层用计时液流法测定其厚度时，其δ_i值见表8-14。

表8-14　1s内溶解的镀层厚度δ_i值　　（单位：μm）

溶液温度/℃	锌镀层	镉镀层	铜镀层	镍镀层	银镀层	锡镀层	铜-锡合金镀层（锡的质量分数为10%左右）
5	0.410		0.502				
6	0.425		0.525				
7	0.440		0.549				
8	0.455		0.574				
9	0.470		0.600				
10	0.485	0.680	0.626	0.235	0.302	0.370	0.420
11	0.500	0.700	0.653	0.250	0.310	0.382	0.440
12	0.515	0.720	0.681	0.270	0.320	0.394	0.460
13	0.530	0.745	0.710	0.290	0.330	0.406	0.480
14	0.545	0.770	0.741	0.315	0.340	0.418	0.500
15	0.560	0.795	0.773	0.340	0.350	0.430	0.520
16	0.571	0.820	0.806	0.376	0.360	0.442	0.540
17	0.589	0.845	0.840	0.424	0.370	0.455	0.560
18	0.610	0.875	0.876	0.464	0.380	0.470	0.580
19	0.630	0.905	0.913	0.493	0.390	0.485	0.602
20	0.645	0.935	0.952	0.521	0.403	0.500	0.626
21	0.670	0.965	0.993	0.546	0.413	0.515	0.647
22	0.690	1.000	1.036	0.575	0.420	0.530	0.668
23	0.715	1.035	1.100	0.606	0.431	0.545	0.690
24	0.740	1.075	1.163	0.641	0.443	0.562	0.712
25	0.752	1.115	1.223	0.671	0.450	0.580	0.732
26	0.775	1.160	1.273	0.709	0.460	0.598	0.755
27	0.790	1.205	1.333	0.741	0.465	0.616	0.778
28	0.808	1.50	1.389	0.769	0.470	0.630	0.800
29	0.824	1.300	1.429	0.800	0.475	0.652	0.823
30	0.833	1.350	1.471	0.833	0.480	0.670	0.847
31	0.850	1.410	1.515	0.862			0.870
32	0.870	1.470	1.560	0.893			0.892
33	0.883	1.530	1.610	0.923			0.915
34	0.900	1.590	1.660	0.953			0.938
35	0.917	1.655	1.710	0.983			0.960

（续）

溶液温度/℃	锌镀层	镉镀层	铜镀层	镍镀层	银镀层	锡镀层	铜-锡合金镀层（锡的质量分数为10%左右）
36	0.934	1.720	1.760	1.015			
37	0.951	1.790	1.810	1.045			
38	0.968	1.860	1.860	1.080			
39							
40							

表中所列 δ_t 值适用于下列镀层：

① 氧化物、硫酸盐、铵盐和锌酸盐电解液中镀出的锌镀层。

② 氧化物电解液镀出的锡镀层。

③ 氰化物和焦磷酸盐电解液镀出的铜镀层。

④ 硫酸盐电解液镀出的镍镀层。

⑤ 氰化物、硫氰化物电解液镀出的银镀层。

⑥ 氰化物电解液镀出的铜-锡合金镀层。

⑦ 酸性或碱性电解液镀出的锡镀层。

在采用铜镀层的 δ_t 值计算从硫酸盐电解液镀出的铜镀层厚度时，应进行修正，即按下式计算镀层厚度：

$$\Delta = 0.9\delta_t t$$

在采用镍镀层的 δ_t 值计算以1—4丁炔二醇和糖精以及萘二磺酸和甲醛为光亮剂的光亮镀镍层厚度时，应引入校正系数1.2，即按下式计算镀层厚度：

$$\Delta = 1.2\delta_t t$$

对难于直接观察镀层是否溶解完毕的零件，可使用通电计时液流法测厚装置。其操作方法与计时液流法完全相同，只是当微安表指针发生偏转的瞬时，即表示溶解完毕。

使用计时液流法测量镀层厚度，对于厚度大于 $2\mu m$ 的镀层，其测量误差为 ±10%。这种方法适用于检验金属制件上的铜、镍、锌、锡、锡、银和铜-锡合金等镀层的厚度。

4. 点滴法

点滴法是将一滴配制好的溶液滴在清洁的镀层表面上，保持规定的时间，然后迅速用过滤纸或脱脂棉吸干；再在原位置滴上一滴新鲜溶液（1mL约有20滴），保持同样的时间后再迅速吸干；如此反复进行，直到显露基体金属或液滴区变色为止，记下消耗溶液的滴数，然后按下列公式计算局部镀层厚度：

$$\Delta = (n - 0.5)K$$

式中　Δ——镀层的局部厚度（μm）；

　　　n——点滴至露出基体金属时所用的溶液总点数；

　　　K——每一滴溶液所溶解的镀层厚度（μm）。

每一滴溶液所溶解的镀层厚度 K 见表8-15。

表 8-15　每一滴溶液所溶解的镀层厚度 K

温度/℃	锌	镉	镍	银	锡	铜	化学镀镍
10	0.78		0.51			0.75	
15	1.01	1.9	0.61		0.94	0.89	
18	1.12	2.1	0.67	2.70		1.01	1.64
20	1.24	2.3	0.70	2.85	1.04	1.08	
25	1.45	2.9	0.75	3.10	1.14	1.20	1.96
30		3.6		3.30		1.33	
35				3.50		1.46	

化学点滴法应根据情况，视需要定期（每月 1～2 次）进行抽查。

5. 溶解法

溶解法是用能够溶解镀层的溶液侵蚀镀层，使局部镀层完全溶解，然后用称重法或化学分析法测定镀层厚度。具体方法如下：

1）检验前，应将受检镀件或试样用有机溶剂或氧化镁膏除油，然后用清水冲洗干净，并用酒精脱水，再进行称重。

2）将称重过的受检镀件或试样，浸入相应的溶液中溶解镀层，直至镀层完全溶解裸露出基体金属或下层镀层为止。

3）取出试样或镀件，用清水冲洗干净，以酒精脱水，然后用称重法或化学分析法测定镀层金属质量，再计算镀层厚度。

4）用称重法测定镀层金属质量时，镀层平均厚度 Δ 可按下式计算：

$$\Delta = \frac{G_1 - G_2}{A\rho} \times 10^4$$

式中　Δ——镀层平均厚度（μm）；

G_1——镀层溶解前试样质量（g）；

G_2——镀层溶解后试样质量（g）；

A——镀层覆盖部分表面面积（cm^2）；

ρ——镀层金属密度（g/cm^3）。

5）采用化学分析法测定镀层金属质量是在镀层完全溶解后，取出试样用蒸馏水冲洗几次，冲洗的水应流至溶液中；然后将溶液移至测量器皿中，用化学分析法分析溶解的镀层金属质量。镀层的平均厚度 Δ 按下式计算：

$$\Delta = \frac{G}{A\rho} \times 10^4$$

式中　Δ——镀层的平均厚度（μm）；

G——化学分析测得的镀层金属质量（g）；

A——镀层覆盖部分表面面积（cm^2）；

ρ——镀层金属密度（g/cm^3）。

溶解法测定镀层厚度所用的溶液参阅相关标准要求，所用化学药品应为纯品级。溶液可多次使用，直至浸蚀基体金属或溶解速度十分缓慢时才不再使用。

6. 量具法

所用量具有千分尺、游标卡尺、塞规等。用量具或仪器测量基体表面与覆盖层表面间的厚度差，从而测得各种镀层厚度。为了保证测量精度，制件上电镀前后的测量点应选择在同一位置上。当表面处理层柔软（如铅和涂漆层）时，可采用相应的措施防止变形引起的误差，并防止表面处理层受到损伤。由于热胀冷缩有影响，镀前镀后测量应在相同的环境和温度下进行。

还有一些方法如涡流法、增重法和阳极溶解库仑法等，由于篇幅所限，在此不赘述，需要时可查阅相关标准和资料。

四、镀层结合强度的检验

金属覆盖层的结合强度是指把单位面积上的金属覆盖层从基体金属或中间金属层分离开所需要的能力。评定镀层与基体金属附着力的方法很多，介绍如下常用的方法。

1. 摩擦抛光试验

如果镀件局部进行擦光，则其沉积层倾向于加工硬化并吸收摩擦热。如果覆盖层较薄，则在这些试验条件下，其附着强度差的区域的覆盖层与基体金属间将呈起皮分离。

在镀件的形状和尺寸许可时，可利用光滑的工具在已镀覆的面积不大于 $6cm^2$ 的表面上摩擦大约 15s，直径为 6mm、末端为光滑半球形的钢棒是一种适宜的摩擦工具。摩擦时用的压力应足以使得在每次行程中能擦去覆盖层，而又不能大到削割覆盖层，随着摩擦的继续，鼓泡不断增大，便说明该覆盖层的附着强度较差；如果覆盖层的力学性能较差，则鼓泡可能破裂，且从基体上剥离；此试验应限于较薄的沉积层。

2. 胶带试验法

试验是利用一种纤维粘胶带，其每 25mm 宽度的附着力约为 8N。利用一个固定重量的辊子把胶带的粘附面贴于要试验的覆盖层，并要仔细地排除掉所有的空气泡。间隔 10s 以后，在带上施加一个垂直于覆盖层表面的稳定拉力，以把胶带拉去。若覆盖层的附着强度高，则不会分离覆盖层。此试验特别用于印刷线路的导线和触点上覆盖层的附着力试验，镀覆的导线试验面积应大于 $30mm^2$。

3. 锉刀试验

锉刀试验是生产现场非常实用的一种方法。锯下一块有覆盖层的工件，夹在台钳上，用一种粗的研磨锉（只有一排锯齿）进行锉削，以期锉起覆盖层。沿从基体金属到覆盖层的方向，与镀覆表面约呈 45°的夹角进行锉削，覆盖层应不出现分离。本试验不适用于很薄的覆盖层以及像锌或镉之类的软镀层。

4. 划线和划格试验

划线和划格试验是车间最常用的方法，关键是把握好划刀的角度。具体方法：采用磨为 30°锐刃的硬质钢划刀，相距约 2mm 划两根平行线。在划两根平行线时，应当以足够的压力一次刻线即穿过覆盖层切割到基体金属。如果在各线之间的任一部分的覆盖层从基体金属上剥落，则认为覆盖层未通过此试验。

另一种试验是划边长为 1mm 的方格，同时，观察在此区域内的覆盖层是否从基体金属上剥落。特别是对油漆的附着力检测，还要用胶带在划 $1mm^2$ 的数个网状油漆面上用拇指按压粘贴好后，把胶带施以一定的力拉下来，若没粘起油漆，说明附着力符合要求。

5. 弯曲试验

弯曲试验就是弯曲挠折具有覆盖层的产品。其变形的程度和特性随基体金属、形状和覆盖层的特性及两层的相对厚度而改变。试验一般是用手或夹钳把试样尽可能快地弯曲，先向一边弯曲，然后向另一边弯曲，直到把试样弯断为止。弯曲的速度和半径可以利用适当的机器进行控制。此试验在基体金属和沉积层间产生了明显的剪切应力，如果沉积层是延展性的，则剪切应力大大降低，由于覆盖层的塑性流动，甚至当基体金属已经断裂时，覆盖层仍未破坏。

脆性的沉积层会发生裂纹，但是，即便如此，此试验也能获得关于附着强度的一些数据。必须检查断口，以确定沉积层是否剥离或者沉积层能否用刀或凿子除去。剥离、碎屑剥离或片状剥离的任何迹象都可作为其附着强度差的象征。

具有内覆盖层或外覆盖层的试样都可能发生破坏。虽然，在某些情况下，检查弯曲的内边可能得到更多的数据，但是，一般都是在试样的外边观察覆盖层的性能。

其他的检验方法可参阅 GB/T 5270—2005《金属基体上的金属覆盖层　电沉积和化学沉积层　附着强度试验方法评述》。

五、涂料及涂覆层的检验

1. 涂料的检验

涂料质量的优劣直接影响到涂层质量，所以必须按质量标准对涂料的质量进行检验。涂料质量一般采用抽样法进行检验：

1）取样。在开桶取样前，应先将桶盖上的灰尘擦净，然后打开桶盖，用干净的棒将涂料搅拌均匀后（有的企业有搅拌机，可以用搅拌机搅拌）取样 500g，分装在两个透明玻璃瓶内，一瓶待验，一瓶封存留样备查及作对比用，并在瓶壁上加贴标签注明生产厂、名称、批号、制造日期及留样日期，封存三个月后观察涂料储存情况，分析使用。

为了使误差减小，取样的 500g 应该是净重，有时称量完后倒出时，玻璃瓶内壁上还残留有涂料，实际倒出的不够 500g，也会使测量结果造成误差，特别是对精度要求较高的指标应引起高度重视。

2）透明度的检验。透明度的检验属外观检验，用于检验不含颜料的清漆、清油和稀释剂等产品是否有机械杂质和呈现浑浊现象。检验方法：将试样置于干燥洁净的试管中，用肉眼在自然散射光线下观察，即可鉴别涂料中是否有机械杂质和浑浊现象，对浑浊现象用"稍浑""微浑"和"浑浊"来表示。

3）颜色的检验。颜色的检验，是指对清漆、清油和稀释剂颜色的测定。将试样装入无色透明的试管中（内径为 $10.75mm \pm 0.05mm$，长 $114mm \pm 1mm$），用铁钴比色计的 18 个标准色阶溶液，在非直射的阳光或标准光源下对比，目测涂料颜色接近哪一号色阶，该号色阶就是被检测涂料的颜色，以号表示。

4）遮盖力的检验。将色漆均匀地涂刷在物体表面上，使其底色不呈现的最小用漆量称为遮盖力。遮盖力有两种表示法，一是涂料耗量表示法：单位面积涂层的最小耗漆量（不露底色），用 g/m^2 表示；二是湿涂层厚度表示方法：能够以最薄的湿膜盖住全部底面而又不露底色的涂层厚度，用 μm 表示。

5）黏度的检验。黏度是涂料的重要指标之一，因此生产和使用单位，都要将黏度控制在施工最佳的范围内；黏度有条件黏度、相对黏度和绝对黏度三种。

日前常用涂-4黏度计测定条件黏度。涂-4黏度计测定操作方法：将过滤好的涂料缓缓地倒入漏斗内至圆顶端止（倒入前先将下部的漏嘴堵上），放开堵孔即按下秒表，直至涂料流完即停止秒表，其读数就是该涂料的流动性，或称为黏度指标，单位为 s。

在日常操作的过程中应注意：

① 秒表、漏斗在使用前一定要有合格证明，保证时间、刻度准确。

② 漏斗是测量的关键，清洗后要检查漏嘴处是否洗干净，否则会影响流量的时间。如孔内壁有油漆相当于孔径小了，测量结果会出现误差，甚至于出现误判，切记要洗干净；实际工作中，为图快，或因工艺不明确，常忽略该项检查。

6）细度的检验。测量颜料在漆中分散程度的方法，称为涂料细度测定法。颜料在漆中的分散度越高，则细度越小，颜料的着色力、遮盖力好，漆膜平整光滑，保护性好。

2. 涂覆过程的检验

涂装施工过程中的质量检验，即每一道工序间的质量检查。在施工工艺中都要有明确规定，检验人员必须按工艺中规定的质量标准进行检验，把好工序检验关，才能最终获得高的涂层质量。涂装施工工序间的某一道工序质量不符合质量要求，都将对涂层质量产生不良影响，甚至造成废品。

（1）涂层层次间的质量指标 涂层层次间的质量指标是指复合涂层的涂底漆、刮磨腻子、二道底漆、前道面漆等的质量检查。

（2）涂装工序的质量控制

1）涂前表面处理质量要求。为了获得良好的涂膜质量，对金属表面在涂漆前要进行预处理，经处理后的涂装表面应达到彻底的无油，无锈蚀物，无氧化皮，无焊渣、毛刺、灰尘等污物。喷砂、喷丸处理后的表面质量应达到呈现金属光泽的本色，彻底的无油、无锈蚀物和氧化皮，无焊渣和毛刺。

① 对铸件表面要求。不允许有超过规定的凸起、缩孔、孔隙和过长的浇冒口等缺陷。对于冷冲件、剪切件，应除掉毛刺；焊接件焊口应磨平，除掉焊渣。

② 为了提高金属表面与涂膜的结合力，在涂漆前必须将油污和杂质清洗干净。

③ 金属部件表面有锈蚀和氧化皮时，要采取喷砂或酸洗等方法去除。

2）涂底漆。底漆对金属表面起着重要的防护作用，同时可以增加面漆的附着力。在采用底漆时，对钢铁件应先喷涂磷化底漆，施工环境要干净、干燥，如湿度太大，易引起涂膜泛白，影响涂膜附着力和防腐性能。在后续喷涂铁红、环氧或醇酸底漆时，必须待磷化底漆彻底干后方可操作，喷涂磷化底漆后，再喷涂铁红，环氧醇酸底漆可提高涂膜的耐湿热、耐盐雾性能。

3）刮腻子。刮腻子主要是填补已涂过底漆的金属表面的不平处，以保证涂膜外观平整光滑。头道腻子不可刮得太厚，一般控制在 0.5mm 以下，腻子刮后应按工艺规定进行烘干，刮腻子的道数应以表面达到平整光滑为准，但必须在上道腻子干燥后，再刮下道腻子，否则会因里层干得不透，喷面漆后，涂膜出现气泡和脱落等缺陷。

4）喷二道底漆的目的是使表面光滑、细腻，达到增强底漆和面漆的结合力。

5）喷涂面漆。喷涂前要做好准备工作：清扫环境、过滤漆液、调整漆的黏度、调整喷枪喷嘴的大小和气压等。

6）涂层质量的检验方法。

① 底漆层外观的检验方法：在光线充足的环境下目视。

② 腻子层外观的检验方法：首先在光线充足的环境下目视外观质量，然后用测厚仪检查，要求第一、二层腻子厚度在 0.3～0.5mm，第三层腻子薄而均匀。

③ 底漆干燥程度的检验方法：将直径为 10mm、重 200g 的干燥砝码放在铺放于底漆层上的纱布上 30s，取出后底漆面无印痕和粘附棉屑，即为合格。

④ 腻子表面干燥程度的检验方法：可用 0.3kg 锤子尖端进行打击，当被打击处的腻子层只鼓起为合格，不准出现脱落和裂纹。

⑤ 面漆外观的质量检验方法：用肉眼观察，也可用样板对照检验。

⑥ 面漆实干的检验方法：用手指在涂膜上用力急速地按一下，涂膜上不留指纹和产生剥落现象，涂膜应保持平整光滑，即为合格。也可在涂膜上放一片滤纸或一个棉球，在上面轻轻放置一个底面积为 1cm²、重 200g 的干燥试验器，将样板翻转（涂膜向下），滤纸或棉球能自由下落，并且以纤维不被粘在涂膜上为合格。

3. 涂膜的检验

涂膜的检验，包括对涂膜外观的检验，涂膜结合力、防腐性及其他一些重要指标的检验，以确定涂膜质量是否达到标准规定的要求。在实际生产过程中，有些项目可以在涂装现场进行检验，但多数项目不能在生产现场进行检验，需要按标准中规定的涂层检测样板的制备方法进行检测。

（1）色漆颜色的检验　将漆样涂在试板上，全干后与标准色涂料样板进行比较，观察颜色的探浅和色相是否一致。对涂膜颜色和外观的检验是十分重要的，如不严格控制，将会出现同种颜色的涂料由于批号不同而颜色不一，在使用中如涂在同一台产品上，将影响表面的装饰性，因此在使用前要对涂料颜色进行检验，方法如下：

1）标准样品法（方法一）。将测定样品与标准样品分别在马口铁上制备涂膜，待涂膜实干后将两板重叠 1/4 面积，在天然散射光线下检查，眼睛与样板距离 300mm 左右，成 120°～140°角，根据产品标准检查颜色和外观，颜色应符合技术允许范围，外观应平整光滑，符合产品标准规定。

2）标准色板法（方法二）。将测定样品在马口铁板上制备涂膜，待涂膜实干后，将标准色板与待测色板重叠 1/4 面积，在天然散射光线下检查，眼睛与样板距离 300mm 左右，成 120°～140°角，观察色相、明度、纯度，有无不同于标准色板、色卡的色差，其颜色若在两块标准色板之间，或与一块标准色板比较接近，即为符合技术允许范围。

3）仪器测定法。用各种类型的色差仪来测定涂膜的颜色。这种方法测得的结果准确。

（2）结合力的检验 结合力即涂膜的附着力，是指涂膜与被涂物体表面粘合的牢固程度。目前要真正测得涂膜与被涂物体的附着力是比较困难的，一般只能用间接的手段来测得，常采用综合测定和剥离测定两种方法。

综合测定法包括：栅格法、交叉切痕法和画圈法。剥离测定法包括：扭开法和拉开法。

（3）耐冲击强度的检验 耐冲击强度是指测试涂膜在高速度的负荷作用下的变形程度，即涂料涂膜抵抗外来冲击的能力。它是以一定重量的重锤与其落在涂漆面上，而不引起涂膜破坏的最大高度的乘积（kg·cm）来表示的。测试仪器为冲击试验器。

测试方法：将干后的涂漆样板平放于铁砧上，涂膜朝上，样板受冲击部位距边缘不少于15mm，将重锤提至10cm高度，然后按控制钮，使重锤自由落下冲击样板，提起重锤取出样板，用四倍放大镜观察，看受冲击处涂膜有无裂纹、皱皮及剥落现象，当涂膜无裂纹、皱皮、剥落现象时，可依次增大重锤的高度至20～50mm。试验应在25℃、相对湿度为65%±5%的条件下进行。

（4）柔韧性的检验 柔韧性的试验方法，是将涂漆的马口铁在不同直径的棒上弯曲后，不致引起涂膜破坏的最小轴棒为止，该轴棒的直径即表示该涂膜的柔韧性数值。

（5）硬度的检验 涂膜硬度是指涂膜对于外来物体浸入表面所具有的阻力。根据涂料的性质，涂料干燥越彻底，硬度就越高，完全干燥的涂膜，具有良好的硬度。测定涂膜硬度常用摆杆硬度计，该仪器是测涂膜的比较硬度，即在涂有涂料的玻璃板和未涂涂料的玻璃板上，摆锤在规定振幅中摆动衰退时间的比值，玻璃板上的摆动值为440s±6s，以此数除以涂有涂料的摆动值即为该漆的硬度：

$$Y_d = \frac{t}{t_0}$$

式中 t——摆杆在涂膜上从2°～5°的摆动时间（s）。

t_0——摆杆在玻璃板上从2°～5°的摆动时间（s）。

Y_d——漆膜硬度值。

（6）厚度的检验 涂膜厚度是一项重要指标，如涂膜厚度不均或厚度不够，都会对涂膜性能产生不良影响，因此对涂膜厚度要严加控制。目前用湿膜厚度计和干膜厚度计测定涂膜厚度。

1）湿膜厚度计。其测量原理是：同一水平面的两个平面连接在一起，在其中间有第三个平面就能垂直地接触到湿膜。由于第三个面与外侧两个面具有高度差，故当第三个平面首先接触到湿膜的该点，即为湿膜的硬度。

测试时握住中心的导轮，并从最大读数点开始把圆盘压着试验表面滚到零，然后拿开，湿膜首先与中间偏心表面接触的该点，即为湿膜的硬度。

2）干膜硬度计。有磁性和非磁性两种，磁性测厚仪用来测定钢铁底板上涂膜的厚度，非磁性测厚仪用来测定铝板、铜板等不导磁底板上涂膜的厚度。

耐化学性能的检验、耐候性的检验、老化试验、湿热试验等，鉴于篇幅所限不再赘述，需要的可以参阅相关标准。

◇◇◇◇第六节　热处理的检验

机械产品热处理过程中，因人机料法环测诸多因素的影响，会对产品质量造成一定影响。例如：因热工仪表、加热设备、冷却介质、操作水平、原材料等因素的影响，热处理质量不可避免地存在差异，甚至产生不合格品，应通过检验把不合格品剔除出去。因此，质量检验对保证和提高热处理质量有着极为重要的作用，它是质量管理的重要组成部分。

由于机械产品生产企业产品品种规格、性能要求各不相同，采用的热处理设备（箱式炉、井式炉、台车炉、多用炉、真空热处理炉、气体氮化炉、高频炉、中频炉等）也不尽相同，所以热处理的检测技术应用也存在千差万别，为了热处理检验人员有一个概括的了解和实际应用，本部分将一些常用的热处理检验项目和方法介绍如下。

一、热处理零件的质量检验项目

热处理零件的质量检验项目见表 8-16。

表 8-16　热处理零件的质量检验项目

检验项目	检验内容	检验方法与工具
外观	有无裂纹、过烧、氧化、翘曲变形及其他缺陷	目测
变形量	按图样要求检验热处理后的变形量	样板、量具或校直装置
硬度	根据生产批量、热处理状态、炉火、质量要求等确定抽检百分数	各种硬度计、锉刀等
力学性能	按要求截取试样检验	万能材料试验机
金属组织结构	金相组织、晶粒度、渗层的深度、氧化层的脆性、渗碳层的含碳量等	金相显微镜、维氏硬度计

二、外观检验

零件热处理后，需对零件的外观质量进行检验，外观检验的内容有遗留不合格、表面损伤、表面腐蚀、表面氧化等。外观检验主要以目测为主。

1）遗留不合格。遗留不合格主要是指钢轧制、锻造过程中产生的不合格未被消除而遗留在热处理工序中，一般发生在个别零件上，如原料纵向裂纹、锻造折叠、斑疤、机加工局部损伤等。这类问题的检验都可以目测为准。

2）表面损伤。在热处理工序前后或热处理过程中，如发生碰撞、摩擦、冲击、压挤等使零件产生局部凹陷、划痕、棱角脱落等表面损伤，对于精磨零件或精加工后的零件，有可能会造成废品。

3）表面腐蚀。零件热处理后，若长时间放置会造成表面腐蚀而形成斑点，轻者破坏零件质量，重者使零件报废。一般采用试磨零件的方法来测定腐蚀深度是否超出了单边加工余量。

4）表面氧化。零件在热处理的过程中与炉气中的氧剧烈作用而形成氧化皮（Fe_2O_3），从而破坏了零件的表面质量，严重时会导致零件报废。一般情况下零件留有一定的加工余量，少量的氧化皮不会对零件尺寸有影响。

三、变形量检验

变形量的检验内容主要是按图样要求检验热处理后的变形量。即在热处理前对零件进行几何形状尺寸和几何误差的检测，对比热处理后同一部位形状尺寸的变化情况；对几何误差测量也比照热处理前后的情况，看是否符合图样和工艺即技术文件的要求。针对不同的零件有不同的技术要求，根据具体要求进行检验。

四、硬度检验方法

由于硬度是金属和合金力学性能的一项重要指标，因此，常作为零件设计中选材及确定工艺过程的主要依据，同时也是鉴定热处理工艺质量的重要手段。根据零件的硬度要求以及测量对象分别使用不同的硬度检验方法。

硬度检验方法有压入法、锉刀法和无损检验法三种。

1. 布氏硬度检验

布氏硬度试验是压入法之一，主要用于检验退火、正火和调质处理的零件以及铸件、锻件、有色金属和型材等的硬度，布氏硬度测定法主要用于测定布氏硬度小于450HBW 的金属半成品。测试高硬度材料时（布氏硬度在650HBW 以下），虽然压头改为硬质合金球，但由于压痕较小，误差较大，故很少应用。由于布氏硬度试验力较大，也不宜测较薄的金属材料。

（1）符号说明 布氏硬度符号为 HBW，使用硬质合金球压头；不应与以前的符号 HB 和用钢球头时使用的符号 HBS 相混淆。

（2）检验原理 如图 8-26 所示，对一定直径的硬质合金球施加试验力压入试样表面，经规定保持时间后，卸除试验力，测量试样表面压痕的直径。

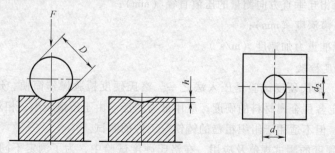

图 8-26 布氏硬度检验原理示意图

（3）布氏硬度检验

1）固定式布氏硬度计的使用。依据 GB/T 231.1—2009《金属布氏硬度试验方法》的规定，固定式布氏硬度计的操作规程及注意事项如下：

① 试验应在 10 ~ 35℃下进行，对温度有较高要求的试验，应控制在 23℃ ± 5℃之内。

② 试样支承面、压头表面及试台面应保持清洁。试样应稳固地放置在试台上，保证在试验过程中不发生移动和挠曲。

③ 应均匀平稳地施加压力，不得有冲击和振动。试验力作用方向应与试验面垂直。

④ 施加试验力的时间为 2 ~ 8s，黑色金属的试验力保持时间为 10 ~ 15s；有色金属为 30s ± 2 s，布氏硬度小于 35HBW 时为 60s ± 2s。

⑤ 压痕直径 d 必须在 $(0.24 ~ 0.6)D$（压头钢球直径）的范围内，否则试验无效。为此，必须针对不同的材料来选择钢球及试验力。

⑥ 压痕中心距试样边缘的距离应不小于压痕直径的 2.5 倍，相邻两压痕的中心距离应不小于压痕直径的 4 倍；试样厚度不得小于压入深度的 10 倍。

⑦ 为使压痕边缘清晰，测量精确，试样表面粗糙度 Ra 值应不高于 1.6μm。

⑧ 测量直径应取 d_1、d_2 两测量方向的平均值（图 8-26）。

2）布氏硬度 HBW 值的计算。压痕深度、布氏硬度 HBW 值可用下列公式求出：

$$h = \frac{D - \sqrt{D^2 - d^2}}{2}$$

$$布氏硬度(HBW) = 常数 \times \frac{试验力}{压痕表面积}$$

$$= 0.102 \times \frac{2F}{\pi D \left(D - \sqrt{D^2 - d^2} \right)}$$

$$常数 = \frac{1}{g_n} = \frac{1}{9.80665} \approx 0.102$$

式中　　D——硬质合金球直径（mm）；

d——压痕平均直径（mm），$d = \frac{d_1 + d_2}{2}$；

d_1、d_2——两相互垂直方向测量的压痕直径（mm）；

h——压痕深度（mm）；

g_n——标准重力加速度（m/s²）。

2. 洛氏硬度检验

（1）概述　洛氏硬度试验是压入法之一。洛氏硬度检验操作简便、迅速，可直接读数值，能测定各种金属材料的硬度，应用最为广泛。由于压痕较小，相对于工件表面不会造成损伤，但不适用于组织粗糙的铸铁等工件的测试。

（2）洛式硬度的测试规范及应用　在洛氏硬度试验中，为了测定不同硬度的材料，需采用不同形式的压头和规定的试验力相配合。生产上常用的是 A、B、C 三级标度的洛氏硬度，分别用符号 HRA、HRB、HRC 表示。常用洛氏硬度的试验规范和应用见表 8-17。

表 8-17　常用洛氏硬度的试验规范和应用

硬度符号	压头类型	初试验力 F_0/N	主试验力 F_1/N	总试验力 F/N	适用范围	使用范围
HRA	金刚石圆锥	98.07	490.3	588.4	20~88HRA	碳化物、硬质合金浅层表面硬化层
HRB	直径为 1.5875mm 的球	98.07	882.6	980.7	20~100HRB	软钢、铜合金、铝合金、灰铸铁
HRC	金刚石圆锥	98.07	1373	1471	20~70HRC	淬火钢、调质钢、渗层表面硬化钢

（3）原理　将压头（金刚石圆锥、硬质合金球）按图 8-27 分两个步骤压入试样表面，经规定保持时间后，卸除主试验力，测量在初试验力下的残余压痕深度 h。

根据 h 值及常数 N 和 S（表 8-18），用下式计算洛氏硬度（图 8-27）：

$$洛氏硬度 = N - \frac{h}{S}$$

式中　N——给定标尺的硬度数；

　　　S——给定标尺的单位（mm）；

　　　h——卸除主试验力，在初试验力下压痕残留的深度（残余压痕深度，mm）。

表 8-18　符号及其说明（一）

符号	说明	单位
F_0	初试力	N
F_1	主试验力	N
F	总试验力	N
S	给定标尺的单位	mm
N	给定标尺的硬度数	
h	卸除主试验力，在初试验力下压痕残留的深度（残余压痕深度）	mm
HRA HRC HRD	洛氏硬度 $= 100 - \dfrac{h}{0.002}$	
HRB HRE HRF HRG HRH HRK	洛氏硬度 $= 130 - \dfrac{h}{0.002}$	
HRN HRT	洛氏硬度 $= 100 - \dfrac{h}{0.001}$	

$$HRA、HRC\ 和\ HRD\ 洛氏硬度 = 100 - \frac{h}{0.002}$$

其他可查阅 GB/T 230.1—2009《金属材料　洛氏硬度试验　第 1 部分：试验方法》。

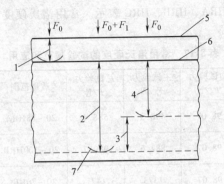

图 8-27　洛氏硬度试验原理图

1—在初试验力 F_0 下的压入深度　2—由主试验力 F_1 引起的压入深度

3—卸除主试验力 F_1 后的弹性回复深度　4—残余压入深度 h

5—试样表面　6—测量基准面　7—压头位置

（4）洛式硬度计的操作注意事项

1）每一试件上试验点数应少于 4 点（第一点不计）。对大批量试样的检验，点数可适当减少。

2）由于洛氏硬度压痕很小，它对被测的表面粗糙值要求较低，一般不高于 $Ra1.6\mu m$。被测表面与支承面要平整、光洁，不得带有油脂、氧化皮、毛刺、铁屑等污物。

3）洛氏硬度除在平面上可测定外，对曲面或球面也可以进行检验，但必须测试其最高点，使压头受力均匀地压入试件表面。

4）在测定曲率较大的零件曲面时，必须按零件试样的直径，对测量的硬度予以修正。

3. 洛氏硬度和布氏硬度的区别和换算

1）HBW 应用范围较广，HRC 适用于表面高硬度材料，如热处理硬度等。两者的区别在于硬度计的测头不同，布氏硬度计的测头为硬质合金，而洛氏硬度计的测头为金刚石。

2）布氏硬度（HBW）一般用于材料较软的时候，如有色金属、热处理之前或退火后的钢铁。洛氏硬度（HRC）一般用于硬度较高的材料，如热处理后的硬度等；洛式硬度是以压痕塑性变形深度来确定硬度值指标的，以 0.002mm 作为一个硬度单位。当硬度大于 450HBW 或者试样过小时，不能采用布氏硬度试验而改用洛氏硬度计量。

3）洛式硬度压痕很小，测量值有局部性，须测数点求平均值，适用于成品和薄片，归于无损检测一类。布式硬度压痕较大，测量值准，不适用于成品和薄片，一般不归于无损检测一类。

4）洛式硬度的值是一无名数，没有单位（因此习惯称洛式硬度为多少度是不正确的）；布式硬度的值有单位，且和抗拉强度有一定的近似关系。

5）洛式硬度直接在表盘上显示，也可以数字显示，操作方便，快捷直观，适用于大量生产中；布式需要用显微镜测量压痕直径，然后查表或计算，操作较繁琐。

6）在一定条件下，HBW 与 HRC 可以查表互换。其心算公式可大概记为：$1HRC \approx 1/10HBW$。

4. 维氏硬度检验

维氏硬度试验是一种较为精确的硬度检验方法。在热处理工艺的质量检验中，常用来测定薄淬硬层和化学热处理的薄形零件或小零件的表面硬度以及化学热处理淬火后的有效硬化层深度等。

（1）试验原理　将顶部两相对面具有规定角度的正四棱锥体金刚石压头用一定的试验力压入试样表面，保持规定时间后，卸除试验力，测量试样表面压痕对角线长度（图 8-28）。

维氏硬度值与试验力除以压痕表面积的商成正比，压痕被视为具有正方形基面并与压头角度相同的理想形状。

（2）符号及其说明

1）符号及其说明见表 8-19，维氏硬度试验原理如图 8-28 所示。

2）维氏硬度用 HV 表示，符号之前为硬度值，符号之后按如下顺序排列：

$$640HV30/20$$

其中，640 表示硬度值；HV 表示维氏硬度符号；30 表示试验力（见表 8-19，此处 $30kgf = 294.2N$）；20 表示试验力保持时间。

表 8-19　符号及其说明（二）

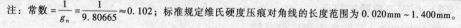

符　号	说　　　明	单　位
α	金刚石压头顶部两相对面夹角（136°）	（°）
F	试验力	N
d	两压痕对角线长度 d_1 和 d_2 的算术平均值	mm
HV	维氏硬度 $=$ 常数 $\times \dfrac{\text{试验力}}{\text{压痕表面积}}$ $= 0.102 \times \dfrac{2F\sin\dfrac{136°}{2}}{d^2} \approx 0.1891 \dfrac{F}{d^2}$	

注：常数 $\dfrac{1}{g_n} = \dfrac{1}{9.80665} \approx 0.102$；标准规定维氏硬度压痕对角线的长度范围为 0.020mm ~ 1.400mm。

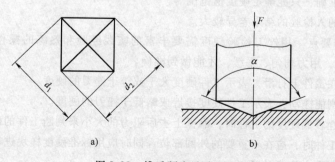

a)　　　　　　　　　　　　　　b)

图 8-28　维氏硬度试验原理

a）维氏硬度压痕　b）压头（金刚石锥体）

（3）试验力的范围　试验力范围规定了测定金属维氏硬度的方法，试验力范围、具体硬度值对应多大的试验力，可查阅相关标准。

（4）注意事项

1）当压痕对角线长度小于0.0020mm时，必须考虑不确定度的增大。

2）通常试验力越小，测试结果的分散性越大，对于小力值维氏硬度和显微维氏硬度尤为明显。该分散性主要是由压痕对角线长度的测量而引起的。对于显微维氏硬度来说，对角线的测量不太可能优于±0.001mm。

3）特殊材料或产品的维氏硬度试验应在相关标准中规定。

4）维氏硬度测试一般在10～35℃环境中进行，试样制备过程中应尽量避免受冷、热加工等对试样表面硬度的影响。

5）零件测试表面粗糙度值不高于$Ra0.4\mu m$。

试验仪器、试样、试验条件应符合GB/T 4340—2009《金属维氏硬度试验方法》的规定。

5. 锉刀检验硬度

锉刀检验硬度法就是利用锉刀的齿来锉划被检表面，根据划痕大小和深浅来判断被检表面的硬度。该方法在生产现场实用的比较多，操作简单。检验硬度的锉刀，应选用中细齿半圆锉刀或圆锉刀。锉刀是用T12A或T13A工具钢经淬火、回火后制成不同硬度的专用标准锉刀，从高硬度到低硬度分成组，标定其硬度，将硬度值打印在锉刀上，以备用来检验不同硬度的零件。在使用中应经常用标准硬度块进行校核。

（1）用锉刀检验硬度的优点

1）方法简单，不需复杂设备。

2）适用没有硬度计的场合；零件的工作面形状（如刀具刃部）无法用硬度计测试；不便在硬度试验机上进行硬度试验的形状复杂的零件和工具；整机装配状态的零件需测试硬度等场合。

3）热处理批量很大时，不可能逐个在硬度试验机上检验，可用锉刀进行"粗检"，发现问题再在硬度试验机上进行比较准确的检验。

（2）用锉刀检验的缺点

1）不太准确，只能确定硬度值范围。

2）不同的人检验的结果差异较大。

（3）操作要点　用锉刀检验硬度需要丰富的实践经验和熟练的操作技能，因此，需要经常试锉，用力均匀、平缓，才能做到准确。

1）锉刀在工件上打滑，表示工件硬度大于或等于锉刀的硬度。

2）锉刀刚能锉动，表示工件硬度接近或略低于锉刀的硬度。

3）锉刀锉较低硬度的工件时，靠锉上去后阻力的大小来判断工件的硬度。

4）试锉工件时，应在不重要的外圆部位，同时应用标准硬度样块进行校正。

6. 硬度检验应注意的事项

（1）硬度检验方法的选择原则和适用范围

1）硬度低于450HBW的材料或工件，如退火、正火、调质件、有色金属和组织均匀性较差的材料以及铸件、轴承合金等，应选用布氏硬度法测定。

2）高硬度的材料和工件（大于450HBW），如淬火回火钢件等，应采用洛氏硬度HRC；对硬度特别高的材料，如碳化物、硬质合金等应选用洛氏硬度HRA。

3）硬度值较低（在60~230HBW）的工件，若其表面不允许存在较大的布氏硬度压痕，可选用HRB测定。

4）对于薄形材料或工件、表面薄层硬化件以及电镀层等，应选用表面洛氏硬度计或维氏硬度计测定。

5）无法用布氏或洛氏（HRB）硬度计测定的大型工件，可用锤击式布氏硬度计测定。

（2）热处理后零件检验硬度的注意事项

1）测定前，应将零件清理干净，去除氧化皮、毛刺等，测量的表面粗糙度 Ra 值应小于 $3.2\mu m$。测定维氏硬度的试样，其表面应精心制备，表面粗糙度 Ra 值不大于 $3.2\mu m$。

2）在球面或圆柱体上测定洛氏硬度时，必须按照 GB/T 230.1—2009 和 GB/T 231.1—2009 的规定加上修正值。

3）检验硬度的试样，应在规定的部位测定不少于3点，硬度不均匀性应在要求范围内。当用锉刀检验时，必须注意锉痕的位置不能影响零件的最后精度。

（3）成品零件检验硬度时的注意事项

1）磨加工的成品零件必须经退磁处理。如果退磁不彻底，吸附的细微铁屑将影响硬度测量的正确性。

2）测定硬度时，尽量选用负荷较小的试验方法，以免使零件损伤。

3）检验方式一般应与热处理后的检验方式相同。

（4）使用硬度计的注意事项

1）硬度计每次更换压头、试台和支座后，或进行大批试验前，应按照各类硬度计的检定规程进行检查。

2）测定硬度前，应先检验硬度计运转是否正常，并用与试样硬度值相近的二等标准硬度块对硬度计进行校核。

3）试样的试验面、支承面、试台表面和压头表面应保持清洁。试样应稳固地放在试台上，保证在试验过程中不产生位移和变形；应根据试样的形状和尺寸采用不同类型的支承台。

4）在任何情况下，都不能使压头与试台直接触碰。试验时，当试样将与压头接触时，应均匀缓慢地进行，以免试样与压头冲撞。试样支承面、支座和试台工作面上均不得有压痕痕迹。

5）在试验过程中，必须保证负荷作用力与试样的试验面垂直，试验仪器不应受到任何冲击和振动。

6）试验应在标准温度（20±10）℃下进行。在不能满足这一规定时，温度允许有不大的变动。但必须在试验记录中注明。

　7）每次更换压头或试台后，最初两次的试验结果无效。

　8）硬度计和压头应符合有关国家标准和部颁标准的要求。

复习思考题

1. 冲压件的检验内容有哪七大项？

2. 轧制件力学性能检验包括哪几项？

3. 简述铸造工序的检验项目。

4. 浇注和冷却时会出现哪些不合格？

5. 对于铸件表面的微细缺陷，如微细裂纹、疏松等缺陷，用何种方法检验？

6. 对于模具锻件为什么要做首件检验？

7. 简述锻件工序检验的项目。

8. 在焊接中，应用较多的有哪三种焊接方式？

9. 焊接检验中常用的无损伤检验方法有哪些？

10. 致密性检验是用来发现焊缝中贯穿性的裂纹、气孔、夹渣、未焊透以及疏松组织的，简述常用的检验方法。

11. 焊接件毛坯件的不合格是焊接接头不合格，简述焊接时产生的不合格及其特征。

12. 表面处理的基本方法有哪四类？

13. 简述表面处理的主要检验项目。

14. 镀层结合强度的检验评定镀层与基体金属附着力，指出几种常用检验方法。

15. 采用的热处理设备有哪些？

16. 说出几种热处理零件的质量检验项目。

17. 硬度检验方法有压入法、锉刀法和无损检验法三种，其中压入法有哪些？

18. 简述洛氏硬度和布氏硬度的区别。

19. 洛氏硬度和布氏硬度如何换算？

20. 说出几种常用力学性能试验术语。

21. 简述火花检验的操作规程及检验方法。

22. 简述几种常规热处理零件的检验项目。

第 九 章

几何误差的检验

培训目标：了解几何公差的基本概念；掌握常用的基本概念（要素、理想要素、实际要素、被测要素、提取组成要素、组成要素、拟合要素等）；熟悉评定误差的基本原则（符合最小条件）。熟悉形状公差和位置公差包括哪些项目的内容；掌握几何公差标注及其内容。了解基准体系的概念和标注方法；熟悉公差原则、独立原则和包容要求及可逆要求的相关内容。熟悉几何误差、几何误差检测及几何误差检测原则的概念；掌握形状误差及其常用检测方法（直线度、平面度、圆度误差检测）；掌握位置误差及其常用检测方法（平行度、垂直度、同轴度、对称度误差检测）。

◈◈◈◈ 第一节　基础知识

机械产品的几何误差分类：几何误差包括尺寸误差（工件实际尺寸与图样规定尺寸的偏差）、表面形状误差和相对位置误差；表面形状误差包括微观（表面粗糙度）、中间（波度）和宏观（形状误差）三种；形状误差和相对位置误差统称为几何误差，也就是过去我们常说的位置误差。

一、各类几何公差之间的关系

如果功能需要，可以规定一种或多种几何特征的公差以限定要素的几何误差。限定要素某种类型几何误差的几何公差，也能限制该要素其他类型的几何误差。

1）要素的位置公差可同时控制该要素的位置误差、方向误差和形状误差。

2）要素的方向公差可同时控制该要素的方向误差和形状误差。

3）要素的形状公差只能控制该要素的形状误差。

二、未注几何公差的规定

GB/T 1184—1996《形状和位置公差　未注公差》中所规定的公差等级考虑了各类工厂的一般制造精度，如由于功能要求需对某个要素提出更高的公差要求时，应按照GB/T 1182 的规定在图样上直接标注；更粗的公差要求只有对工厂有经济效益时才需注出。

为了简化制图以及其他好处，对一般机床加工能够保证的几何（形位）精度，不必在图样上注出。实际要素的误差由未注几何公差控制。标准对直线度与平面度、垂直度、对称度、圆跳动分别规定了未注公差值，都分为 H、K、L 三种公差等级，见表9-1～表9-4。

表 9-1　直线度和平面度的未注公差值　　　（单位：mm）

公差等级	基本长度范围					
	~10	>10~30	>30~100	>100~300	>300~1000	>1000~3000
H	0.02	0.05	0.1	0.2	0.3	0.4
K	0.05	0.1	0.2	0.4	0.6	0.8
L	0.1	0.2	0.4	0.8	1.2	1.6

表 9-2　垂直度的未注公差值　　　（单位：mm）

公差等级	基本长度范围			
	~10	>100~300	>300~1000	>1000~3000
H	0.2	0.3	0.4	0.5
K	0.4	0.6	0.8	1
L	0.6	1	1.5	2

表 9-3　对称度的未注公差值　　　（单位：mm）

公差等级	基本长度范围			
	~10	>100~300	>300~1000	>1000~3000
H	0.5			
K	0.6		0.8	1
L	0.6	1	1.5	2

表 9-4　圆跳动的未注公差值　　　（单位：mm）

公差等级	圆跳动公差值
H	0.1
K	0.2
L	0.5

对其他项目的未注公差值说明如下：

圆度未注公差值等于其尺寸公差值，但不能大于表 9-4 中径向圆跳动的未注公差值。圆柱度的未注公差未做规定。实际圆柱面的质量由其构成要素（截面圆、轴线、素线）的注出公差或未注公差控制。

平行度的未注公差值等于给出的尺寸公差值或直线度（平面度）未注公差值中的较大者。

同轴度的未注公差未做规定，可考虑与表 9-4 中径向圆跳动的未注公差相等。

其他项目（线轮廓度、面轮廓度、倾斜度、位置度、全跳动）由各要素的注出或未注几何公差、线性尺寸公差或角度公差控制。

◇◇◇◇ 第二节 形状误差的检验

一、直线度误差检测

1. 直接检测法

直接检测方法是指通过测量可直接获得测得直线各点坐标值或直接评定直线度误差值的测量方法，如间隙法、指示器法、光轴法等。此类方法首先确定一条测量基线，然后通过测量得到实际被测直线上各点相对测量基线的偏差，再按规定进行数据处理得到直线度误差值。

（1）间隙法 将被测直线和测量基线间形成的光隙与标准光隙相比较，直接评定直线度误差的方法。

检测设备：刀口形直尺、平尺、塞尺平板、平台、光源。

1）用刀口形直尺检验短小工件时，将刀口形直尺刃口放在被测表面上，如图 9-1 所示。当刀口形直尺刃口与实际线贴紧时，便符合最小条件。此时刀口形直尺刃口与实际线之间所产生的最大间隙，就是被测实际线的直线度误差值。

当间隙较大时，可用塞尺直接测出最大间隙值，即为被测件的直线度误差值；当间隙较小时，可按标准光隙估计其间隙大小。

标准光隙可以这样得到：如图 9-2 所示，在平面平晶上研合 1.002mm、1.003mm、1.004mm 和 1.005mm 的量块，再在上面放一刀口形直尺，则可以得到 0.001mm、0.002mm 和 0.003mm 的标准光隙。光隙较小时，将呈现不同的颜色，根据颜色可判断光隙大小的数值。当光隙大于 2.5μm 时呈白光，光隙为 1.25～1.75μm 时呈红光，光隙为 0.8μm 时呈蓝光，光隙小于 0.5μm 时则不透光。间隙偏大时可以用塞尺测量。

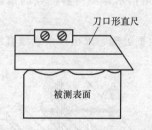

图 9-1　用刀口形直尺检验短小工件

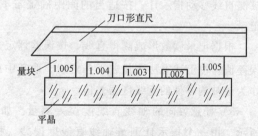

图 9-2　标准光隙

2）用平尺（样板直尺）、塞尺检验一圆柱体直线度误差时，可先将零件放在平台上，如图 9-3 所示，将平尺与被测素线直线接触，并使两者之间的最大间隙为最小，此时的最大间隙即为该条被测素线的直线度误差值，误差值的大小可用塞尺测量，也可看光隙，根据测量实际情况确定。

按上述方法测量若干条素线，取其中最大的误差值作为被测零件的直线度误差值。

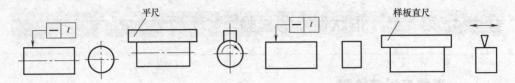

图 9-3　用平尺和样板直尺、塞尺检验直线度误差

该方法适用于磨削或研磨加工的小平面及短圆柱（锥）面素线的直线度误差测量，且应同时测量被测表面上若干条素线，取其中最大值作为该零件的直线度误差。

此方法用于低精度被测零件直线度误差测量时，可用量块或塞尺测量被测直线与测量基线之间的间隙，直接测得直线度误差值。

（2）指示器法　用带指示器（百分表或千分表等）的测量装置，测出被测直线相对测量基线的偏离量，进而评定直线度误差值的方法。

此类检测方法通常采用平板或精密导轨等体现测量基线。

检测仪器和设备：平板、固定和可调千斤顶、精密导轨、指示器（百分表或千分表）、表架和两端带顶尖的中心架或偏摆仪等。

1）如图 9-4 所示，以导轨作为测量基准，并将被测直线的两端调整至等高且平行测量基线。测量时将被测直线等分为若干段，指示表在导轨上沿被测直线方向（x）等距间断移动，指示表的示值为测点相对于测量基准的 x 坐标值。用计算法（或图解法）按最小条件（也可按两端点连线法），即可求出被测零件的直线度误差。此方法在生产中常用来测量中、小型零件的直线度。

2）给定平面的直线度误差测量。如图 9-5 所示，检测一圆柱面素线的直线度误差。测量时，将被测零件 2 置于平板 4 的 V 形架 3 上，调整指示计 1 使其与被测零件上端素线相接触。调整 V 形架的高度，将被测直线的两端点连线与测量基线大致调平行。沿被测直线移动指示计，按适当的间距确定若干个测点，用指示计测得各测点的读数并记录。

根据记录读数形成测得直线，按误差评定方法进行数据处理，求出该条素线直线度误差值。按上述方法测量若干条素线，取其中最大值作为该被测零件的直线度误差值。

3）任意方向的轴线直线度误差测量。如图 9-6 所示，用一个指示计测量轴线直线度误差（横截面法或轴截面法）。测量方法是：将被测零件 3 安装在平行于平板 4 的精密分度装置 1 的两同轴顶尖之间。确定横向测量截面数及各截面上等分测量点数。转动被测零件，在各横向截面上对等分测量点逐一进行测量，并记录各点的示值。

将各截面上各点的示值绘制在极坐标图上，按最

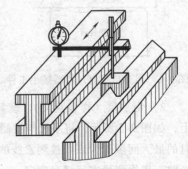

图 9-4　测量直线度误差方法（一）

小区域法或最小二乘法确定各截面中心坐标值。由各截面测得的实际中心构成测得中心线。按误差评定方法进行数据处理，求出轴线的直线度误差值。

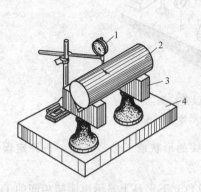

图 9-5　测量直线度误差方法（二）

1—指示计　2—被测零件

3—V 形架　4—平板

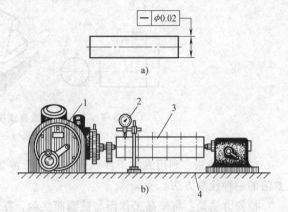

图 9-6　测量直线度误差方法（三）

1—精密分度装置　2—百分表

3—被测零件　4—平板

4）锥面素线直线度误差检测。如图 9-7 所示，将被测素线的两端点调整到与平板等高。在被测素线的全长范围内测量，同时记录示值。根据记录的读数用计算法（或图解法）按最小条件（也可按两端点连线法）计算直线度误差；按上述方法测量若干条素线，取其中最大的误差值作为该被测零件的直线度误差。

5）直圆柱轴线直线度误差检测。如图 9-8 所示，也可用两个指示计测量轴线直线度误差（轴截面法）。测量方法是：将被测零件 2 安装在平行于平板 5 的两同轴顶尖架 1 之间，由两顶尖连线体现测量基准。然后将固定在同一测量架上的两个指示器 3 与 4，对径放置于被测零件铅垂横截面的上、下两侧。沿铅垂横截面的两条素线移动测量架进行测量，同时分别记录两指示器在各测点的示值 M_{ai}、M_{bi}，并求出其差值：

$$\Delta_i = M_{ai} - M_{bi}$$

取各测得点示值差 Δ_i 中最大值 Δ_{max} 和最小值 Δ_{min} 之差的一半，作为该轴截面上轴线直线度误差近似值 f'，即：

$$f' = \frac{1}{2}(\Delta_{max} - \Delta_{min})$$

转动被测零件，在若干个轴截面上重复上述测量，测得各截面上的轴线直线度误差值，取其中最大值作为该零件的轴线直线度误差近似值。

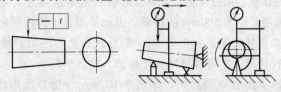

图 9-7　锥面素线直线度误差检测

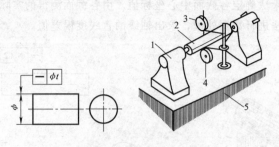

图 9-8　直圆柱轴线直线度误差检测
1—顶尖架　2—被测零件　3、4—指示器　5—平板

（3）干涉法　利用光波干涉原理，根据干涉条纹的形状或干涉带条数，来评定误差值的一种检测方法。

检测方法是：将平晶工作面与被测面接触，在单色光下平晶上显示出明暗相间的干涉条纹，根据干涉条纹的形状和数量，可判别出被测面的直线度误差近似值。

（4）光轴法　以几何光轴作为测量基线，测出被测直线相对该基线的偏离量，进而评定直线度误差值的方法。

（5）钢丝法　以张紧的优质钢丝作为测量基线，测出被测直线相对测量基线的偏离量，进而评定直线度误差的方法。

2. 间接检测法

间接检测方法是指通过测量不能直接获得测得直线各点坐标值，需经过数据处理获得各点坐标值的测量方法，如水平仪法、自准直仪法、表桥法等。

检测仪器和检测设备：平板、水平仪、自准直仪、反射镜、桥板、指示器（百分表或千分表）等。

（1）水平仪法　将固定有水平仪的桥板放置在被测直线上，等跨距首尾相接地拖动桥板，测出被测直线各相邻两点连线相对于水平面的倾斜角，通过数据处理，求出直线度误差的方法。

如图 9-9 所示，测量一平面素线的直线度误差的方法是：先根据被测直线的长度，确定分段数和桥板跨距 L（一般取 200 ~ 500mm）。用水平仪将被测直线大致调成水平。然后沿被测直线等跨距首尾衔接地拖动桥板，同时记录各点示值。最后根据测得示值，按累计计算求得各测点坐标值。由此取得测得直线，按误差评定方法求得其直线度误差值。

如有一长 5m 的导轨，用分度值为 0.02mm/m 的水平仪测量其直线度误差。首先确定分段数 $n = 10$，采用跨距为 500mm 的桥板，由此可知置于该桥板上的水平仪每移动一格，则表示桥板两支点处高度差为 0.01mm。然后从导轨的一端开始，依次测量各节距位置处读数，并进行折算，求得各被测点坐标值，见表 9-5。

也可采用作图法求出各点坐标值，如图 9-10 所示。选择适当比例绘出直角坐标，水平坐标表示各测点位置，垂直坐标表示水平仪示值，起始点 0 位于坐标原点。按水平仪测量原理，依次绘出各测点相对于前一测点示值位置，示值为正，绘在相对点之上，为负绘在相对点之下，由此可得各测得点的坐标值（水平仪格数）。连接图中各测得点，得到测得直线图形。

表9-5　用水平仪法测量直线度误差记录

序号	0	1	2	3	4	5	6	7	8	9	10
桥板后支点到导轨端点距离/mm	0	500	1000	1500	2000	2500	3000	3500	4000	4500	5000
水平仪气泡移动格数	0	+6	+3.5	−1	−1.5	−1	+1	+3	+6	+4	−2
相对零点移动格数	0	6	9.5	8.5	7	6	7	10	16	20	18
相对零件升高量/μm	0	60	95	85	70	60	70	100	160	200	180

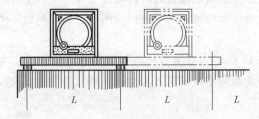

图9-9　水平仪法测量直线度误差

无论用上述计算法还是作图法，求得测得直线后，均应按误差评定方法进行数据处理后，方可求得直线度误差值。

该方法适用于大、中型零件铅垂截面内的直线度误差检测。

（2）自准直仪法　将固定有反射镜的桥板置于被测直线上，等跨距首尾相接地拖动桥板，测出被测直线各相邻两点连线相对主光轴的倾斜角，通过数据处理求出直线度误差值的检测方法。

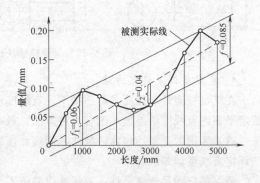

图9-10　作图法测量直线度误差

如图9-11所示，测量时先安置好自准直仪1，安置方法可根据零件大小等具体情况，或直接置于零件的一端，或固定在单独设置的支架上。调整自准直仪和反射镜3的相对位置，以保持返回的像进入仪器的视野范围内。然后按测量长度 L 确定分段数 n 和桥板跨距 $l = L/n$。沿被测直线等跨距首尾衔接地拖动桥板，记录各测点的示值。

根据各测点示值，按与上述水平仪法同样方法求得测得直线，经数据处理，求出直线度误差值。

该方法适用于大、中型零件的直线度误差检测。

（3）跨步仪法　以跨步仪两固定支点连线作为测量基线测出第三点相对测量基线的偏离量。通过数据处理求出直线度误差值的检测方法。

（4）表桥法　以表桥相间两固定支点的连线作为测量基线，测出中间点相对测量基线的偏离量，通过数据处理，求出直线度误差的检测方法。

3. 量规检测法

量规检验法是指用直线度量规判断被测零件是否超越实效边界的检验方法。

测量仪器：轴用通规和止规、孔用通规和止规。

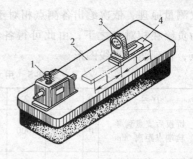

图 9-11　自准直仪法
1—自准直仪　2—检验平板
3—反射镜　4—桥板

量规检验法仅适用于检验轴线直线度公差遵守最大实体要求的零件。它是采用一种没有刻度值的综合量规作为检测器具来进行检测。它只能判别零件是否合格，而不能测得实际误差值。

检测方法如图 9-12 所示，给出的孔或轴的轴线直线度公差均遵守最大实体要求，即综合量规的直径等于被测零件的实效尺寸，采用量规检验法进行检测。

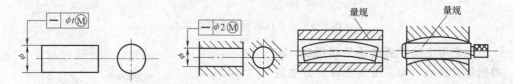

图 9-12　量规检验法检测直线度误差

4. 直线度误差评定方法

在满足被测件功能要求的前提下，直线度误差值可以有多种不同的评定方法。评定给定平面内直线度误差值一般有三种方法：最小包容区域法、最小二乘法和两端点连线法。通常采用的是最小包容区域法和两端点连线法，这两种方法都可以用图解法和计算法评定直线度误差值。

最终都应满足合格条件：直线度误差值不大于直线度公差值。

最小包容区域法：以最小区域线 l_{MZ} 作为评定基线的方法，按此方法求得直线度误差值 f_{MZ}。

最小包容区域判别法：

1）在给定平面内，由两平行直线包容实际直线时，成高—低—高或低—高—低相间接触形式之一（图 9-13），这两条平行直线之间的区域即为最小包容区域，该区域的宽度 f_{MZ} 就是符合定义的直线度误差值。

2）在给定方向上，由两平行平面包容实际直线时，沿主方向（长度方向）上成高—低—高或低—高—低相间接触形式之一（图 9-14），也可按投影进行判别，其投影方向应垂直于主方向及给定方向。

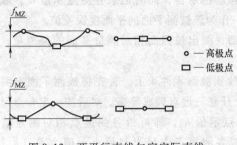

图 9-13 两平行直线包容实际直线

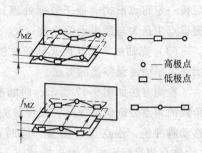

图 9-14 两平行平面包容实际直线

二、平面度误差检测

平面度误差是指实际平面对其理想平面的变动量，理想平面的位置应符合最小条件。即用平面度最小包容区域的宽度 f 表示的数值。

在测量过程中，获得测量值的参考面，称为测量基面，如平板的测量面、自准直仪光轴扫过的平面、水平面等。

1. 直接测量方法

直接测量的方法是指通过测量可直接获得测得平面各点坐标值或直接评定平面度误差值的方法，如间隙法、指示器法、光轴法等。

检测仪器和检测设备：检验平板、刀口形直尺、光源（毛玻璃、灯箱）、百分表或千分表、可调千斤顶、平面平晶、瞄准靶、望远镜、旋转设备、连通罐、指示器、传感器液面高度测量装置。

（1）间隙法 根据被测平面形状，沿多个方向进行测量，如图 9-15 所示，测得不同方向上若干个截面的直线度误差值，取其中最大值作为平面度误差的近似值。该方法适用于磨削或研磨加工的小平面平面度误差的测量。

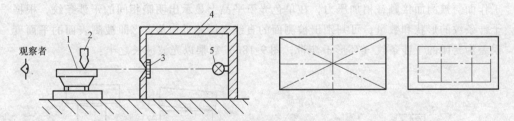

图 9-15 平面度误差间隙检测法
1—被测零件 2—刀口形直尺 3—毛玻璃 4—灯光箱 5—光源

（2）指示器法 用带指示器的测量装置或坐标测量仪，测出被测面相对测量基面的偏离量，进而评定平面度误差值的方法。

检测方法如图 9-16 所示，将被测零件支承到平板测量面上，首先通过可调支承千斤顶将被测平面上两对角线的角点分别调成等高，或将被测平面上三远点调成等高。然后按一定布点形式（便于数据处理）逐点移动指示器，同时记录各测点示值 h_i，取各测得点中最大与最小示值之差（$h_{max} - h_{min}$）作为该被测平面的平面度误差值。

（3）光轴法　以几何光轴建立测量基面，测出被测面相对测量基面的偏离量，进而评定平面度误差值的方法。

检测方法如图 9-17 所示，将瞄准靶 1 放到被测零件 4 上。首先将被测平面上两对角线的角点分别调成等高，或将被测平面上任意三远点调成等高。然后按一定布点形式移动瞄准镜，逐点进行测量，同时记录各点示值 h_{ij}，即可得各测量点相对测量基面（由准直望远镜形成）的坐标值 $Z_{ij} = h_{ij}$。取各测得点中最大与最小示值之差（$h_{max} - h_{min}$）作为该被测平面的平面度误差值。也可按误差评定方法求得更精确的误差值。

该方法适用于一般精度大平面的平面度误差的测量。

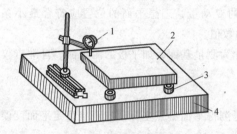

图 9-16　用指示表测量平面度误差

1—百分表　2—被测件

3—支承顶尖　4—平板

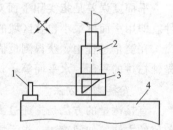

图 9-17　平面度误差光轴检测法

1—瞄准靶　2—转向棱镜

3—准直望远镜

4—被测零件

（4）干涉法　利用光波干涉原理，根据干涉条纹形状、条数来确定平面度误差值的方法。测量方法与直线度误差干涉检测方法完全相同。如图 9-18 所示，将平面平晶工作面与被测面接触，稍加压力，在单色光下平晶上显示出明暗相间的干涉条纹，根据干涉条纹的形状和数量，可判别出被测面的直线度误差近似值 f'。即被测表面的平面度误差为封闭的干涉条纹（环形干涉带，图 9-18d）数乘以光波波长之半：

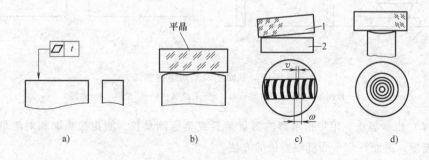

a)　　　　　　b)　　　　　　c)　　　　　　d)

图 9-18　用平面平晶的干涉法测量平面度误差

1—平面平晶　2—被测零件

$$f' = n\lambda/2$$

式中 n——环形干涉带数量；

λ——光波波长（白光下 $\lambda = 0.3\mu m$）。

对于不封闭的干涉条纹（均匀弯曲干涉带，图 9-18c），为条纹的弯曲度与相邻两条纹间距之比再乘以光波波长之半：

$$f' = \frac{\nu}{\omega} \frac{\lambda}{2}$$

式中 ω——干涉带间距；

ν——干涉带弯曲量；

λ——光波波长。

该方法适用于精研表面的平面度误差测量。

（5）液面法 以液体构成的水平面作为测量基面测出被测面相对测量基面的偏离量，进而评定平面度误差值的方法。

2. 间接测量方法

间接检测的方法是指通过测量不能直接获得平面各点坐标值，需经过数据处理后方可获得各点坐标值的测量方法，如水平仪法、自准直仪法、跨步仪法等。

检测仪器和检测设备：检验平板、水平仪、桥板、固定和可调千斤顶、自准直仪、反射镜等。

（1）水平仪法 将固定有水平仪的桥板置于被测平面上，按一定的布点形式首尾衔接地拖动桥板，测出被测平面相邻两点连线相对测量基线的倾斜角，通过数据处理求出平面度误差值的方法，称为水平仪法。

检测方法如图 9-19 所示：将固定有水平仪的桥板 2 置于被测平面上（图 9-19a），根据被测平面的形状、尺寸，选择布点形式，并确定各个方向的分段数及桥板跨距。然后将被测平面大致调水平（对自然水平面的倾斜角不大于 $10'$），按选定的布点方法，依测量顺序和方向（图 9-19b 中箭头所示），逐线首尾衔接地进行测量，并同时记录各点示值 a_{ij}（$a_{00} = 0$）。

按测量示值处理方法将示值 a_{ij} 转换成各点坐标值（线值）Z_{ij}。用计算法（或图解法）按最小条件（也可按对角线法）进行数据处理，计算出平面度误差值。

该方法适用于大、中型平面的平面度误差检测。

（2）自准直仪法 将固定有反射镜的桥板置于被测平面上，按对角线布点形式拖动桥板，测出被测平面上相邻两点连线相对测量基面的倾斜角，通过数据处理求出误差值的方法。

测量方法如图 9-20 所示：将固定有反射镜 2 的桥板 3 置于被测平面上（图 9-20a），根据被测平面的形状、尺寸选择对角线布点形式，确定各个方向的分段数及桥板的跨距。将被测平面大致调水平，然后按测量顺序和方向（图 9-20b 中箭头所示）逐线进行测量，并同时记录各点示值 a_{ij}（$a_{00} = 1$）。

按测量示值处理方法将示值 a_{ij} 转换成各点坐标值（线值）Z_{ij}。用计算法（或图解

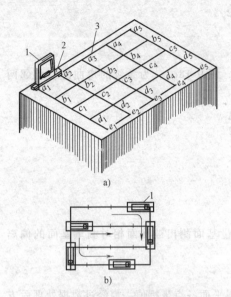

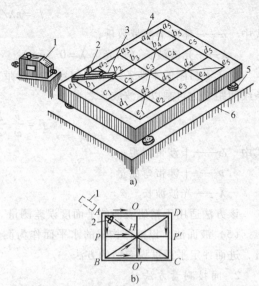

图 9-19 水平仪法测平面度误差
1—水平仪 2—桥板 3—被测工件

图 9-20 自准直仪法测平面度误差
1—自准直仪 2—反射镜 3—桥板 4—被测零件
5—可调千斤顶 6—检验平板

法）按最小条件（也可按对角线法）进行数据处理，计算出平面度误差值。

该方法适用于大、中型平面的平面度误差检测。

（3）跨步仪法 以跨步仪相邻两支点连线为测量基线，按对角线布点形式，测出第三点相对测量基线的偏离量，通过数据处理求出平面度误差值的检测方法。

（4）表桥法 以表桥相间两支点的连线为测量基线，按对角线布点形式，测出中间点相对测量基线的偏离量，通过数据处理求出平面度误差值的检测方法。

3. 平面度误差的评定方法

在满足被测件功能要求的前提下，平面度误差值可以选用不同的评定方法来确定。根据所选定的基准不同，评定平面度误差值通常采用下列三种方法：最小包容区域法、对角线平面法和三远点平面法。最终都应满足合格条件，即平面度误差值不大于平面度公差值。

（1）最小包容区域法 判别准则如图 9-21 所示：由两个平行平面包容实际被测表面 S 时，S 上至少有四个极点分别与这两个平行平面接触，而且满足下列两个条件之一，那么这两个平行平面之间的区域 U 即为最小包容区域，该区域的宽度 f_{MZ} 即为符合定义的平面度误差值。

1）三角形准则。至少有三个高（低）极点（图 9-21 中矩形为低极点，圆形为极高点，下同）与一个平面接触，有一个高（低）极点与另一个平面接触，并且这一个高（低）极点的投影落在上述三个高（低）极点连成的三角形内，或者落在该三角形的一条边上。

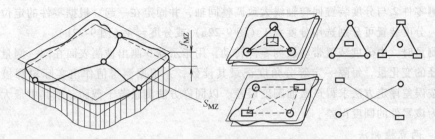

图 9-21　最小包容区域法判别准则原理图

2）交叉准则。至少有两个高极点和两个低极点分别与这两个平行平面接触，并且两个高极点和两个低极点的连线在空间呈交叉状态，或者有两个高（低）极点与两个平行包容平面中的一个平面接触，还有一个低（高）极点与一个平面接触，而且该低（高）极点的投影落在两个高（低）极点的连线上。

（2）对角线平面法　这种评定方法是指通过实际被测表面的一条对角线（两个角点的连线）且平行于另一条对角线（其余两个角的连线）的平面作为评定基准，取各点相对于它的偏离值中最大偏离值（正值或零）与最小偏离值（负值或零）之差作为平面度误差。

三、圆度误差检测

圆度误差是指圆形零件的实际轮廓对其相应基准圆的变动量。

实际轮廓是指垂直于回转零件轴线的平面与实际表面相交所形成的轮廓。基准圆是指与零件的实际轮廓具有规定的相关关系的理想圆。基准圆的位置应符合最小条件。

检测仪器和检测设备：外径千分尺、内径指示表、平板、分度装置、V 形架、指示表（百分表或千分表）等。

1. 半径变化量检测方法

半径变化量检测方法是指以圆形零件的轴线为中心，计量器沿垂直于该轴线的平面内回转一周，测出零件轮廓径向变化量，通过数据处理求出圆度误差的检测方法。

可采用分度装置测得被测表面半径的变动量，求得圆度误差。如图 9-22 所示，先

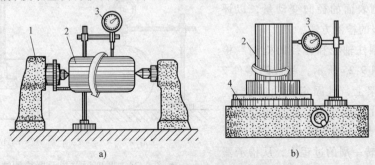

a)　　　　　　　　　　　　b)

图 9-22　用分度装置检测圆度误差

1—分度头　2—被测零件　3—百分表　4—分度台

将被测零件 2 与分度装置回转轴线大致调整同轴，并固定在一起。根据零件的定位方式不同，分度装置可分别选用分度头 1（图 9-22a）或分度台 4（图 9-22b）。

测量时，由分度装置带动被测零件转动，用指示器 3 测出被测表面在同一测量截面上半径的变化量，每隔一定等分角度记录其读数，并根据测得值作出实际轮廓极坐标图，按误差评定方法求得该截面圆度误差。以同样方法测量若干截面，取其中最大误差值作为该零件的圆度误差。

2. 两点检测法

两点检测法是指用两点接触式量仪，直接测得被测零件上同一横截面内的直径变动量，进而评定圆度误差的检测方法。

如图 9-23 所示，用千分尺 2 沿垂直于零件轴线的同一截面内，测出直径变动量，取其中最大与最小直径之差的一半作为该被测截面的圆度误差，即 $f = (d_{max} - d_{min})/2$。

按上述方法测量若干个截面，取其中最大的误差值作为该被测零件的圆度误差。

如图 9-24 所示，也可采用指示器测量同一截面上直径变化量。检测时，应固定被测零件的轴向位置，使指示器沿被测截面径向与被测表面接触，转动被测零件一周，测得最大、最

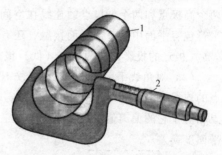

图 9-23　两点法检测圆度误差
1—被测零件　2—千分尺

小示值。取最大与最小示值之差的一半，作为该被测截面的圆度误差。同样应测取多个截面，取其中最大值作为该零件的圆度误差。

用两点法测量圆度误差方法简便，生产中应用较多，但该方法对圆度误差评定不符合最小条件要求，仅为近似值，故仅适用于公差要求不高的零件，且被测零件截面呈偶数棱圆形状。

3. 三点检测法

三点检测法是指将被测零件放在 V 形架上，由指示器测得其回转一周过程中被测表面的径向变动量，以评定圆度误差的检测方法。

（1）圆柱轴径和孔径的检测　检测方法如图 9-25 所示，将被测零件 2 放在 V 形架上，且固定其轴向位置。使指示器沿 V 形架中心面方向与被测表面接触。转动被测零件（或转动量具），在回转一周的过程中，从指示器上读得最大与最小示值，按下式求得该截面的圆度误差值。

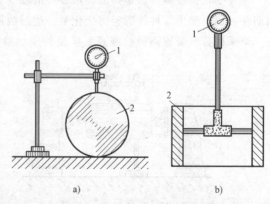

a)　　　　　　　　b)

图 9-24　圆度误差指示器检测法
1—百分表　2—被测零件

$$f = (\Delta F_{max} - \Delta F_{min})/K$$

式中 ΔF_{max}、ΔF_{min}——指示器上最大、最小示值；

K——反映系数。

由上式可知，用三点法测量圆度误差时，指示器示值并不直接反映圆度误差值，还需由反映系数 K 换算后方可求得。

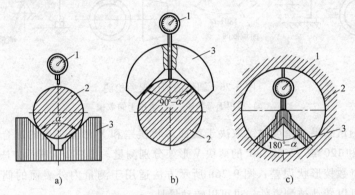

图 9-25 圆度误差三点检测法

1—百分表 2—被测零件 3—V 形架

反映系数 K 表示圆度误差在 V 形测量装置上反映出的明显程度，是由 V 形架夹角 α、测量轴线偏角 β 以及被测圆柱面的实际轮廓棱数 n 等因素确定的。

当测量轴线偏角 $\beta = 0$（表示测量轴线与 V 形槽中心面在同一平面内）时，其反映系数 K 见表9-6。

表 9-6 对称安装（$\beta = 0$）三点法测量反映系数 K

棱数 V 形架夹角 α	2	3	4	5	6	7	8	9	10
60°	—	3	—	—	3	—	0.8	3	—
90°	1	2	0.4	2	1	—	2.4	—	1
120°	1.6	1	0.4	2	—	2	0.4	1	1.6

反映系数表示指示器示值的精确程度。其值越大示值越明显，当 $K > 1$ 时，表示 V 形测量装置对圆度误差起放大作用；当 $K < 1$ 时，则起缩小作用。

生产中被测零件的实际形状棱数一般难以确定，通常与加工条件有关，如采用无心磨加工，多出现三、五、七棱；如采用顶尖装夹进行车、磨加工，多出现椭圆形。为此，生产中通常取 $K = 2$ 来计算圆度误差值。

同样，应沿被测零件轴向测量若干个截面，取其中最大误差值作为该零件的圆度误差。

（2）圆锥的圆度检测 如图 9-26 所示，将零件放在 V 形架槽内上，使其轴线垂直于测量截面，同时固定轴向位置，在被测零件回转一周过程中，指示表读数的最大差值之半，作为该截面的圆度误差。按上述方法沿轴向测量若干个截面，取其中最大的误差值作为该零件的圆度误差。

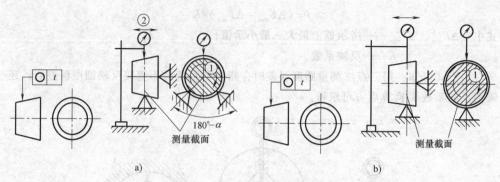

图 9-26　圆锥的圆度误差检测

a）适用于奇数棱　b）适用于偶数棱

该方法测量结果的精度关键取决于截面形状误差和 V 形架夹角的综合效果。常以夹角 $\alpha = 90°$ 和 $120°$ 或 $72°$ 和 $180°$ 的两块 V 形架分别测量。图 9-26a 所示方法适用于测量内外表面的奇数棱形状误差；图 9-26b 所示方法适用于测量内外表面的偶数棱形状误差。测量时可以转动被测零件，也可以转动量具。

4. 圆度仪法

圆度仪的测量原理是利用点的回转形成的基准圆与实际圆轮廓相比较而评定其圆度误差值，测量时，仪器测头与被测零件表面接触并做相对匀速转动，测头沿被测工件表面的正截面轮廓线划过，通过传感器将实际圆轮廓线相对于回转中心的半径变化量转变为电信号，经放大和滤波后自动记录下来，获得轮廓误差的放大图形，就可按放大图形来评定圆度误差；也可由仪器附带的电子计算装置运算，将圆度误差值直接显示并打印出来。圆度仪测量示意图如图 9-27 所示。

5. 极坐标值法

此方法是将被测零件放置在设定的直角坐标系或极坐标系中，测量被测零件横向截面轮廓上各点的坐标值，然后按要求用相应的方法来评定圆度误差。

在极坐标系中测量圆度误差，需要有精密回转的分度装置（如分度台或分度头）结合指示表进行测量，图 9-28 所示即为在光学分度头上用测量极坐标法测量圆度误差。

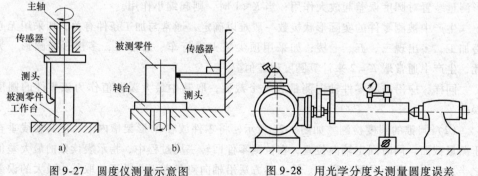

图 9-27　圆度仪测量示意图

a）转轴式圆度仪　b）转台式圆度仪

图 9-28　用光学分度头测量圆度误差

测量时将被测零件装在光学分度头附带的顶尖之间，指示表固定不动，在起始位置将指示表指针调零位（起始点的读数为零），按等分角旋转分度头，每转一个等分角即可以从指示表上读取一个数值，该数值即为该点相对于参考圆半径的变化量。根据参考圆的半径将所得数值按一定比例放大后，标在极坐标纸上，就可绘制出轮廓误差曲线，根据该曲线即可评定圆度误差。按上述方法测量若干截面，取其中最大的误差值作为该零件的圆度误差。

6. 圆度误差值的评定方法

1）圆度误差值应该采用最小包容区域来评定，其判定准则如图 9-29 所示：由两个同心圆包容实际被测圆 S 时，S 上至少有四个极点内、外相间地与这两个同心圆接触（至少有两个内极点与内圆接触，两个外极点与外圆接触），则这两个同心圆之间的区域 U 即为最小包容区域，该区域的宽度即这两个同心圆的半径差 f_{MZ} 就是符合定义的圆度误差值（图 9-29c）。

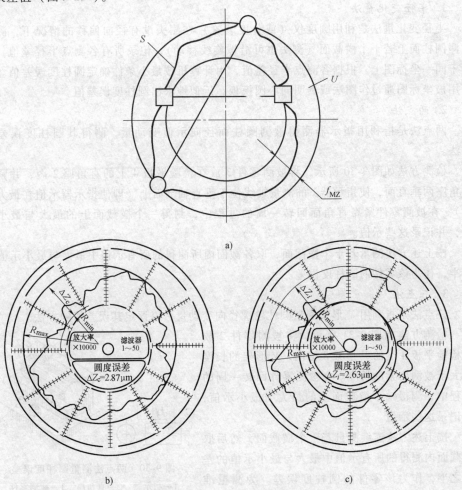

图 9-29　圆度误差评定准则示意图

2）圆度误差值也可以用由实际被测圆确定的最小二乘圆作为评定基准来评定圆度误差值，取最小二乘圆心至实际被测圆的轮廓的最大距离与最小距离之差作为圆度误差值。

3）圆度误差值还可以用由实际被测圆确定的最小外接圆（图 9-29b，仅用于轴）或最大内接圆（图 9-29c，仅用于孔）作为评定基准来评定圆度误差值。

四、圆柱度误差检测

圆柱度误差是指实际圆柱面对其理想圆柱的变动量，理想圆柱面的位置应符合最小条件，即用圆柱度最小包容区的两同轴圆柱面半径差 f 表示的数值。

圆柱度误差检测方法与上述圆度误差基本相同，主要区别是误差评定方法不同。

检测仪器和设备：平板、带指示表的测量架、V 形架、直角座、圆度仪、极坐标纸、同心圆透明样板等。

1. 半径变化量法

半径变化量法是利用圆度仪（或分度装置）在测头没有径向偏移的情况下，测量被测圆柱面上若干个横截面（测头也可沿螺旋线移动），记录所有各测点半径差值，并绘于同一坐标图上。根据各测点半径差值，由计算机按最小条件确定圆柱度误差值。也可用极坐标图通过作图法或透明同心圆模板，近似地求出圆柱度误差值。

2. 两点法

两点法是指利用指示器测得被测圆柱面径向示值变动量，测得其圆柱度误差的方法。

检测方法如图 9-30 所示，将被测零件 3 放在检验平板 4 上的直角座 2 内，并紧靠直角座两垂直面，使指示器 1 的测量轴线位于垂直轴剖面上（即使指示器示值在最大位置）。在被测零件紧靠直角面回转一周的过程中，测得一个横截面上的最大与最小示值，并记录这些示值。

按上述方法测量若干个横截面，取各截面内所测得的所有示值中最大与最小示值差之半，作为该零件的圆柱度误差。

3. 三点法

三点法是指利用 V 形架测量圆柱轮廓径向变动量，以评定其误差值的方法。

检测方法如图 9-31 所示，将被测零件 2 放在检验平板 4 上的 V 形架 3 槽内，V 形架的长度应大于被测要素的长度。在被测零件回转一周的过程中，测得一个横截面上的最大与最小示值，并记录这些示值。

按上述方法连续测量若干个横截面，然后取各截面内测得的所有示值中最大与最小示值的差值之半，作为该零件的圆柱度误差。为测量准确，通常应使用夹角 $\alpha = 90°$ 和 $\alpha = 120°$ 的两个 V

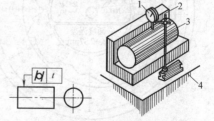

图 9-30　两点法测量圆柱度误差
1—指示器　2—直角座　3—被测零件
4—检验平板

形架分别测量。

此方法适用于测量外表面为奇数棱的形状误差。

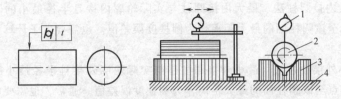

图 9-31 三点法测量圆柱度误差

1—指示器 2—被测零件 3—V 形架 4—检验平板

4. 用圆度仪或圆柱度仪测量

圆柱度误差是包容实际表面且半径差为最小的两个同轴圆柱面的半径差 f。如果圆柱度误差测量不用计算机进行数据处理,很难做到精确和符合定义要求。但在实际中,用简便的近似方法来评定圆柱度误差仍然是一种常用的方法。

圆柱度误差测量如图 9-32 所示。测量时,将零件的轴线调整到与仪器同轴,记录被测零件旋转一周过程中测量截面上各点的半径差。在测头没有径向偏移的情况下,按需要重复上述方法测量若干个横截面。用电子计算机按最小条件确定圆柱度误差,也可用极坐标图近似求出圆柱度误差。

将圆柱度仪上测量的每个截面的图形,描绘在一张记录纸上(图 9-33),然后用同心圆透明样板,按最小条件圆度的判别准则,求出包容这一组记录图形的两同心圆半径差,再除以放大倍数,即为该零件的圆柱度误差。

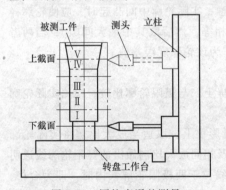

图 9-32 圆柱度误差测量

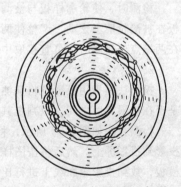

图 9-33 圆柱度误差极坐标图

5. 圆柱度误差评定方法

圆柱度误差评定方法分为最小包容区域法、最小二乘圆柱法、最大内接圆柱法和最小外接圆柱法。

(1)最小包容区域法 最小包容区域法评定圆柱度误差是指由两同轴的理想圆柱面包容实际轮廓,当该两同轴圆柱面的半径差为最小时,其半径差即为圆柱度误差值。用最小包容区域法评定圆柱度误差,标志最小包容区域的接触形式很多,目前尚无统一的判别标准。通常需要用电子计算机采用优化方法计算才能求出圆柱度误差值。

（2）最小二乘圆柱法　用于最小二乘圆柱同轴的两圆柱面包容实际轮廓，该包容圆柱的半径差即为圆柱度误差值。

（3）最大内接圆柱法　最大内接圆柱与实际轮廓内接且半径最小的圆柱面，以实际轮廓上某点至该圆柱面的最大距离作为圆柱度误差值。也需要电子计算机才能获得圆柱度误差值。

（4）最小外接圆柱法　最小外接圆柱是与实际轮廓外接且半径最小的圆柱面，以实际轮廓上某点至该圆柱面的最大距离作为圆柱度误差值。通常，也需要电子计算机才能获得圆柱度误差值。

五、线轮廓度误差检测

线轮廓度误差是指实际轮廓线对其理想轮廓线的变动量。理想轮廓线由图样上给定的理论正确尺寸确定，其误差由相对于理想轮廓线对称分布的两等距离理想线之间的宽度表示。

检测仪器和设备：轮廓样板、投影仪、仿形测量装置、指示表及其表架、固定和可调千斤顶、检验平板等。

1. 样板法

样板法是指利用精度很高的轮廓样板与实际轮廓线对比测出两者之间变动量的误差检测方法。

检测方法如图9-34所示，将轮廓样板按规定方向放置在被测零件上，根据光隙法估读间隙的大小，取其中最大间隙作为该零件的线轮廓度误差。

检测时，使轮廓样板与被测实际轮廓紧密接触，实际轮廓中间凸起时，应使轮廓样板在被测轮廓上摆动，调整使两端点处的光隙 h 相等，然后取其中最大间隙 f；当两者在两端点处接触时，可直接取中间最大间隙 f，作为该轮廓度误差值。

2. 投影法

投影法是指用投影仪将被测轮廓投影在投影屏上，与极限轮廓比较，检测实际轮廓是否在极限轮廓之间，以判定其是否合格。

检测方法如图9-35所示，将被测零件放到投影仪上，取适当放大比例将实际轮廓投影到投影屏上。然后将按图样上规定的公差带及相同放大比例做出的等距轮廓线透明模板，放到投影轮廓线上进行比较。当实际轮廓线位于两极限轮廓线内时，即为合格，否则为不合格。

此方法适用于测量尺寸较小和薄的零件。

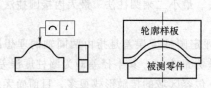

图9-34　样板法测量线轮廓度误差

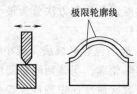

图9-35　投影法测量线轮廓度误差

3. 仿形法

仿形法是用按图样给出的理想轮廓制作一精度很高的轮廓样板,将被测轮廓与其比较,测得两者之间的变动量,以测出其误差的检测方法。

检测方法如图9-36所示,将被测零件和轮廓样板分别放置在两端的千斤顶上,通过可调千斤顶调整两者之间的相对位置,调整时可按最小条件或两端点法进行。然后将仿形测量装置的仿形测头与轮廓样板表面接触,指示器测头端部与被测轮廓相接触,将指示器调零。使仿形测头在轮廓样板上移动,由指示器是读取示值,取其最大数值的两倍作为该零件线轮廓度误差值。

为保证测量精度,指示器测头应与仿形测头形状相同。

应当指出:根据线轮廓度公差定义规定(图9-37),两等距曲线间的距离是指其法向尺寸(图9-38a),轮廓线上各点的法向相互间都不在一个方向上,而采用仿形法测量时的示值方向均为垂直方向,因此,应将测得值换算成垂直于理想轮廓方向(法向)上的数值后评定其误差。

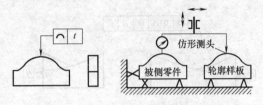

图9-36 仿形法测量线轮廓度误差

当轮廓线上各测点相对于测量方向之间的倾角 θ 都接近直角时(图9-38b),则不必进行换算,直接取示值来评定其线轮廓度误差。

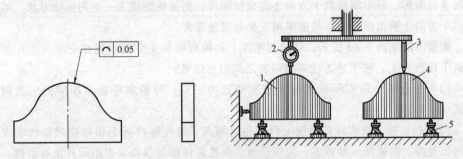

图9-37 仿形法检测线轮廓度误差

六、面轮廓度误差检测

面轮廓度误差是指实际轮廓面对其理想轮廓面的变动量。理想轮廓面由图样上给定的理论正确尺寸确定,面轮廓度误差由相对于理想轮廓面对称分布的两等距离理想面之间的宽度 f 表示。

检测仪器和设备:截面轮廓样

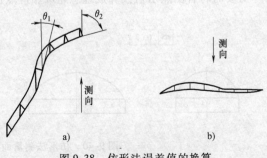

a)   b)

图9-38 仿形法误差值的换算

板、仿形测量装置、三坐标测量装置、指示表及表架、固定和可调千斤顶、检验平板等。

1. 样板法

此方法与上述线轮廓度样板检测方法基本相同，主要区别是：测量线轮廓度误差只需要一个样板，而检测面轮廓度误差则需在被测面轮廓要素上取若干个截面，按各截面与理想面轮廓的交线，制作若干截面轮廓样板分别进行检测。

检测方法如图 9-39 所示，将若干个截面轮廓样板 1 放置在被测零件 2 的各指定位置上，根据光隙法估读间隙大小，取所有截面中最大间隙值 f 作为该零件的面轮廓度误差。

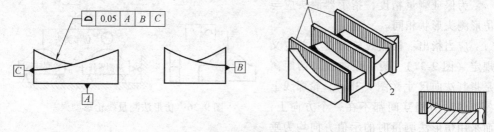

图 9-39　样板法检测面轮廓度误差

1—截面轮廓样板　2—被测零件

2. 仿形法

此方法与上述线轮廓度误差仿形检测法基本相同，两者主要区别是：线轮廓度为一平面坐标图形，只需测量两个方向上的坐标即可；而面轮廓度为一空间坐标形状，需要在三个方向上测出坐标值，故需采用三坐标测量装置。

测量方法如图 9-40 所示，将被测零件 1 和轮廓样板 4 分别放置在支承（千斤顶或可调千斤顶）上，按下述方法调整两者之间相对位置：

（1）三点法　取实际轮廓面上相距最远的三点，与轮廓样板上相应的三点调至等高。

（2）四点法　取实际轮廓面上两对角线端点，与轮廓样板上相对应对角线端点分别调至等高。再将指示器调零，使仿形测头在轮廓样板上移动，由指示器读取示值，取其中最大示值的两倍作为该零件的面轮廓度误差值。

必要时将各测点示值换算成理想轮廓相应点法线方向上的数值后评定误差。

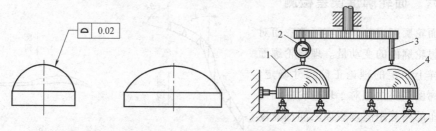

图 9-40　仿形法测量面轮廓度误差

1—被测零件　2—百分表　3—仿形测头　4—轮廓样板

◆◆◆ 第三节 基准的体现

在实际检测过程中，测量基准的选择非常重要，关系到测量结果的准确度。下面介绍常用的四种基准体现方法，即"模拟法""直接法""分析法"和"目标法"。

1. 模拟法

通常采用具有足够精确形状的表面来体现基准平面、基准轴线、基准点等。

模拟法是方向和位置误差检测最常用的一种基准体现方法。基准要素与模拟基准要素接触时，可能形成"稳定接触"，也可能形成"非稳定接触"。

(1) 稳定接触 基准要素与模拟基准要素接触之间自然形成符合最小条件的相对位置关系，模拟平面的接触状况如图 9-41 所示：当实际基准面与模拟基准平面间呈稳定接触时（图 9-41a），两者之间相对位置不会发生变动，此时自然形成符合最小条件的相对位置关系；当两者呈不稳定接触时（图 9-41b），可能有多种位置关系。测量时应进行调整，使实际基准要素与模拟基准要素之间尽可能达到符合最小条件的位置关系。

(2) 非稳定接触 可能有多种位置状态。测量时应进行调整，使基准要素与模拟基准要素之间尽可能达到符合最小条件的相对位置关系，如图 9-41b 和图 9-42 所示。

当心轴表面与孔表面呈稳定接触时（图 9-42a），两者之间的位置不会发生变动，此时自然形成符合最小条件的相对位置关系；当两者呈不稳定接触时（图 9-42b），可能有多种位置关系。测量时应进行调整，使两者位置尽可能达到符合最小条件的位置关系。当基准要素的形状误差对测量结果的影响可忽略不计时，可不考虑非稳定接触的影响。

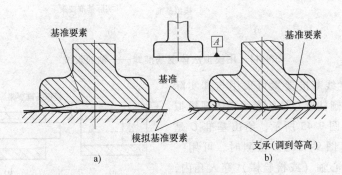

图 9-41 基准与模拟基准要素接触状态（一）

用模拟法体现基准的方法：

1）用模拟法体现基准点。如图 9-43 所示，给出的基准 D 为一球面的球心（图 9-43a）。检测时，用两个 V 形架，使其两 V 形槽中心面相互垂直地将实际球面夹在中间，形成四点接触（图 9-43b），以 V 形架所确定的中心来体现球心，即为基准点 D。

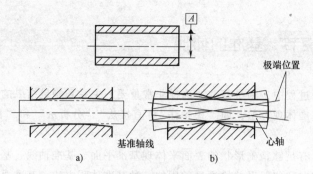

图 9-42　基准与模拟基准要素接触状态（二）

2）用模拟法体现基准线。

① 轴的素线基准要素可采用与其实际要素相接触的平板或平台工作面来体现模拟基准要素。如图 9-44 所示，给出的基准 D 是指轴的素线（图 9-44a）。检测时，可将轴平放在平台或平板工作面上，使其外圆表面与平板工作面相接触，必要时可按最小条件调整两者位置，此时轴的素线（基准线）可由平板的工作面来体现（图 9-44b）。

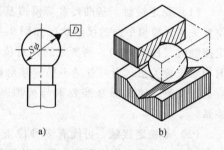

图 9-43　用模拟法体现基准点——球心

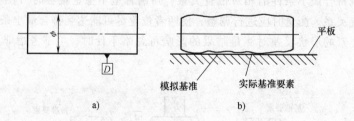

图 9-44　用模拟法体现基准线——轴的素线

② 孔的素线基准要素可采用与其实际要素相接触的圆柱形心轴的素线来体现模拟基准要素。如图 9-45 所示，给出基准 C 是指孔的素线（图 9-45a）。检测时，可用一直径小于孔的心轴（或检验棒）穿入孔内，该心轴应具有较高的形状精度，使心轴与孔的实际表面接触，必要时按最小条件要求调整两者相互位置。此时，孔的素线（基准线）可由心轴的素线来体现（图 9-45b）。

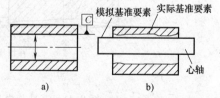

图 9-45　模拟法体现轴的素线基准要素

3）用模拟法体现基准轴线孔的轴线模拟基准可由心轴的轴线来体现。如图 9-46 所示，给出其准 D 是指孔的轴线（图 9-46a）。检测时，可用一精度很高的心轴装入孔内，心轴与孔之间应为无间隙紧密配合状态（图9-46b），此时，基准孔的轴线可由心轴的轴线来体现。

上述心轴也可采用可胀式心轴或带有锥度定心环的心轴结构形式（图9-46c）。

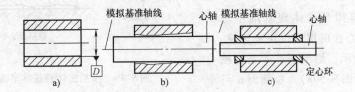

图9-46　模拟法体现孔的素线基准要素

4）用模拟基准体现公共基准轴线。公共基准轴线可用两个同轴的定位套筒或两个等高的 V 形架，同时支承在两基准要素上来体现。如图9-47所示，给出的基准是指由两端 *C* 和 *D* 轴线所组成的公共基准轴线（图9-47a）。检测时，可将两端轴颈分别装入两个同轴的定位套筒内，以两套筒的轴线体现"*C—D*"公共基准轴线（图9-47b）；也可将 *C*、*D* 两轴颈分别放到两个等高的 V 形架上，使两轴颈分别与两 V 形槽面接触，此时可由 V 形槽的中心面来体现"*C—D*"公共基准轴线（图9-47c）。

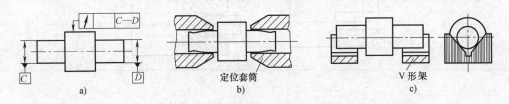

图9-47　模拟基准体现公共基准轴线

给定位置的公共基准轴线的体现方法如图9-48所示，给出的基准"*C—D*"是指由两端中心孔的轴线所组成的公共基准轴线（图9-48a）。检测时，可用两同轴顶尖的轴线来体现（图9-48b）。

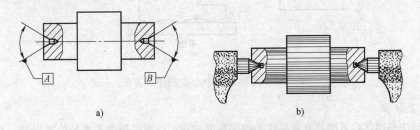

图9-48　给定位置的公共基准轴线的体现方法

5）用模拟基准体现基准平面。基准平面可直接用平板或平台的工作面来体现。如图9-49所示，给出的基准 *A* 是指底平面。

检测时，可将底平面直接平放到平板或平台的工作面上，使两表面紧密贴合在一

起。必要时，可将两接触面之间的
相对位置调整到符合最小条件要求。
此时基准表面可由平板的工作面
体现。

6）用模拟基准体现基准中心
面。内槽中心面可用定位块来体现。
如图 9-50 所示，给出基准 A 是指槽
的中心面（图 9-50a）。检测时，可
将一与槽的实际轮廓成无间隙配合

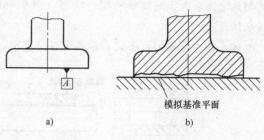

图 9-49　模拟法体现基准平面

的定位块放入槽内，使其紧密配合在一起（图 9-50b）。定位块上、下两配合面应具有
较高的几何精度。此时可由定位块的中心面来体现实际槽的基准中心面。

外形基准中心面可由两平行的平板间中心面来体现。如图 9-51 所示，给出的基准
A 是指零件上下表面的中心面（图 9-51a）。检测时，可用两个平板的工作面分别与零
件的上、下表面紧密地贴合在一起，使两平板工作面相互平行（图 9-51b）。此时零件
上下表面的中心面可由两平板工作面的中心面体现。

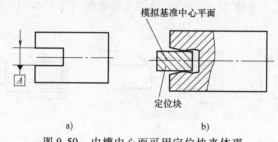

图 9-50　内槽中心面可用定位块来体现

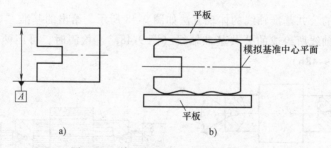

图 9-51　外形基准中心面的体现方法

2. 直接法

直接法是用实际基准要素直接作为检测基准使用，以测得被测要素的位置误差。当基准
要素具有足够的形状精度时，可直接作为基准，如图 9-52 所示。给出零件的上台阶面对下台
阶面的平行度公差（图 9-52a）。检测时，将指示器表架直接放在下台阶面上，以该实际表面
要素作为基准，测得两台阶面之间的最大变动量，作为该零件的平行度误差（图 9-52b）。图
9-52c 表示内槽，直接以下底面作为基准，测量上测量面的平行度误差。

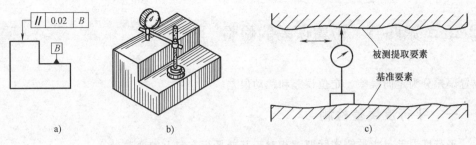

图 9-52　有足够的形状精度作为基准

采用直接法体现基准，方法简便、易行，可简化检测工作。但这种方法将实际基准要素存在的形状误差直接反映到测量结果中，对被测要素的位置误差有放大或缩小的可能。为保证误差检测的准确性，采用直接法体现基准的先决条件是：基准要素必须具有足够的形状精度。对多基准要素各基准要素间还应具有较高的定向精度。

3. 分析法

对基准要素进行测量后，根据测得数据用图解或计算法确定基准的位置。

用分析法体现基准时，必须对基

图 9-53　分析法体现轮廓要素基准

准实际要素进行测量后，根据测得数据用图解或计算法确定基准的位置。

（1）用分析法体现轮廓要素基准　如图 9-53 所示，给出零件的上台阶面对下台阶面（基准 D）平行度公差图（9-53a）。检测时，用同一测量基准（如平板检验面）分别测得上、下台阶表面对测量基准的高度尺寸变动量（图 9-53b），用作图法分别作出被测实际表面和基准实际表面的变化曲线（见图 9-53b 下方所示）。然后，先根据基准实际表面曲线，按最小条件判别准则找出基准平面位置；再按此确定的基准方向求出被测实际要素的定向最小包容区，由此求得该零件的平行度误差。

（2）用分析法体现中心要素　对于基准轴线，应先按其实际轴线的检测方法（图 9-53a、b）求得实际轴线，再按最小条件要求确定该实际轴线的最小区域，由最小区域的轴线来体现基准轴线。

分析法体现基准是一种精确的位置误差评定方法。该方法必须对实际基准要素进行精确的测量，并对测得数据通过复杂的数据处理才能确定。这种基准体现方法虽然检测精度高，但检测效率低，故适用于测量精度要求高或受被测零件结构限制不能采用模拟法体现基准时。

◇◇◇◇ 第四节　位置误差的检验

位置误差分为定向误差、定位误差和跳动误差。

一、平行度误差检测

平行度误差是指被测实际要素相对于基准平行方向上的变动量 f。

检测仪器和检测设备：检验平板、水平仪、指示器及表架、检验棒（标准圆柱）、V 形架、方箱、宽座直角尺、综合量规等。

1. 面对面的平行度误差检测

根据零件的结构特点和尺寸大小、精度要求不同，被测平面对基准平面的平行度误差可采用以下方法进行检测。

（1）直接法　通过测量可直接获得被测表面各点相对基准平面的变动量，从而可直接评定其误差值的检测方法。生产中通常采用带指示器的测量装置，测出被测表面相对基准平面的变动量，由此测得平行度误差值。

如图 9-54 所示，检测零件上两外表面间平行度误差。图样上给出零件的上表面对底平面 D 的平行度公差要求（图 9-54a）。检测时，将被测零件 2 放置在检验平板 1 上，使基准表面与平板工作面紧密贴合，两者之间尽量调整至符合最小条件的位置。以平板工作面作为模拟基准，用指示器 3 测量整个被测表面，取指示器最大与最小示值之差作为该零件的平行度误差（图 9-54b）。

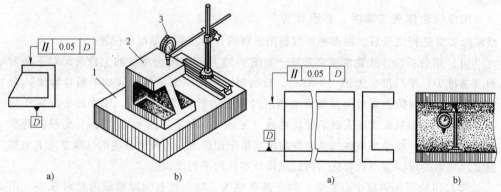

图 9-54　面之间平行度误差测量
1—检验平板　2—被测零件　3—指示器

图 9-55　内槽表面之间平行度误差检测

又如图 9-55 所示，检测内槽表面两平行面间平行度误差。图中给出槽的上表面对下基准平面 D 平行度公差要求（图 9-55a）。检测时，采用直接法体现基准，即以基准实际要素作为测量基准面，将带指示器的测量架放在基准要素表面上移动（图 9-55b），测得整个被测表面上最大与最小示值之差，作为该零件的平行度误差。此方法适用于基准表面形状误差相对于平行度公差较小的零件。

（2）间接法 间接法是指通过测量不能直接获得被测要素相对基准要素各点坐标值，需经过数据处理方求得其平行度误差值的检测方法。

如图 9-56 所示，用水平仪检测两平面间的平行度误差，给出零件上台阶面对下台阶面 D 的平行度公差（图 9-56a）。检测时，通过支承 3 将被测零件大致调整至水平位置。然后分别在基准表面和被测表面上沿长向分段首尾相接进行测量，并记录各测量点上水平仪读数，将水平仪读数角度值换算成线值（图 9-56b）。

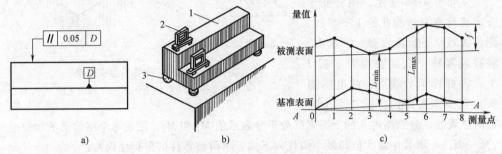

图 9-56 水平仪测量平行度误差
1—被测零件 2—水平仪 3—支承

根据记录读数，用图解法或计算法求出其平行度误差（图 9-56c）。首先根据测得值绘出基准表面和被测表面近似轮廓，由基准表面轮廓按最小条件要求找出基准平面位置 $A—A$，然后找出被测表面轮廓各测点沿垂直坐标方向到 $A—A$ 基准间的最大距离 L_{max} 和最小距离 L_{min}，由此求得该零件的平行度误差为：$f = L_{max} - L_{min}$。此方法适用于测量窄长平面。

2. 线对面（面与孔之间）的平行度误差检测

线对面的平行度误差通常采用直接法进行检测。如图 9-57 所示，采用指示器法进行测量。图中给出孔的轴线对底面 A 的平行度公差要求。检测时，将被测零件 3 直接放置在检验平板 4 工作面上，使其基准底面 A 与平板工作面紧密贴合，以平板工作面作为模拟基准。在被测孔内插入心轴（检验棒或标准圆柱）2，心轴与被测孔间应紧密配合（可采用可胀式或与孔成无间隙配合的轴），该轴应具有较高的形状精度，用其模拟基准轴线。使指示器 1 与心轴上端素线相接触，测得两端相距 L_2 的两测点示值 M_1 和 M_2，按下式换算求得该零件的平行度误差：

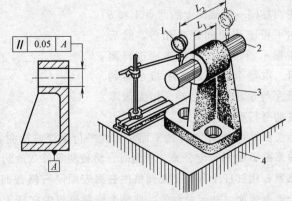

图 9-57 指示器法线平行度误差
1—指示器 2—心轴 3—被测零件 4—检验平板

$$f = \frac{L_1}{L_2} \mid M_1 - M_2 \mid$$

式中　L_1——被测轴线长度（或
　　　　　给定长度）；

　　　L_2——测量长度；

　　　M_1、M_2——测量长度两端指示
　　　　　器示值。

又如图 9-58 所示，用杠杆千
分表直接测量被测孔的上下素线，
测量线对面平行度误差。测量时，
将被测零件 1 放置在检验平板 3
上，将杠杆千分表 2（或电感测
头）直接伸入孔内，在若干个横

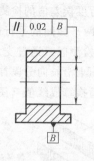

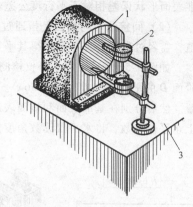

图 9-58　直接法测量平行度误差
1—被测零件　2—杠杆千分表　3—检验平板

截面位置处，分别测得孔的上下素线处千分表示值 M_1 和 M_2，记录每个测位上的示位差
$(M_1 - M_2)$，取其中最大值与最小值代入下式，求得该零件的平行度误差：

$$f = \frac{1}{2} \mid (M_1 - M_2)_{\max} - (M_1 - M_2)_{\min} \mid$$

3. 面对线的平行度误差检测

面对线的平行度误差通常采
用直接法进行检测。如图 9-59 所
示，给出零件的上表面对基准轴
线 B 的平行度公差。测量时，将
心轴 3 插入基准孔 B 中，以心轴
模拟基准轴线。将心轴两外伸端
放在两等高 V 形架 4 上。使被测
零件绕心轴轴线转动，调整被测
表面在同一横截面上的两点 A 和 B
与平板工作面间距离相等。然后
用指示器沿整个被测表面进行测
量，取整个测量过程中指示器的
最大与最小示值之差，作为该零
件的平行度误差。

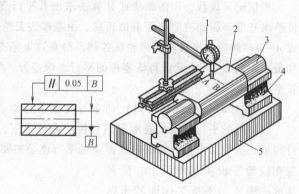

图 9-59　面对线的平行度误差检测
1—指示器　2—被测零件　3—心轴
4—V 形架　5—检验平板

图 9-60 所示为键槽平面对轴线平行度误差检测。图中给出键槽的两侧面对外圆轴
线基准 B 的平行度公差。检测时，将被测零件 2 放到检验平板 4 工作面上，并与方箱 1
靠紧，用杠杆千分表 3 先调整使被测表面同一横截面上的 a、b 两点等高，然后测量整
个被测表面，并记录示值。取整个测量过程中杠杆千分表的最大与最小示值之差，作为
该零件的平行度误差。

4. 线对线的平行度误差检测

检测时应根据零件的结构及其功能要求不同，图样上给出多种形式的平行度公差要求，生产中则应采用不同检测方法评定。

（1）给定方向上线对线平行度误差检测

1）直接测量法。如图9-61所示，给出连杆小头孔对大头孔基准 B 的轴线间，在垂直方向上的平行度公差（即通常所说的弯曲度，图9-61a）。检测时，基准轴线和被测轴线分别由心轴4和心轴3模拟。

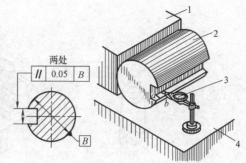

图9-60 键槽平面对轴线平行度误差检测
1—方箱 2—被测零件
3—杠杆千分表 4—检验平板

将模拟基准轴线的心轴4支承在等高V形架5上（图9-61b）。调整两轴线位于垂直于平板工作面的同一垂直面上。用指示器1测量相距为 L_2 位置处被测心轴上端素线，分别测得数值为 M_1 和 M_2，按下式求得该零件在给定方向上的平行度误差：

$$f = \frac{L_1}{L_2} \mid (M_1 - M_2) \mid$$

式中 L_1——被测轴线长度（或给定长度）；

L_2——测量长度；

M_1、M_2——测量长度两端指示器示值。

如图9-62所示，给出连杆大、小头孔的轴线沿水平方向上的平行度公差（即通常所说的扭曲度，图9-62a）。该零件平行度误差检测与上述垂直方向平行度误差检测基本相同，两者区别是测量方向不同，测量水平方向上的平行度误差时，应将被测轴线与基准轴线放到与平板工作面相平行的平面上（即将垂直方向绕基准轴线转90°，图9-62b）。被测心轴可通过垫铁6调整至水平位置。用指示器测量被测心轴上端素线相距 L_2 两个位置上的数值分别 M_1 和 M_2，同

样以公式 $f = \frac{L_1}{L_2} \mid (M_1 - M_2) \mid$ 求得该零件水平方向上的平行度误差。

2）间接测量法。如图9-63所示，给出被测零件上、下两座孔轴线在垂直方向上的平行度公差，测量时，基准轴线与被测轴线分别由基准心轴4和被测心轴3模拟。首先将基准心轴调整至大致水平位置，然后把水平仪2分别放在基准心轴和被测心轴上，并记录示值 A_1 和 A_2。按下式求得其

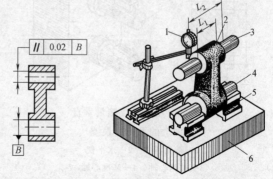

图9-61 垂直方向上线对线的平行度误差检测
1—指示器 2—被测零件 3、4—心轴
5—V形架 6—检验平板

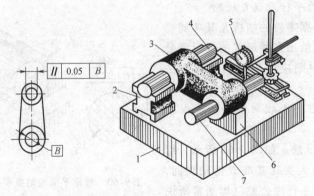

图 9-62　水平方向上线对线的平行度误差检测

1—检验平板　2—V 形架　3—被测零件　4—基准心轴

5—指示器　6—垫铁　7—被测心轴

平行度误差：

$$f = | (A_1 - A_2) | LC$$

式中　　L——被测轴线长度；

　　　　C——水平仪分度值（线值）；

　A_1、A_2——两心轴上水平仪示值。

　　如图 9-64 所示，检测上、下两座孔轴线在水平方向的平行度误差，测量时，基准轴线与被测轴线分别由基准心轴 4 和被测心轴 3 模拟。将直角尺 5 的直角边紧靠在两心轴上，在直角尺水平面上放置水平仪，在相距为被测长度 L 的位置处，分别测得水平仪读数 A_1 和 A_2，按上述垂直方向相同方法计算求得该零件水平方向上的平行度误差。

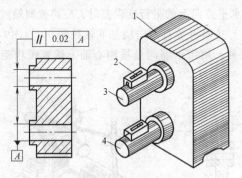

图 9-63　用水平仪测量垂直

方向上的平行度误差

1—被测零件　2—水平仪

3—被测心轴　4—基准心轴

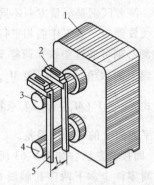

图 9-64　用水平仪测量水平

方向上的平行度误差

1—被测零件　2—水平仪　3—被测心轴

4—基准心轴　5—直角尺

　　（2）任意方向上线对线平行度误差检测　如图 9-65 所示，给出曲轴的连杆轴颈对主轴颈 C—D 公共轴线的平行度公差要求。该零件被测要素与基准要素均为外圆轴线，检测时可直接由实际圆柱面来体现基轴线要素。首先将 C 与 D 全轴颈分别放在等高 V 形架 3 的槽内，并调整其轴线与检验平板平行（图 9-65 右图），以 V 形架中心面模拟公共基准轴线；然后使安装在同一垂直方向上的两个指示器沿被测轴颈上、下两条素线移动，同时记录两指示器示值，计算读数差值之半，取其中最大值作为该测量方向上的平行度误差。

以 $C—D$ 公共轴线为中心，在 $0 \sim 180°$ 范围内转动曲轴，分别测得若干不同角度位置上的平行度误差，取其中最大值作为该零件任意方向的平行度误差。

任意方向平行度误差也可按上述给定两垂直方向分别测得的误差值 f_x 和 f_y，按下列公式计算求出 f 值，作为该零件任意方向的平行度误差：

$$f = \sqrt{f_x^2 + f_y^2}$$

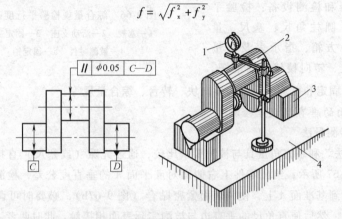

图 9-65　曲轴平行度误差的检测
1—指示器　2—被测零件　3—等高 V 形架　4—检验平板

5. 综合量规法检测平行度误差

当图样上给出的平行度公差，对其被测要素和基准要素均给出最大实体要求时，该零件的平行度误差通常情况下可以采用综合量规进行检验。

综合量规是与被测零件相配合，且具有正确的定向或定位精度要求的检验用标准配合件，其标准配合尺寸等于基准要素的最大实体尺寸；被测要素标准配合件的尺寸则为其实效尺寸。

如图 9-66 所示，给出连杆上端孔轴线对下端孔 A 轴线的平行度公差。且其被测要素与基准要素均提出相关要求Ⓜ。该零件采用综合量规检验时，应首先根据零件的尺寸及位置公差制作出相应的专用综合量规，它是由固定支座 3、固定销 5、塞规 1 和活动支座 2 等组成（图 9-66 右图）。固定销的直径等于基准孔的最大实体尺寸，其牢固地固定在固定支座上且与固定支座工作面保持垂直。塞规 1 的直径等于被测孔的实效尺寸，活动支座上两孔应与塞规紧密配合，且其轴线应垂直于固定支座工作面。

检测时，将被测零件基准孔套在量规的固定销上，然后穿过活动支座孔插入被测孔内。若塞规能自由通过被测孔，则该零件合格，否则为不合格。

综合量规法仅适用检验被测要素与基准要素均为最大实体要求的零件，它只能判别零件是否合格，而不能测出误差的具体数值。

二、垂直度误差检测

垂直度误差是指被测实际要素相对于基准垂直方向上的变动量 f。根据零件的结构特点和尺寸大小、精度要求不同，被测平面对基准平面间垂直度误差可采用以下方法进行检测。

检测仪器和检测设备：检验平板、直角尺、圆柱角尺、塞尺、量块、直角座、方箱、指示表及测量架、自准直仪、转向棱镜、瞄准靶、框式水平仪、固定和可调千斤顶、导向块、转台、综合量规等。

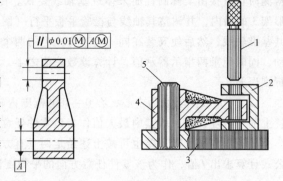

图 9-66　综合量规检验平行度误差
1—塞规　2—活动支座　3—固定支座
4—被测零件　5—固定销

1. 面对面的垂直度误差检测

（1）直接测量法

1）光隙法。利用直角量具与被测要素比较，通过光隙（或塞尺）直接测得垂直度误差。如图 9-67 所示，给出零件上右侧面对底平面 A 的垂直度公差，检测时，将直角尺的一个面放到基准面 A 上，使两表面紧密贴合（图 9-67b），必要时可调整至符合最小条件的位置。然后使直角尺的垂直边与被测实际表面相接触，此时两者之间最大间隙 f 即为该零件的垂直度误差。该间隙值可通过光隙法或用塞尺直接测得。

被测实际要素与直角尺之间的变动量，也可用量块测得（图 9-67c），即将两组不同尺寸的量块 3 分别垫在被测实际表面与直角尺间最大与最小间隙处，调整两组量块的厚度，直至量块处间隙均消除为止，此时两组量块的尺寸差，即为该零件的垂直度误差。

生产中也可采用圆柱角尺的底面与圆柱面素线作模拟基准，用以与被测实际要素比较，测得垂直度误差。如图 9-68 所示，给出零件的左侧面对底面 C 的垂直度公差。检

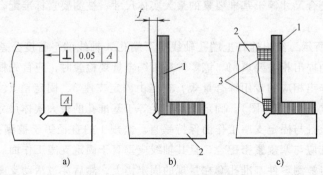

a)　　　　　　　b)　　　　　　　c)

图 9-67　用直角尺测量垂直度误差
1—直角尺　2—被测零件　3—量块

测时，将被测零件 2 和圆柱角尺 1 放到平板 3 上，使圆柱角尺的外圆素线与被测表面接触，通过光隙或用塞尺直接测出两者之间最大间隙值，即为该零件的垂直度误差。

　　为了消除圆柱角尺的轴线对底平面垂直度误差的影响，可把圆柱角尺转 180°后，按上述方法再测量一次。取两次测量结果的平均值，作为该零件的垂直度误差。

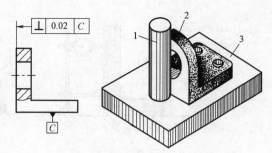

图 9-68　用圆柱角尺测量垂直度误差

1—圆柱角尺　2—被测零件　3—平板

　　2）指示器法。用方箱相邻两垂直表面作为模拟理想要素，通过指示器与被测要素比较，测得垂直度误差。如图 9-69 所示，图中给出零件的上表面对左侧面 C 的垂直度公差。检测时，将被测零件 3 的基准表面固定在直角座上，同时调整靠近基准被测表面 AB 处的指示表示值差为最小；然后沿整个表面进行测量，取各测点中最大与最小示值之差，作为该零件的垂直度误差。必要时，可按定向最小区域评定其垂直度误差。

　　3）比较法。利用被测要素上两点与模拟理想要素比较，测得垂直度误差。如图 9-70 所示，给出零件的右侧面对底面 C 的垂直度公差。检测时，先将带固定支点的指示器 1 调至零位，方法是使固定支点与标准直角尺接触，转动指示器表盘，使指针指向"0"；然后将被测零件 4 放到检验平板 3 上，使调好零位的测量架固定支点与被测表面接触，此时指示器上的示值即为被测表面在 L_1 长度上的垂直度误差；再按下式求得被测要素全长上的垂直度误差：

$$f = \frac{L}{L_1} A$$

式中　L——被测表面全长；

　　　L_1——指示器支架上固定支点到指示器测量点的距离；

　　　A——指示器示值。

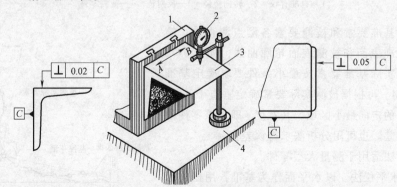

图 9-69　两面之间垂直度误差测量

1—方箱　2—指示器　3—被测零件　4—检验平板

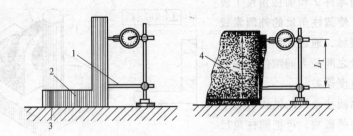

图 9-70　比较法测量两面之间垂直度误差
1—带固定支点的指示器　2—直角尺　3—检验平板　4—被测零件

（2）间接测量法

1）自准直仪法。以转向棱镜折射的垂直光束作为模拟理想要素，测得垂直度误差。如图 9-71 所示，给出垂直导轨面对工作台面 A 的垂直度公差。检测时，先调整自准直仪的安装位置，使其光轴大致与基准表面平行，用反射镜测出基准表面实际轮廓形状，以确定基准平面的位置；然后在被测表面与基准表面交界处放置转向棱镜 2，把反射镜移到被测表面上，按一定的布点沿着被测表面移动反射镜，通过转向棱镜测得各纵向测位的示值。

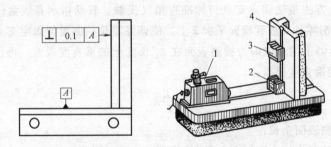

图 9-71　用自准直仪测量垂直度误差
1—自准直仪　2—转向棱镜　3—反射镜　4—被测零件

根据基准要素和被测要素各测点测得值，绘出实际基准表面和被测表面轮廓曲线，如图 9-72 所示。由实际基准要素按最小条件要求确定基准平面 $A—A$。再根据被测实际要素确定垂直于 $A—A$ 基准平面的定向最小区域，其宽度 f 即为该零件的垂直度误差。也可用分析法求得误差值。

此方法适用于测量大型零件。

2）水平仪法。以水平面作为基准，用框式水平仪相邻两垂直表面为模拟理想要素，测得垂直度误差。如图 9-73 所示，给出垂直导轨面对工作

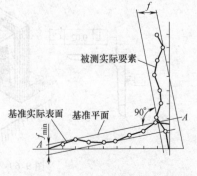

图 9-72　垂直度误差实测图形分析

台平面 A 的垂直度公差，检测时，先用框式水平仪大致调整基准表面到水平位置，然后用框式水平仪按一定布点距离依次测量基准实际表面，用框式水平仪垂直侧面测量被测实际表面，并记录各测量点的示值。将测得的角度值换算成线值，按图 9-72 所示方法，求得被测零件的垂直度误差。

此法适用于测量大型零件。

2. 线对面的垂直度误差检测

线对面的垂直度公差通常是指轴或孔的轴线对基准平面的垂直精度要求，在其误差检测时，对于轴的轴线可直接用圆柱面来体现；孔的轴线一般采用心轴来体现。常用检测方法有：

（1）间隙法　用标准直角量具与被测要素相比较，通过两者之间的间隙测得垂直度误差。如

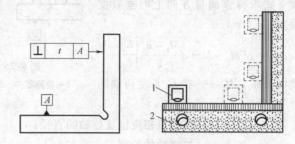

图 9-73　水平仪测量两面之间垂直度误差
1—框式水平仪　2—被测零件

图 9-74 所示，用直角尺检测线对面的垂直度误差，给出在给定方向上孔的轴线对其上表面垂直度公差。检测时，先将心轴 1 插入被测孔，用心轴模拟被测轴线。然后取标准直角尺放到基准表面上，使其在给定方向上与心轴素线相接触，在相距 L_1 长度范围内测得两者之间最大间隙值 f_1。按下式求得该零件在给定方向上的垂直度误差：

$$f = f_1 \frac{L}{L_1}$$

式中　f_1——在实测长度上的最大间隙值；

　　　L——被测要素全长；

　　　L_1——实测长度。

当图样上给出任意方向上的垂直度公差要求时，仍可采用上述方法进行测量，但必须沿心轴四周若干个方向上分别测得该方向上的误差值，取其中最大值作为该零件任意方向上的垂直度误差。

（2）指示表法　用标准直角量具作为模拟基准，由指示器测得被测要素垂直方向的变动量，以测得垂直度误差。如图 9-75 所示，给出圆柱面轴线对底平面 D 的垂直度公差。检测时，将被测零件 1 放到检验平板工作面上，使基准表面与平板工作面紧密贴合在一起。然后把直角座 3 放在被测零件一侧，以直角座垂直面

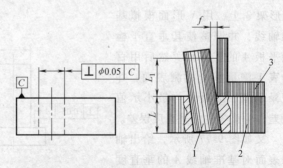

图 9-74　间隙法测量垂直度误差
1—心轴　2—被测零件　3—标准直角尺

为测量基准，用指示表 2 测量被测轴的外圆素线，在相距 L_2 的两测量点的示值分别为 M_1 和 M_2。为消除被测圆柱面直径偏差的影响，还应测出两测点位置处的直径 d_1 和 d_2。按下式求得该测量方向上的垂直度误差：

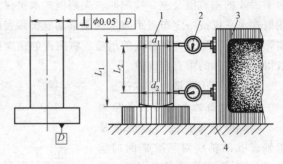

图 9-75　指示表法测量垂直度误差
1—被测零件　2—指示表　3—直角座　4—检验平板

$$f_1 = \left| (M_1 - M_2) + \frac{d_1 - d_2}{2} \right| \frac{L_1}{L_2}$$

式中　M_1、M_2——在 L_2 长度两端的示值；

$\quad\quad\quad d_1$、d_2——在测点相应位置处轴的直径；

$\quad\quad\quad L_1$——被测轴的长度；

$\quad\quad\quad L_2$——测量长度。

按上述方法沿被测轴周围测量若干个方向，分别测得各方向上的垂直度误差，取其中最大值作为该零件的垂直度误差。

为了简化测量，可仅在相互垂直的两个方向上测量，取两个方向上测得误差中的较大值，作为该零件的垂直度误差。若考虑被测要素直线度误差影响，则应增加测量截面，并用图解法求垂直度误差。

当被测要素为孔时，被测轴线可由适宜的心轴模拟进行测量。

3. 面对线的垂直度误差检测

面对线的垂直度公差通常是指零件上的平面要素对轴或孔的轴线间垂直精度要求，其误差检测时，轴的轴线一般直接以轴表面体现基准轴线，孔的轴线通常以心轴模拟其基准轴线。常用检测方法有：

用检验平板工作面模拟垂直方向，通过指示表测出被测表面垂直方向变动量，由此求得垂直度误差。

如图 9-76 示，用指示表法测量零件垂直度误差。检测时，先将被测零件 2 固定在 V 形架 3 上，用 V 形面模拟基准轴线，并调整使其垂直于检验平板 4 的工作面。然后用百分表 1 测量整个被测表面，并记录示值，取最大与最小示值之差作为该零件的垂直度误差。

又如图 9-77 所示，给出轴肩表面对基准轴线 A 的垂直度公差。检测时，将被测零件 2 通过可调千斤顶 4 放在检验平

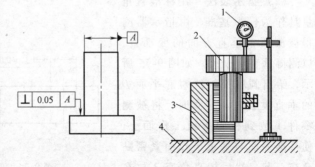

图 9-76　用指示表测量垂直度误差方法（一）
1—指示表　2—被测零件　3—V 形架　4—检验平板

板 5 工作面上。借助于直角座量具预先将右侧测量架上、下两个指示表 3 调整零位，依此将基准轴线调整到与检验平板垂直。然后用指示表 1 测量整个被测表面，并记录示值。取其中最大与最小示值之差，作为该零件的垂直度误差。

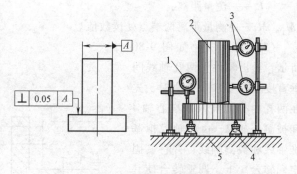

图 9-77 用指示表测量垂直度误差方法（二）

1、3—指示表 2—被测零件 4—可调千斤顶 5—检验平板

4. 线对线的垂直度误差检测

根据零件的结构不同，其线对线的垂直度误差可采用以下检测方法：

（1）间隙法 如图 9-78 所示，图中给出一轴上的孔对轴的轴线间垂直度公差要求。检测时，先将心轴 3 插入被测孔内，两者之间呈无间隙配合，以心轴模拟被测孔的轴线。然后将刀口角尺 1 放到基准圆柱面上，使其一侧与基准圆柱面紧密贴合，垂直一侧与心轴素线相接触。此时两者之间最大间隙 f 即为该零件的垂直度误差。

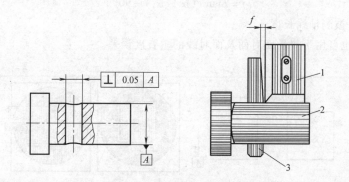

图 9-78 间隙法测量线对线垂直度误差

1—刀口形角尺 2—被测零件 3—心轴

（2）指示表法 如图 9-79 所示，给出两垂直面上孔的轴线间垂直度公差。检测时，先将被测零件 3 用固定千斤顶和可调千斤顶 4 置于检验平板 5 工作面上，两孔内分别装入基准心轴 7 和被测心轴 1，各心轴与孔之间呈无间隙配合，由心轴模拟基准轴线和被测轴线。用直角尺 6 调整基准心轴方向，使其与平板工作面垂直。然后用指示表 2 测量被测心轴外伸端素线，在相距 L_2 的测量位置上测得数值分别为 M_1 和 M_2。按下式换算，求得该零件垂直度公差：

$$f = \frac{L_1}{L_2} |(M_1 - M_2)|$$

式中 L_1——被测要素长度（或给定长度）；

L_2——测量距离；

M_1、M_2——测量距离两端点处读数值。

（3）转台法　如图 9-80 所示，给出零件上两孔轴线间垂直度公差要求。检测时，先在两孔内分别插入基准心轴 4 和被测心轴 2，由心轴模拟基准轴线和被测轴线，并将其固定到转台 5 上，调整转台使其轴线垂直于由基准轴线和被测轴线组成的平面。先用水平仪调平基准心轴，并记录此时转台的角度值 α_1；然后转动转台，并调平被测心轴，记录另一角度值 α_2。

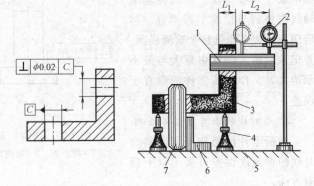

图 9-79　指示表法检测线对线垂直度误差

1—被测心轴　2—指示表　3—被测零件　4—可调千斤顶
5—检验平板　6—直角尺　7—基准心轴

按下式求得该零件的垂直度误差：

$$f = L\tan|(\alpha_1 - \alpha_2) - 90°|$$

式中　L——被测轴线长度。

此方法也可用于测量面对面及面对线的垂直度误差。

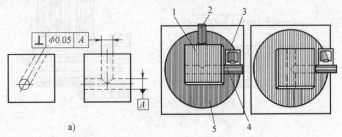

图 9-80　转台法测量线对线垂直度误差

1—被测零件　2—被测心轴　3—水平仪　4—基准心轴　5—转台

5. 综合量规法检测垂直度误差

当被测要素和基准要素均有最大实体要求时，该零件垂直度误差可用综合量规进行检验。

（1）综合量规法检验线对面的垂直度误差　如图 9-81 所示，给出上圆柱面轴线对上台阶面垂直度公差要求，而且被测要素给出最大实体要求。检验前，应先制作一环形量规 2，该量规的内孔直径等于被测要素的实效尺寸，且底平面与孔的轴线间具有很高的垂直精度。

检验时，将量规套在被测表面上，并使量规端面与基准表面相接触。当两表面能够紧密贴合在一起不透光时，表示该零件垂直度误差能满足规定要求，为合格品，否则为不合格。

综合量规法检测线对面的垂直度误差，仅适用于被测要素给出最大实体要求的零件，且只能判别合格与否，而不能测得具体误差值。

（2）综合量规法检验面对线的垂直度误差 如图9-82所示，给出外伸臂中心面对基准孔轴线 A 的垂直度公差要求，且同时给出被测要素与基准要素均有最大实体要求。检验前，应先制作综合量规，它是由量规1和固定销2组成的。量规凹槽的宽度等于被测表面的实效尺寸，固定销的直径等于基准孔的最大实体尺寸。固定销装入量规上座孔后，应保持凹槽平面与固定销轴线垂直。

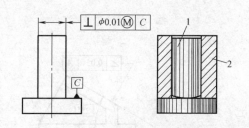

图9-81 综合量规法检测线对面的垂直度误差
1—被测零件 2—环形量规

检验时，将被测零件套在综合量规的固定销上，并使其绕固定销轴线回转。若被测零件能够自由通过量规的凹槽时，表示其垂直度误差在给定的公差范围内，即为合格，否则为不合格。

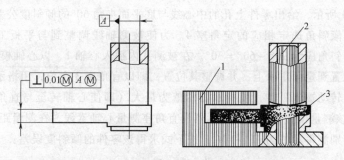

图9-82 综合量规法检测面对线的垂直度误差
1—量规 2—固定销 3—被测零件

三、倾斜度误差检测

倾斜度误差是指被测实际要素相对于与基准成给定夹角 α 的变动量f。

检测仪器和设备：检验平板、百分表（或千分表）及表座、不同角度定角导向座、不同锥度定角锥体、不同直径的检验棒（或标准圆柱）、定角样板、V形架等。

1. 面对面的倾斜度误差检测

面对面的倾斜度误差通常是用定角座，将被测表面转换到与测量基准平面平行的位置，然后按平行度误差进行检测。

如图9-83所示，给出零件的斜表面对基准平面保持25°夹角方向的倾斜度公差要求。检测时，首先按给定的理论正确尺寸25°选用相应的定角座5（可用正弦规或精密转台代替）；将定角座放到检验平板4上，被测零件放置在定角座上；调整被测零件，使指示器在整个被测表面示值差为最小，使被测表面调整到与测量基准平面（平板工作面）平行位置。为防止测量过程中被测零件沿斜面移动，应用定位支承 3 定位。然后用指示器沿整个被测表面测得最大与最小示值，取两示值之差作为该零件的倾斜度误差。

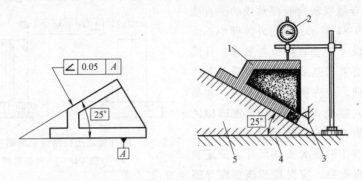

图 9-83　两面之间倾斜度误差检测

1—被测零件　2—指示器　3—定位支承　4—检验平板　5—定角座

2. 线对面的倾斜度误差检测

线对面的倾斜度误差通常是指轴或孔的中心线对平面间的定向误差。

如图 9-84 所示，给出零件上孔的中心线与底平面夹角 60° 的倾斜度公差要求。检测时，首先根据倾斜角选定相应的定角座 4。为使被测轴线调整到与平板工作面垂直位置，该定角座斜角应为 90° − 60° = 30°。在被测孔内插入心轴 1，以心轴模拟被测轴线。将被测零件放置到定角座 4 上，并调整其位置，即以直角座 3 定位，用指示器 2 测量心轴上端素线，转动被测零件，使指示器示值为最大（即使心轴转至与直角座的间距最小处），固定该测量位置。然后用指示器沿直角座测量心轴素线，在测量距离为 L_2 的两个位置上，分别测得示值为 M_1 和 M_2，按下式求得该零件的倾斜度误差：

$$f = \frac{L_1}{L_2} \mid (M_1 - M_2) \mid$$

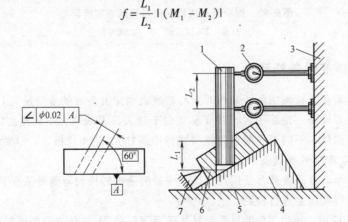

图 9-84　线对面倾斜度误差检测

1—心轴　2—指示器　3—直角座　4—定角座　5—检验平板　6—被测零件　7—定位支承

式中 L_1——被测要素长度（或给定长度）；

L_2——测量距离；

M_1、M_2——测量距离两端点处示值。

3. 面对线的倾斜度误差检测

可将基准轴线调至与检验平板工作面平行，然后以定角座作为测量基准测得面对线的倾斜度误差值。也可用定角座调整基准轴线的方向，以平板工作面作为测量基准测得其误差值。

（1）方法一 如图 9-85 所示，给出 75°斜面对基准轴线 A 倾斜度公差。检测时，选定 75°定角座 1 放在平板 7 工作面上。首先取心轴 4 穿入被测零件基准孔内，由心轴模拟基准轴线，用 V 形架 6 支承在平板工作面上，并由定位支承 5 作轴向定位。

调整被测斜面相对于定角座间定向测量位置，方法是将指示器 2 放到被测表面最上端，转动被测零件找出示值最小的位置，此即为测量位置。然后以定角座斜面作为测量基准，用指示器测量整个被测表面，并记录各测点示值，取其中最大与最小读数之差，作为该零件的倾斜度误差。

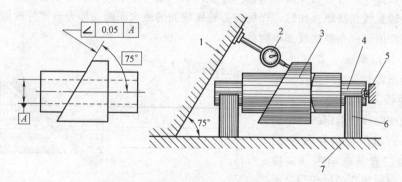

图 9-85 面对线的倾斜度误差检测方法一
1—定角座 2—指示器 3—被测零件 4—心轴
5—定位支承 6—等高 V 形架 7—检验平板

（2）方法二 如图 9-86 所示，给出 60°斜面对基准轴线 A 的倾斜度公差要求。检测时，首先选定角度为 $90° - 60° = 30°$ 的定角座，将被测零件基准轴插入专用支承座 3 的座孔内，同时放到定角座斜面上。调整被测表面的测量位置，方法是：转动被测零件，用指示器测量被测表面，找出示值差最小的位置，即为测量位置。然后沿整个被测表面进行测量，测得最大与最小示值之差，即为该零件的倾斜度误差。

4. 线对线的倾斜度误差检测

线对线的倾斜度误差通常是指轴或孔的轴线间定向误差。根据零件结构不同，可分别采用以下方法进行检测：

（1）间隙法 以角度样板作为模拟理想方向，用以与被测要素比较，通过两者之间的间隙测得其误差值。如图 9-87 所示，给出在一轴上的 45°斜孔轴线对基准轴线 B 的倾斜度公差。检测时，应先按图样上给出的理论正确尺寸 45°制作一定角样板 3。在被

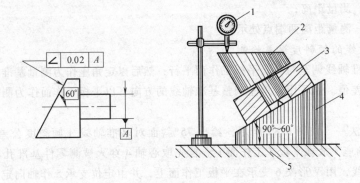

图 9-86　面对线的倾斜度误差检测方法二
1—指示器　2—被测零件　3—支承座　4—定角座　5—检验平板

测孔内插入心轴 2，且使心轴的伸出长度等于被测轴线的长度。然后将定角样板沿零件轴向塞入被测零件与心轴外圆素线之间，使样板一边与基准外圆素线紧密贴合，另一边则应与心轴素线相接触。此时，样板与心轴素线间的最大间隙，即为该零件的倾斜度误差。该间隙值可由光隙法或塞尺测得。

（2）指示器法　如图 9-88 所示，给出零件上 65°斜孔轴线对基准轴线 *B* 倾斜度公差。检测时，先按图样上给定的理论正确尺寸 65°制作定角导向座 5，该座上加工有基准轴颈导向座孔，以控制被测孔的轴线与检验平板工作面平行。在被测孔内插

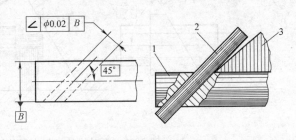

图 9-87　间隙法检测线对线倾斜度误差

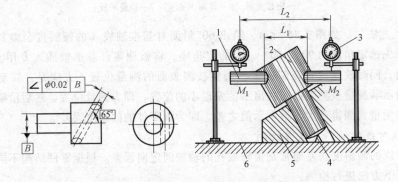

图 9-88　指示器法检测线对线倾斜度误差
1—被测心轴　2—被测零件　3—指示器
4—定位支承　5—定角导向座　6—检验平板

入心轴 1，并将基准轴支承到定角导向座 5 座孔内。然后调整被测零件的测量位置，方法是：转动被测零件，同时用指示器测量心轴上端素线，使 M_1 点处于最低位置（或使 M_2 点处于最高位置），此即为测量位置。用指示器测得心轴上端素线相距为 L_2 位置处两点示值 M_1 和 M_2。按下式求得该零件倾斜度误差：

$$f = \frac{L_1}{L_2} | (M_1 - M_2) |$$

式中，L_1——被测轴线长度（或给定长度）；

　　　L_2——测量长度；

M_1、M_2——测量长度两端点处示值。

四、同轴度误差检测

同轴度误差是指被测实际轴线相对于基准轴线的变动量。

检测仪器和设备：检验平板、圆度仪、检验棒（或标准圆柱）、带指示器的测量架、固定和可调千斤顶、带两端顶尖的测量架、刀口型及普通 V 形架、锥套、显微镜、游标卡尺、外径千分尺、综合量规等。

1. 轴对轴的同轴度误差检测

轴对轴的轴线间同轴度公差要求，是指被测要素与基准要素均为外圆表面轴线，检测时均以其外圆表面体现基准要素和被测要素。常用检测方法有：

（1）圆度仪法　圆度仪测得两轴的实际轴线，通过数据处理求得其同轴度误差。

如图 9-89 所示，给出右端轴的轴线对基准轴线 A 的同轴度公差。检测时，将被测零件 2 放到圆度仪工作台上，通过圆度仪测杆 1 调整被测零件安放位置，使基准轴线与圆度仪回转轴线同轴。然后分别测量被测零件的基准要素和被测要素实际圆柱面上若干个横截面，并记录各截面的轮廓图形。

根据各测量截面测得的实际轮廓，找出各截面的圆心。依次连接各圆心求得实际轴线。由基准实际轴线按最小条件要求确定其基准轴线。然后求出被测要素各截面的圆心到基准轴线的距离，取其中最大距离的两倍，作为该零件的同轴度误差。

按照零件的功能要求，也可对轴类零件用最小外接圆柱面（对孔类零件用最大内接圆柱面）的轴线，求出同轴度误差。

（2）指示器法　用指示器测得被测表面相对基准轴线的径向圆跳动，求得同轴度误差。

1）方法一。如图 9-90 所示，给出右侧圆柱面轴线对基准轴线 B 的同轴度公差要求。检测时，将被测零件的基准圆柱面放在 V 形架 4 上，用以体现基准轴线。轴的一端由轴向支承 5 作轴向定位。使零件在 V 形槽内转动，用指示器 2 分别测量被测圆柱表面若干个截面上的径向圆跳动，测得各截面上最大与最小示值之差，取其中最大差值作为该零件的同轴度误差。

2）方法二。如图 9-91 所示，给出以圆锥表面的轴线 B 作为基准要素，给出了同轴度公差。检测时，应先做一专用轴套 1，该轴套锥孔轴线与外圆柱面轴线具有较高的同轴度精度，将轴套内孔与基准圆锥面紧密配合，由此基准轴线 B 可由轴套外圆轴线来

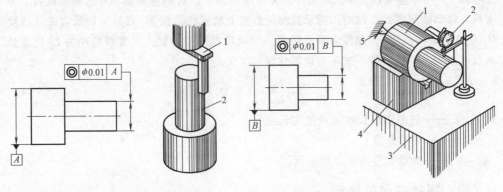

图 9-89　圆度仪法检测同轴度误差
1—圆度仪测杆　2—被测零件

图 9-90　指示器法检测同轴度误差（一）
1—被测零件　2—指示器　3—检验平板
4—V 形架　5—轴向支承

体现，即将轴套外圆柱面置于 V 形架上，按图 9-91 所示相同方法，测出该零件的同轴度误差。

（3）影像法　用测量显微镜测出被测要素外形轮廓相对基准轴线的变动量，测得同轴度误差。如图 9-92 所示，给出右侧圆锥体轴线对左侧基准圆锥体轴线 B 的同轴度公差。测量时，将锥套 1 固定在回转轴上，把被测零件 2 的基准圆锥面装入锥套内，使其紧密配合，并用平顶尖 4 作轴向定位。然后将被测

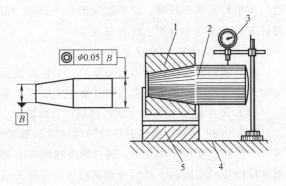

图 9-91　指示器法检测同轴度误差（二）
1—专用轴套　2—被测零件　3—指示器
4—检验平板　5—V 形架

圆锥表面移至显微镜 3 下，使显微的"米"字线上一条线与被测要素的一素线重合（图 9-92 右图）。转动被测零件，测得圆锥素线沿"米"字线径向变动量，取其中最大与最小变动量之差，作为该零件同轴度误差。

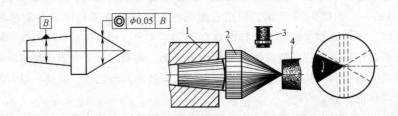

图 9-92　影像法检测同轴度误差
1—锥套　2—被测零件　3—显微镜　4—平顶尖

2. 孔对孔的同轴度误差检测

孔对孔的同轴度公差，是指基准要素和被测要素均为孔的轴线，其误差检测时，通常以心轴来体现基准孔和被测孔的轴线。

（1）指示器法 如图 9-93 所示，给出被测零件上右端孔的轴线对左端孔的轴线同轴度公差。检测时，将被测零件 2 支承到检验平板 6 工作面上。把基准心轴 1 和被测心轴 4 无间隙配合地插入被测零件上的相应孔内，并用指示器 3 调整被测零件（基准心轴）使其基准轴线与平板工作面平行。

首先用外径千分尺测出两心轴的直径 d_1、d_2，并通过量块和指示器测量基准心轴上端素线到平板工作面的距离 $(L + d_1/2)$，求得其中心高 L。按 $(L + d_2/2)$ 值为高度尺寸，调整指示器的零位。然后在被测孔端 A、B 两点测量，测得两点分别与高度 $(L + d_2/2)$ 的差值 f_{Ax} 和 f_{Bx}。再把被测零件翻转 $90°$，按上述方法测得在垂直方向上的高度差值 f_{Ay} 和 f_{By}。按下式分别求得 A、B 两测点处的同轴度误差：

A 点处同轴度误差：
$$f_A = 2\sqrt{f_{Ax}^2 + f_{Ay}^2}$$

B 点处同轴度误差：
$$f_B = 2\sqrt{f_{Bx}^2 + f_{By}^2}$$

取其中较大值作为该被测要素的同轴度误差。

当被测心轴与基准心轴直径相等，即 $d_1 = d_2$ 时，可直接以基准心轴高度为准将指示器调至零位，以测量 A、B 两点示值 f_{Ax}、f_{Bx} 和 f_{Ay}、f_{By}，按上式直接求得其同轴度误差值。

如测点不能取在孔端处，则同轴度误差可按比例折算。

（2）直接测量法 上述检测，当被测孔的直径较大，而且距基准孔较近时，可采用直接法测得同轴度误差。如图 9-94 所示，给出被测零件上右侧孔轴线对左侧基准孔轴线 B 的同轴度公差。检测时，在基准孔内装入配合间隙很小的基准心轴 1，在心轴伸向被测孔一端，用指示器固定架 3 固定杠杆千分表 4。将千分表直接伸入被测零件 2 的被测孔内，使测头与被测孔表面接触，转动基准心轴，带动杠杆千分表在一周中所指示的最大与最小读数之差，即为该测量截面的同轴度误差。然后将基准心轴沿轴向移动，分别测得若干截面上的误差，取其中最大值作为该零件的同轴度误差。

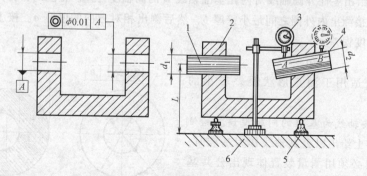

图 9-93 指示器法检测孔对孔的同轴度误差

1—基准心轴 2—被测零件 3—指示器 4—被测心轴

5—可调支承 6—检验平板

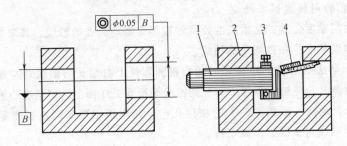

图 9-94　直接法检测孔对孔的同轴度误差
1—基准心轴　2—被测零件　3—指示器架　4—杠杆千分表

3. 孔对轴的同轴度误差检测

孔与轴的轴线同轴度误差可根据零件结构特点，分别采用以下方法进行检测：

（1）指示器法　如图 9-95 所示，给出零件的外圆轴线对基准孔轴线 B 的同轴度公差。检测时，在被测零件基准孔内插入无间隙配合的心轴 3，将心轴支承在顶尖座 4 上，以顶尖座中心模拟基准轴线，然后按图 9-95 所示方法用指示器测得该零件同轴度误差。

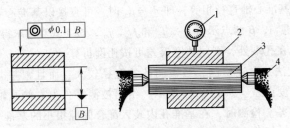

图 9-95　指示器法检测轴对孔的同轴度误差
1—指示器　2—被测零件　3—心轴　4—顶尖座

（2）壁厚差法　用测量被测零件相对方向上壁厚尺寸，求得同轴度误差。如图 9-96 所示，给出零件外圆轴线对内孔基准轴线 B 的同轴度公差。检测时，先用游标卡尺或千分尺直接测出内外圆之间最小壁厚 b，然后测出相对方向的壁厚 a。按下式求得该零件的同轴度误差：

$$F = a - b$$

此方法适用于测量形状误差较小的零件。

4. 公共轴线为基准的同轴度误差检测

当图样上给出以公共轴线作为基准时，其误差检测必须用测量装置体现出公共基准轴线，依此来评定其同轴度误差。

（1）无顶尖孔同轴度误差检测方法　如图 9-97 所示，给出台阶轴的中间轴

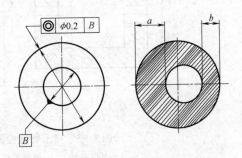

图 9-96　壁厚差法检测轴对孔的同轴度误差

线对两端 *A*、*B* 轴颈的公共基准轴线 "*A—B*" 的同轴度公差。检测时，将被测零件两基准要素 *A*、*B* 轴颈的中截面分别放置在两个等高的刀口状 V 形架 3 上，以 V 形架来体现公共基准轴线。将两指示器 1 分别在铅垂轴截面内，相对于基准轴线对称地分别调零。

　　然后沿被测表面在轴向测量，取指示器在垂直基准轴线的正截面上测得各对应点的示值差值 | $M_a - M_b$ | ，作为该截面上的同轴度误差。

　　按上述方法在若干截面内测量，取各截面测得的示值之差中的最大值（绝对值），作为该零件的同轴度误差。

　　此方法适用于测量形状误差较小的零件。

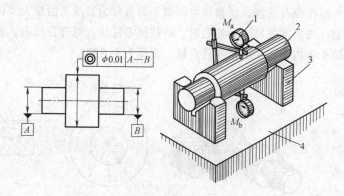

图 9-97　无顶尖孔同轴度误差检测方法
1—指示器　2—被测零件　3—等高刀口状 V 形架　4—检验平板

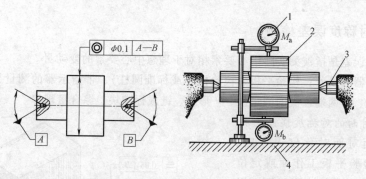

图 9-98　有顶尖孔同轴度误差检测方法
1—指示器　2—被测零件　3—顶尖　4—检验平板

　　（2）有顶尖孔同轴度误差检测方法　如图 9-98 所示，给出台阶轴中间轴线对两端中心孔公共轴线 "*A—B*" 的同轴度公差。检测时，将被测零件两端中心孔分别顶在等高顶尖架顶尖 3 上，以顶尖中心线模拟公共基准轴线。然后用指示器 1 按图 9-98 所示方法，测出被测轴颈若干截面内的同轴度误差，取其中最大值作为该零件的同轴度误差。

　　5. 综合量规法检测同轴度误差
　　当被测要素和基准要素同轴度公差都给出最大实体要求时，可采用综合量规法检验被测零件是否合格。

（1）孔对孔同轴度误差综合量规检验法　如图 9-99 所示，给出两孔轴线同轴度公差，且两要素均给出最大实体要求。

检验前应先制作相应的综合量规，该量规基准端直径应为基准孔的最大实体尺寸；被测端的直径应为被测孔的实效尺寸，且两者间具有较高的同轴度精度。检验时，将量规插入被测孔内，若两段轴颈均能通过相应孔，则表示该零件合格，否则为不合格。

（2）轴对孔同轴度误差综合量规检验法　如图 9-100 所示，给出零件外圆对中心孔轴线同轴度公差，且同时对基准要素和被测要素给出最大实体要求。

检验前应先制作综合量规，该量规中间销子的直径为基准孔的最大实体尺寸，量规孔的直径为被测外圆的实效尺寸。检验时，将被测零件放入综合量规内，若其内外圆均能通过量规的销子和内孔，表示该零件合格，否则为不合格。

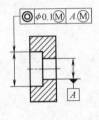
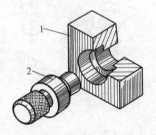

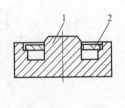

图 9-99　孔对孔同轴度误差综合量规检验法　　图 9-100　轴对孔同轴度误差综合量规检验法
1—被测零件　2—综合量规（塞规）　　　　　　　　1—综合量规　2—被测零件

五、对称度误差检测

对称度误差是指被测实际中心要素相对于理想中心要素的变动量。

检测仪器和设备：检验平板、检验棒（或标准圆柱）、带指示器的测量架、固定和可调千斤顶、带两端顶尖的测量架、V 形架、键或标准块、综合量规等。

1. 面对面的对称度误差检测

检测面对面对称度误差时，通常采用检验平板工作面或定位块表面体现基准和被测表面，以测得其中心面，求出对称度误差。

（1）方法一　如图 9-101 所示，给出零件的内槽中心面对上下两平面中心面的对称度公差。检测时，通过被测零件上下表面分别以检验平板 3 工作面定位体现基准中心面，即将基准的一侧表面先放到平板工作面上，以平板

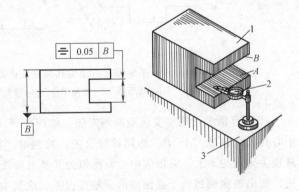

图 9-101　面对面的对称度误差检测方法（一）
1—被测零件　2—指示器　3—检验平板

工作面为测量基准，用指示器 2 按一定的测点位置测得表面 A 各测点示值，然后将被测零件翻转 180°，在平板上进行第二次定位，测得 B 表面与 A 表面测点相对应各测点示值。取测量截面内对应两测点最大差值，作为该零件的对称度误差。

（2）方法二 如图 9-102 所示，给出零件上内槽中心面对上下两平面中心面对称度公差。检测时，将被测零件 5 放在两检验平板 1 和 4 之间，并在被测槽内装入定位块 3，以定位块模拟中心面。在被测零件的两侧分别测出定位块与上、下平板之间的距离 a_1 和 a_2，取测量截面内对应两测点最大差值，作为该零件的对称度误差。当定位块的长度大于被测要素的长度时，误差值应按比例进行折算。

此方法适用于检测大型零件。

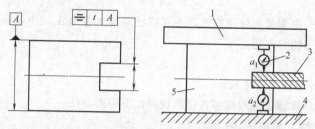

图 9-102　面对面的对称度误差检测方法（二）

1、4—检验平板　2—指示器　3—定位块　5—被测零件

2. 面对线的对称度误差检测

零件上键槽的中心面对轴的轴线是面对线对称度公差要求的典型示例。如图 9-103 所示，给出键槽的中心面对轴的轴线对称度公差。检测时，将被测零件 1 放在 V 形架 5 上，基准轴线由 V 形架模拟。同时在被测槽内装入键（或定位块）2，由定位块模拟被测中心面。以检验平板 4 工作面作为测量基准，用指示器 3 调整定位块在轴向一端横截面上的素线 A—B 与平板平行，并记录其示值。再将被测件转动 180°，在同一截面处调整与测量基面平行，并记录其示值。由此可测得该测量截面处读数差 a，根据定向最小区域概念，按下式求得该测量截面处的对称度误差：

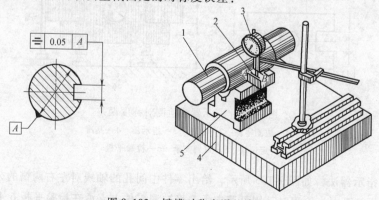

图 9-103　键槽对称度误差检测

1—被测零件　2—定位块　3—指示器　4—检验平板　5—V 形架

$$f_{截} = \frac{ah}{d-h}$$

式中　a——上、下两对应点读数差；

　　　d——轴的直径；

　　　h——键槽深度。

由于槽的中心面与轴线不平行，直接影响整个槽的对称度误差，故还应沿键槽长度的另一端按上述方法测得该截面处的读数差。由两测量截面处读数差之半 Δ_1 和 Δ_2，按下式求得该零件的对称度误差：

$$f = \frac{2\Delta_2 h + d(\Delta_1 - \Delta_2)}{d-h}$$

式中　Δ_1、Δ_2——两测量面处读数差之半（以绝对值大者为 Δ_1，小者为 Δ_2）；

　　　d——轴的直径；

　　　h——键槽深度。

3. 线对面的对称度误差检测

线对面的对称度误差应根据零件结构选择以下检测方法：

（1）壁厚差法　如图 9-104 所示，给出零件中间孔的轴线对上、下两表面基准中心面 A 的对称度公差要求。检测时，用卡尺直接测得 A、B 和 C、D 位置处壁厚，并分别求出 A 与 B、C 与 D 位置处的壁厚差，取两个壁厚差中较大值，作为该零件的对称度误差。

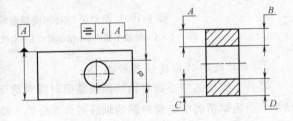

图 9-104　壁厚差法检测对称度误差

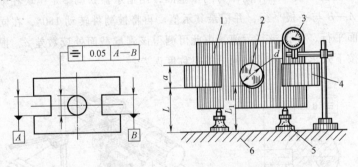

图 9-105　指示器法检测对称度误差

1—被测零件　2—心轴　3—指示器　4—基准
定位块　5—可调支承　6—检验平板

（2）指示器法　如图 9-105 所示，给出零件中间孔的轴线对左右两槽的公共中心面的对称度公差要求。检测时，用可调支承 5 将被测零件 1 支承在检验平板 6 上，并在左右两槽内分别装入基准定位块 4，由基准定位块模拟基准中心平面。在被测孔内插入无间隙配合的心轴2，由心轴模拟被测轴线。

先用指示器3调整公共基准中心平面与平板工作面平行，方法是：公共基准中心平面，由槽深1/2处的槽宽中点确定。按此位置先调整一端定位块，使其两侧示值相等（即调至与测量基面等高）。然后调另一端定位块，使其两侧示值与调水平一端的定位块示值差（绝对值）相等。该位置即为公共基准中心平面平行于平板工作面的测量位置。

测量位置确定后，再分别测出定位块和心轴至平板工作面间的距离 L 和 L_1。然后根据定位块的厚度 a，求得基准中心平面到平板的高度 $H = L + a/2$；根据心轴的直径 d，求得心轴中心到平板的高度 $H_1 = L_1 + d/2$。由此可求得被测轴线对公共基准中心平面的变动量。其中被测心轴到平板的距离 L_1，应从心轴两端进行测量，分别求得对公共基准中心平面的变动量，取其中最大变动量的两倍，作为该零件的对称度误差，即 $f = 2 \mid H - H_1 \mid$。

测量心轴时的位置应尽量靠近零件表面，否则应根据两边测量距离，将测量结果按比例折算，求得被测长度的对称度误差。

4. 综合量规法检测对称度误差

当图样上给出的对称度公差，其基准要素与被测要素均给出最大实体要求时，该对称度误差可采用综合量规法进行检验。

如图9-106所示，给出零件中间孔的轴线对两侧槽的中心平面"A—B"的对称度公差。采用综合量规法检验时，应先根据图样要求制作综合量规2，该量规为一与被测零件相配合的件，其上两个定位块的宽度为基准槽的最大实体尺寸，中间圆柱销的直径为被测孔的实效尺寸。

检验时，将被测零件放到综合量规上，只要量规能通过被测零件，表示该零件对称度误差合格，否则为不合格。

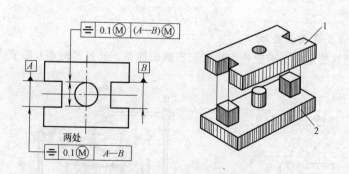

图9-106 综合量规法检测对称度误差

1—被测零件 2—综合量规

六、位置度误差检测

位置度误差是指被测实际要素相对于基准和理论正确尺寸所确定的理想要素的变动量。

检测仪器和设备：检验平板、检验棒（或标准圆柱）、钢球、带指示器的测量架、回转定心夹头、方箱、直角尺、V形架、专用支架座、综合量规等。

1. 点的位置度误差检测

点的位置度公差要求通常是指零件上球心相对三基面体系位置精度要求，其误差检测时应以三基面体系为准，测得其位置变动量。

如图 9-107 所示，给出 $\phi 20\text{mm}$ 的球心对 $\phi 25\text{mm}$ 圆柱面轴线 A 和凸肩基准面 B 的位置度公差要求。检测时，先将被测零件装到回转定心夹头 5 上，一并放置在检验平板 6 上以定心夹头回转中心模拟基准轴线 A，其上端平面模拟基准平面 B。然后选择适当直径的钢球 2 放到被测球面内，以钢球球心模拟被测球面的中心。然后用水平放置的杠杆百分表 3 与钢球球心剖面外形相接触，使被测零件绕定心夹头中心回转一周，由径向指示器测得最大与最小示值，两示值之差的一半，即为被测球心相对基准轴线 A 的径向误差 f_x。

再用垂直放置的百分表 1，测得球心相对于基准面 B 的轴向变动量 f_x。方法是：按下式先求出测量高度 H：

$$H = H_1 + h - D/2 + d$$

式中　H——测量高度（指示器调零理想高度）；

　　　H_1——回转定心夹头高度；

　　　h——零件上球面中心到基准面 B 的距离；

　　　D——零件上球面直径；

　　　d——测量用钢球的实际直径。

按计算所得测量高度 H 将指示器调零。用调好零位的指示器测量钢球 2 顶点高度，此时指示器上的示值即为被测球心轴向变动量 f_y。

根据所测得的 f_x 和 f_y，按下式求得零件的位置度误差：

$$f = \sqrt{f_x^2 + f_y^2}$$

2. 线的位置度误差检测

通常根据所给定的基准定位，建立起三基面体系，通过沿两相互垂直方向上进行测

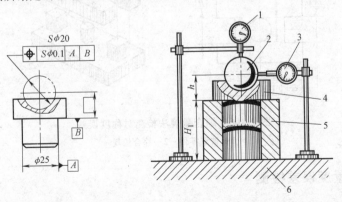

图 9-107　点的位置度误差检测

1—百分表　2—钢球　3—杠杆百分表　4—被测零件　5—回转定心夹头　6—检验平板

量，经计算求得被测轴线的实际位置，分别与相应的理论正确尺寸比较，求得线的位置度误差。

如图 9-108 所示，给出 $\phi20H7$ 孔的轴线相对基准 A、B 和 C 所构成的三基面体系位置度公差要求。检测时，分别采用方箱 1、直角尺 5 和检验平板 6 的工作面模拟 A、B、C 三个基准平面，构成三基面体系。

首先将被测零件 4 的第一基准表面 A 与方箱 1 的垂直平面紧密贴合，用直角尺 5 找正第二基准表面 B，使其与检验平板 6 保持垂直，基准表面 C 与平板工作面保持接触，将被测零件固定；然后在被测孔内插入无间隙配合的心轴 3。根据图样上给定的孔的轴线位置理论正确尺寸和心轴直径尺寸，求出心轴上端素线到平板工作面距离的理论正确尺寸，调整指示器零位。用调好零位的指示器 2 测量靠近零件板面处心轴上端素线，根据测得示值可确定被测孔上端点坐标尺寸 y_1。将方箱翻转不同位置，按上述方法分别测得被测孔到各基准面的坐标值 x_1、x_2 和 y_1、y_2。根据上述坐标值，按下式分别计算出被测孔外端面处圆心坐标尺寸 x、y：

X 方向坐标尺寸： $\qquad x = (x_1 + x_2)/2$

Y 方向坐标尺寸： $\qquad y = (y_1 + y_2)/2$

将 x、y 值分别与相应的理论正确尺寸比较，求得两垂直方向上的位置变动量 f_x、f_y：

$$f_x = x - \boxed{x}$$

$$f_y = y - \boxed{y}$$

式中，$\boxed{x}$、$\boxed{y}$ 为理论坐标值，即理想形状（孔）在坐标系中的坐标值。

按下式求出该测量位置处任意方向上的位置度误差：

$$f = \sqrt{f_x^2 + f_y^2}$$

将零件翻转，对其背面按上述方法重复测量，求出该测量位置的误差值，取其中误差值较大者作为该零件的位置度误差。

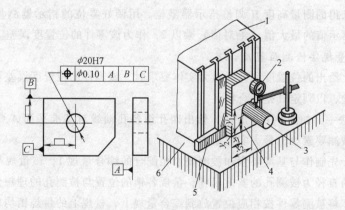

图 9-108　线的位置度误差检测

1—方箱　2—指示器　3—心轴　4—被测零件　5—直角尺　6—检验平板

3. 面的位置度误差检测

如图 9-109 所示，给出零件左侧 80°斜面对基准轴线 B 和基准平面 A 的位置度公差。

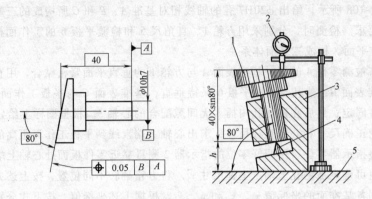

图 9-109　面的位置度误差检测
1—被测零件　2—指示器　3—专用支架　4—支承　5—检验平板

检测前先制作专用支架 3，其上座孔与基准圆柱面紧密配合，且其轴线与底平面间具有正确的 80°夹角。

检测时，将被测零件 1 放入专用支架的座孔内，末端用支承 4 作轴向定位，并一并放置在检验平板 5 上。调整被测零件的测量位置，方法是：转动被测零件，直至使指示器 2 在整个被测表面上的示值差为最小，此即为被测零件测量位置。按下式计算被测表面到平板工作面间的理论距离：

$$H = h + 40\sin80°$$

式中　H——测量高度；

　　　h——专用量距轴向支承高度；

$40\sin80°$——基准表面 A 的中心至被测表面的距离。

按上式求得的测量高度 H 调整指示器零位。用调好零位的指示器测量整个被测表面，将指示器示值的最大值（绝对值）乘以 2，作为该零件的位置度误差。

4. 综合量规法检测位置度误差

当图样上给出的位置度公差为最大实体要求时，该零件的位置度误差可采用综合量规法进行检验，以判定其是否合格。

（1）方法一　如图 9-110 所示，给出四孔组各孔轴线对基准平面 A、B、C 的位置度公差，且被测要素给出最大实体要求。

检测前，先制作与基准要素和被测要素相配合的综合量规 1，该量规与各被测孔相配合的量规销直径为被测孔的实效尺寸，量规各销的位置与被测孔的理想位置相同。

检验时，将被测零件按相应位置放到综合量规上，量规上的量规销均应通过被测各孔，且与被测零件的基准面相接触，即表示该零件位置度误差合格，否则为不合格。

（2）方法二　如图 9-111 所示，以极坐标给出四孔组对基准平面 A 和中间孔的基准

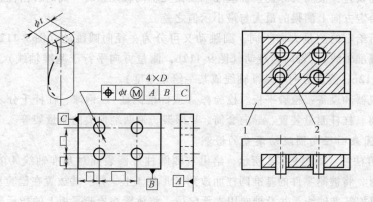

图 9-110　量规法检验位置度误差方法（一）

1—综合量规　2—被测零件

轴线 *B* 的位置度公差，且被测要素与基准要素 *B* 给出最大实体要求。

检验该零件用综合量规，其中间基准定位销的直径等于基准孔 *B* 的实效尺寸，各被测孔圆柱销尺寸等于其实效尺寸，各销的位置与被测孔的理想位置相同。

检验时，将综合量规插入被测零件内，量规上所有定位销均能通过，基准表面 *A* 与量规端面紧密贴合，表示该零件位置度误差合格，否则为不合格。

用综合量规法检验零件的位置度误差，能够直接体现零件的装配关系，保证互换性要求，不仅能保证零件的功能要求，而且操作方便，检测效率高。因此，广泛应用于成批大量生产中。

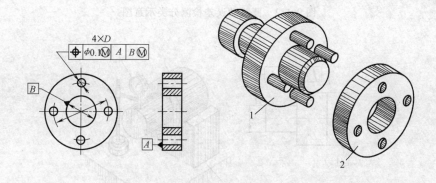

图 9-111　量规法检验位置度误差方法（二）

1—综合量规　2—被测零件

七、圆跳动误差检测

被测实际要素绕基准轴线做无轴向移动回转时，指示器在给定方向上测得的最大与最小示值之差，称为跳动误差。

圆跳动误差：被测实际要素绕基准轴线做无轴向移动回转一周时，由位置固定的指示器，在给定方向上测得的最大与最小示值之差。

根据所给定的测量方向不同，圆跳动又可分为：径向圆跳动（图9-112a，测量方向垂直于基准轴线）、轴向圆跳动（图9-112b，测量方向平行于基准轴线）、斜向圆跳动（图9-112c，测量方向与基准轴线成某一给定角度）。

检测仪器和设备：检验平板、检验棒（或标准圆柱）、钢球、杠杆千分表、带指示器的测量架、杠杆测量装置、导向套筒、V形架、带两端顶尖的测量架等。

1. 外圆表面径向圆跳动误差的检测

（1）方法一 如图9-113所示，给出右侧圆柱外圆表面对基准轴线A的圆跳动公差。检测时，将被测零件的基准圆柱面放到V形架3上，并一并放置在检验平板上，以V形架面模拟基准轴线，并沿轴向用支承定位。将放置在检验平板上的指示器2移至测量面上（即最大示值位置处），然后使零件在V形槽内旋转一周，指示器上最大与最小示值之差，即为该单个测量平面上的径向跳动误差。

按上述方法在若干个截面上进行测量，取各截面上测得的跳动量中最大值，作为该零件的径向圆跳动误差。

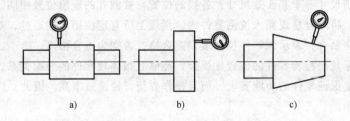

a)   b)   c)

图9-112　圆跳动误差检测分类示意图

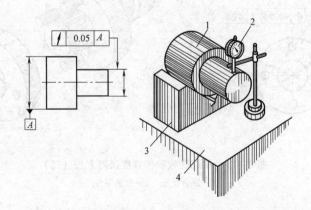

图9-113　外圆表面圆跳动误差的检测方法（一）

1—被测零件　2—指示器　3—V形架　4—检验平板

（2）方法二 如图9-114所示，给出零件中间圆柱表面对公共基准轴线"A—B"

的同轴度公差要求。

检测时，将两基准圆柱面分别支承在两 V 形架 3 上，由 V 形面模拟公共基准轴线，并在轴向用支承 5 作轴向定位。然后按上述测量方法，测得被测表面若干个测量截面的跳动误差，取其中最大值作为该零件的径向圆跳动误差。

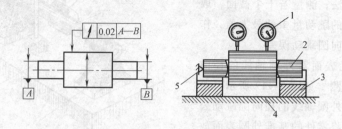

图 9-114　外圆表面圆跳动误差的检测方法（二）
1—指示器　2—被测零件　3—V 形架　4—检验平板　5—支承

2. 内孔表面径向圆跳动误差的检测

如图 9-115 所示，给出零件右侧内孔表面对左侧孔轴线的径向圆跳动公差要求。

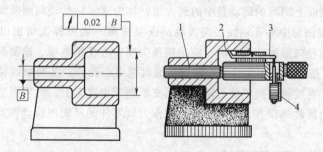

图 9-115　内孔表面径向圆跳动误差检测
1—专用检测心轴　2—被测零件　3—杠杆　4—指示器

检测时，先制作专用检测心轴 1，心轴的一端与基准孔紧密配合，另一端固定一杠杆测量装置，该装置由铰接在轴上的杠杆 3 和固定在轴上的指示器 4 构成，杠杆的一端与被测表面接触，另一端与指示器测量头相接触，两触点臂长比为 1:1。

将心轴固定一轴向位置后转动一周，指示器上最大与最小示值之差，即为该测量截面的径向圆跳动误差。使心轴沿轴向移动，按上述方法测量若干个截面，取各截面上测得的跳动量中最大值作为该零件的径向圆跳动误差。

3. 内、外圆柱面间径向圆跳动误差的检测

检测内、外圆柱面之间的径向圆跳动误差时，若给定以内孔轴线为基准，基准轴线通常采用心轴来体现。若给定以外圆柱面轴线为基准，则采用 V 形架的槽来体现。

（1）外圆表面对孔的轴线径向圆跳动误差检测　如图 9-116 所示，给出外圆表面对孔轴线的径向圆跳动公差。将被测零件固定在导向心轴 1 上，同时安装在两顶尖座 5 之

间（或 V 形架上），将它们放置在检验平板 4 上。在被测零件回转一周的过程中，指示器示值最大差值，即为单个测量平面上的径向圆跳动误差。

按上述方法，测量若干个截面，取各截面上测得的跳动量中的最大值，作为该零件的径向圆跳动误差。

（2）内孔表面对外圆轴线的径向圆跳动误差检测　如图 9-117 所示，给出内孔表面对外圆轴线的径向圆跳动公差。检测时，将零件的基准外圆表面放在 V 形架 4 上，调整杠杆千分表 2 的固定位置。然后使被测零件在 V 形架槽内无轴向移动地回转一周，由杠杆千分表上测得最大与最小示值之差，即为单个

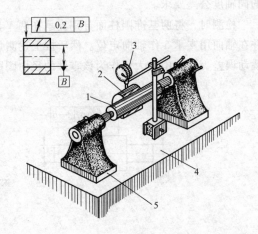

图 9-116　外圆对孔的轴线径向圆跳动误差检测
1—心轴　2—被测零件　3—指示器
4—检验平板　5—顶尖座

测量截面上的径向圆跳动误差。再沿被测孔轴向移动杠杆千分表，按上述方法，测量若干截面，取各截面上测得的跳动量中的最大值，作为该零件的径向圆跳动误差。

（3）外圆表面对中心孔轴线径向圆跳动误差检测　当图样上给出以两中心孔的公共轴线为基准的径向圆跳动误差时，应采用顶尖座中心模拟基准，检测其径向圆跳动误差。如图 9-118 所示，给出零件上中间圆柱面对两中心孔公共基准轴线径向圆跳动公差要求。检测时，直接将被测零件上两中心孔支承到顶尖座 1 上，然后用指示器测得若干个截面上的径向圆跳动误差，取其中最大值作为该零件的径向圆跳动误差。

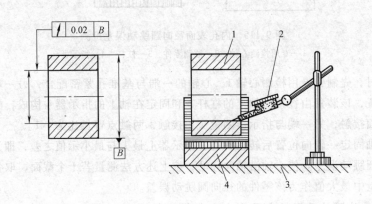

图 9-117　内孔表面对外圆轴线径向圆跳动误差检测
1—被测零件　2—杠杆千分表　3—检验平板　4—V 形架

4. 轴向圆跳动误差的检测

检测轴向圆跳动误差时，若以外圆表面轴线为基准，通常是以 V 形架模拟基准轴

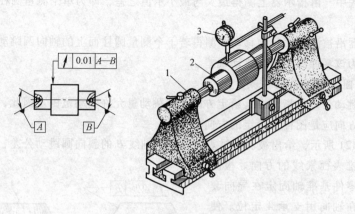

图 9-118 外圆表面对中心孔轴线径向圆跳动误差检测

1—顶尖座 2—被测零件 3—指示器

线；若以孔的轴线为基准，则是用定位心轴模拟基准轴线。

（1）以外圆表面轴线基准测量轴向圆跳动误差 如图 9-119 所示，给出零件的左端面对基准轴线 B 的轴向圆跳动公差要求。检测时，将被测零件 3 支承在 V 形架 5 上，并在轴端用支承 4 作轴向定位。把指示器水平放置，使测量杆沿平行于零件轴线的方向与被测零件接触。然后使被测零件在 V 形槽内回转一周，由指

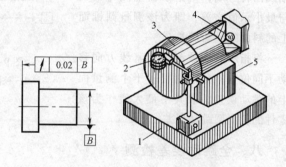

图 9-119 轴向圆跳动误差检测

1—检验平板 2—指示器 3—被测零件 4—支承 5—V 形架

示器测得最大与最小示值之差，即为单个测量圆柱面上的轴向圆跳动误差。

将指示器沿被测端面径向移动，分别测得若干个测量圆柱面上的轴向圆跳动误差，取其中最大值作为该零件的轴向圆跳动误差。

（2）以内孔轴线为基准检测端面跳动误差 如图 9-120 所示，给出零件的右端面对基准孔的轴线 A 轴向圆跳动误差要求。检测时，将被测零件 1 固定在导向心轴 3 上，并支承到顶尖座 4 上。使指示器测量杆沿平行于基准轴线的方向上与被测零件接触。转动心轴，带动被测零件回

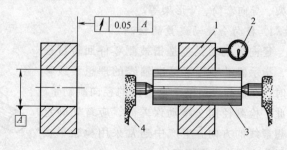

图 9-120 端跳动误差检测

1—被测零件 2—指示器 3—心轴 4—顶尖座

转一周的过程中，由指示器上测得最大与最小示值之差，即为单个测量圆柱面上的轴向圆跳动误差。

将指示器沿被测端面径向移动，测得若干个测量圆柱面上的轴向圆跳动误差，取其中最大值作为该零件的端面圆跳动误差。

5. 斜向圆跳动误差的检测

斜向圆跳动公差是指图样上给定方向上的跳动量允许变动范围。因此，斜向圆跳动误差的检测方向应是图样上给定的方向。

如图 9-121 所示，给出被测圆锥表面对基准轴线 B 的斜向圆跳动公差，其给定方向为垂直于圆锥表面素线的方向。检测时，将被测零件基准轴固定在导向套筒 3 内，并在轴向用支承 4 定位。使指示器 2 沿垂直于被测圆锥表面的素线方向接触。将被测零件沿导向套筒轴线回转一周，由指示器上测得最大与最小示值之差，即为该测量圆锥面上的斜向圆跳动误差。

将指示器沿被测表面素线方向移动不同位置，分别测得若干个测量面上的跳动误差，取其中最大值作为该零件的斜向圆跳动误差。

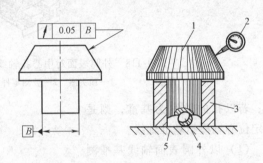

图 9-121　斜向圆跳动误差的检测
1—被测零件　2—指示器　3—导向套筒
4—支承　5—检验平板

八、全跳动误差检测

全跳动误差：被测实际要素绕基准轴线做无轴向移动的回转，同时指示器沿给定方向的理想直线连续移动（或使被测实际要素每回转一周，指示器沿给定方向的理想直线做间断移动），由指示器在给定方向上测得的最大与最小示值之差。

根据给定的测量方向不同，全跳动又可分为：径向全跳动（图 9-122a）和端面全跳动（图 9-122b）。

检测仪器和设备：检验平板、检验棒（或标准圆柱）、杠杆千分表、带指示器的测量架、导向套筒、V 形架等。

1. 径向全跳动误差的检测

径向全跳动误差是指被测零件回转过程中，指示器沿平行于基准轴线的理想素线移动时，在被测表面整个范围内的径向跳动量。因此，检测径向全跳动误差时，应首先确定理想素线的方向。生产中通常采用检验平板或量仪表面作为模拟素线。

如图 9-123 所示，给出中间圆柱表面对两

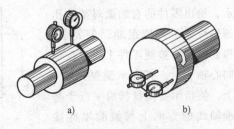

a)　　　　　　　　b)

图 9-122　全跳动误差分类

端圆柱面的公共基准轴线"A—B"的径向全跳动公差。检测时，将被测零件 2 的两端基准圆柱面放到两等高的 V 形架 3 上，调整两基准圆柱面等高，使公共基准轴线与检验平板 4 的工作面平行。然后使指示器与被测圆柱面上端素线接触，在被测零件连续回转过程中，同时让指示器沿基准轴线方向做直线运动。在整个测量过程中，指示器示值的最大差值，即为该零件的径向全跳动误差。

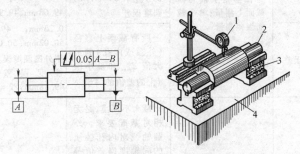

图 9-123　径向全跳动误差的检测

1—指示器　2—被测零件　3—V 形架　4—检验平板

2. 端面全跳动误差的检测

检测端面全跳动误差也必须先确定理想素线方向，该方向应与基准轴线垂直，生产中也采用平板工作面或量仪作为模拟素线进行测量。

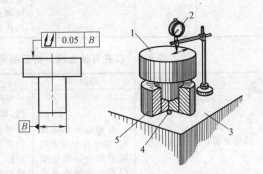

如图 9-124 所示，给出零件的上表面对基准轴线 A 的端面全跳动公差要求。检测时，将被测零件 1 的基准圆柱面插入导向套筒 5 内，两者呈紧密配合，并使基准轴线垂直于平板工作面，在被测零件轴向用支承 4 作轴向定位，由平板工作面模拟理想素线方向。

图 9-124　端面全跳动误差的检测

1—被测零件　2—指示器　3—检验平板

4—支承　5—导向套筒

在被测零件连续回转过程中，指示器沿其径向做直线移动。在整个测量过程中，指示器测得的最大与最小示值之差，即为该零件的端面全跳动误差。

九、相类似的几何误差检测方法归纳与比较

1. 圆度误差、圆柱度误差、同轴度误差检测归纳与比较

由前面讲过的内容可以发现，有几个误差的检测方法有许多相同的地方，有的仅是很小一部分不一样，将它们归纳一下便于记忆和操作，见表 9-7。

2. 同轴度误差、圆跳动误差检测归纳与比较

在检测孔与轴的同轴度误差和径向圆跳动误差时，可以看到：采用的模拟基准是相同的，检测方法也基本相同，下面列表 9-8 分析归纳。

表 9-7 以两点测量法为例分析归纳圆度误差、圆柱度误差、同轴度误差检测

误差	误差类型	相同点	不同点	备注
圆度误差	形状误差	在垂直于轴的横截面上测量；单个截面误差测量	每个截面上直径（外圆或内孔）的最大和最小差值的一半 δ_i，取 δ_i 中的最大值 δ_{max} 作为零件的圆度误差	例如：$\phi50mm \times \phi20mm \times 100mm$ 的圆柱管，分 I、II、III 三个截面测量，每个截面米字测量分别得：49.96mm、50.00mm、49.88mm、50.16mm，$\delta_1 = 0.14mm$；50.06mm、49.68mm、49.98mm、50.20mm，$\delta_2 = 0.26mm$；49.98mm、49.58mm、50.02mm、50.04mm，$\delta_3 = 0.23mm$。则外圆圆度误差为 0.26mm，外圆圆柱度误差为（50.20mm − 49.58mm）/2 = 0.31mm
圆柱度误差	形状误差		所有截面上直径（外圆或内孔）的最大值 d_{max} 和最小值 d_{min} 的差值的一半	
同轴度误差	位置误差	用壁厚差法测量	最大不同点，是无相对基准要求。外圆轴线对内孔轴线的同轴度误差值等于最大壁厚 Δ_{max} 与最小壁厚 Δ_{min} 的差值；或者最大与最小壁厚处外圆直径与内孔直径差之半	

表 9-8 以孔与轴为例分析归纳同轴度误差和圆跳动误差检测

误差	误差类型	相同点	不同点	备注
同轴度误差	位置误差	孔基准用心轴体现；用 V 形架或者两端带顶尖的测量架模拟公共轴线基准或孔轴线基准；利用指示器接触圆柱外圆某一个截面位置进行测量	采用两个指示器分别在铅垂轴截面内，相对于基准轴线对称而且分别调零；A 指示表测得读数值 h_A 与对应点的 B 指示表测得读数值 h_B 的差值的绝对值，作为该截面的同轴度误差；若干截面测得示值之差的最大值（绝对值），作为该零件的同轴度误差	
圆跳动误差	跳动误差		被测零件回转一周的过程中，最大读数和最小读数的差值为单个测量平面上的径向圆跳动误差，若干截面测得跳动误差的最大值就是该零件的圆跳动误差	

复 习 思 考 题

1. 什么是要素、理想要素、实际要素和被测要素？

2. 试述提取组成要素、组成要素、拟合要素的概念。

3. 评定误差的基本原则是什么？

4. 什么是形状公差？形状公差可分为哪些项目？

5. 什么是位置公差？位置公差可分为哪些项目？

6. 几何公差的标注原则是什么？

7. 简述检测直线度误差的常用方法。

8. 平面度误差检测方法有哪些？

9. 圆度和圆柱度误差检测方法有何区别？

10. 平行度误差的检测方法有哪些？

11. 简述检测垂直度误差的常用方法。

12. 同轴度误差与圆跳动检测方法有何相同？有何不同？

13. 简述精度要求不高时，空心圆柱对称度误差的检测方法。

14. 圆跳动误差的检测方法有哪些？

第 十 章

精密检测仪器的知识

培训目标：了解三坐标测量机的结构，熟悉其测量原理；了解工具显微镜的结构，熟悉其应用范围和特点，掌握基本使用方法；了解自准直仪的类别和各自的结构，熟悉其测量原理和应用范围，掌握常用测量方法。

精密检测仪器是利用机械、光学、电学、气动或其他原理将被测量转换为可直接观测的指示值或等效信息的器具。按原理可分为机械量仪、光学量仪、气动量仪、电动量仪。任何一台仪器都包含一个重要部件即基准部件，它是决定几何量仪器准确度的主要环节，如精密丝杠、光栅尺、度盘、激光器等。

◆◆◆ 第一节 三坐标测量机

三坐标测量机的作用不仅是由于它比传统的检测仪器增加了一两个坐标，使测量对象广泛，而且它的生命力还表现在它已经成为有些加工机床不可缺少的部件。例如：它能卓有成效地为数控机床制备数字穿孔带，而这种工作由于加工型面越来越复杂，用传统的方法是难以完成的。因此，它与数控"加工中心"相配合，已具有"测量中心"的称号。

现代三坐标测量机几乎都是计算机数字控制（CNC）型。典型三坐标测量机的外形如图 10-1 所示，这种测量机的水平较高，像数控机床一样，可按照编好的程序进行自动测量，检测线如图 10-2 所示。

一、分类

三坐标测量机品种繁多，而且还在不断发展中。

1. 按自动化程度分类

三坐标测量机按自动化程度可分为手动、半自动和自动三类。

（1）手动测量　人工处理测量数据，数字显示及打印测量结果。

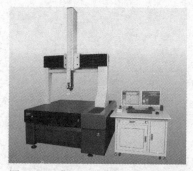

图 10-1　典型三坐标测量机的外形

（2）半自动测量　用小型计算机处理测量数据，数字显示及打印测量结果。

（3）自动测量　用计算机进行数字控制自动测量。

2. 按机械结构形式分类

三坐标测量机按其机械结构分为悬臂式、桥式、龙门式、坐标镗式等，如图 10-3
所示。

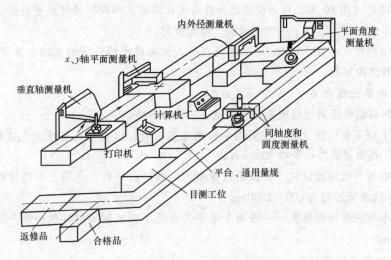

图 10-2　三坐标测量机检测线

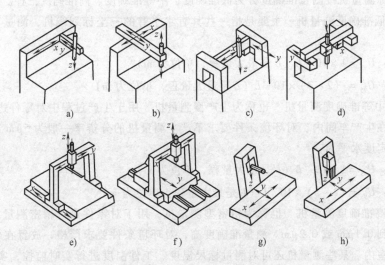

图 10-3　三坐标测量机的结构形式

a）、b）悬臂式　c）、d）桥式　e）、f）龙门式　g）、h）坐标镗式

（1）悬臂式　z 轴移动（图 10-3a），这类测量机的工作台，其左右方向开阔，操作
方便。缺点是 z 轴在悬 y 轴上移动，容易引起 y 轴的挠曲，使 y 轴的测量范围受到限制
（一般不超过 500mm）。

（2）悬臂式 y 轴移动（图 10-3b），这类测量机布局的特点是 z 轴固定在悬 y 轴上，并同 y 轴一起前后移动，有利于装卸工件，缺点是悬臂在 y 轴方向移动，重心变化比较明显。

（3）龙门式（图 10-3c、d） 龙门式的结构刚性好，适用于大型测量机，x 轴的移动距离可达 10m。

（4）桥式（图 10-3e、f） 桥式还分移动式和固定式两种。其特点是装卸工件非常方便，操作性能好，适宜于小型测量机，精度较高。

（5）坐标镗式（图 10-3g、h） 它是在卧式镗床或坐标镗床的基础上发展起来的，精度高，但结构复杂。

3. 按测量范围分类

三坐标测量机按测量范围可分为大型、中型和小型。

（1）大型三坐标测量机 主要用于检测飞机机身、机翼、汽车外壳、航天器等大型零部件。其测量范围一般在 3000mm 以上。

（2）中型三坐标测量机 机械制造业中应用最广的一种，适用于中等规格零部件的检验。x 轴测量范围为 600 ~ 2000mm。

（3）小型三坐标测量机 一般用于电子工业及小型机械零部件的检测。测量范围为 <600mm。

4. 按测量准确度分类

三坐标测量机按测量准确度分为低准确度、中等准确度、高准确度三种。

（1）低准确度测量机 主要是指一些具有水平臂的三坐标划线机，测量不确定度水平为：

单轴：$U_{95} = 1 \times 10^{-4}L$（$L$ 是最大量程，单位为 m）

空间：$U_{95} = (2 \sim 3) \times 10^{-4}L$（$L$ 是最大量程，单位为 m）

（2）中等准确度测量机 也称为生产型测量机，用于生产过程中对零件进行检测，通常放置在生产车间内，对环境条件要求不严。测量机的分辨率一般为 5μm 或 10μm。测量不确定度水平为：

单轴：$U_{95} = 1 \times 10^{-5}L$（$L$ 是最大量程，单位为 m）

空间：$U_{95} = (2 \sim 3) \times 10^{-5}L$（$L$ 是最大量程，单位为 m）

（3）高准确度测量机 也称为精密型测量机，用于对零件进行精密测量，分辨率高，可达到 0.1μm 或 0.2μm。测量准确度高，对环境条件要求严格，放置在恒温条件好的计量室内。某些测量机还可对测量标尺温度、工件温度进行实时监控，实时补偿。测量不确定度水平为：

单轴：$U_{95} = 1 \times 10^{-6}L$（$L$ 是最大量程，单位为 m）

空间：$U_{95} = (2 \sim 3) \times 10^{-6}L$（$L$ 是最大量程，单位为 m）

目前，已经有更高准确度测量机，空间测量不确定度达到 $(0.5 + L/600)$μm（L 是测量长度，单位是 mm）甚至更高。

二、组成及工作原理

三坐标测量机是由机械主机、位移传感器、探测系统、控制部分和测量软件等组成的测量系统。比较完整的三坐标测量机系统如图 10-4。三坐标测量机的本体上，有相互垂直的 x、y、z 三个坐标轴。在各坐标轴上装有刻度尺和读数头，读数头用于读取刻度尺上的数据。

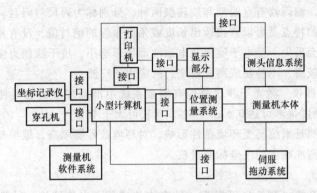

图 10-4 三坐标测量机系统

1. 结构组成与工作原理

主机包括机座、立柱、悬臂（桥框或龙门架）、导轨及驱动装置、测量系统、平衡部件、工作台及附件等部分，其中测量系统尤为重要，它决定测量机的精度。目前采用的测量系统种类较多，机械类有刻线标尺、精密丝杠、精密齿条等；光学类有光栅式、激光干涉式；电类有感应同步器、磁栅式、编码器等。报据目前对已生产的国内外测量机的测量系统统计分析，使用最多的是光栅，其次是感应同步器和光学编码器，对于高准确度的样机，可采用激光干涉测量系统。三坐标测量机附件的品种繁多，规格各异。包括圆工作台、分度头、显微镜、绘图仪、自动更换架、各种测头或测杆等，可根据需要配置。

（1）光栅 光栅测量系统由一个定光栅和一个动光栅组合成检测元件，两光栅之间的相互位移产生莫尔条纹，莫尔条纹的周期变化对应着位移值。

计量光栅有 25 线、50 线、100 线三种，分金属与玻璃光栅两类。金属光栅除制成反光与不反光的相间线纹光栅外，还可制成对称与不对称的线槽光栅，它可形成不同反射方向的间隙条纹。金属光栅对测金属零件时有温度误差的补偿作用。

光栅尺体积小，制造容易，安装比较方便，测量准确度高。光电信号易于细分，频响高，可以提高测量速度。目前在测量机中得到广泛应用的金属反射光栅，其分辨力可小于 $0.5\mu m$。光栅的缺点是对环境条件要求严格，应防止油污和灰尘，以免影响光栅尺的正常工作。

（2）感应同步器 感应同步器是由具有平面绕组的定尺和滑尺所组成的，滑尺中通以一定频率的交流电，由于电磁感应，在定尺中产生感应电动势，其幅值和相位取决于定尺和滑尺的相对位置。

感应同步器分为长与圆感应同步器两种，定尺规格为 250mm 长，超过此长度，可接长使用。其准确度每米可达 $10\mu m$。

感应同步器的特点是对环境适应能力强，不怕灰尘与油污，尺子造价低，故在中等准确度的三坐标测量机中得到广泛应用。

（3）光学编码器　光学编码器采用绝对码测量系统，显示器显示的数值与编码器的位置一一对应，编码器有直线型和旋转型两种，分别称为码尺与码盘。

光学编码器的特点是可以直接读出长度或角度坐标的绝对值，没有累积误差，停电或关机位置量不会丢失。受电子噪声及电磁波动等影响小，抗干扰能力强。但编码器的制造麻烦，价格较高，不易制成高分辨率，故应用不广泛。

（4）激光干涉仪　激光干涉仪是现有测量系统中准确度最高的一种，分辨率可达到 $0.01\mu m$，准确度每米可达 $0.5\mu m$ 左右，测长可大于 10m。

但激光干涉测量系统易受环境条件影响，对环境条件要求高，维护与保养严格，造价高，仅适用于高准确度的三坐标测量机。

2. 测量头

三坐标探测系统（测头）可视为一种多维传感器，它的结构、种类、功能较一般传感器复杂得多，但其原理仍与传感器相同。

三坐标测量机的精度与工作效率和测头密切相关，没有先进的测头，就无法发挥测量机的功能。大致可归纳为以下几类：

（1）机械接触式测头（硬测头）　包括圆锥形、圆柱形和球形测头，回转式半圆和回转式 1/4 柱面测头，盘形测头，凹圆锥测头，点测头，V 形架测头及直角测头等。机械接触式测头主要用于手动测量，其测力不易控制，测力过大会引起测头和被测件的变形，测力过小又不能保证测头与被测件的可靠接触，测力的变化也会降低瞄准的准确度。

（2）光学非接触测头　光学非接触测头对于测量软的、薄的、脆性的工件及光学刻线非常方便，尤其对限定不能用机械测头与电测头的工件，只能采用光学非接触测头。它不仅可作二坐标测量用，也能用作三坐标的测量。适合于测量不规则空间型面（蜗轮叶片、软质表面等）。

常见的光学非接触测头包括定心显微镜和定心投影仪、光学点位测量头、CCD 非接触式测头。

（3）电气接触式测头　轴按测头能感受的运动方向可分为：单向的一维电测头、双向的二维电测头和三向的三维电测头。

现以双簧片式三向电感测头为例予以介绍。图 10-5 为其结构原理图，由于这种测头有五个触头，故又名"星形测头"。它采用了三层片簧导轨形式，每层有两片簧悬吊，图中 16 为 x 向，1 为 y 向，3 为 z 向。为了增强片簧的刚度和稳定性，片簧中间为金属压板。为保证测量时灵敏、精确，片簧不能太厚，一般取 $0\sim1mm$。由于 z 向导轨是水平安放的，故采用三组弹簧加以平衡。弹簧 14 的上方有一螺旋升降机构，靠调整电动机 10，转动螺杆 11，使螺母套 13 升降来自动调整平衡力的大小。当变换测杆时，可调整弹簧14平衡其重量。为了减小 z 向弹簧片受剪切应力而引起的变位，设置了弹簧 2 和 15，用以平衡测头 x、y 部件的自重，以保证 z 轴位移的精确。该测头的准确度较高，其重复准确度可达 $0.5\,\mu\mathrm{m}$ 左右。

3. 测量软件

对于三坐标测量机，有时其软件起着至关重要的作用。计算机系统的测量软件一般有：

定位与测量运动控制程序——使测量机按规定的方向和坐标位置，以一定的速度运动和一定的精度定位。可以对三个方向的速度、加速度、矢量进行控制、计算并发出指令。

自动测量与数据处理程序——用来控制测头的位置并记录，进行测量数据的处理计算、测量结果的处理、坐标系的建立与转换、测量工具的校准等。

三、应用

三坐标测量机的测量与控制主要是由电子计算机实现的，它一般具有手动和自动两种形式。计算机不仅对测量数据进行处理，还可以驱动测量机进行自动测量。

三坐标通过测头对被测物体的相对运动，可以对各种复杂形状的三维零件表面坐标进行测量。根据坐标测量机的配置不同，测量可以手动、机动或自动进行。通过增加不同附件，如旋转工作台、旋转测座、多探针组合、接触或非接触测头等，可以提高测量的灵活性和拓宽适用范围。通过人机对话，可以在计算机控制下完成全部测量的数据采集和数据处理工作。

测量尺寸是坐标测量机的基本功能。坐标测量机可以进行多种不同的配置组合，以满足对多种多样被测对象和被测参数的测量需要，包括：三维测头、二维测头、影像测头、一维测头（如激光测头）、旋转工作台作为第四轴、具有扫描模式、多探针组合或采用旋转测座和多种探测系统组合等。

现代三坐标测量机一般配置通用计算机，可用高级语言编程，控制和处理测量机的输入、运动和输出运动。

四、实际使用中应注意的一些问题

三坐标测量机是一种高精度的光、机、电综合精密仪器，对其安装和使用环境，如

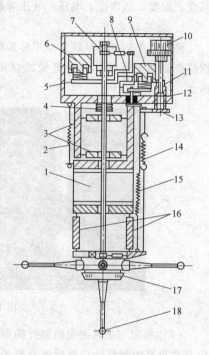

图 10-5 三向电感测头
1—y 向弹簧导轨 2、14、15—弹簧
3—z 向弹簧导轨 4—波纹管 5—杠杆
6、9—电磁铁 7—中心杆 8—十字铰链
10—电动机 11—螺杆 12—顶杆
13—螺母套 16—x 向弹簧导轨
17—测头座 18—触头

温度、湿度、洁净度、电压、气压等都有严格的要求。

1. 测头标定

测量机上的探测系统必须用标准球或其他标准器进行标定（图10-6），因为所有的探测都必须进行测针测球直径的修正，标定包括了测针测球直径和它们之间距离的标定。

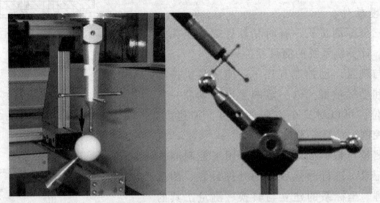

图 10-6 测头的标定

（1）标定三坐标测量机测针的原因 测头作为测量机的传感器，是坐标测量系统中非常重要的部件，二坐标测量机的工作效率、精度与测头密切相关，没有先进的测头，就无法发挥二坐标测量机的功能。按测量方式，可将测头分为接触式（触发式）和非接触式两大类，这里讲的是触发式测头。

正确选择和使用测针是影响三坐标测量机的测量精度的重要因素。测针安装在测头上，是测量系统中直接接触零件的部分，它与测头的通信连接触发信号。如何选用合适的测针类型和规格取决于被测零件的特征，但是在任何情况下，测针的刚性和标准球度都是不可缺的。测针针杆一般用非磁性的不锈钢针杆或碳钨纤维针杆，以保证测针的刚性。测针的有效工作长度使得测针接触零件时可获得精确的测点位置。测针直径、球头尺寸和测针有效工作长度的选取取决于被测零件，可能的情况下，选择测针直径尽可能大、测杆尽可能短的测针，以保证最大的测针/测杆距，获得最佳的有效工作长度和测针刚性。需要时可加长测杆以增大探测深度，但要注意的是，使用测针加长杆会降低刚性，从而降低测量精度。

标定三坐标测量机的测针主要有两个原因：为了得到测针（红宝石）的测球的补偿直径和不同角度测针位置与第一个角度测针位置之间的关系。

在实际测量零件中，零件是不能随意移动和翻转的，为了便于测量，需要根据实际情况选择测头角度和长度、大小、形状不同的测针（星型、柱型、针型）。为了使这些不同的测头角度和长度、大小、形状不同的测针所测量的元素能够直接进行计算，要把它们之间的关系测量出来，在计算时进行换算，所以需要进行测针的标定。

（2）测针标定的方法 测针标定主要使用标准球进行。标准球的直径在 10～50mm 之间，其直径和形状误差经过校准认证（一般三坐标测量机厂家配置的标准球均有校准证书和精度报告）。

测针标定前需要对测头进行定义，根据测量机及测量软件配置要求，选择（输入）测座、测头（传感器）、加长杆、测针、标准球直径（标准球出厂校准证书上的实际直径值）等，同时要分别定义其不同角度。

进入测头标定程序后，操作计算机，对标准球进行测量，测量方法与形状测量程序中的球的测量方法一样。当采样点数达到要求时，程序自动对采样点进行处理，完成运算，将处理后的测头标定结果，自动返回到测头标定对话框中。在按下"确认"按钮后，标定后的测头数据将作为修正值用于随后的数据处理中。标定后的测头数据包括测头半径和该测头中心相对于基准测头中心的坐标值。

2. 正确使用坐标系

三坐标测量机中有两类我们所熟知的坐标系：如图 10-7 所示，一类就是机器自身固定的坐标系，即机器坐标系；另一类是零件坐标系。

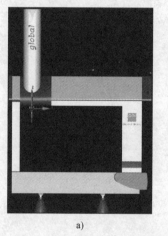
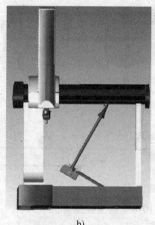

a)　　　　　　　　　　　　b)

图 10-7　三坐标测量机坐标系

a）机器坐标系　b）零件坐标系

开机后，测量机按照机器坐标进行测量，但在某些情况下，统一按机器坐标测量并不方便，需要根据被测零件建立不同的坐标系，这种坐标系称为零件坐标系。因此转换坐标系统是测量工作中不可缺少的部分。坐标测量机最大的优点之一，就是它不用专用夹具，对工件在测量台上的放置没有特殊的要求。而是通过坐标系统的转换，建立零件坐标系，并在此坐标系上进行测量与数据处理。

通过窗口设置，可以完成坐标的清零、预置、笛卡儿坐标与极坐标转换、公制与英制转换。另外，通过测量零件上的要素，如点、圆心、球心等，使原坐标系统沿三个坐标轴向新的原点平移；测量零件上的某平面或某条直线确定新的零件坐标系平面；或在当前坐标系下以某一直线作为基轴进行坐标旋转。

建立的零件坐标系还可以多次存储与调用，以适应复杂零件在不同坐标系下测量的需要。

3. 几何要素的探测

正确有效地使用测针来触测零件时，可以避免许多测量上不必要的误差产生。例如：用测针去碰触零件时应尽可能与零件的被测面保持垂直方向（图10-8）。触发测头最理想的使用方法就是用测针垂直地去触测零件，当然零件完全保持垂直是不可能的，但是在触测取点时至少须保持与零件垂直面角度在±30°以内，以防止测针触测打滑而造成测量精度不佳的情况产生。

测量时，如果没有注意到测针测杆的有效长度，也有可能造成测量上极大的测量误差值产生。如图10-9所示。

要有效地避免以上的问题，解决方式是将测头的球径加大或将测针有效加长杆的长度加大。但是这两种方式都有缺点，球径太大对于小孔径的零件就没有办法测量，若是将测针有效加长杆的长度加大，又会造成测量误差变大，所以应合理选择适当的加长杆长度及测针球径来测量零件。

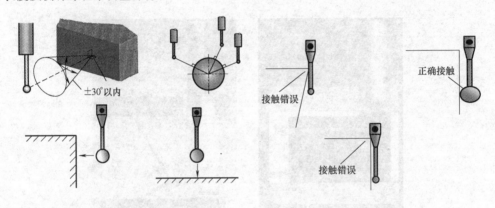

图10-8　测头探测方向　　　　　　　　图10-9　测头探测位置

4. 空调对测量机温度的影响

1）测量机房的空调应尽量选择变频空调。变频空调节能性能好，最主要的是控温能力强。在正常容量的情况下，控温可在±1℃范围内。由于空调吹出风的温度不是20℃，因此决不能让风直接吹到测量机上。有时为防止风吹到测量机上而把风向转向墙壁或一侧，结果出现机房内一边热一边凉，温差非常大的情况。

2）空调的安装应有规划，应让风吹到室内的主要位置，风向上形成大循环（不能吹到测量机），尽量使室内温度均衡。有条件的，应安装风道将风送到房间顶部通过双层孔板送风，回风口在房间下部。这样使气流无规则地流动，可以使机房温度控制更加合理。

3）空调的开关时间对机房温度的影响。允许每天早晨上班时打开空调，晚上下班再关闭空调。待机房温度稳定大约4h后，测量机精度才能稳定。这种工作方式严重影响测量机的使用效率，在冬夏季节精度会很难保证。对测量机正常稳定也会有很大影响。

5. 机房结构对机房温度的影响

由于测量机房要求恒温，所以机房要有保温措施。如有窗户要采用双层窗，并避免有阳光照射。门口要尽量采用过渡间，减少温度散失。机房的空调选择要与房间相当，机房过大或过小都会对温度控制造成困难。

在使用测量机时要尽量保持测量机房的环境温度与检定时一致。另外电气设备、计算机、人员都是热源。在设备安装时要做好规划，使电气设备、计算机等与测量机有一定的距离。应对测量机房加强管理，不要有多余人员停留。高精度的测量机使用环境的管理更应该严格。

6. 湿度对测量机的影响

在南方湿度较大的地区或北方的夏天或雨季，当正在制冷的空调突然被关闭后，空气中的水汽会很快凝结在温度相对比较低的测量机导轨和部件上，会使测量机的气浮块和某些部件严重锈蚀，影响测量机寿命。而计算机和控制系统的电路板会因湿度过大出现腐蚀或造成短路。如果湿度过小，会严重影响花岗石的吸水性，可能造成花岗石变形。灰尘和静电会对控制系统造成危害。所以机房的湿度并不是无关紧要的，要尽量控制在 60% ±5% 的范围内。

空气湿度大、测量机房密封性不好是造成机房湿度大的主要原因。在湿度比较大地区机房的密封性要求好一些，必要时增加除湿机。

五、日常维护及保养规程

三坐标测量机是一种高精度的测量仪器，组成比较复杂，主要由机械部件、电气控制部件、计算机系统组成。如果日常维护及保养做得及时，就能延长机器的使用寿命，使机器始终工作在最佳状态，并能使精度得到保障、故障率降低。因此要求操作人员有高度的责任心，能够认真负责。

1. 仪器的维护、保养

（1）机械部件　三坐标测量机的机械部件有多种，需要日常保养的是传动系统和气路系统的部件，保养的频率应该根据测量机所处的环境决定。一般在环境比较好的精测房间中的测量机，推荐每三个月进行一次常规保养，而如果用户的使用环境中灰尘比较多，测量间的温度、湿度不能完全满足测量机使用环境要求，应每月进行一次常规保养。对测量机的常规保养，应了解影响测量机的因素：

1）压缩空气对测量机的影响

① 要选择合适的空压机，最好另有储气罐，使空压机工作寿命长，压力稳定。

② 空压机的起动压力一定要大于工作压力。

③ 开机时，要先打开空压机，然后接通电源。

2）油和水对测量机的影响。由于压缩空气对测量机的正常工作起着非常重要的作用，所以对气路的维修和保养非常重要。其中有以下主要项目：

① 每天使用测量机前检查管道和过滤器，放出过滤器及空压机或储气罐内的水和油。

② 一定要定期清洗过滤器滤芯，一般三个月要清洗随机过滤器和前置过滤器的滤芯。空气质量较差的周期要缩短。因为过滤器的滤芯在过滤油和水的同时本身也被油污染堵塞，时间稍长就会使测量机实际工作气压降低，影响测量机正常工作。

③ 每天都要擦拭导轨上的油污和灰尘，保持气浮导轨的正常工作状态。

3）对测量机导轨的保护要养成良好的工作习惯。

① 用布或胶皮垫在下面，保证导轨安全。

② 工作结束，放置好零件后，要擦拭导轨。

（2）测量机其他配置要求

1）测量机电源必须单独接地。

2）测量机电源配备不间断电源（UPS：1.5kW），以防止非正常断电后计算机程序及测量数据丢失并可作短路保护，滤除电网的高频脉冲，防止控制系统电器元器件被击穿。

3）测量机所需气源应配备初级过滤装置，以滤除水、油及其他杂质，以提高测量机的使用寿命。

2. 开机前的准备

1）每次开机前，应用柔软的绸布蘸无水乙醇擦拭机器的工作台及导轨，确保 Y 轴副导轨面无灰尘或其他杂物，以免造成气浮轴承和导轨划伤。

2）每天要检查气源，放水放油；定期清洗过滤器及油水分离器；还应注意气源前级空气来源，空压机或集中供气的储气罐也要定期检查。

3）开机前要检查电源电压、供气压力是否正常，待正常后方可开机。

4）切记在保养过程中不能给任何导轨上涂任何性质的油脂。

5）长时间不使用测量机时，应做好断电、断气、防尘、防潮工作。重新使用前应做好准备工作，并检查电源、气源、温湿度是否正常。

3. 工作过程

1）开机顺序：打开计算机及控制柜电源开关后，应先进入操作系统后再进入测量软件，在这段时间注意不要将应急停按钮按下。

2）开机进入软件后，必须在机器回位（归零）完成后方可开始测量。

3）被测零件在测量之前应先清洗去毛刺，以防止在加工后零件表面残留的冷却液及残留物影响测量精度。

4）被测零件在测量之前应在室内恒温，如果温度相差过大就会影响测量精度。

5）零件在放置过程中应轻放，以避免造成剧烈碰撞，致使工作台或零件损伤。必要时可以在工作台上放置一块厚橡胶以防止台面划伤。

6）在工作过程中，测座在转动时（特别是带有加长杆的情况下）一定要远离零件，以避免碰撞。

4. 操作结束后的工作

1）对于旋转测座，应将测头旋转到垂直向下的位置，然后将机器各轴移动至靠近机器回位位置，这样可保护测头，并便于下次开机前回位。

2）关机顺序：先退出测量软件，再退出操作系统，然后关闭控制柜及计算机电源。

3）工作完成后要清洁工作台面和工作现场。

4）工作结束后切断机器总电源及总气源。

5. 其他注意事项

1）无关人员不得进入机房，以免误操作机器。

2）日常工作时，应注意工作间的防潮与防尘，定时清洁。

3）定期进行计算机的防病毒检查。

4）定期清洗过滤器及油水分离器；还应注意机床气源前级空气来源，空压机或集中供气的储气罐也要定期检查。

5）导轨及防护罩上禁止放置物品。

6）在操作过程中，如因故要暂时离开机器，应将测头抬起远离工件，并按下应急停按钮。

◆◆◆ 第二节　工具显微镜

对于复杂零件的参数测量，往往不能由单一方向上的尺寸来确定，而需要变为直角坐标或极坐标进行测量。工具显微镜就是应用直角或极坐标原理通过显微镜瞄准而实现二维测量的一种光学仪器。由于仪器的附件较齐全，所以应用较广泛。通常用影像法和轴切法测量各种精密机械零件的长度和角度，以直角坐标或极坐标方法测量机械零件的形状。

一、结构及主要技术参数

1. 基本外形结构

工具显微镜分小型、大型和万能三种类型，分别如图 10-10、图 10-11、图 10-12 所示，其常见的测量范围分别为 50mm × 25mm、150mm × 75mm 和 200mm × 100mm。它们都具有能沿立柱上下移动的测量显微镜和坐标工作台。测量显微镜的总放大倍数一般为 10 倍、20 倍、50 倍和 100 倍。小型和大型的结构和工作原理基本相同，坐标工作台能做纵向和横向移动，一般采用螺纹副读数鼓轮、读数显微镜或投影屏读数，也有采用数字显示的，分度值一般为 10μm、5μm 或 1μm，数字显示的可达 0.1μm。它们的主要区别是大型工具显微镜具有圆形工作台，测量范围大，而小型工具显微镜具有方形工作台，测量范围小。

工具显微镜的附件很多，有各种目镜，如螺纹轮廓目镜、双像目镜、圆弧轮廓目镜等，还有测量刀、测量孔径用的光学定位器和将被测件投影放大后测量的投影器。此外，万能工具显微镜还可带有光学分度台和光学分度头等。

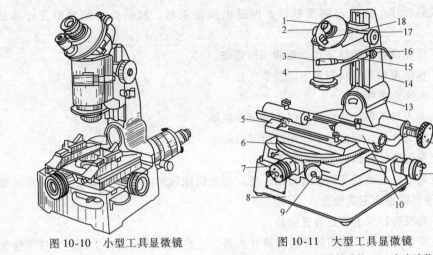

图 10-10 小型工具显微镜

图 10-11 大型工具显微镜

1—目镜 2—"米"字线旋转手轮 3—角度读数目镜光源
4—显微镜筒 5—顶尖座 6—圆工作台 7—横向千分尺手轮
8—底座 9—圆工作台手轮 10—顶尖 11—纵向千分尺手轮
12—立柱倾斜手轮 13—连接座 14—立柱 15—支臂
16—锁紧螺钉 17—升降手轮 18—角度目镜

2. 主要技术参数

工具显微镜的主要技术参数见表 10-1。

表 10-1 工具显微镜主要技术参数

名称		要求					
		小型工具显微镜	大型工具显微镜			万能工具显微镜	
			鼓轮读数	数字显示	光学读数	数字显示	光学读数
测量范围	纵向	0~75mm	0~150mm		0~150mm	0~200mm	
	横向	0~75mm	0~50mm		0~75mm	0~100mm	
分度值	纵、横向测微装置 μm	10μm	10μm	—	2μm	0.5μm、1μm	—
	测角目镜	1′					
分辨率		—	—	1μm	—	0.1μm、0.2μm、0.5μm	
工作台载荷≥		10kg	20kg			40kg	
中央显微镜放大率		10×、30×、50×					
物镜放大率		1×、3×、5×					
目镜放大率		10×					
仪器的精度（纵向和横向）					≤(2+L/50)	≤(1+L/100)	
纵、横向测微螺杆的准确度		≤3μm	≤3μm	—		—	
纵、横向测微螺杆的回程误差		≤2μm	≤2μm	—		—	
使用量块时，仪器纵、横向的示值误差	25~50mm（量块尺寸，下同）	±2μm	±2μm				
	75mm		±3μm				
	100mm		±4μm				
	125mm		±5μm				

注：L 为测量长度，单位为 mm。

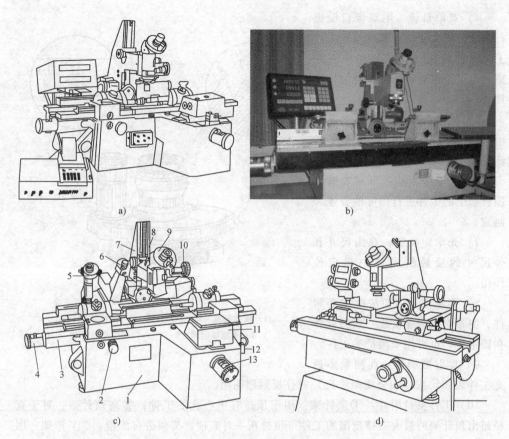

图 10-12　万能工具显微镜

a)、b) 数字式　c) 显微镜式　d) 投影式

1—基座　2—纵向锁紧手轮　3—工作台纵滑板　4—纵向滑动微调　5—纵向读数显微镜
6—横向读数显微镜　7—立柱　8—支臂　9—测角目镜　10—立柱倾斜手轮　11—小平台
12—立柱横向移动及锁紧手轮　13—横向移动微调

3. 主要附件

1) 物镜：瞄准显微镜备有 1×、3× 和 5× 三种不同放大倍数的物镜可供测量选用，镜管上有刻字标明倍数。

2) 测角目镜：如图 10-13 所示，用于瞄准被测件，并可进行角度测量。它安置在瞄准显微镜镜箱的定位架上，镜内设置有供瞄准被测件用的"米"字线分划板和进行角度读数的度盘。"米"字线分划板和被测件的影像通过目镜观察。转动其上的滚花环能进行视度调节。转动侧面的手轮可使"米"字线分划板连同度盘一起做 360° 的转动，其读数由下端的显微镜读出。

3) 轮廓目镜：轮廓目镜上配置有标准轮廓分划板，通过被测轮廓和标准的比较，可对轮廓进行快速测定。同时也可利用分划板上的刻线作为瞄准被测件影像的基线。轮廓目镜分为螺纹轮廓目镜和圆弧轮廓目镜。

4）双象目镜：用双像目镜进行瞄准，可方便、精确地测定工件上两对称轮廓（如孔）的中心距离，也可测定对称轮廓本身的长度尺寸。

5）光学分度台：安装于纵向滑座上，用于极坐标和角度的测量。

6）光学分度头：可对安装在顶针架上的工件进行角度的分度和测定。

7）光学定位器：在内尺寸和外尺寸的接触法测量中起定位作用。

8）测量刀：轴切法的主要附件，测量对象为螺纹或一般圆柱体和圆锥体，也可用于测量平工件。

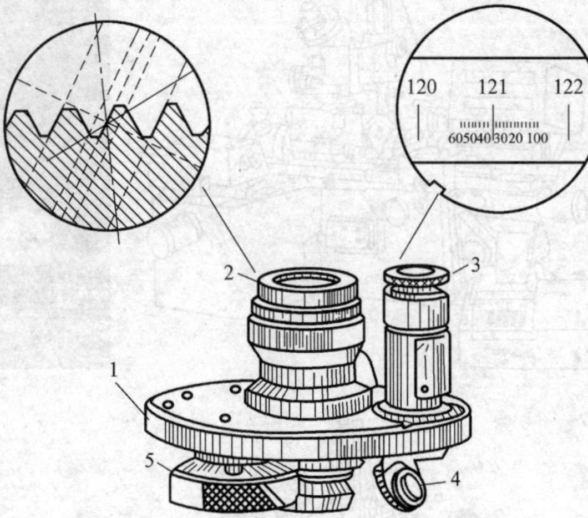

9）反射照明器：在测量不透光工件表面状态（如金属刻线尺）时作反射照明用。

图 10-13　测角目镜

1—度盘装置　2—中央目镜　3—角度读数目镜
4—光源反射镜　5—"米"字线旋转手轮

10）工件夹持附件：①顶针架：用于顶持有中心孔的工件；②高顶针架：对于直径超出顶针架的最大夹持范围的工件可顶持在一对高顶针架间进行测量；③V形架：用于搁置无中心孔或者长度超出顶针架夹持范围的圆柱形工件以及直径差不大的阶梯轴；④玻璃工作台：用来放置一般的工件。

二、测量原理

工具显微镜的核心是具有纵横 X、Y 方向的精密导轨，并在两方向均设有精密测量装置，工件在 X、Y 坐标系中位置的变动，可由测量装置读得坐标值，然后可求得被测的尺寸。可左右摆动一定角度的立柱，安装有可升降调焦距的目镜筒。测量过程中，工件的影像被放大投影在目镜上，加装上投影屏附件则可投影在小屏幕上。工件移动的位置是通过影像在目镜中观察和定位的，有时为减小对线误差，需要借助测量刀或灵敏杠杆等辅助工具。

工具显微镜是采用光学成像投影原理，以测量被测工件的影像来代替对轴径的接触测量，因而测量中无测量力引起的测量误差。然而应引起重视的是，成像失真或变形将会带来很大的测量误差。

工具显微镜的成像失真主要是因显微镜光源所发射出的光线不是平行光束，造成物镜中所成影像不但不清晰，而且大小也发生变化。测量时，消除不平行光线的方法是正确地调整仪器后部光源附近的光圈，限制光源光线的散射（应注意：光圈太小易产生绕射）。最佳光圈直径可查工具显微镜说明书，不同类型的工具显微镜光圈直径不同。无表可查时，可按下式计算光圈直径 D：

对平面零件　　　　　　　　　$D = 0.35 \sqrt[3]{\beta} - 0.005\beta$

对圆柱体零件　　　　　　　　$D = 0.18F \sqrt[3]{1/d}$

对螺纹零件　　　　　　　　　$D = 0.18F \sqrt[3]{\dfrac{\sin\dfrac{\alpha}{2}}{d_2}}$

式中　β——物镜放大倍数；

$\quad\quad F$——照明系统后组聚光镜焦距；

$\quad\quad d$——被测直径；

$\quad\quad \alpha/2$——螺纹半角；

$\quad\quad d_2$——螺纹中径。

为了减小成像误差，最好按仪器所附的最佳光圈直径表的参数调整光圈，否则会产生较大的测量误差。例如：测量一个直径为 70mm 的轴，光圈从 5mm 变到 25mm 时，此项误差由 $+6\mu m$ 变到 $-72\mu m$，可见变化范围较大，不注意调好光圈是不行的。同时还应仔细调整显微镜焦距，使目镜内的成像达到最清晰。

目前，现有的经改造后的万能工具显微镜的数显装置（图 10-12b），不仅可以精确读出 X、Y 坐标值，还可以测量一些基本元素，如点、线、圆（弧）等，并能测得各元素间的相互位置关系。

三、测量方法

测量时，在放置好工件后要先进行调焦，正确的调焦方法是：根据测量者的视力情况，先调整目镜视度至能看清分划板上的刻线，然后对工件进行调焦，使视野内工件轮廓清晰。为了检验调焦的正确性，测量者的眼睛稍做移动，观察视野内影像的边缘与所压的"米"字线是否有相对移动。若无相对移动，则说明被测工件的成像平面正确地落在了分划板的刻线平面上，否则需重新调焦，直至满足要求为止。在顶尖架上测量零件时，可用附件定焦杆进行准确的调焦。

定位被测目标有几种方法：

1. 影像法

当被测件两端具有中心孔时，可采用这种非接触式测量法，首先用调焦棒将立柱上的显微镜精确调焦，这时被测件物像最清晰。测量轴径时，由于圆柱面素线会有直线度误差或锥形误差，不能采用通常测量长度的压线法，而必须使用在素线上压点的方法，即将"米"字线中心压在轮廓素线的一点上进行坐标读数，然后横向移动工作台，使"米"字线中心对准相应的轮廓素线。两次读数之差即为被测轴径。同时，还应在不同的横截面内进行多次测量，最后取其平均值作为测量结果。

在工具显微镜上进行影像法测量（不论是压线法还是压点法），这种方法必须按照外形尺寸大小调整光圈，它的测量精度会受到对准精度、轮廓的表面粗糙度等因素的影响。因此，这种方法似乎简单，实则麻烦，测量值的分散性较大，随着被测轴径的加大，其测量误差也越大。因此，精密测量中较少采用影像法测量轴径。

2. 测量刀法

在工具显微镜上，还可以用直刃测量刀接触测量轴径。在测量刀上距刃口 0.3mm 处有一条平行于刃口的细刻线，测量时，用这条细刻线与目镜中"米"字线中心线平行的第一条虚线压线对准，由于此刻线靠近视场中心，因此处于显微镜的最佳成像部分，有较高的测量精度。测量时必须用 3 倍物镜，并在物镜的滚花圈处装上反射光光源，使用反射光照明。改用其他倍数的物镜时，应注意修正。

采用测量刀法测量时，关键的一步是安放测量刀，操作时必须十分仔细，否则，会产生接触误差或造成测量刀的损坏。应轻轻使刀刃与被测工件接触并摆动，使测量刀刃口与轮廓线贴紧无光隙并紧固。

测量刀法的对线误差比影像法小，测量精度较高。然而，测量刀在使用过程中容易磨损，因此，应注意对测量刀的保护。除避免由于操作不当而造成不应有的损坏外，安装前应仔细清洗刻线工作面，使用后应妥善放置，避免磕碰或锈蚀，还应注意定期检定。

3. 灵敏杠杆接触法

在工具显微镜上常用灵敏杠杆测量孔径。

在工具显微镜上用目镜"米"字线以影像法对孔径进行测量时，由于受工件高度的影响，工件的轮廓投影影像不清晰，瞄准困难，故测量精度不高。为提高测孔精度，常在主物镜上装以光学灵敏杠杆附件，用接触法测量孔径。由于其测量力仅有 0.1N，测量力引起的变形很小，故瞄准精度较高，可大大提高测量精度。

光学灵敏杠杆主要用于测量孔径，也可测量沟槽宽度等内尺寸，在特殊情况下，还可用于丝杠螺纹和齿轮的测量工作。它在测量过程中主要起精确瞄准定位的作用。

光学灵敏杠杆的工作原理如图 10-14 所示。

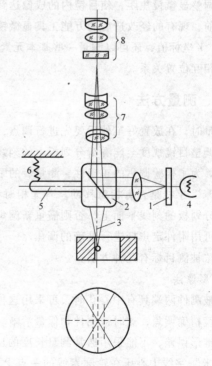

图 10-14　光学灵敏杠杆的工作原理

1—分划板　2—平面反射镜　3—测量杆　4—照明光源

5—连接杆　6—测力弹簧　7—物镜组　8—目镜

照明光源 4 照亮刻有三对双刻线的分划板 1，经透镜至平面反射镜 2 后，再经物镜组 7 成像在目镜"米"字线分划板上。平面反射镜 2 与测量杆 3 连接在一起，当它随测杆绕其中心点摆动时，三组双刻线在目镜分划板上的像也将随之左右移动。当测杆的中心线与显微镜光轴重合时，双刻线的影像将对称地跨在"米"字线分划板的中央竖线上，若测头中心偏离光轴，则双刻线的影像将随之偏离视场中心。6 为产生测力的弹簧，测力的方向（使测杆向左或向右）可通过连接杆 5 来改变。测量时，将测杆深入被测孔内，通过横向（或纵向）移动，找到最大直径的返回点处，并从目镜 8 中使双刻线组对称地跨在"米"字线中间虚线的两旁，此时进行第一次读数 h_1，旋转调整帽，调整测力弹簧 6 的方向（由测力方向箭头标记），使测量头与被测工件的另一测点接触，双刻线瞄准后读出第二个读数 h_2，则被测孔的直径为：

$$D = \mid h_2 - h_1 \mid + d$$

式中　d——测量头直径，其数值在测量杆上有标示。

用光学灵敏杠杆测量孔径，其测量误差为 $\pm 0.002\text{mm}$。测量时要注意尽可能保证被测工件的轴线与测量方向垂直，并在三个截面、两个相互垂直的方向进行六次测量，以提高测量精度。

当被测内孔较大时（用灵敏杠杆瞄准找拐点时拐点不明显，导致找孔径端点有误差（孔径越大，圆弧部分越接近直线，拐点不易找准），为提高测量精度，采用弦长法测量孔径，即在孔内测量互相垂直的两个弦长，然后根据两个弦长计算出孔的直径。其测量点分布如图 10-15 所示。

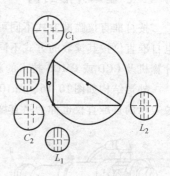

图 10-15　测量点分布图

四、维护保养及注意事项

1）仪器工作室要求干燥洁净，室内须有恒温装置。

2）仪器的光学零件应尽量保持清洁，不得随便摸触，必要时可按下法清洗：先用在乙醚溶液里浸泡过的脱脂无油软毛笔去除光学零件上的灰尘，才使用清洁的鹿皮、擦镜纸或脱脂棉花蘸少许乙醚-酒精混合剂轻轻揩拭。

3）主机和附件上的所有未经涂漆或电镀的裸露的安装基面应细心保护，不得碰伤和划损；使用前须用航空汽油仔细清洗，且应经常涂上薄的防锈油。

4）在搬运和使用中，应特别注意避免撞击滑落导轨；并定期拆开防尘板，在导轨上加上适量的薄的润滑和防锈油脂。

5）不用的附件从主机上卸下后，应随时放进附件箱或用户自备的专用厨内；仪器不使用时，主机可用装箱用的塑料罩或自备的布罩罩好。

6）在较长时间不用的情况下，各易生锈部位和精密的金属表面应进行彻底清洗并涂上厚的防锈油脂。

◆◆◆ 第三节　自准直仪

　　自准直仪又称自准直平行光管，是利用光学自准直原理，利用小角度测量或可转换为小角度测量的一种常用技术测试仪器。它广泛用于角度测量、导轨的直线度（平直度）误差和平行度误差测量、台面的平面度（平整度）误差测量、精密定位等方面，是机械制造、造船、航空航天、计量测试、科学研究等部门必备的常规测量仪器，特别是在精密、超精密定位方面，更有不可替代的作用。例如：机械加工工业的质量保证（平直度、平面度、垂直度、平行度等）、计量检定行业中角度测试标准、棱镜角度定位及监控、光学元件的测试及安装精度控制等。

一、基本外形结构

　　按自准直仪瞄准方式不同可分为光学自准直仪、光电自准直仪和激光自准直仪；光电自准直仪按其读数的方式不同又可分成指针式和数显式。近些年又出现了基于 DSP、计算机及 CCD 或 CMOS 技术的新式自准直仪，也称数字自准直仪。

　　外形结构如图 10-16、图 10-17 所示，其视场如图 10-18。对于分度值以 mm/m 为单位表示的自准直仪也称为平直度检查仪，其外形结构如图 10-19 所示。

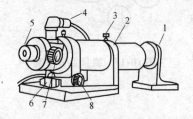

图 10-16　光学自准直仪外形结构

1—反射镜　2—支承架　3—紧固螺钉
4—光源　5—目镜　6—俯仰高低调整钮
7—测微鼓轮　8—左右水平调整钮

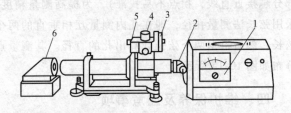

图 10-17　光电自准值仪外形结构

1—指示表　2—光源　3—测微鼓轮　4—目镜
5—光电头　6—反射镜

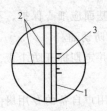

图 10-18　自准直仪视场

1—瞄准（定位）用双刻线　2—"十"字像
3—读数分划板刻度

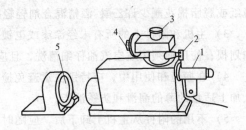

图 10-19　平直度检查仪外形结构

1—光源　2—紧固螺钉　3—目镜
4—测微器鼓轮　5—反射镜

二、主要技术参数

按分度值将自准直仪分为三级，1 级的分度值为：0.01″；2 级的分度值为：0.1″、0.2″；3 级的分度值为：0.5″、1″、0.0025mm/m、0.005mm/m（近似为1″）。主要技术参数见表10-2，其示值误差见表10-3。

表 10-2　自准直仪主要技术参数

序号	名称		要求		
			目视		光电
1	分格值		0.2″	1″	0.2″
2	测量范围		10′		
3	最大工作距离		16m、6m		6m
4	平面反射镜反射面有效孔径		60mm		
5	仪器的准确度	任意 1′范围内（市场中央 3.5′~6.5′）	0.5″	1″	0.5″
		10′范围内	2″	3″	2″

表 10-3　自准直仪示值误差

仪器类型 / 测量范围	仪器分度值类型				
	1 级	2 级	3 级		
	0.01″	0.1″、0.2″	0.5″、1″	0.0025mm/m	0.005mm/m
	示值误差				
±10″	0.1″	—	—	—	—
±20″	0.2″	—	—	—	—
任意 1′	—	0.5″	1″	—	—
10′	—	2″	3″	—	—
任意 100 分度	—	—	—	1.5 格	1.5 格
600 分度	—	—	—	4 格	
1000 分度	—	—	—		5 格

三、测量原理

1. 自准直原理

光线通过位于物镜焦平面的分划板后，经物镜形成平行光。平行光被垂直于光轴的反射镜反射回来，再通过物镜后在焦平面上形成分划板标线像与标线重合（图 10-20a），这种现象称为"自准直"。当反射镜倾斜一个微小角度 α 时，反射回来的光束就倾斜 2α，划板标线像与标线将偏离一距离 t（图 10-20b），其大小为

$$t = f\tan 2\alpha$$

式中　f——物镜焦距（mm）。

当 α 很小时

$$t \approx 2f\alpha$$

若在自准直光管上增加测微机构，测出 t 值，就可以计算出反射镜对光轴垂面的倾角 α。由自准直光管和测微机构组合而成的测量器具称为自准直仪。用它可以测出反射镜反射面对光轴的微小倾角。

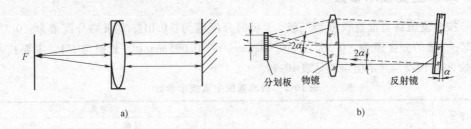

a)   b)

图 10-20　光学自准直原理

2. 光学自准直仪的基本光学系统

自准直仪通常是由体外平面反射镜带有物镜的光管部分及带有照明光源分划板和目镜组的测微目镜部分组合而成的。由于分划板和各个光学元件的结构、位置不同，自准直仪有三种基本结构形式。

（1）高斯型　主要用于普通光学自准直仪的光学系统，光学系统如图 10-21 所示。其优点是目镜视场不受遮挡，且分划板上的刻线位于视场中央，观察方便。缺点是亮度损失大，成像较暗，因安置分光镜使目镜焦距变长，无法得到较大的放大倍数。

（2）阿贝型　光学系统如图 10-22 所示，其光束强度大，亮度损失只有 10% ~ 15%。缺点是视场被胶合棱镜遮挡了一半，又因光管出射光和反射光的方向不同，当反射镜和物镜间的距离超过一定数值后，反射光线就不能进入物镜成像。所以仪器工作距离较短，一般用于光学计光学系统。

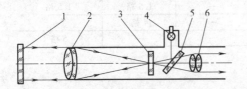

图 10-21　高斯型光学系统
1—反射镜　2—物镜　3—分划板
4—光源　5—分光镜　6—目镜

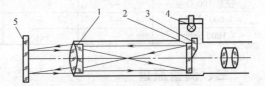

图 10-22　阿贝型光学系统
1—物镜　2—分划板　3—棱镜　4—光源　5—反射镜

（3）双分划板型　光学系统如图 10-23 所示，其优点是视场不被遮挡，刻线可位于视场中央；目镜焦距短，可获得较大的放大倍率。另外目镜和光源可互换位置，方便使用。缺点是结构比较复杂，亮度损失较大（介于前两者之间）。适用于各种型号的平直度测量仪。

3. 平直度检查仪

平直度检查仪也称光学平直

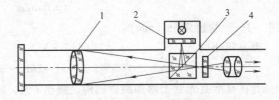

图 10-23　双分划板型光学系统
1—物镜　2—指示分划板　3—立方直角棱镜　4—刻度分划板

仪，工厂称为自准直仪。主要用来测量平面度误差或直线度误差，测量时可松开紧固螺钉，可使整个目镜组精确地转过90°。其分度值为0.005mm/m，近似等于1″。平直度检查仪的工作原理和自准直光管一样，仪器结构如图10-24所示。

平面反射镜也是仪器的重要组成部分。如图10-25所示，调整三个调节螺钉6将反射镜调整到严格垂直于镜座面的位置上。目镜视场如10-26所示。

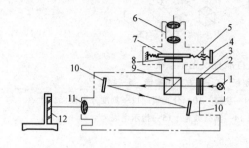

图10-24　平直度检查仪结构

1—光源　2—绿色滤光片　3—指示分划板　4—测微鼓轮
5—测微螺杆　6—目镜组　7—可动分划板　8—固定分划板
9—立方棱镜　10—反射镜　11—物镜　12—平面反射镜

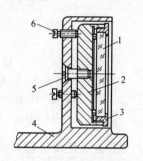

图10-25　平面反射镜结构

1—反射镜　2—可动板　3—压圈
4—反射镜座　5—螺钉
6—调节螺钉（三个）

4. 光电自准直仪

当以光电瞄准对线代替人工瞄准对线时，就称为光电自准直仪。也有几种不同的类型，光电瞄准（对线）原理与振子式光电显微镜的相似，精度较传统自准直仪有所提高。光电自准直仪光学系统如图10-27所示。

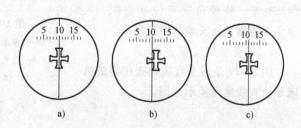

图10-26　平直度检查仪目镜视场

5. 激光准直仪

激光准直仪利用激光具有能量高、方向性好等特点，提供了一条直线性极好的光束，以作为测量基准。激光准直仪的测量距离大，测量精度高；光电瞄准替代人工瞄准，消除了测量者的主观误差，提高了瞄准精度，此外在测量精度和测量距离方面也都有提高。其工作原理如图10-28所示。但是激光准直仪的激光束易受温度、气流等因素的影响，除仪器本身要采取一些防范措施外，对测量环境即防振、防热、防气流抖动等都提出了较高要求，否则会影响测量精度。

四、应用

自准直仪常用于测量导轨的直线度误差、平板的平面度误差（这时称为平面度测

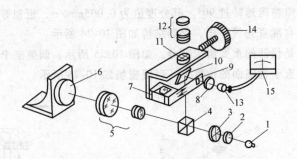

图 10-27　光电自准直仪光学系统

1—光源　2—聚光镜　3—分划板　4—立方直角棱镜　5—物镜

6—反射镜　7—振子　8—聚光镜　9—狭缝　10—分光镜　11—刻度分划板

12—目镜　13—光电元件　14—测微鼓轮　15—指示电表

量仪）等，也可借助于转向棱镜附件测量垂直度误差等。光电自准直仪多应用于航空航天、船舶、军工等要求精密度极高的行业，如机械加工工业的质量保证（平直度、平面度、垂直度、平行度等）、计量检定行业中角度测试标准、棱镜角度定位及监控、光学元件的测试及安装精度控制等。

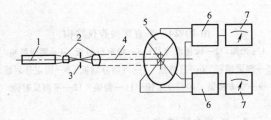

图 10-28　激光准直仪工作原理

1—氦氖激光器　2—平行光管　3—针孔光阑

4—激光束　5—光电探测器（四象限靶）

6—运算电路　7—指示电表

1. 测量直线度误差

图 10-29 是用平直度检查仪测量机床导轨直线度误差示意图。

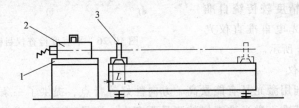

图 10-29　用平直度检查仪测量机床导轨直线度误差示意图

1—调整平台　2—平直度检查仪　3—平面反射镜

测量时，反射镜依次由近到远移动一个跨距 L，并首尾衔接，逐点进行心里读数。然后将反射镜返回移动，重新在各个位置上读数，反射镜返回移动的位置与前者一致，取两次读数的平均值作为该次测量结果。

例：用分度值为 0.005mm/1000mm 的自准直仪，测量长 1000mm 的工件直线度误差。取反射镜桥板跨距 $l = 100$mm，逐段测量后，结果见表 10-4。

表 10-4 工件直线度误差跨距逐段测量值 （单位：格）

测量点序	板桥所处位置	鼓轮读数（平均值）	相对于第一点读数差 a_i	累积值 $\sum a_i$
0	0	0	0	0
1	100	1000	0	0
2	200	999	−1	−1
3	300	998	−2	−3
4	400	1004	+4	+1
5	500	1007	+7	+8
6	600	1005	+5	+13
7	700	1002	+2	+15
8	800	1004	+4	+19
9	900	998	−2	+17
10	1000	1000	0	+17

（1）两端点连线作图法求解　以横坐标 x 代表各测点的被测长度，纵坐标 y 代表各测点的累积值，根据相对于第一点的读数值或各点的累积值可作出误差折线图（图 10-30）。然后，连接曲线的始点和终点，以此连线作为评定直线度的基准线。取曲线上各点对两端点连线距离的最大正值与最大负值的绝对值之和，作为被测长度的直线度误差，即

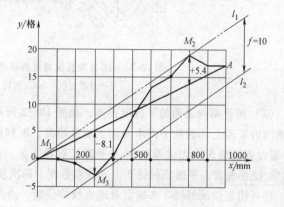

图 10-30　作图法评定直线度

$$f = f_3 + f_8 = |-8.1\ 格| + |+5.4\ 格| = 13.5\ 格$$

将格数转换成线值，应乘以系数 k

$$k = il = \frac{0.005\,\text{mm}}{1000\,\text{mm}} \times 100\,\text{mm} = 0.0005\,\text{mm}$$

式中　l——桥板的跨距（mm）；

i——自准直仪的分度值（1 个分度值 $\approx 1''$）

所以被测工件的直线度误差为

$$f = 0.0005\,\text{mm} \times 13.5 = 0.0068\,\text{mm} = 6.8\,\mu\text{m}$$

（2）按"最小条件"作图法求解　在实际误差折线图上，作包容实际误差折线的两条平行的理想直线 l_1 和 l_2（图 10-30），使其具有最小距离。这样，两平行理想直线之间的纵坐标值即为被测工件的直线度误差。由图 10-30 得 $f \approx 10$ 格。将格值转换成线值，则

$$f = il \times 10 = \frac{0.005\,\text{mm}}{1000\,\text{mm}} \times 100\,\text{mm} \times 10 = 0.005\,\text{mm} = 5\,\mu\text{m}$$

2. 测量平行度

（1）测量两端面的平行度误差　如图 10-31a 所示，将平面反射镜 2 贴在 A 面上，调整自准直仪 1，使反射回来的"十"字线像清晰地呈现在目镜视场中心。再将平面反射镜贴在 B 面上，照准后的读数即为两端面的平行度误差。

另外，还可按图 10-31b 所示，用两个平面度误差和平行度误差相同的平面反射镜 2，分别贴在两被测平面上。每个反射镜在目镜视场中呈现一半影像，两影像的距离即为两平面的平行度误差。

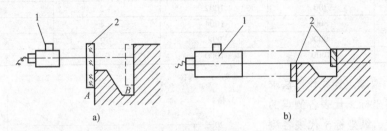

图 10-31　用自准直仪测量两端面的平行度
1—自准直仪　2—反射镜

（2）测量两内表面的平行度误差　如图 10-32 所示，将平面反射镜 1、5 分别贴在两被测内平面上（若两平面本身加工质量很高，可利用自身反射光束），调整自准直仪 4，通过五棱镜 3 使光束垂直射入平面反射镜 1 上，读取数据。然后将五棱镜 3 旋转 180°，使光线射入平面反射镜 5 上并读取数据，两次读数之差即为两内平面的平行度误差。还可用定位反射镜 2 来确定自准直仪的位置，提高测量方法的可靠性。

3. 测量垂直度

如图 10-33 所示，将自准直仪 3 和平面反射镜 2 先放在水平面 A 上，调整自准直仪并读数，再将平面反射镜置于垂直面 B 上，并在水平面上放一个五棱镜 1，调整五棱镜和反射镜并读数，两次读数之差即为两平面垂直度误差。

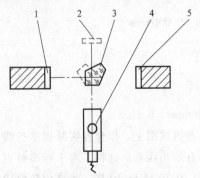

图 10-32　用自准直仪测量两
内表面的平行度误差
1、5—平面反射镜　2—定位反射镜
3—五棱镜　4—自准直仪

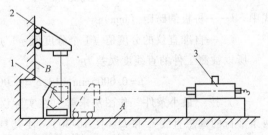

图 10-33　用自准直仪测量两平面的垂直度误差
1—五棱镜　2—平面反射镜　3—自准直仪

五、测量时应注意的问题

1）当平面反射镜安放在桥板上时，仪器的线性分度值与桥板长度有关。如图10-34所示，设桥板长度为 B，仪器的线性分度值为 S，则

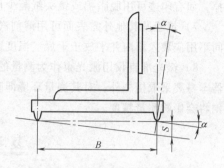

$$S \approx B\alpha$$

若 $B = 200mm$，$\alpha = 0.005mm/1000mm$，则

$$S = 0.001mm = 1\mu m$$

若 $B = 100mm$，$\alpha = 0.005mm/1000mm$，则

$$S = 0.0005mm = 0.5\mu m$$

图10-34 仪器的线性分度值
与桥板长度关系图

2）关于仪器的分度值。若仪器的说明书中有分度值表示为 "$\approx 1''$"。仪器物镜的焦距 f 为 400mm，其分度值 i 应为

$$i = \frac{0.4 \times 206 \times 265}{2 \times 400 \times 100} = 1.031325'' \approx 1.03''$$

仪器若按分度值 $1''$ 使用时，每一个分度就有 $0.03''$ 误差。因此当测量角度值范围较大时，测量数据要注意修正。

3）平面反射镜相对其底面是垂直的，一般在仪器出厂时都已调好。如需自己调整，可在精密平板上用自准直仪观测标准的垂直反射面，以此调整反射镜。调整时必须特别仔细，任何过重的压力都足以使反射镜变形甚至破损。

4）测量工程中，自准直仪主体除在改变测量位置时需要移动之外，不能有任何位移，否则将严重影响测量结果。

六、维护保养

1）仪器及被测件应放在较稳定的工作台上。工作环境应力求温度恒定，测件与仪器中间不得有抖动的气流，如通风口、暖气片、电烙铁、台灯、人体温度等应尽量避免其影响。

2）观察表面镀反射膜的反射镜自准像时应选择小功率灯泡，观察表面镀反射膜的光学零件（如平行平板、棱镜等）的自准像时应选择功率大的灯泡，可使用6V、5W以下的小灯泡。

3）在可能的情况下，每一个自准像多次瞄准所读取的读数取平均值计算可降低瞄准误差，提高仪器精度。一般取 3~5 次。

4）专人保管，使用者应了解仪器的原理、性能及使用方法；使用与存放应十分小心，防止碰撞及振动；应保持工作环境的清洁及温度的恒定。

5）仪器除可调部分外一般不得随意拆开调整，如发生故障应由有经验的人员检修或送回制造厂家检修。

6）镜头及目镜的外露部分切忌手摸，应尽量少擦。如有灰尘可用软毛刷轻轻扫

掉，如有印迹可用脱脂棉或镜头纸蘸少量的酒精与乙醚的混合物及丙酮等进行擦拭。

7）镜管及其他外露表面可用溶剂汽油轻擦干净，仪器使用后应盖上护盖，若长时间不用应装入箱内并平放于干燥、温度适当之处保存。

8）激光准直仪用激光束作为测量的基准，易受温度和气流等因素的影响，除了仪器本身要采取措施外，对其测量环境即防振、防热、防气流抖动都应引起高度重视，否则将会影响测量精度。

复习思考题

1. 为什么要标定三坐标测针？
2. 三坐标测量机在触测取点时为什么须保持与零件垂直面角度在 ±30° 以内？
3. 简述工具显微镜的正确调焦方法。
4. 简述三坐标测量机的日常维护及保养规程。
5. 工具显微镜有哪几种？
6. 工具显微镜通常用什么方法测量各种精密机械零件的长度和角度？
7. 简述灵敏杠杆接触法测量原理。
8. 简述用工具显微镜以直角坐标或极坐标方法测量机械零件形状的过程。
9. 简述自准直仪测量原理。
10. 简述常用自准直仪的主要结构。
11. 简述自准直仪常用测量方法。
12. 自准直仪测量应用范围有哪些？

试 题 库

◈◈◈知识要求试题

一、判断题（对的打"√"，错的打"×"）

1. 六点定位原理是指工件在空间具有六个自由度，即沿 x、y、z 三个直角坐标轴方向的移动自由度和绕这三个坐标轴的转动自由度。 （　　）

2. 测量误差是指测量结果与被测量真值之差。 （　　）

3. 在实施检验的过程中，除了使用通用量具外，有一些检验辅助工具是不可缺少的，如检验平板、V 形架、千斤顶、方箱、检验棒、铜锤子等。 （　　）

4. 测量误差一般分为定值误差、变值误差和粗大误差三类。 （　　）

5. 系统误差是可以预知的，而随机误差是不可预知的。 （　　）

6. 系统误差符合正态分布规律。 （　　）

7. 测量误差中的随机误差是可以消除的。 （　　）

8. 测量误差主要是由于测量设备、测试方法、操作者技术水平、测量环境条件等因素的影响所造成的。 （　　）

9. 机械分度头的形式分为万能型和半万能型，半万能型比万能型缺少差动分度换齿轮连接部分。 （　　）

10. 消除系统误差的方法有替代法、补偿法和对称法。 （　　）

11. 随机误差符合均匀分布规律。 （　　）

12. 随机误差具有有界性、对称性、抵偿性和单峰性。 （　　）

13. 量具是指那些能直接表示出长度单位和界限的计量用具。 （　　）

14. 通用量具（量仪）是一种有刻度的变值测量器具。 （　　）

15. 通用量具一般都是采用"两点法"来测量。 （　　）

16. 所有的量具都应完整无损、部件齐全，经计量部门定期检查，鉴定合格才能使用。 （　　）

17. 量块按级使用时，用量块的标称尺寸作为工作尺寸；按等使用时，用量块的实际检测值作为工作尺寸。 （　　）

18. 量块是机械制造、修理业中长度尺寸的标准。 （　　）

19. 量块在使用时在满足所需尺寸的前提下，块数越多越好。 （　　）

20. 塞尺也是一种界限量规。 （　　）

21. 检验棒在机床修理中可用来检查主轴筒类零件的径向圆跳动、轴向窜动、同轴度、相交度、平行度；也可检查主轴锥孔与导轨的平行度，主轴中心轴对床身导轨的等高等。 （　　）

22. 检验棒是一种比较精密的测量工具，一般是用低碳钢制造的。 （　　）

23. V 形架两工作面的夹角越小，工件放得越稳。 （　　）

24. V 形架两工作面的夹角越小，定位误差越小。 （　　）

25. 游标量具利用尺身刻线间距与游标刻线间距之差来读取毫米的小数数值。 （　　）

26. 游标量具适用于测量公差等级高于 IT9 的零件。 （　　）

27. 游标卡尺是一种常用量具，能测量各种不同精度要求的零件。 （　　）

28. 游标卡尺尺身和游标上的刻线间距都是 1mm。 （　　）

29. 当游标卡尺两量爪贴合时，主尺和游标尺的零线要对齐。 （　　）

30. 用游标卡尺测量精度要求较高的工件时，必须把游标卡尺的误差考虑进去。 （　　）

31. 用游标卡尺测量工件时，测力过大或过小均会影响测量的精度。 （　　）

32. 用游标卡尺测量内孔直径时，应轻轻摆动卡尺，以便找出最小值。 （　　）

33. 带深度尺的游标卡尺的测深部分磨损或测量杆弯曲，不会造成测量误差。 （　　）

34. 游标高度卡尺可专门用来测量高度和划线。 （　　）

35. 游标齿厚卡尺，除用来测量齿轮和蜗杆的弦齿厚外，还能测量弦齿的间隙。 （　　）

36. 游标卡尺使用结束后，应将其擦干净上油，平放在专用盒内。 （　　）

37. 0～25mm 外径千分尺放置时两测量面之间须保持一定间隙。 （　　）

38. 千分尺活动套管转一周，测微螺杆就移动 1mm。 （　　）

39. 千分尺上的棘轮的作用是限制测量力的大小。 （　　）

40. 千分尺可以当卡规使用。 （　　）

41. 千分尺的示值误差是相邻两刻线所代表的量值之差。 （　　）

42. 为保证千分尺不生锈，使用完毕后，应将其浸泡在机油或柴油里。 （　　）

43. 使用千分尺时，用等温方法将千分尺和被测件保持同温，这样可以减小温度对测量结果的影响。 （　　）

44. 不允许在千分尺的固定套管和微分筒之间加入酒精、煤油、柴油、凡士林和全损耗系统用油（机油）。 （　　）

45. 内径千分尺的测量方向及读数方向与外径千分尺相同。 （　　）

46. 异常数值严重歪曲了结果数据的真实性，所以必须对它进行检验。经过检验判定为异常数值的，则对它进行处理；如果经过检验不是异常数值，则不能对它进行处理。 （　　）

47. 用内径千分尺测量孔径时，内径千分尺应前后左右摆动，读出的最大尺寸就是

孔径实际尺寸。 （ ）

48. 壁厚千分尺用来测量精密管形零件的壁厚尺寸。 （ ）

49. 离群值：样本中的一个或几个观测值，它们离开其他观测值较远，暗示它们可能来自不同的总体。 （ ）

50. 杠杆千分尺可像普通的外径千分尺一样进行绝对测量，不可对成批的精密零件进行相对测量。 （ ）

51. 杠杆式千分尺可以进行相对测量，也可以进行绝对测量，其分度值常见的有 0.01mm 和 0.005mm 两种。 （ ）

52. 螺纹千分尺在测量螺纹时，通常是测量螺纹的大径。 （ ）

53. 杠杆式卡规是利用杠杆齿轮传动放大原理制成的量具，它的分度值常见的有 0.002mm 和 0.005mm 两种。 （ ）

54. 将杠杆式卡规装夹在保持架上进行测量，是为了防止热变形造成测量误差。

（ ）

55. 指示表是利用齿轮、杠杆、弹簧等传动机构，把测量杆的微量移动转换为指针的转动，从而指示出示值的量具。 （ ）

56. 指示表是一种指示式量仪，只能用来测量工件的形状误差和位置误差。（ ）

57. 用指示表可以检验机床精度和测量工件的尺寸、形状和位置误差。 （ ）

58. 指示表在进行绝对测量时表杆与被测表面不需要垂直。 （ ）

59. 内径百分表的杠杆有多种结构形式，但其杠杆比都是 1:1，所以没有放大作用。

（ ）

60. 内径百分表使用完毕后，要把百分表和可换测头取下擦净，并在测头上涂防锈油，放入盒内保管。 （ ）

61. 杠杆百分表的正确使用位置是杠杆测头轴线与测量线垂直。 （ ）

62. 杠杆百分表的测杆轴线与被测工件表面的夹角 α 越小，测量误差就越大。

（ ）

63. 杠杆百分表主要用来测量零件的形状误差和相互位置误差，特别适宜测量受空间限制的零件表面。 （ ）

64. 用杠杆指示表进行绝对测量时，行程无需限制。 （ ）

65. 钟表式指示表测杆轴线与被测工件表面必须平行，否则会产生测量误差。

（ ）

66. 千分表是一种指示式量仪，只能用来测量工件的形状误差和位置误差。（ ）

67. 百分表每次使用完毕后，必须将测量杆擦净，涂上油脂放入盒内保管。（ ）

68. 杠杆齿轮比较仪是专门用于测量齿轮的比较仪器。 （ ）

69. 测微计又称比较仪，精度比指示表高，量程也比指示表大。 （ ）

70. 使用测微计时，通常装在专用的支架上，以量块作基准件，用相对比较法来测量精密工件的尺寸精度，也用于工件的几何误差测量。 （ ）

71. 扭簧测微仪结构脆弱，测量范围极小，测头与被测工件之间的距离应仔细调

整。 （   ）

72. 水平仪是用来测量水平面或垂直面上微小角度的。 （   ）

73. 水平仪是利用水准泡转动角度相同，曲率半径放大的原理制成的。 （   ）

74. 水平仪是测量角度变化的一种常用量仪，一般用来测量直线度和垂直度。

（   ）

75. 框式水平仪由框架、主水准器和调整水准器组成，其主水准器用以确定本身横向水平位置。 （   ）

76. 合像水平仪是一种高精度的测角仪器。 （   ）

77. 合像水平仪微分刻度盘上，每格示值为 0.01/1000。 （   ）

78. 使用合像水平仪时要注意远离热源和电源，以免气泡受热变形而产生误差。

（   ）

79. 由于合像水平仪的结构可使水准器玻璃管的曲率半径减小，所以测量时气泡达到稳定的时间短。 （   ）

80. 游标万能角度尺是靠改变基尺测量面相对于直尺（直角尺或扇形板）测量面的相对位置来测量不同的角度。 （   ）

81. Ⅰ型游标万能角度尺可以测量 0°~360° 范围的任何角度。 （   ）

82. Ⅰ型和Ⅱ型游标万能角度尺的刻度原理不同，读数方法也不同。 （   ）

83. 平面平晶只有一个工作面，而平行平晶有两个工作面。 （   ）

84. 用平行平晶、外径千分尺等计量器具测量平面度和平行度。 （   ）

85. 平板分为 6 个级别，3 级平板用于划线，其余用于检验。 （   ）

86. 刀口形直尺分为刀口尺、三棱尺和四棱尺，精度分为 0 级和 1 级。 （   ）

87. 表面粗糙度比较样块主要用于检验计量器具。 （   ）

88. 用于检验机械加工表面的表面粗糙度比较样块，应给定加工方法、表面形状与纹理等要求。 （   ）

89. 从焦平面分划板上透出的光，经物镜折射后形成的平行光束，碰到垂直于光轴的反射镜反射回来，成像在分划板的透光位置上，这一现象称为"自准直"现象。

（   ）

90. 自准直仪中像的偏移量，由反射镜距离所决定，与射镜和物镜的转角有关。

（   ）

91. 自准直仪可以测量反射镜对光轴垂直方向的微小移动。 （   ）

92. 自准直仪中像的偏移量由反射镜转角决定，与反射镜到物镜的距离无关。

（   ）

93. 万能工具显微镜的主显微镜可以上下移动和左右摆动。 （   ）

94. 万能工具显微镜配有多种可换镜头，以适应不同零件的测量要求。 （   ）

95. 用投影仪进行相对测量时，应按被测件的尺寸和公差选一适当的放大比例绘出零件的标准图形。 （   ）

96. 双管显微镜是一种接触式测量表面粗糙度的量仪。 （   ）

97. 双管显微镜可以测出 $Rz0.8 \sim 63\mu m$ 的微观不平度，用光切法也可测量 Ra、Rz 值。（　　）

98. 气动量仪是一种比较量仪。（　　）

99. 气动量仪可以测一般量仪测量不到的部位。（　　）

100. 气动量仪的放大倍率有 2000、5000 两种。（　　）

101. 气动量仪是根据空气气流相对流动的原理进行测量的量仪，所以它能直接读出工件的尺寸精度。（　　）

102. 气动量仪除了能用接触法进行测量外，还可以用非接触法进行测量，所以它不能用于易变形的薄壁零件的测量。（　　）

103. 机械制造中，常用的毛坯类型有型材、铸件毛坯、锻件毛坯、焊接件毛坯、冲压件毛坯等金属毛坯，以及注塑件、压铸件等塑料毛坯和刀具常用的粉末冶金毛坯件等。（　　）

104. 金属材料的工艺性能，是指金属材料所具有的能适应各种加工工艺要求的能力。工艺性能是力学、物理、化学性能的综合表现。（　　）

105. 冲击试验的目的是测试材料的规定非比例延伸强度 R_p、规定残余延伸强度 R_r、抗拉强度 R_m、断后伸长率 A、断面收缩率 Z 等力学性能。（　　）

106. 圆度仪可以用来检查轴的圆柱度。（　　）

107. 转轴式圆度仪是以工作台转轴的回转形成标准运动的。（　　）

108. 现代圆度仪不仅可以测量圆度误差、圆柱度误差，而且可以测量直线度误差、平行度误差、垂直度误差等。（　　）

109. 三坐标测量机是精密仪器，决不允许用来划线。（　　）

110. 三坐标测量机校准探针的目的是把每个探针调整到一个设定的固定位置上。（　　）

111. 选用三坐标测量机的测头组件时，应有一定的长度和质量限制。（　　）

112. 量规通常可分为三类，即工作量规、验收量规和校对量规。（　　）

113. 量规是一种刻有刻度的专用定值检测工具。（　　）

114. 光滑极限量规是用来检验零件的孔径或轴径是否在规定的极限尺寸范围内的量规。那么止端塞规是按被测孔的最小实体尺寸（即孔的最大极限尺寸）制造的。（　　）

115. 光滑极限量规止规的定形尺寸是被测零件的最小实体尺寸。（　　）

116. 轴用工作量规和孔用工作量规都有校对量规。（　　）

117. 光滑极限量规的通规必须做成全形量规。（　　）

118. 光滑极限量规的止规采用全形量规会产生误收而没有误废。（　　）

119. 给出量规的磨损公差是为了增加量规的制造公差，使量规容易加工。（　　）

120. 锥形量规只能检验锥体的接触面积，不能检验锥体尺寸。（　　）

121. 用塞规、锥尾塞规、带柄非全形塞规检验零件通孔直径时，使用塞规 Z 允许只检验零件螺纹通孔的一端，但进入量不应超过规定的要求。（　　）

122. 当工艺基准不能和设计基准一致时，在工序检验时，应遵循测量基面与定位基准一致的原则。　　　　　　　　　　　　　　　　　（　　）

123. 在工序图上，用来确定本工序所加工表面加工后的尺寸、形状、位置的基准，称为设计基准。　　　　　　　　　　　　　　　　　　　　　（　　）

124. 遵守"基准统一"原则，可以避免产生基准不重合误差。　　（　　）

125. 选择测量基准时应尽量选择设计基准或装配基准作为测量基准。（　　）

126. 工件定位，并不是任何情况下都要限制六个自由度。　　　（　　）

127. 工件定位时，若夹具上的定位点不足六个，则肯定不会出现过定位。（　　）

128. 欠定位在机械加工过程中不允许存在。　　　　　　　　　（　　）

129. 利用工件的外圆柱面定位时，常采用 V 形架定位。　　　（　　）

130. 利用工件的内圆柱面定位时，一般采用定位销和圆柱定位心轴来定位。
　　　　　　　　　　　　　　　　　　　　　　　　　　　（　　）

131. 莫氏圆锥各个号码的圆锥半角是相同的。　　　　　　　　（　　）

132. 米制圆锥与莫氏圆锥的锥度值大小是不相等的。　　　　　（　　）

133. 万能分度头能够将圆周分成任意等分，但不能将装夹在顶尖间或卡盘上的工件做任意角度的转动。　　　　　　　　　　　　　　　　　　（　　）

134. 等分分度头适用于对圆形、正多边形等对称工件进行等分分度工作。（　　）

135. 直线装配尺寸链只有一个封闭环。　　　　　　　　　　　（　　）

136. 在一个尺寸链中，如果只有一个环的公差是未知的，则该环一定是封闭环。
　　　　　　　　　　　　　　　　　　　　　　　　　　　（　　）

137. 尺寸链中，当封闭环增大时，增环也随之增大。　　　　　（　　）

138. 每个装配尺寸链中至少要有三个环，其中封闭环就是要保证的装配精度或装配技术要求，故是尺寸链中最重要的环。　　　　　　　　　　　（　　）

139. 封闭环是在装配过程中最后自然形成的尺寸，或者说是间接获得的尺寸。
　　　　　　　　　　　　　　　　　　　　　　　　　　　（　　）

140. 绘制装配尺寸链简图时，应根据装配图样，先按顺时针方向依次画出各组成环，最后画出封闭环，构成封闭图形。　　　　　　　　　　　（　　）

141. 在装配时，要进行修配的组成环称为封闭环。　　　　　　（　　）

142. 装配尺寸链的计算方法有极值法、概率法、修配法和互换法。（　　）

143. AQL 即当一个连续系列批被提交验收抽样时，可允许的最差过程平均质量水平。它是对生产方的过程质量提出的要求，是允许的生产方过程平均（不合格品率）的最小值。　　　　　　　　　　　　　　　　　　　　　（　　）

144. 提交抽检的产品批，不合格品率越小，接收的概率越大，不合格品率越大，接收的概率越小。　　　　　　　　　　　　　　　　　　　　（　　）

145. 计数调整型加严检验设计的目的是更好地保护使用方的利益。（　　）

146. 加严检验是强制使用的，主要目的是降低生产方风险。　　（　　）

147. 在 GB/T 2828.1 中规定抽样检验严格程度的有正常检验、加严检验和特宽检验。   （   ）

148. 百分比抽样检查对真实质量相同，只是批量不同的检查批其接收概率差别很大，检查批的批量越小，接收概率越大；也就是说，同一百分比抽样方案，对批量大的批严，而对批量小的批宽。若每次提交的检验批量不固定，检查的宽严程度也变化不定，对产品质量的保证程度也是变化不定的。   （   ）

149. 表面粗糙度是指零件被加工表面上具有的较小间距和峰谷组成的微观几何形状误差。   （   ）

150. 表面粗糙度量值越小，即表面光洁程度越高。   （   ）

151. 任何零件都要求表面粗糙度量值越小越好。   （   ）

152. 取样长度就是评定长度。   （   ）

153. 表面粗糙度的评定参数有两个。   （   ）

154. 表面粗糙度只是一些极微小的加工痕迹，所以在间隙配合中，不会影响配合精度。   （   ）

155. 粗糙表面由于凹谷深度大，腐蚀物质容易凝集，极易生锈。   （   ）

156. 在表面粗糙度的基本符号上加以小圆，表示表面是通过去除材料的加工方法获得的。   （   ）

157. 用于判别具有表面粗糙度特征的一段基准线长度称为取样长度。   （   ）

158. 一般情况下，国家标准推荐一个评定长度内取 10 个取样长度。   （   ）

159. 表面粗糙度的标注方法是直接注出参数值。   （   ）

160. 在图样上标注表面粗糙度代号时不应注在可见轮廓线、尺寸界限或其延长线上。   （   ）

161. 在零件表面上，波距在 1 ~ 10mm 之间的属于表面粗糙度范围。   （   ）

162. 波距小于 1mm 的属于表面粗糙度范围。   （   ）

163. 表面粗糙度对零件的耐磨性、配合性质和耐腐蚀等均有密切关系。   （   ）

164. 表面粗糙度评定参数中，轮廓算术平均偏差代号用 Rz 表示。   （   ）

165. 工厂车间中，常用对比表面粗糙度样板的方法来检验零件的表面粗糙度。
                                                                    （   ）

166. 在进行表面粗糙度的测量时，划伤、磕碰伤等表面缺陷不应计入表面粗糙度的评定。   （   ）

167. 在表面粗糙度基本评定参数中，标准优先选用 Rz。   （   ）

168. 在图样上标注表面粗糙度代号时，可按任意方向标注。   （   ）

169. Ra 值越小，零件表面质量要求越低。   （   ）

170. 表面粗糙度比较样板是通过视觉和触觉评定机械加工表面粗糙度的测量工具。
                                                                    （   ）

171. 表面粗糙度的大小直接影响着零件的耐磨性、耐蚀性和密封性。   （   ）

172. 极光表面的 Ra 值应小于或等于 0.16μm。   （   ）

173. 零件表面粗糙度的检测方法有三种，即目测检测、比较检测及测量仪器检测。
（   ）

174. 几何形状误差分为形状误差、波度误差、表面粗糙度三类。（   ）

175. 轮廓算术平均偏差用 Ra 表示。（   ）

176. 表面粗糙度的检测方法有目视检查法、比较检查法、针描法三种。（   ）

177. 在机械传动中，将回转运动转为直线往复运动，一般是用偏心件来实现的。
（   ）

178. 用指示表找正偏心外圆时，指示表的示值差是实际偏心距的两倍。（   ）

179. 偏心工件测量主要包括偏心距的测量和偏心轴线之间距离的测量。（   ）

180. 薄形环状工件是指工件圆柱外径与其厚度比比较大的工件。（   ）

181. 轴套类零件上的倒角没有相关标准，可以自定。（   ）

182. 孔径公差一般应控制在形状公差以内。（   ）

183. 较精密的套筒其形状公差应控制在孔径公差的 1/3～1/2 以内。（   ）

184. 丝杠的作用是将直线位移转换为转角。（   ）

185. 要求高的丝杠一般要求在 20℃ ±1℃，每小时室温的波动不超过 0.2℃ 的环境下测量。（   ）

186. 用动态检测法检验丝杠，一般是采用丝杠静态检查仪实现的。（   ）

187. 丝杠测量的定位方法主要有：顶尖法以轴线定位和 V 形架法以外圆定位两种。
（   ）

188. 多线螺纹是沿两条或两条以上在轴向等距分布的螺旋线所形成的螺纹。
（   ）

189. 多线螺纹的各螺旋线沿轴向等距分布。（   ）

190. 多线螺纹的螺距就是螺纹的导程。（   ）

191. 蜗杆传动是一种在空间交错轴向传递运动的机构，是由蜗轮和蜗杆组成的，用于传递两根空间交错轴间的运动和动力，两轴间的夹角可为任意值，一般为 90°。
（   ）

192. 对于多头蜗杆，应分别测量每个头的误差和各头之间的相对误差，取其中最小值作为测量结果。（   ）

193. 蜗杆测量项目主要有蜗杆螺旋线误差、齿厚误差、齿距误差（齿距轴向误差和齿距径向误差）、齿形误差（齿廓误差）、齿槽径向圆跳动及齿形角误差等。（   ）

194. 在生产车间广泛采用齿形样板来检验齿形。（   ）

195. 蜗杆的类型很多，常用的为阿基米德螺旋线蜗杆和轴向直廓蜗杆。（   ）

196. 锥齿轮的齿距累积误差是评定其运动准确性的主要项目。（   ）

197. 对于表面或近表面的微小缺陷，如微裂纹、气孔、夹渣等可用磁力探伤检验。
（   ）

198. 直齿锥齿轮的几何参数规定以大端为基准，如大端模数为标准值，大端背锥展开后所得当量齿轮的分度圆压力角为标准压力角。（   ）

199. 对于铸件内部的缺陷，如气孔、缩孔、夹渣等，可用射线探伤（X射线、γ射线探伤）来检验。（　）

200. 对于铸件表面的微细缺陷，如微细裂纹、疏松等，可用目视检验方法来检验。（　）

201. 锥齿轮的模数以大端模数为依据。（　）

202. 锥齿轮的齿顶高、齿根高、全齿高和顶隙的含义与直齿圆柱齿轮相同，但应在锥齿轮大端与轴线垂直的平面内测量。（　）

203. 对于铸件内部的缺陷，如气孔、裂纹、夹渣、缩松等，可用超声波探伤来检验。其探测铸件壁厚可达到10m。（　）

204. 对铸件的致密性、疏松、针孔、穿通裂纹和穿通气孔等，可用拉力试验检验。（　）

205. 检查齿坯顶锥角时，应使游标万能角度尺的直尺和基尺测量面通过齿坯轴线，以使测量准确。（　）

206. 用游标齿厚卡尺测量锥齿轮大端齿厚时，游标齿厚卡尺测量面应与齿顶圆接触，齿厚测量平面应与背锥面素线平行。（　）

207. 万能测齿仪是指以被测齿轮轴线为基准，上、下顶尖定位，采用指示表类器具测量齿轮、蜗轮的齿距误差及基节偏差、公法线长度、齿圈径向圆跳动误差等的测量仪器。（　）

208. 在锻压检验过程中，若低于终锻温度，则不允许继续锻压，防止工件出现裂纹；但锻压温度过高，又会使钢材燃烧。（　）

209. 用涂色法检查锥齿轮传动机构啮合时，齿面的接触斑点在齿高和齿宽方向应不少于40%~60%。（　）

210. 蜗杆蜗轮传动机构，其正确的接触斑点位置应在蜗轮齿面的中部。（　）

211. 当蜗轮螺旋角β值很小时，蜗轮的法向压力角与端面压力角近似相等。（　）

212. 当蜗杆的模数、直径相同时，三头蜗杆比四头蜗杆的导程大。（　）

213. 检验齿侧间隙是检验蜗杆传动机构的方式之一。（　）

214. 凸轮的升高量是指凸轮曲线的导程。（　）

215. 圆盘凸轮的升高量是指凸轮工作曲线最高点和最低点对凸轮基圆中心的距离之差。（　）

216. 凸轮型面位置精度检验是指检验曲线型面所占的中心角。（　）

217. 圆盘凸轮的主要被检参数是与转角相对应的升程，因此需用角度和线值测量仪器组合测量，一般常用光学分度头和阿贝头组合进行。（　）

218. 检验圆盘凸轮升程通常采用凸轮升程测量仪进行。（　）

219. 焊接检验包括焊前检验、焊接过程中的检验和焊后成品检验三个方面。（　）

220. 平板凸轮相当于基圆半径等于无穷小的圆盘凸轮。（　）

221. 箱体件的两平行孔轴线距精度要求较高时，可用测量心棒和外径千分尺配合测量。　　　　　　　　　　　　　　　　　　　　　　　　　　　　　（　　）

222. 箱体间的两孔轴线垂直交错时的轴线距可用测量心轴、指示表及量块组配合测量。　　　　　　　　　　　　　　　　　　　　　　　　　　　　　　（　　）

223. 箱体件基准平面直线度误差的测量方法是将平尺与基准平面接触，此时平尺与基准平面间的最大间隙即为直线度误差。　　　　　　　　　　　　　　（　　）

224. 铸件箱体上的铸造斜度与垂直壁高有关，垂直壁越高，铸造斜度越大。

　　　　　　　　　　　　　　　　　　　　　　　　　　　　　　　（　　）

225. 箱体上支承啮合传动副的传动轴的两孔间的中心距，应符合啮合传动副中心距的要求。　　　　　　　　　　　　　　　　　　　　　　　　　　　　（　　）

226. 叉架类零件一般由工作部分、支承部分和连接部分组成。　　　　（　　）

227. 机床误差主要是由主轴回转误差、导轨导向误差、内传动链的误差及主轴、导轨等位置误差所组成的。　　　　　　　　　　　　　　　　　　　　　（　　）

228. 空运转试验能使各摩擦表面在工作初始阶段得到正常的磨合。　　（　　）

229. 空运转试验也称为空负荷试验。　　　　　　　　　　　　　　　（　　）

230. 车床空运转试验，是在全负荷强度试验之后进行的。　　　　　　（　　）

231. 高速机械试运转时，如从低速到高速无异常现象，可直接进行满负荷试运转。

　　　　　　　　　　　　　　　　　　　　　　　　　　　　　　　（　　）

232. 机床主要零部件的相对位置和运动精度，都与导轨精度无关。　　（　　）

233. 一般用指示表测量床身导轨垂直平面内的直线度误差。　　　　　（　　）

234. 一般用水平仪测量床身导轨水平面内的直线度误差。　　　　　　（　　）

235. 把水平仪横向放在车床导轨上，可以测量导轨直线度误差。　　　（　　）

236. 在导轨的直线误差曲线上可看出其形式是凸、凹或波折。　　　　（　　）

237. 床身导轨的平行度误差检验是将水平仪横向放置在滑板上，纵向等距离移动滑板进行的。　　　　　　　　　　　　　　　　　　　　　　　　　　　（　　）

238. 车床导轨中间部分使用机会较多，比较容易磨损，因此规定纵向导轨在垂直平面内的直线度只允许凸起。　　　　　　　　　　　　　　　　　　　（　　）

239. 检验主轴轴线对溜板移动的平行度误差时，在垂直平面内只许向下偏是为了部分地补偿因工件自重引起的偏差。　　　　　　　　　　　　　　　　　（　　）

240. 检验主轴轴线对溜板移动的平行度误差时，在水平面内只许向操作者方向偏是为了补偿因切削力而引起的弹性变形。　　　　　　　　　　　　　　　（　　）

241. 检验尾座移动对滑板移动的平行度误差时，将指示表固定在滑板上，使其触头触及近尾座体端面的顶尖套上。　　　　　　　　　　　　　　　　　（　　）

242. 评定主轴回转误差的主要指标，是主轴前端的径向圆跳动和轴向窜动。

　　　　　　　　　　　　　　　　　　　　　　　　　　　　　　　（　　）

243. 检验主轴定心轴颈的径向圆跳动时，沿主轴轴线加一力 F，其目的是消除轴承的径向间隙。　　　　　　　　　　　　　　　　　　　　　　　　　　　（　　）

244. 检验车床主轴锥孔轴线的径向圆跳动时，为了消除检验棒误差的影响，须检验四次，取四次结果的最大值，就是径向跳动量。 （　　）

245. 车床主轴的径向圆跳动将造成被加工工件端面平面度误差。 （　　）

246. 轴颈的圆度误差和圆柱度误差，将会使滚动轴承产生变形，但不会破坏原来的精度。 （　　）

247. 轴颈的圆柱度误差，较多的是出现锥度形状。 （　　）

248. 卧式车床主轴的几何精度检验内容有：主轴的轴向窜动、主轴轴肩支承面的跳动、主轴定心轴颈的径向圆跳动、主轴锥孔轴线的径向圆跳动。 （　　）

249. 检验主轴箱和尾座两顶尖的等高误差时，规定只允许尾座高是因为考虑到主轴箱运转时产生热变形而引起主轴轴线升高。 （　　）

250. 同一规格的产品，不经选择或临场修配即可互换的性质，称为零件的互换性。 （　　）

251. X 射线照相底片质量合格，即说明产品所检查部位合格。 （　　）

252. 锻件内部缺陷常用的检验方法有：高低倍检验、力学性能试验、无损检测。 （　　）

253. 金属在做布氏硬度试验时，用一定直径的硬质合金球作压头。 （　　）

254. 甲乙两零件，甲的硬度为 250HBW，乙的硬度为 52HRC，则甲比乙硬。 （　　）

255. 金属在外力作用下都要发生塑性变形。 （　　）

256. 塑性是指金属在静载荷作用下，抵抗变形和断裂的能力。 （　　）

257. 弹性变形和塑性变形都引起零件和工具的外形和尺寸的改变，都是工程技术上所不允许的。 （　　）

二、选择题（将正确答案的序号填入括号内）

1. 在一定的测量条件下，对同一被测几何量进行连续多次测量时，其误差的大小、方向按一定规律变化的测量误差为（　　）。

A. 随机误差　　　　B. 粗大误差　　　　C. 定值系统误差　　　D. 变值系统误差

2. 测量误差按特点和性质可分为（　　）。

A. 系统误差、随机误差　　　　　　　　B. 绝对误差、相对误差

C. 器具误差、环境误差　　　　　　　　D. 系统误差、随机误差、粗大误差

3. 一般精度测量应在（　　）的室内进行。

A. 20℃　　　　　　　　　　　　　　B. (20 ± 5)℃

C. （20 ± 2）℃　　　　　　　　　　D. [20 ± (0.1 ~ 0.5)]℃

4. 量块的主要特性有（　　）。

A. 研合性　　　　B. 稳定性　　　　C. 耐磨性　　　　D. A + B + C

5. 以下可选用量块进行测量的是（　　）。

A. 检定或校准各种长度计量器具　　　　B. 与量块附件组合可进行精密划线

C. 用于精密机床的调整定位及检验   D. 以上全部

6. 按 JJG 146—2011 的规定，量块的制造精度分为（   ）。

A. 1、2、3、4、5、6 共 6 级   B. 01、2、3、4、5 共 6 级

C. 00、0、1、2、3、4 共 6 级   D. 00、0、K、1、2、3 共 6 级

7. 量块是一种精密量具，要求环境湿度不大于（   ）。

A. 15%   B. 20%   C. 25%   D. 50%

8. 使用塞尺时，根据测量需要可用一片或数片重叠在一起。塞尺实际上也是一种（   ）量规。

A. 角值   B. 尺寸   C. 界限   D. 极限

9. 主要用于对刀和检验螺纹、车刀及顶尖中心角的简单量具是（   ）。

A. 对刀样板   B. 螺纹规   C. 半径规   D. 圆弧规

10. 常用量具（   ），既能测量内尺寸，还能测量孔或槽的深度尺寸。

A. 游标卡尺   B. 千分尺   C. 塞尺   D. 正弦尺

11. 游标卡尺按分度值可分为（   ）mm、0.05mm 和 0.10mm。

A. 0.02   B. 0.2   C. 0.1   D. 0.5

12. 千分尺由尺架、测砧、测微螺杆、微分筒等组成，微分筒转动一圈，测微螺杆就移动（   ）mm。

A. 0.05   B. 0.1   C. 0.25   D. 0.5

13. （   ）不是机械工厂应用较多的焊接方式。

A. 手工电弧焊   B. 爆炸焊   C. 气体保护焊   D. 气体熔化焊

14. （   ）是带有精密杠杆齿轮传动机构的指示式千分量具。

A. 杠杆卡规   B. 圆度仪   C. 测力仪   D. 水平仪

15. 杠杆卡规的分度值常用的有 0.002mm 和（   ）mm。

A. 0.010   B. 0.005   C. 0.001   D. 0.050

16. 杠杆式卡规属于（   ）量仪的一种测量仪器。

A. 光学   B. 机械   C. 气动   D. 电动

17. 指示表的分度值一般为 0.01mm、0.001mm、（   ）mm。

A. 0.02   B. 0.05   C. 0.002   D. 0.005

18. （   ）主要有颜色渗入法、磁粉法、超声波检验法和 X 光检验法。

A. 机加检验   B. 无损伤检验   C. 目测检验   D. 力学检验

19. 测轴向圆跳动误差时，百分表测头应（   ）。

A. 垂直于轴线   B. 平行于轴线   C. 倾斜于轴线   D. 与轴线重合

20. 用钟面式指示表测量被测件时，指示表的测头应与被测表面（   ），否则会影响指示表的齿杆灵活移动造成测量结果不正确。

A. 平行   B. 倾斜   C. 垂直   D. 交叉

21. 用杠杆指示表进行绝对测量时，行程不宜过长。行程较大时，采用（   ），测量精度高。

A. 直接测量　　　　　B. 间接测量　　　　　C. 相对测量　　　　　D. 比较测量

22. 杠杆指示表的测量杆轴线与被测工件表面的夹角 $\alpha > 15°$ 时，其测量结果应进行修正，修正计算公式为 α（　　）。

A. $b\tan\alpha$　　　　B. $b\sin\alpha$　　　　C. $b\cos\alpha$　　　　D. $b\cot\alpha$

23. （　　）是利用金属纽带的拉伸而使指针旋转的原理制成的。

A. 测力仪　　　　B. 圆度仪　　　　C. 扭簧测微仪　　　　D. 水平仪

24. （　　）是测量微小倾角的一种测量器具，主要用于测量或检验相对水平位置的倾斜角、两表面间的平行度误差和垂直度误差以及平面度误差和直线度误差等。

A. 水平仪　　　　B. 正弦规　　　　C. 万能角度尺　　　　D. 倾斜仪

25. 分度值为 $0.02mm/1000mm$ 的水平仪，当气泡移动一格时，$500mm$ 长度内高度差为（　　）mm。

A. 0.01　　　　B. 0.15　　　　C. 0.020　　　　D. 0.025

26. 下列量具量仪中用来测量精密角度的量具（仪）应选（　　）。

A. 象限仪　　　　B. 万能量角器　　　　C. 正弦规　　　　D. 倾斜仪

27. 正弦规可以用来测量圆锥半角，其原理是（　　）。

A. $\sin\alpha = \dfrac{h}{L}$　　B. $\cos\alpha = \dfrac{h}{L}$　　C. $\tan\alpha = \dfrac{h}{L}$　　D. $\cot\alpha = \dfrac{h}{L}$

28. 焊接检验包括焊前检验、焊接过程中的检验和焊后成品检验三个方面。焊前检验不包括（　　）。

A. 原料检验　　　　B. 焊缝尺寸的检验　　C. 焊剂的检验　　　D. 焊条检验

29. 致密性检验是用来发现焊缝中贯穿性的裂纹、气孔、夹渣、未焊透以及疏松组织的，（　　）不属于致密性检验。

A. 吹气试验　　　　B. 沉水试验　　　　C. 冲击试验　　　　D. 煤油试验

30. 平板工作面边缘可不计平面度误差的最大宽度为（　　）mm。

A. 5　　　　B. 10　　　　C. 15　　　　D. 20

31. 几何公差与配合概念中，有关比较法检验表面粗糙度的基本条件的概述，以下不正确的是（　　）。

A. 最重要的是比较样块与被测面的加工方法应一致

B. 几何形状、材料必须相同

C. 切削用量、加工条件等特征应尽量相同或相近

D. 颜色等表面特征应尽量相同或相近

32. 电感式轮廓仪是测量（　　）的电动量仪。

A. 样板轮廓　　　　　　　　　　　B. 刀量具形状

C. 产品零部件形状　　　　　　　　D. 表面粗糙度值

33. 自准直仪的测量范围为（　　）。

A. $0 \sim 1''$　　　　B. $0 \sim 1'$　　　　C. $0 \sim 10''$　　　　D. $0 \sim 10'$

34. 焊缝金属的化学成分分析，是从焊缝金属中采用钻、刨、铣等方法取样，一般

多用钻削方法取得一定数量的金属末，（　　）不是常被分析的五大元素。

    A. 碳 　　　　　　　B. 锰 　　　　　　　C. 铜 　　　　　　　D. 磷

35. 高精度光学分度头的最小分度值不大于（　　）。

    A. 2″ 　　　　　　　B. 5″ 　　　　　　　C. 10″ 　　　　　　　D. 1°

36. 光学分度头的主要零件是（　　）。

    A. 读数显微镜 　　　　　　　　　　　　B. 蜗杆副

    C. 圆刻度盘和主轴 　　　　　　　　　　D. 外刻度盘

37. 光学分度头的传动机构主要由（　　）组成。

    A. 离合器 　　　　　　B. 蜗杆副 　　　　　　C. 锥齿轮 　　　　　　D. 拨杆和拨杆套

38. 光学分度头读数显微镜的放大倍数为物镜放大倍数（　　）目镜放大倍数。

    A. 乘以 　　　　　　B. 减去 　　　　　　C. 加上 　　　　　　D. 除以

39. 双管显微镜是利用"光切原理"来测量工件（　　）。

    A. 形状精度 　　　　B. 位置精度 　　　　C. 表面粗糙度值 　　　　D. 尺寸精度

40. 用干涉显微镜测量加工机械零件时，干涉条纹为（　　）。

    A. 平行直纹 　　　　B. 垂直直纹 　　　　C. 杂纹 　　　　　　　　D. 弯曲条纹

41. 气动量仪中浮标高度变化量和被测间隙变动量之比，称为放大倍率。目前气动量仪的放大倍率有（　　）三种。

    A. 100 倍、500 倍、1000 倍 　　　　　　B. 1000 倍、5000 倍、10000 倍

    C. 10000 倍、50000 倍、100000 倍 　　　D. 10 倍、50 倍、100 倍

42. （　　）是利用杠杆齿轮传动放大原理制成的。

    A. 杠杆卡规 　　　　B. 圆度仪 　　　　　C. 测力仪 　　　　　　　D. 水平仪

43. 圆度仪的传感器和测头沿立柱导轨上、下移动的方向与旋转轴线要（　　）。

    A. 垂直 　　　　　　B. 平行 　　　　　　C. 同轴 　　　　　　　　D. 交叉

44. 圆度仪主要用于测量回转体的几何公差，在测量同轴度误差、圆度误差、圆柱度误差、跳动误差、直线度误差、垂直度误差和（　　）等方面有其他检测设备不可替代的优势。

    A. 位置度误差 　　　B. 对称度误差 　　　C. 倾斜度误差 　　　　　D. 平面度误差

45. 以下关于正确使用极限量规的说法中正确的是（　　）。

    A. 按被测工件的精度，选用相应的量块

    B. 使用时要查看"过""止"标记，不要错用

    C. "通规"和"止规"要联合使用

    D. 注意"轻、正、稳、温"四个字

46. 光滑极限量规的通规用来控制被检验零件的（　　）。

    A. 极限尺寸 　　　　B. 局部实际尺寸 　　C. 体内作用尺寸 　　D. 体外作用尺寸

47. （　　）用来检验焊缝金属、熔合线、热影响区和基本金属有无内部缺陷。

    A. 磁力探伤 　　　　B. 金相检验 　　　　C. 力学试验 　　　　　　D. 尺寸检验

48. 用塞规止端测量工件内孔时，判定工件合格的条件是（　　）。

A. 止端下 1mm 以内　B. 止端下 2mm 以内　C. 止端不能通过

49. 用综合量规检测轴或孔轴线的直线度误差时，综合量规（　　　）被测轴或孔。

A. 必须通过　　　　　　　　　　　B. 不能通过

C. 一端通过一端不通过　　　　　　D. A + C

50. 辅助基面的选择原则中，以下不正确的是（　　　）。

A. 选择精度低的尺寸或尺寸组作为辅助基面

B. 应选择稳定性较好且精度较高的尺寸作辅助基面

C. 当没有合适的辅助基面时，应事先加工一辅助基面作为测量基面

D. 在被测参数较多，而且精度大致相同的情况下，应选择各参数之间关系较密切的、便于控制的其中一参数（或尺寸）作为辅助基面

51. 在进行实物测量时，测量基面的选择必须遵守基面统一的原则，即测量基面应与设计基面、工艺基面、装配基面一致，当工艺基面与设计基面不一致时，应遵守的原则是（　　　）。

A. 在工序间检验时，测量基面应与工艺基面一致；在最终检验时，测量基面应与装配基面一致。

B. 在工序间检验时，测量基面不应与工艺基面一致；在最终检验时，测量基面应与装配基面一致。

C. 在工序间检验时，测量基面应与工艺基面一致；在最终检验时，测量基面不应与装配基面一致。

D. 在工序间检验时，测量基面应与工艺基面不一致；在最终检验时，测量基面应与装配基面不一致。

52. 对零件的尺寸、形状、位置、表面粗糙度等几何参数的检验，通常按如下程序进行：测量方法的选择、测量基面的选择、辅助基面的选择、定位方式的选择、测量条件的选择、测量结果的处理。那么，辅助基面的选择原则有（　　　）。

A. 选择精度较高的尺寸或尺寸组作辅助基面

B. 应选择稳定性较好且精度较高的尺寸作辅助基面

C. 在被测参数较多，而且精度大致相同的情况下，应选择各参数之间关系较密切的、便于控制的其中一参数（或尺寸）作为辅助基面

D. A + B + C

53. 莫氏工具圆锥在（　　　）通用。

A. 国内　　　　　B. 机械部内　　　　C. 国际上　　　　D. 工厂中

54. Morse No. 6 圆锥的圆锥角大约是（　　　）。

A. 2°30′　　　　　B. 2°40′　　　　　C. 2°50′　　　　　D. 2°59′

55. Morse No. 1 圆锥的圆锥角大约是（　　　）。

A. 2°45′　　　　　B. 2°51′　　　　　C. 2°54′　　　　　D. 2°59′

56. （　　　）是指用 100～1500 倍显微镜观察焊接试样的显微组织、偏析、缺陷以及析出相的种类、性质、形状、大小和数量等情况。

A. 理化检验　　　B. 宏观金相检验　　C. 微观金相检验　　D. 计量检验

57. 小锥度心轴的锥度一般为（　　）。

A. 1:5000~1:1000　　　　　　　　B. 1:5~1:4

C. 1:20　　　　　　　　　　　　D. 1:16

58. 表面形状波距（　　）1mm 的属于表面粗糙度范围。

A. 大于　　　　　B. 等于　　　　　C. 小于　　　　　D. 小于或等于

59. 在过盈配合中，表面粗糙，实际过盈量就（　　）。

A. 稍增大　　　　B. 减小　　　　　C. 不变　　　　　D. 增大很多

60. 国家标准推荐一个评定长度要取（　　）个取样长度。

A. 4　　　　　　　B. 5　　　　　　C. 6　　　　　　D. 8

61. 在表面粗糙度基本评定参数中，标准优先选用（　　）。

A. *Ra*　　　　　　B. *Rz*　　　　　C. *Ry*　　　　　D. *Rl*

62. 表面粗糙度评定参数中，轮廓算术平均偏差代号用（　　）表示。

A. *Ry*　　　　　　B. *Rz*　　　　　C. *Rl*　　　　　D. *Ra*

63. 表面粗糙度评定参数中，轮廓最大高度代号用（　　）表示。

A. *Ry*　　　　　　B. *Rz*　　　　　C. *Rl*　　　　　D. *Ra*

64. 表面粗糙度代号标注中，用（　　）参数时可不注明参数代号。

A. *Rl*　　　　　　B. *Ra*　　　　　C. *Rz*　　　　　D. *Ry*

65. 加工表面上具有的较小的间距和峰谷所组成的（　　）几何形状误差称为表面粗糙度。

A. 微观　　　　　B. 宏观　　　　　C. 粗糙度　　　　D. 中观

66. 工厂车间中，常用与（　　）相比较的方法来检验零件的表面粗糙度。

A. 国家标准　　　B. 量块　　　　C. 表面粗糙度样板　D. 光学干涉仪

67. 微观不平度十点高度 *Rz* 是在取样长度内，（　　）个最大的轮廓峰高和（　　）个最大的轮廓谷深的平均值之和。

A. 5, 5　　　　　B. 10, 10　　　　C. 5, 10　　　　D. 10, 5

68. 轮廓最大高度 *Rz* 表示在取样长度内轮廓内轮廓峰顶线和（　　）之间的距离。

A. 轮廓谷底线　　B. 基准线　　　　C. 峰底线　　　　D. 谷顶线

69. 在零件表面上，波距为（　　）的属于表面粗糙度范围。

A. 小于 1mm　　　B. 1~10mm　　　C. 10~20mm　　　D. 大于 20mm

70. 焊接腐蚀试验主要是指对（　　）及耐酸钢等钢种的晶间腐蚀试验。熔敷金属中扩散氢含量的测定可按 GB/T 3965—2012 进行。

A. 低碳钢　　　　B. 高碳钢　　　　C. 不锈钢　　　　D. 弹簧钢

71. 表面粗糙度高度参数值单位是（　　）。

A. mm　　　　　　B. cm　　　　　　C. μm　　　　　　D. nm

72. 关于表面粗糙度基本符号的解释，下列说法正确的是（　　）。

A. 表面可用任何方法获得　　　　　B. 表面是用去除材料的方法获得的

C. 表面是用不去除材料的方法获得的　D. 表面是用车削材料的方法获得的

73. 关于表面粗糙度基本符号加一短划的解释，下列说法正确的是（　　）。

A. 表面可用任何方法获得　　　　　B. 表面是用去除材料的方法获得的

C. 表面是用不去除材料的方法获得的　　D. 表面是用车削材料的方法获得的

74. 表面是用去除材料的方法获得的，其表面粗糙度标注方法应为（　　）。

A. 在基本符号加一短划　　　　　　B. 在基本符号加两短划

C. 在基本符号加一小圆　　　　　　D. 在基本符号加两小圆

75. 表面可用任何方法获得，其表面粗糙度标注方法应为（　　）。

A. 在基本符号加一短划　　　　　　B. 在基本符号加两短划

C. 在基本符号加一小圆　　　　　　D. 基本符号

76. 表面形状波距在 1 ~ 10mm 的属于（　　）范围。

A. 表面波纹度　　B. 形状误差　　C. 表面粗糙度　　D. 公差

77. 表面形状波距大于 10mm 的属于（　　）范围。

A. 表面波纹度　　B. 形状误差　　C. 表面粗糙度　　D. 公差

78. 粗糙度样板属于（　　）。

A. 标准量具　　B. 通用量具　　C. 专用量具　　D. 都不对

79. （　　）不是表面处理的主要检验项目。

A. 镀层厚度　　B. 拉力试验　　C. 镀层结合强度　　D. 硬度及耐磨性

80. 车间生产中评定表面粗糙度轮廓参数最常用的方法是（　　）。

A. 光切法　　B. 干涉法　　C. 针描法　　D. 比较法

81. 电动轮廓仪是根据（　　）原理制成的。

A. 针描　　B. 印模　　C. 干涉　　D. 光切

82. 用双管显微镜测表面粗糙度值时，被测表面的加工纹理与仪器的狭缝夹角（　　）。

A. 垂直　　B. 平行　　C. 倾斜 45°　　D. 倾斜 60°

83. 同一表面的表面粗糙度轮廓幅度参数 Ra 值与 Rz 值的关系为（　　）。

A. $Ra > Rz$　　B. $Ra = Rz$　　C. $Ra < Rz$　　D. 无法比较

84. 图样给定公差值 T 的大小顺序，应为（　　）。

A. $T_{尺寸} = T_{位置} = T_{形状} =$ 表面粗糙度公差

B. $T_{尺寸} < T_{位置} < T_{形状} <$ 表面粗糙度公差

C. $T_{尺寸} > T_{位置} > T_{形状} >$ 表面粗糙度公差

D. $T_{尺寸} = T_{位置} = T_{形状} =$ 表面粗糙度公差 $= 0$

85. 用双管显微镜测量表面粗糙度值时，采用的是（　　）测量方法。

A. 综合　　B. 直接　　C. 非接触　　D. 接触

86. 外径千分尺、游标卡尺、量规和重力仪是用来测量涂（镀）层厚度不小于（　　）的仪器。

A. 3μm　　B. 5μm　　C. 8μm　　D. 10μm

87. 表面粗糙度的基本评定参数是（　　）。

A. S_m　　B. Ra　　C. t_p　　D. S

88. 车间生产中评定表面粗糙度最常用的方法是（　　）。

A. 光切法　　　　　B. 针描法　　　　　C. 干涉法　　　　　D. 比较法

89. 表面粗糙度对零件使用性能的影响不包括（　　）。

A. 对配合性质的影响　　　　　　　　B. 对摩擦、磨损的影响

C. 对零件抗腐蚀性的影响　　　　　　D. 对零件塑性的影响

90. 表面粗糙度的波长与波高比值一般（　　）。

A. 小于 50　　　　　B. 等于 50 ~ 200　　　C. 等于 200 ~ 1000　　D. 大于 1000

91. 用目测和手摸的感触来判别表面粗糙度的检测方法是（　　）。

A. 比较法　　　　　B. 光切法　　　　　C. 干涉法　　　　　D. 感触法

92. 显微镜法测镀层厚度，在磨片前，为防止损坏待测镀层的边缘，应加镀不小于（　　）的其他电镀层。其硬度应接近原有镀层的硬度，颜色应与待测镀层有所区别。

A. 5μm　　　　　　B. 8μm　　　　　　C. 10μm　　　　　　D. 15μm

93. 用于判别具有表面粗糙度特征的一段基准线长度称为（　　）。

A. 基准线　　　　　　　　　　　　　B. 评定长度

C. 取样长度　　　　　　　　　　　　D. 轮廓的最少二乘中线

94. 在确定被测件的几何公差时，表面粗糙度值一般应（　　）形状公差。

A. 大于　　　　　　B. 小于　　　　　　C. 等于　　　　　　D. 不确定

95. 尺寸链中，在装配过程中最后自然形成的一环是（　　）。

A. 增环　　　　　　B. 减环　　　　　　C. 组成环　　　　　D. 封闭环

96. 在尺寸链中，当其他尺寸确定后，所产生的一个环是（　　）。

A. 增环　　　　　　B. 减环　　　　　　C. 封闭环　　　　　D. 组成环

97. 尺寸链按功能分为设计尺寸链和（　　）。

A. 封闭尺寸链　　　B. 装配尺寸链　　　C. 零件尺寸链　　　D. 工艺尺寸链

98. 点滴法测镀层厚度是将一滴配制好的溶液滴在清洁的镀层表面上，保持规定的时间，然后迅速用过滤纸或脱脂棉吸干；再在原位置滴上一滴 1mL 新鲜溶液，约有（　　）滴，保持同样的时间后再迅速吸干。

A. 5　　　　　　　　B. 10　　　　　　　C. 20　　　　　　　D. 30

99. 装配尺寸链组成的最短路线原则又称（　　）原则。

A. 尺寸链封闭　　　B. 大数互换　　　　C. 一件一环　　　　D. 平均尺寸最小

100. 直线尺寸链采用极值算法时，其封闭环的下极限偏差等于（　　）。

A. 增环的上极限偏差之和减去减环的上极限偏差之和

B. 增环的上极限偏差之和减去减环的下极限偏差之和

C. 增环的下极限偏差之和减去减环的上极限偏差之和

D. 增环的下极限偏差之和减去减环的下极限偏差之和

101. 直线尺寸链采用概率算法时，若各组成环均接近正态分布，则封闭环的公差等于（　　）。

A. 各组成环中公差的最大值　　　　　B. 各组成环中公差的最小值

C. 各组成环公差之和　　　　　　　　　D. 各组成环公差平方和的平方根

102. 用近似概率算法计算封闭环公差时，k 值常取为（　　）。

A. 0.6 ~ 0.8　　　　B. 0.8 ~ 1　　　　C. 1 ~ 1.2　　　　D. 1.2 ~ 1.4

103. 抽样检验根据根据检验特性值属性可分为（　　）。

A. 计数检验和周期　　　　　　　　　B. 计数抽样检验和计量抽样

C. 一次、二次、多次和序贯　　　　　D. 调整型和非调整型

104. GB/T 2828.1—2013 中的抽样方案通过（　　），以保证使用方的利益。

A. 放宽检验　　　　　　　　　　　　B. 控制生产方风险

C. 设立加严检验　　　　　　　　　　D. 选取抽样类型

105. 在一次抽样检验中，接收数和拒收数有如下关系（　　）。

A. $Ac = Re + 1$　　B. $Ac = Re$　　C. $Re = Ac + 1$　　D. $Ac > Re$

106. 在抽样检验中，与生产过程平均相对应的质量参数为（　　）。

A. AQL　　　　　　B. LQ　　　　　　C. L（P）　　　　D. OC 曲线

107. 样本为检验用所抽取的（　　）产品。

A. 1 个　　　　　　B. 一组　　　　　C. 30 个　　　　　D. 5 个

108. 不合格判定数是做出批不合格判断的样本中所不允许的（　　）不合格品数。

A. 最小　　　　　　B. 最大　　　　　C. 严重　　　　　D. 一般

109. 在机械传动中，把回转运动变为直线运动，或把直线运动变为回转运动，一般都是用（　　）来完成的。

A. 偏心轴或曲轴　　B. 蜗轮与蜗杆轴　C. 带传动　　　　D. 齿轮传动

110. 镀层结合强度的检验方法有摩擦抛光试验法、胶带试验法、（　　）、锉刀试验法、划线法和划格试验法等。

A. 拉伸试验法　　　B. 冲击试验法　　C. 弯曲试验法　　D. 扭转试验法

111. 用游标卡尺测量偏心轴两外圆间最高点数值为 7mm，最低点数值为 3mm，其偏心距应为（　　）mm。

A. 4　　　　　　　　B. 2　　　　　　　C. 10　　　　　　D. 6

112. 测量偏心距为 2mm 的偏心轴两外圆最低点的距离为 5mm，则两外圆的直径差为（　　）mm。

A. 7　　　　　　　　B. 10　　　　　　C. 14　　　　　　D. 16

113. 在两顶尖间测量偏心距时，指示表上指示出的最大值与最小值（　　）就等于偏心距。

A. 之差　　　　　　B. 之和　　　　　C. 差的一半　　　D. 和的一半

114. 在 V 形架上检测偏心距，当偏心距大于指示表量程时，可用（　　）和指示表配合间接测量偏心距。

A. 游标卡尺　　　　B. 千分尺　　　　C. 量块　　　　　D. 直角尺

115. 在 V 形架上测量偏心距时（　　）方法。

A. 仅有一种　　　　B. 分两种　　　　C. 分多种　　　　D. 分五种

116. 常用量块测量法检测多拐曲轴的（　　）。

A. 偏心距　　　　　　　　　　　　　B. 轴颈圆度误差

C. 曲柄颈夹角　　　　　　　　　　　D. 轴颈间的同轴度误差

117. 测量薄壁零件时，容易引起测量变形的主要原因是（　　）选择不当。

A. 量具　　　　　B. 测量基准　　　　C. 测量压力　　　　D. 测量方向

118. 轴套类零件常用（　　）个基本视图表达。

A. 1　　　　　　B. 2　　　　　　　C. 3　　　　　　　D. 4

119. 镀层耐蚀性的检验方法有：大气曝晒，（　　）、醋酸盐雾试验铜加速醋酸盐雾试验，以及腐蚀膏试验和溶液点滴腐蚀试验等。

A. 锉刀试验　　　B. 淋雨试验　　　　C. 盐雾试验　　　　D. 振动试验

120. 用指示表检验工件的径向圆跳动误差时，径向圆跳动误差的值为指示表的（　　）。

A. 读数差　　　　　　　　　　　　　B. 读数差的1/2

C. 读数差的2倍　　　　　　　　　　D. 读数差的3倍

121. 用指示表检验工件端面对轴线的垂直度时，若轴向圆跳动量为零，则垂直度误差（　　）。

A. 为零　　　　　B. 不为零　　　　　C. 不一定为零　　　D. 不确定

122. 黏度的检验过程中，（　　）是测量的关键，清洗后要检查漏嘴处是否洗干净，否则会影响液体从漏斗流出的时间。如孔内壁有油漆相当于孔径小了，测量结果会出现误差，甚至出现误判，切记要洗干净。

A. 时间　　　　　B. 人员　　　　　　C. 场地　　　　　　D. 漏斗

123. 应用在管件上的连接的螺纹，一般采用（　　）螺纹。

A. 锯齿形　　　　B. 普通　　　　　　C. 圆锥　　　　　　D. 梯形

124. 多线螺纹的分线误差会造成螺纹的（　　）不等。

A. 螺距　　　　　B. 导程　　　　　　C. 齿厚　　　　　　D. 齿距

125. 测量多线螺纹单一中径时应将量针放于同一螺旋槽内进行测量，最后取其中偏离公称值的（　　）为测量结果。

A. 最大值　　　　　　　　　　　　　B. 最小值

C. 平均值　　　　　　　　　　　　　D. 最大和最小值之和

126. （　　）是引起丝杠产生变形的主要因素。

A. 内应力　　　　B. 材料塑性　　　　C. 自重　　　　　　D. 力矩

127. 丝杠的长度与直径之比一般在（　　）之间，属于细长工件，所以温度、定位、挠度对测量结果的影响较大。

A. 15～30　　　　B. 15～40　　　　　C. 15～50　　　　　D. 15～60

128. 静态检测可用的仪器比较多，其中常用的主要有：万能工具显微镜、测长仪和静态丝杠检查仪，它们可检测（　　）级精度等级的丝杠。

A. 3～4　　　　　B. 5～6　　　　　　C. 7～8　　　　　　D. 8～9

129. 机床丝杠上的螺纹大都是（　　）。

A. 三角形　　　　　B. 梯形　　　　　C. 矩形　　　　　D. 锯齿形

130. 标准梯形螺纹的牙型角为（　　）。

A. 20°　　　　　　B. 30°　　　　　C. 60°　　　　　D. 55°

131. 用三针法测量梯形螺纹时，量针直径的计算公式是（　　）。

A. $d_0 = 0.577P$　　B. $d_0 = 0.533P$　　C. $d_0 = 0.518P$　　D. $d_0 = 0.663P$

132. 用三针法测量梯形螺纹，选择三针时，通螺纹选用的三针应比止螺纹选用的三针（　　）。

A. 大一号　　　　　B. 小一号　　　　C. 相同　　　　　D. 不确定

133. 影响梯形螺纹配合性质的主要尺寸是螺纹的（　　）尺寸。

A. 大径　　　　　　B. 中径　　　　　C. 小径　　　　　D. 导程

134. GB/T 5796.4—2005 中，对梯形螺纹的（　　）规定了三种公差带位置。

A. 大径　　　　　　B. 中径　　　　　C. 小径和中径　　D. 导程

135. 梯形螺纹的综合测量应使用（　　）。

A. 螺纹千分尺　　　B. 游标齿厚卡尺　C. 螺纹量规　　　D. 游标卡尺

136. 高精度的螺纹要用（　　）测量它的螺距。

A. 游标卡尺　　　　B. 钢直尺　　　　　　螺距规　　　　D. 螺纹千分尺

137. 一般精度的螺纹用（　　）测量它的螺距。

A. 游标卡尺　　　　B. 钢直尺　　　　C. 螺距规　　　　D. 螺纹千分尺

138. 用螺纹千分尺可测量外螺纹的（　　）。

A. 大径　　　　　　B. 小径　　　　　C. 中径　　　　　D. 螺距

139. 米制蜗杆的压力角为（　　）。

A. 14°30′　　　　　B. 30°　　　　　C. 20°　　　　　D. 25°

140. 米制蜗杆的齿高与（　　）有关。

A. 齿顶圆直径　　　B. 分度圆直径　　C. 模数　　　　　D. 压力角

141. 用游标齿厚卡尺测量蜗杆齿厚时，游标齿厚卡尺的测量面应与蜗杆牙侧面（　　）。

A. 平行　　　　　　B. 垂直　　　　　C. 倾斜　　　　　D. 相交

142. 在机械传动中，蜗杆跟蜗轮啮合（即蜗杆副），常用于两轴在空间交错成（　　）的运动。

A. <90°　　　　　　B. 90°　　　　　C. >90°　　　　　D. 任意角

143. 为了提高蜗杆测量精度，可将齿厚偏差换算成量针测量距偏差，用三针测量法来测量，当 $\alpha = 20°$ 时，其换算式为 $\Delta M = $（　　）$\Delta s$。

A. 1.732　　　　　B. 2.7475　　　　C. 3.8660　　　　D. 4.638

144. 当蜗杆螺旋升角（　　）时，在万能工具显微镜上可以直接测量出齿形误差，也可分别测量出齿形角偏差和齿面形状误差。

A. $\lambda < 12°$　　　　B. $\lambda = 12°$　　　C. $\lambda > 12°$　　　D. 任意角度

145. 当蜗杆螺旋升角（   ）时，蜗杆齿形误差可在万能测量投影仪上测量。

A. $\lambda < 12°$　　　B. $\lambda = 12°$　　　C. $\lambda > 12°$　　　D. 任意角度

146. 阿基米德螺旋线的螺杆是（   ）蜗杆。

A. 轴向直廓　　　B. 法向直廓　　　C. ZN 蜗杆　　　D. TX 蜗杆

147. 测量蜗杆分度圆直径比较精确的方法是（   ）蜗杆。

A. 单针测量法　　　B. 齿厚双针测量法　　　C. 三针测量法　　　D. 通用量具

148. 锥齿轮齿厚、齿距的检测部位在齿的（   ）上。

A. 大端背锥　　　　　　　　　　　B. 小端面锥

C. 中部　　　　　　　　　　　　　D. 大端背锥或齿中部

149. 锥齿轮的轮齿分布在（   ）上。

A. 平面　　　B. 曲面　　　C. 圆柱面　　　D. 圆锥面

150. 锥齿轮轴线与根锥素线的夹角 δ_f 称为（   ）。

A. 节锥角　　　B. 切削角　　　C. 顶锥角　　　D. 根锥角

151. （   ）不属于热处理零件的质量检验项目。

A. 金属组织结构　　　B. 附着力　　　C. 变形量　　　D. 力学性能

152. 锥齿轮的齿顶高、齿根高、全齿高和顶隙的含义与直齿圆柱齿轮相同，但应在锥齿轮大端与（   ）垂直的平面内测量。

A. 顶锥素线　　　B. 分锥半径　　　C. 工件轴线　　　D. 根锥半径

153. 分锥顶点沿分锥素线至背锥的距离称为（   ）。

A. 锥距　　　B. 齿距　　　C. 齿高　　　D. 齿厚

154. 零件热处理后，需对零件的外观质量进行检验，外观检验主要是以目测为主，（   ）不属于外观检验的内容。

A. 尺寸检验　　　B. 表面损伤　　　C. 表面腐蚀　　　D. 表面氧化

155. 若锥齿轮需测量小端分度圆弦齿厚 $\bar{s}_i$，可由大端弦齿厚 $\bar{s}$ 和分锥半径 R、齿宽 b 计算等到 $\bar{s}_i = $（   ）。

A. $\dfrac{R-b}{R}\bar{s}$　　　B. $\dfrac{R+b}{R}\bar{s}$　　　C. $\dfrac{b}{R}\bar{s}$　　　D. $\dfrac{R}{b}\bar{s}$

156. 锥齿轮的齿厚尺寸由小端至大端逐渐（   ），齿形渐开线由小端至大端逐趋（   ）。

A. 增大，弯曲　　　B. 增大，平直　　　C. 减小，弯曲　　　D. 减小，平直

157. 一对相互啮合的锥齿轮，其中有两个圆锥面正好相切，这两个圆锥称为（   ）。

A. 顶锥　　　B. 节锥　　　C. 根锥　　　D. 背锥

158. 有一个 $m = 3\,\mathrm{mm}$，$z = 30$，$\delta = 45°$ 的锥齿轮，其齿顶圆直径 $d_a = $（   ）mm。

A. $90 + 3\sqrt{2}$　　　B. $90 - 3\sqrt{2}$　　　C. $90 + 3.6\sqrt{2}$　　　D. $90 - 3.6\sqrt{2}$

159. 布氏硬度试验是压入法之一，主要用于检验退火、正火和调质处理的零件以及铸件、锻件、有色金属和型材等的硬度，布氏硬度测定法主要用于测定布氏硬度小于

（　　）HBW 的金属半成品。

A. 350　　　　　　　B. 450　　　　　　　C. 500　　　　　　　D. 550

160. 节锥齿线上某一点的切线与过该点的节锥素线之间的夹角称为（　　）。

A. 节锥角　　　　　B. 根锥角　　　　　C. 锥顶角　　　　　D. 螺旋角

161. 生产中，常用（　　）测量齿距误差。

A. 万能测齿仪　　　　　　　　　　B. 坐标测量机

C. 万能工具显微镜　　　　　　　　D. 万能齿轮测量机

162. 万能测齿仪的分度值为（　　）。

A. 0.001mm　　　　　B. 0.002mm　　　　C. 0.005mm　　　　D. 0.01mm

163. 锥齿轮啮合质量的检验，应包括（　　）的检验。

A. 侧隙和接触斑点　　　　　　　　B. 侧隙和圆跳动

C. 接触斑点和圆跳动　　　　　　　D. 侧隙、接触斑点和圆跳动

164. 蜗杆和蜗轮的尺寸和参数都是在主平面内计算的，在主平面剖面中，蜗杆相当于（　　），蜗轮相当于齿轮。

A. 齿条　　　　　　B. 螺杆　　　　　　C. 光杠　　　　　　D. 丝杠

165. 在（　　）试验中，为了测定不同硬度的材料，需采用不同形式的压头和规定的试验力相配合。生产上常用的是 A、B、C 三级标度的（　　）。

A. 洛氏硬度　　　　　B. 布氏硬度　　　　C. 肖氏硬度　　　　D. 里氏硬度

166. 圆盘凸轮的（　　）是指凸轮工作曲线最高点和最低点对凸轮基圆中心距离之差。

A. 升高率　　　　　　　　　　　　B. 导程

C. 升高量　　　　　　　　　　　　D. 工作型面中心角

167. 凸轮旋转一个单位角度时，从动件上升或下降的距离称为（　　）。

A. 升高率　　　　　　　　　　　　B. 导程

C. 升高量　　　　　　　　　　　　D. 工作型面中心角

168. 圆柱端面凸轮一般用（　　）。

A. 法向直廓等速螺旋面　　　　　　B. 直线等速螺旋面

C. 法向直廓加速螺旋面　　　　　　D. 直线加速螺旋面

169. 凸轮根据用途不同可分为圆盘凸轮、（　　）、圆锥凸轮、滑板凸轮四种。

A. 圆柱凸轮　　　　　B. 长形凸轮　　　　C. 渐开线凸轮　　　　D. 曲线凸轮

170. 平板凸轮可在（　　）上测量。

A. 凸轮测量机　　　　　　　　　　B. 万能测齿仪

C. 坐标测量机　　　　　　　　　　D. 万能工具显微镜

171. 圆锥凸轮的升程可在（　　）上测量。

A. 凸轮测量机　　　　　　　　　　B. 万能工具显微镜

C. 万能测齿仪　　　　　　　　　　D. 坐标测量机

172. 箱体的孔轴线与端面的垂直度可用检验心轴和直角尺或垂直度（　　）检验。

A. 量块　　　　　　　B. 塞规　　　　　　C. 圆棒　　　　　　D. 卡尺

173. 如用检验心轴能自由通过同轴线的各孔，则表明箱体的各孔的（　　　）符合要求。

A. 平行度　　　　　　B. 对称度　　　　　C. 同轴度　　　　　D. 垂直度

174. 用测量心轴和外径千分尺测量箱体两孔轴线距，其轴线距 A 的计算公式为 $A =$（　　　），式中：l 为两孔测量心轴外素线之间的距离，d_1、d_2 分别为测量心轴 1、2 的直径。

A. $\dfrac{l + (d_1 + d_2)}{2}$　　B. $l + (d_1 + d_2)$　　C. $\dfrac{l - (d_1 + d_2)}{2}$　　D. $l - (d_1 + d_2)$

175. 用测量心轴检验工件上两孔轴线的平行度误差的计算公式为（　　　），式中：L_1 为被测轴线长度（或给定长度），L_2 为测量长度，M_1、M_2 分别为测量长度两端指示器的读数值。

A. $f = \dfrac{L_1}{L_2} \mid M_1 - M_2 \mid$　　　　　　　　B. $f = \dfrac{L_1}{L_2} \mid M_1 + M_2 \mid$

C. $f = \dfrac{L_2}{L_1} \mid M_1 - M_2 \mid$　　　　　　　　D. $f = \dfrac{L_2}{L_1} \mid M_1 + M_2 \mid$

176. 数控机床几何精度检查时，首先应进行（　　　）。

A. 连续空运行试验　　　　　　　　B. 安装水平的检查与调整

C. 环境温度的控制　　　　　　　　D. 坐标精度检测

177. 导轨在垂直平面内的（　　　）误差，通常用方框水平仪进行检测。

A. 平行度　　　　　　B. 垂直度　　　　　C. 直线度　　　　　D. 同轴度

178. 导轨垂直度误差的检测方法有（　　　）。

A. 直角尺打表法　　　　　　　　　B. 回转校表法

C. 框式水平仪法　　　　　　　　　D. A、B、C 都是

179. 检测车床导轨的垂直平面内的直线度误差时，由于车床导轨中间部分使用机会多，因此规定导轨中部允许（　　　）。

A. 凸起　　　　　　　B. 凹下　　　　　　C. 扭转　　　　　　D. 断开

180. 测量中等长度尺寸的导轨在垂直平面内的直线度误差时，采用（　　　）法较合适。

A. 光线基准　　　　　B. 实物基准　　　　C. 间接测量　　　　D. 节距

181. 一般机床导轨的直线度误差为（　　　）mm/100mm。

A. 0.01 ~ 0.02　　　B. 0.015 ~ 0.02　　C. 0.02 ~ 0.04　　D. 0.02 ~ 0.05

182. 水平仪在全部测量长度上读数的（　　　）就是检验床身导轨平行度的误差值。

A. 最大代数差值　　　B. 最小代数差值　　C. 代数差值的一半　　D. 代数和

183. 检验机床的平行度时，指示表读数的最大差值即是平行度误差的是（　　　）。

A. 主轴轴线对纵滑板移动的平行度误差

B. 尾座套筒轴线对纵滑板移动的平行度误差

C. 尾座套筒锥孔轴线对纵滑板移动的平行度误差

D. 刀架移动对主轴轴线的平行度误差

184. 用指示器和检验棒检测数控车床主轴锥孔轴线的径向圆跳动误差时，应将检验棒相对主轴依次旋转（   ）并重复检验四次。

A. 45°　　　　　　B. 60°　　　　　　C. 90°　　　　　　D. 180°

185. 用指示器和检验棒检测数控车床主轴锥孔轴线的径向圆跳动误差时，重复测量四次，测量结果应取（   ）。

A. 最大值　　　　　　　　　　　　B. 最小值

C. 最大和最小值之差　　　　　　　D. 平均值

186. 为消除主轴锥孔轴线径向圆跳动误差检测时检验棒误差对测量的影响，可将检验棒相对主轴每隔（   ）插入一次进行检验，其平均值就是径向圆跳动误差。

A. 90°　　　　　　B. 180°　　　　　C. 360°　　　　　D. 270°

187. 用带有检验圆盘的测量心棒插入孔内，用着色法检验圆盘与端面的接触情况，即可确定孔轴线与端面的（   ）误差。

A. 垂直度　　　　B. 平面度　　　　C. 圆跳动　　　　D. 同轴度

188. 工件圆柱素线与轴线的（   ）是通过带着刀架移动的导轨和带着工件转动的主轴轴线的相互位置来保证的。

A. 直线度　　　　B. 圆柱度　　　　C. 平行度　　　　D. 垂直度

189. 检验主轴（   ）的方法是，把指示表固定在机床上，使其测头垂直触及圆柱（圆锥）轴颈表面。沿主轴轴线加个力，旋转主轴进行检验。指示表读数的最大差值，就是该项目的误差。

A. 轴向窜动　　　　　　　　　　　B. 轴肩支承面的圆跳动

C. 定心轴颈的径向圆跳动　　　　　D. 直线度

190. 卧式车床床身导轨在垂直平面内的直线度属于机床的（   ）。

A. 几何精度　　　B. 工作精度　　　C. 位置精度　　　D. 设备精度

191. 车床的几何精度检验项目多达（   ）种。

A. 近十　　　　　B. 十几　　　　　C. 几十　　　　　D. 八

192. 车床主轴的径向圆跳动和轴向窜动属于（   ）精度项目。

A. 几何　　　　　B. 工作　　　　　C. 运动　　　　　D. 设备

193. 卧式车床的工作精度检验项目主要有（   ）种。

A. 2　　　　　　　B. 3　　　　　　　C. 4　　　　　　　D. 5

194. 车床主轴轴线与床鞍导轨平行度误差超差会引起加工工件外圆的（   ）误差超差。

A. 圆度　　　　　B. 圆跳动　　　　C. 圆柱度　　　　D. 直线度

195. 工件外圆的圆度误差超差与（   ）无关。

A. 主轴前、后轴承间隙过大　　　　B. 主轴轴颈的圆度误差过大

C. 主轴的轴向窜动　　　　　　　　D. 主轴精度

196. 主轴的轴向窜动太大时，工件外圆表面上会有（　　）波纹。

A. 混乱的振动　　　B. 有规律的　　　C. 螺旋状　　　D. 圆形

197. 铸件检验中，浇注检验的内容不包括（　　）。

A. 用专用测具检查蜡模的几何形状和指定的重要尺寸

B. 检查铸型和脱碳剂

C. 查看出炉温度和浇注温度

D. 查看力学性能和化学分析试样的浇注是否符合要求

198. 锻造件锻造时的检验内容与方法中不正确的是（　　）。

A. 核查工艺技术资料是否齐全

B. 检查工、模具的合格证和安装情况

C. 检查锻造时执行工艺纪律情况

D. 抽查锻造成品合格率

199. 焊接产品在结构设计和装配质量的检验中可以不考虑（　　）。

A. 按图样检查各部分尺寸及相对位置

B. 检查点装焊缝的合理性

C. 检查是否留有适当的无损检测所需的空间位置及探测面

D. 焊接规范

200. 需镀硬铬的零件，其表面粗糙度不应低于 Ra（　　）μm，并且不应带有毛刺、麻点、凹坑和锐边。

A. 1.6　　　B. 3.2　　　C. 6.3　　　D. 1.6

201. 现需测定调质钢的硬度，一般应选用（　　）。

A. 布氏硬度计　　B. 洛氏硬度计　　C. 维氏硬度计　　D. 邵氏硬度计

202. （　　）是无损探伤方法中应用较早的一种方法，它可以用来检测铁磁性材料表面或近表面的缺陷。

A. 磁粉探伤　　　B. 超声波探伤　　　C. X光检测　　　D. 渗透检验

203. 用锥顶角为120°的金刚石压头的硬度试验，属于洛氏硬度试验。工厂中广泛使用的是 C 标尺，其标记代号为（　　）。

A. HRA　　　B. HRB　　　C. HRC　　　D. HBW

204. HRC 以测得的压痕（　　）表示其硬度值。

A. 直径　　　B. 面积　　　C. 深度　　　D. 角度

205. 布氏硬度与洛氏硬度是可以换算的。在常用范围内，布氏硬度近似等于洛氏硬度值的（　　）倍。

A. 5　　　B. 10　　　C. 20　　　D. 50

206. 热处理件检验硬度的位置应根据图样或有关技术工艺资料确定。在规定的件检验不少于三点，硬度不均匀性应在要求范围以内。当用（　　）检验硬度时，必须注意锉痕位置，应不影响零件的最后精度。

A. 洛氏硬度计　　B. 锉刀　　　C. 维氏硬度计　　D. 砂轮机

207. 为保证刀具刃部性能的要求，用工具钢制造的刀具最终要进行（　　）。

A. 淬火 　　　　　　　　　　　　　　　B. 调质

C. 淬火 + 低温回火 　　　　　　　　　　D. 渗碳 + 淬火 + 低温回火

208. 在一定条件下，HBW 与 HRC 可以查表互换。其换算公式可大概记为：1HRC ≈（　　）HBW。

A. 1/2 　　　　　B. 1/5 　　　　　C. 1/10 　　　　　D. 1/20

209. 检验硬度的锉刀，应选用中细齿半圆锉刀或圆锉刀。锉刀是用（　　）工具钢经淬火、回火后制成不同硬度的专用标准锉刀，从高硬度到低硬度分成组，标定其硬度，将硬度值打印在锉刀上，以备用来检验不同硬度的零件。

A. T12A 或 T13A 　　B. T12A 　　　　C. T13A 　　　　D. 高碳钢

210. 以特定单位表示线性尺寸的数值称为（　　）。

A. 公称尺寸 　　　B. 实际尺寸 　　　C. 极限尺寸 　　　D. 尺寸

211. 通过应用上、下极限偏差可算出极限尺寸的尺寸称为（　　）。

A. 公称尺寸 　　　B. 实际尺寸 　　　C. 实体尺寸 　　　D. 理想尺寸

212. 硬度低于 450HBW 的材料或工件，如退火、正火、调质件，有色金属和（　　）较差的材料以及铸件、轴承合金等，应选用布氏硬度法测定。

A. 组织均匀性 　　B. 组织结构 　　　C. 内部硬度 　　　D. 表面硬度

213. 通过测量后获得的某一孔、轴的尺寸称为（　　）。

A. 设计尺寸 　　　B. 实际尺寸 　　　C. 实体尺寸 　　　D. 理想尺寸

214. 高硬度的材料和工件（大于 450HBW），如淬火、回火钢件等，应采用洛氏硬度（　　）。

A. HRA 　　　　　B. HRC 　　　　　C. HRB 　　　　　D. HRD

215. 高硬度的材料和工件（大于 450HBW）及对硬度特别高的材料，如碳化物、硬质合金等应选用洛氏硬度（　　）。

A. HRA 　　　　　B. HRB 　　　　　C. HRC 　　　　　D. HRD

216. 硬度值较低（60～230HBW）的工件，若其表面不允许存在较大的布氏硬度压痕，则可选用洛氏硬度（　　）测定。

A. HRA 　　　　　B. HRD 　　　　　C. HRC 　　　　　D. HRB

217. 允许尺寸变化的两个界限值称为（　　）。

A. 公称尺寸 　　　B. 实际尺寸 　　　C. 极限尺寸 　　　D. 限制尺寸

218. 对于薄形材料或工件、表面薄层硬化件以及电镀层等，应选用表面洛氏硬度计或维氏硬度计测定；无法用布氏或洛氏（HRB）硬度计测定的大型工件，可用锤击式（　　）计测定。

A. 洛氏硬度 　　　B. 布氏硬度 　　　C. 维氏硬度 　　　D. 肖氏硬度

219. （　　）是将热处理后的零件用锤击法或冷切、热切法割断，磨光其断面，制成断口试样，并用酸或特殊的浸蚀剂浸蚀后，用肉眼和放大镜进行观察，或用 200 倍以下的双筒显微镜和立体显微镜来初步研究断口显微组织的一般状况。

A. 金相检验　　　　B. 力学试验　　　　C. 断口检验　　　　D. 化学检验

220. （　　）是一种评价材料或构件损伤的动态无损检验诊断技术。它是通过对声发射信号的处理和分析评价不合格的发生和发展规律，并确定不合格位置的。

A. 声发射技术　　B. 噪声检验诊断　　C. 超声检验诊断　　D. 微波检验诊断

221. 涡流检验诊断（　　）是以电磁感应为基础的无损检验技术，只适用于导电材料，因此，主要应用于金属材料和少数非金属材料（如石墨、碳纤维复合材料等）的无损检验。

A. 涡流检验诊断　　B. 噪声检验诊断　　C. 超声检验诊断　　D. 微波检验诊断

222. 在国家标准中用表格列出的，用以确定公差带大小的任一公差称为（　　）。

A. 标准公差　　　　B. 等级公差　　　　C. 实际公差　　　　D. 尺寸公差

223. （　　）使用的射线主要是 X 射线、γ 射线和其他射线。射线检验诊断成像主要有实时成像技术、CT 技术等。

A. 射线检验诊断　　B. 噪声检验诊断　　C. 超声检验诊断　　D. 涡流检验诊断

224. 材料热处理时，首先应知道材料的化学成分。测定化学成分的方法很多，其中钢的（　　）及光谱分析是钢材检验中常用的方法。

A. 力学检验　　　　B. 金相检验　　　　C. 火花检验　　　　D. 超声检验

225. 通过（　　）分析，可以显示金属中的各种组织和特性，发现缺陷产生的原因和类型，如钢材的夹杂物、带状组织、碳化物的不均匀性、晶粒度、脱碳层、渗碳层、氮化层、氰化层及各种金相组织。

A. 力学检验　　　　B. 金相显微　　　　C. 超声检验　　　　D. 涡流检验

226. 与被测要素有关且用来确定其（　　）关系的一个几何拟合（理想）要素，可由零件的一个或多个要素组成。

A. 形状　　　　　　B. 位置　　　　　　C. 形状和位置　　　　D. 几何位置

227. 由于基准要素必然存在着加工误差，因此在建立基准时应对基准要素规定适当的（　　）公差。

A. 尺寸　　　　　　B. 形状　　　　　　C. 形位　　　　　　D. 几何

228. 零件的几何误差是指被测要素相对（　　）的变动量。

A. 理想要素　　　　B. 实际要素　　　　C. 基准要素　　　　D. 关联要素

229. 几何公差带的形状决定于（　　）。

A. 几何公差特征项目

B. 几何公差标注形式

C. 被测要素的理想形状

D. 被测要素的理想形状、几何公差特征项目和标注形式

230. 形状公差一般说来（　　）位置公差。

A. 大于　　　　　　B. 小于　　　　　　C. 等于　　　　　　D. 不确定

231. 直线度公差属于（　　）。

A. 形状公差　　　　B. 位置公差　　　　C. 方向公差　　　　D. 跳动公差

232. 平行度公差属于（　　　）。

A. 形状公差　　　　B. 位置公差　　　　C. 方向公差　　　　D. 跳动公差

233. 平面度公差属于（　　　）。

A. 形状公差　　　　B. 位置公差　　　　C. 方向公差　　　　D. 跳动公差

234. 同轴度公差属于（　　　）。

A. 定向公差　　　　B. 定位公差　　　　C. 跳动公差　　　　D. 形状公差

235. 位置度公差属于（　　　）。

A. 形状公差　　　　B. 位置公差　　　　C. 方向公差　　　　D. 跳动公差

236. 全跳动公差属于（　　　）。

A. 形状公差　　　　B. 位置公差　　　　C. 方向公差　　　　D. 跳动公差

237. 垂直度公差属于（　　　）。

A. 形状公差　　　　B. 位置公差　　　　C. 方向公差　　　　D. 跳动公差

238. 属于形状公差的是（　　　）公差。

A. 面轮廓度　　　　B. 垂直度　　　　C. 同轴度　　　　D. 平行度

239. 倾斜度公差属于位置公差中的（　　　）公差。

A. 定位　　　　B. 定向　　　　C. 跳动　　　　D. 位置

240. 直线度公差是指实际被测要素对理想直线的（　　　）。

A. 允许变动量　　B. 符合程度　　　C. 偏离程度　　　D. 拟合程度

241. 同要素的圆度公差比尺寸公差（　　　）。

A. 小　　　　B. 大　　　　C. 相等　　　　D. 都可以

242. 当几何公差带为圆形或圆柱形时，公差值前面加（　　　）。

A. "ϕ"　　　　B. "S"　　　　C. "R"　　　　D. "$S\phi$"

243. 当几何公差带为球形时，公差值前面加（　　　）。

A. "ϕ"　　　　B. "S"　　　　C. "R"　　　　D. "$S\phi$"

244. 构成零件几何特征的点、线和面统称为（　　　）。

A. 要素　　　　B. 要素值　　　　C. 图形　　　　D. 图样

245. 给出了形状或位置公差的点、线、面称为（　　　）要素。

A. 理想　　　　B. 被测　　　　C. 基准　　　　D. 实际

246. 标准规定形状和位置公差共有（　　　）个项目。

A. 12　　　　B. 20　　　　C. 14　　　　D. 19

247. 几何公差共有（　　　）个项目。

A. 12　　　　B. 14　　　　C. 16　　　　D. 19

248. 定位公差包括（　　　）个项目。

A. 3　　　　B. 6　　　　C. 8　　　　D. 10

249. 定向公差包括（　　　）个项目。

A. 3　　　　B. 5　　　　C. 8　　　　D. 10

250. 标准规定位置公差有（　　　）种。

A. 8　　　　　　　　B. 6　　　　　　　　C. 3　　　　　　　D. 4

251. 在图样上形位公差框格应该（　　）放置。

A. 垂直　　　　　　B. 倾斜　　　　　　C. 水平　　　　　　D. 垂直或水平

252. 如被测要素为轴线，标注几何公差时，指引线箭头应（　　）。

A. 与确定中心要素的轮廓线对齐

B. 与确定中心要素的尺寸线对齐

C. 与确定中心要素的尺寸线错开

D. 都不对

253. 基准代号不管处于什么方向，圆圈内字母应（　　）书写。

A. 水平　　　　　　B. 垂直　　　　　　C. 任意　　　　　　D. 倾斜

254. 标注（　　）时，被测要素与基准要素间的夹角是不带偏差的理论正确角度，标注时要带方框。

A. 平行度　　　　　B. 倾斜度　　　　　C. 垂直度　　　　　D. 同轴度

◆◆◆ 技能要求试题

　　检验人员的技能检测考核与其他工种的考核要求有较大的区别：①检验人员在考场得到的检测图样，无公称尺寸，它是用字母代替的，为了考核检验人员选择量具的正确性，提供了公差要求，由检验人员根据公差判断选择量具；②在检测量具的提供中，有些量具可能不用，只是供检验人员挑选使用；③为了使承担考试的单位好备料，提供两套图样，一套是加工用图样，一套是检测人员用图样；④检验人员考试（考核）结束后，由高级技师对考核件进行检测并提供参考标准，再由考评员（评审员）最终确定标准答案。

　　考核前，将考核用件进行编号，并要求考核人员在答卷上记录考件号，以便今后评分用。配分情况：对于不同级别的检验工有不同的要求，中级工一般考核两个工件，几何尺寸和几何公差项目大约30项，考试时间为2.5～3h；高级工考核三个工件，几何尺寸和几何公差项目大约40项，考核项目涉及面比中级要多，考试时间为3.5～4h；技师考核三或四个工件，几何尺寸和几何公差项目大约45项，考核项目涉及面比高级工要多，考试时间为4～4.5h；高级技师考核四个工件，几何尺寸和几何公差项目大约50项，考核项目涉及面比技师要多，考试时间为4.5～5h；配分不论几个工件，总分为100分。

　　说明：

　　1）在下列试题中，检测项目中的 d 一般代表外直径，D 一般代表内直径，L 代表长度尺寸，角度一般用希腊字母表示。

　　2）以下检测项目及评分表中所列检测项目与图中的对应关系有差异，不是一一对应的，仅为出题考核项目时参考；检测项目的公差，一方面是提供参试者正确选择量具用，另一方面是考评人员对参试者正确选用量具评分的依据；所以表中的公差值与图中的公差值会有不同。

一、检测曲轴

1. 图样技术要求

考件为车削加工的三拐曲轴（图1），材料为45热圆轧钢。径向：外径用 d、内径用 D 表示，轴向长度用 L 表示，角度用 α 加角标表示（由左到右，由上到下），下同。

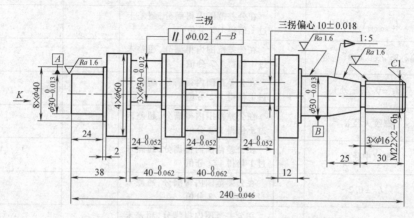

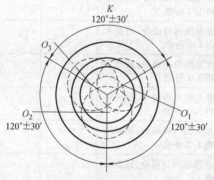

技术要求

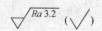

1. 锥度1:5用圆锥环规涂色检验，接触面积≥70%。
2. 锐角倒角 $C0.5$。

图1　三拐曲轴

2. 检测项目及评分要求（表1）

表1　检测项目及评分要求

序号	检测项目	配分	评定标准	实测结果	使用量具及检测方法	得分
1	$d_1{}^{\ 0}_{-0.013}$（两处）		在公差范围内得满分,超差未过1倍得1/2分值			

（续）

序号	检测项目	配分	评定标准	实测结果	使用量具及检测方法	得分
2	$d_2 \pm 0.3$（八处）		在公差范围内得满分，超差未过1倍得1/2分值			
3	$d_3 \pm 0.3$（四处）		在公差范围内得满分，超差未过1倍得1/2分值			
4	$d_4{}^{0}_{-0.012}$（三处）		在公差范围内得满分，超差未过1倍得1/2分值			
5	偏心距 $e \pm 0.018$（三处）		在公差范围内得满分，超差未过1倍得1/2分值			
6	$d_5 \pm 0.2$（三处）		在公差范围内得满分，超差未过1倍得1/2分值			
7	螺纹大径 d_7		在公差范围内得满分，超差未过1倍得1/2分值			
8	螺纹中径 d_8		在公差范围内得满分，超差未过1倍得1/2分值			
9	$L_1 \pm 0.2$		在公差范围内得满分，超差未过1倍得1/2分值			
10	$L_2 \pm 0.1$		在公差范围内得满分，超差未过1倍得1/2分值			
11	$L_3 \pm 0.3$		在公差范围内得满分，超差未过1倍得1/2分值			
12	$L_4{}^{0}_{-0.052}$（三处）		在公差范围内得满分，超差未过1倍得1/2分值			
13	$L_5{}^{0}_{-0.062}$（两处）		在公差范围内得满分，超差未过1倍得1/2分值			
14	$L_6 \pm 0.2$		在公差范围内得满分，超差未过1倍得1/2分值			
15	$L_7 \pm 0.2$		在公差范围内得满分，超差未过1倍得1/2分值			
16	$L_8 \pm 0.2$		在公差范围内得满分，超差未过1倍得1/2分值			
17	$L_9{}^{0}_{-0.046}$		在公差范围内得满分，超差未过1倍得1/2分值			
18	$\alpha \pm 30'$		在公差范围内得满分，超差未过1倍得1/2分值			
19	$\phi30$ 对基准 $A—B$ 的平行度为 $\phi0.02$（三处）		在公差范围内得满分，超差未过1倍得1/2分值			
20	表面粗糙度值 $Ra1.6\mu m$（四处）		在公差范围内得满分，超差未过1倍得1/2分值			
21	1:5 锥度		用圆锥环规涂色检验，接触面积≥70%满分			
	扣分理由			分值	合计总分	

3. 检测量具准备（表 2）

（高级）工、钳修钳工

表 2　检测量具准备

序号	名　　称	规　　格	分度值	数量
1	外径千分尺	0 ~ 25mm	0.01mm	一把
2	数显外径千分尺	25 ~ 50mm	0.001mm	一把
3	外径千分尺	50 ~ 75mm	0.01mm	一把
4	游标卡尺	0 ~ 150mm	0.02mm	一把
5	游标卡尺	0 ~ 300mm	0.02mm	一把
6	游标深度卡尺	0 ~ 200mm	0.02mm	一把
7	平板	500mm × 500mm		一块
8	V 形架	1 级		一套
9	百分表及表座、表架	百分表 1 ~ 3mm	0.01mm	一套
10	杠杆百分表	0 ~ 0.8mm	0.01mm	一块
11	游标高度卡尺	0 ~ 300 mm（可装杠杆百分表）	0.02mm	一把
12	量块		83 块	一套
13	前后带顶尖支架的检验平台			一个
14	三针	1.157mm		一套
15	1:5 锥度环规			一个
	辅件	棉纱等		

二、检测叉类

1. 图样技术要求

拨叉零件技术要求如图 2 所示。

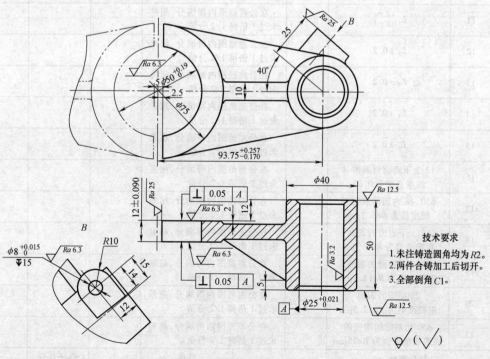

图 2　拨叉

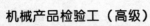

2. 检测项目及评分要求（表3）

表3　检测项目及评分要求

序号	检测项目	配分	评 定 标 准	实测结果	使用量具及 检测方法	得分
1	$d_1 \pm 0.090$		在公差范围内得满分，超差 未过1倍得1/2分值			
2	$d_2 \pm 0.1$		在公差范围内得满分，超差 未过1倍得1/2分值			
3	$d_3 \pm 0.2$		在公差范围内得满分，超差 未过1倍得1/2分值			
4	$d_4 \pm 0.2$		在公差范围内得满分，超差 未过1倍得1/2分值			
5	$d_5 \pm 0.3$		在公差范围内得满分，超差 未过1倍得1/2分值			
6	$D_1 {}^{+0.021}_{0}$		在公差范围内得满分，超差 未过1倍得1/2分值			
7	$D_2 \pm 0.3$		在公差范围内得满分，超差 未过1倍得1/2分值			
8	$D_3 {}^{+0.19}_{0}$		在公差范围内得满分，超差 未过1倍得1/2分值			
9	$D_4 \pm 0.3$		在公差范围内得满分，超差 未过1倍得1/2分值			
10	$D_5 {}^{+0.015}_{0}$		在公差范围内得满分，超差 未过1倍得1/2分值			
11	$L_1 {}^{-0.170}_{-0.257}$		在公差范围内得满分，超差 未过1倍得1/2分值			
12	$L_2 \pm 0.2$		在公差范围内得满分，超差 未过1倍得1/2分值			
13	$L_3 \pm 0.2$		在公差范围内得满分，超差 未过1倍得1/2分值			
14	$L_4 \pm 0.2$		在公差范围内得满分，超差 未过1倍得1/2分值			
15	$L_5 \pm 0.2$		在公差范围内得满分，超差 未过1倍得1/2分值			
16	12上下表面对基准A 的垂直度为0.05		在公差范围内得满分，超差 未过1倍得1/2分值			
17	$\phi50$、$\phi8$ 内圆的表面粗 糙度值为$Ra6.3\mu m$		在公差范围内得满分，超差 未过1倍得1/2分值			
18	12上下表面的表面 粗糙度值为$Ra6.3\mu m$		在公差范围内得满分，超差 未过1倍得1/2分值			
19	50上下表面的表面 粗糙度值为$Ra12.5\mu m$		在公差范围内得满分，超差 未过1倍得1/2分值			
20	25端面的表面 粗糙度值为$Ra12.5\mu m$		在公差范围内得满分，超差 未过1倍得1/2分值			
21	$\phi50$ 切割后的端面的 表面粗糙度值为$Ra25\mu m$		在公差范围内得满分，超差 未过1倍得1/2分值			
	扣分理由		分值		合计总分	

3. 检测量具准备（表4）

表4　检测量具准备

序号	名　称	规　格	分度值	数量
1	外径千分尺	0～25mm	0.01mm	一把
2	外径千分尺	25～50mm	0.01mm	一把
3	外径千分尺	50～75mm	0.01mm	一把
4	内径量表	18～35mm	0.01mm	一把
5	内测千分尺	5～30mm	0.01mm	一把
6	游标卡尺	0～150mm	0.02mm	一把
7	深度千分尺	0～200mm	0.01mm	一把
8	平板	500mm×500mm		一块
9	V形架	1级		一套
10	百分表及表座、表架	百分表1～3mm	0.01mm	一套
11	杠杆百分表	0～0.8mm	0.01mm	一块
12	游标高度卡尺	0～300mm（可装杠杆百分表）	0.02mm	一把
13	100mm宽座直角尺	0级		一把
14	ϕ25mm 圆柱			一个
15	可调支承千斤顶			若干
	辅件	棉纱等		

三、检测锥齿轮

1. 图样技术要求
锥齿轮零件技术要求如图3所示。

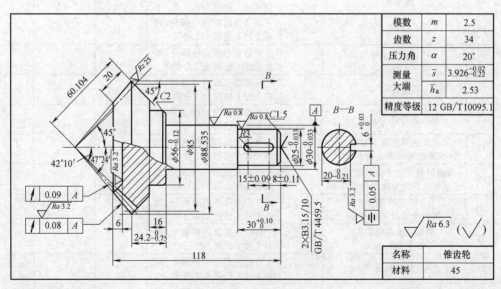

模数	m	2.5
齿数	z	34
压力角	α	20°
测量大端	$\bar{s}$	$3.926^{-0.02}_{-0.22}$
	$\overline{h}_a$	2.53
精度等级		12 GB/T10095.1

名称	锥齿轮
材料	45

图3　锥齿轮

2. 检测项目及评分要求（表5）

表5　检测项目及评分要求

序号	检测项目	配分	评定标准	实测结果	使用量具及检测方法	得分
1	$d_1{}_{-0.12}^{\ \ 0}$		在公差范围内得满分，超差未过1倍得1/2分值			
2	分度圆直径 $d_2 \pm 0.3$		在公差范围内得满分，超差未过1倍得1/2分值			
3	大端齿顶圆直径 $d_3 \pm 0.3$		在公差范围内得满分，超差未过1倍得1/2分值			
4	$d_4{}_{-0.033}^{\ \ 0}$		在公差范围内得满分，超差未过1倍得1/2分值			
5	$d_5{}_{-0.033}^{\ \ 0}$		在公差范围内得满分，超差未过1倍得1/2分值			
6	锥距 $L_1 \pm 0.3$		在公差范围内得满分，超差未过1倍得1/2分值			
7	齿宽 $L_2 \pm 0.2$		在公差范围内得满分，超差未过1倍得1/2分值			
8	$L_3{}_{-0.75}^{\ \ 0}$		在公差范围内得满分，超差未过1倍得1/2分值			
9	$L_4 \pm 0.5$		在公差范围内得满分，超差未过1倍得1/2分值			
10	$L_5 \pm 0.2$		在公差范围内得满分，超差未过1倍得1/2分值			
11	$L_6{}_{0}^{+0.10}$		在公差范围内得满分，超差未过1倍得1/2分值			
12	$L_7 \pm 0.09$		在公差范围内得满分，超差未过1倍得1/2分值			
13	$L_8 \pm 0.11$		在公差范围内得满分，超差未过1倍得1/2分值			
14	$L_9 \pm 0.3$		在公差范围内得满分，超差未过1倍得1/2分值			
15	槽宽 $b{}_{0}^{+0.03}$		在公差范围内得满分，超差未过1倍得1/2分值			
16	$h{}_{-0.21}^{\ \ 0}$		在公差范围内得满分，超差未过1倍得1/2分值			
17	齿厚 $S{}_{-0.22}^{-0.02}$		在公差范围内得满分，超差未过1倍得1/2分值			
18	齿轮齿顶圆锥面对基准 A 的跳动误差为0.08		在公差范围内得满分，超差未过1倍得1/2分值			
19	键槽两侧面的中心平面相对于基准 A 的对称度误差为0.05		在公差范围内得满分，超差未过1倍得1/2分值			
20	$\phi 30$、$\phi 25$ 表面粗糙度值为 $Ra0.8\mu m$		在公差范围内得满分，超差未过1倍得1/2分值			
21	槽底的表面粗糙度值为 $Ra3.2\mu m$		在公差范围内得满分，超差未过1倍得1/2分值			
22	$Ra6.3\mu m$		在公差范围内得满分，超差未过1倍得1/2分值			
	扣分理由		分值		合计总分	

3. 检测量具准备（表6）

表6　检测量具准备

序号	名　　称	规　　格	分度值	数量
1	外径千分尺	25～50mm	0.01mm	一把
2	外径千分尺	50～75mm	0.01mm	一把
3	游标卡尺	0～150mm	0.02mm	一把
4	深度千分尺	0～200mm	0.01mm	一把
5	齿厚游标卡尺	1～16mm	0.01mm	一把
6	平板	500mm×500mm		一块
7	V形架	1级		一套
8	百分表及表座、表架	百分表1～3mm	0.01mm	一套
9	杠杆百分表	0～0.8mm	0.01mm	一块
10	游标高度卡尺	0～300mm（可装杠杆百分表）	0.02mm	一把
11	量块	83块		一套
12	前后带顶尖支架的检验平台			一个
13	辅件	棉纱等		

四、检测典型刀具——错齿三面刃铣刀

1. 图样技术要求

错齿三面刃铣刀，材料为W18Cr4V，图样技术要求如图4所示。

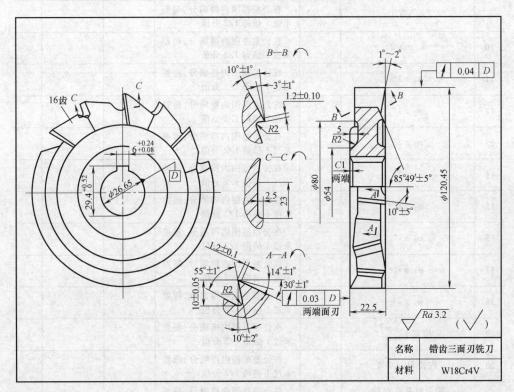

图4　错齿三面刃铣刀

2. 检测项目及评分要求（表7）

表7　检测项目及评分要求

序号	检测项目	配分	评定标准	实测结果	使用量具及检测方法	得分
1	$d_1{}^{+0.52}_{\ 0}$		在公差范围内得满分,超差未过1倍得1/2分值			
2	$d_2 \pm 0.10$		在公差范围内得满分,超差未过1倍得1/2分值			
3	$d_3 \pm 0.2$		在公差范围内得满分,超差未过1倍得1/2分值			
4	$d_4 \pm 0.05$		在公差范围内得满分,超差未过1倍得1/2分值			
5	$d_5 \pm 0.3$		在公差范围内得满分,超差未过1倍得1/2分值			
6	$d_6 \pm 0.3$		在公差范围内得满分,超差未过1倍得1/2分值			
7	$d_7 \pm 0.5$		在公差范围内得满分,超差未过1倍得1/2分值			
8	$L_1 \pm 0.1$		在公差范围内得满分,超差未过1倍得1/2分值			
9	$L_2 \pm 0.1$		在公差范围内得满分,超差未过1倍得1/2分值			
10	$L_3 \pm 0.2$		在公差范围内得满分,超差未过1倍得1/2分值			
11	$\alpha_1 \pm 1°$		在公差范围内得满分,超差未过1倍得1/2分值			
12	$\alpha_2 \pm 1°$		在公差范围内得满分,超差未过1倍得1/2分值			
13	$\alpha_3 \pm 5°$		在公差范围内得满分,超差未过1倍得1/2分值			
14	$\alpha_4 \pm 5°$		在公差范围内得满分,超差未过1倍得1/2分值			
15	$\alpha_5 \pm 1°$		在公差范围内得满分,超差未过1倍得1/2分值			
16	$\alpha_6 \pm 1°$		在公差范围内得满分,超差未过1倍得1/2分值			
17	$\alpha_7 \pm 1°$		在公差范围内得满分,超差未过1倍得1/2分值			
18	$\alpha_8 \pm 2°$		在公差范围内得满分,超差未过1倍得1/2分值			
19	槽宽 $b{}^{+0.24}_{+0.08}$		在公差范围内得满分,超差未过1倍得1/2分值			
20	内径 $D_1 \pm 0.2$		在公差范围内得满分,超差未过1倍得1/2分值			
21	端刃对基准 D 的径向圆跳动误差为 0.03		在公差范围内得满分,超差未过1倍得1/2分值			

（续）

序号	检测项目	配分	评定标准	实测结果	使用量具及检测方法	得分
22	圆周刃对基准 D 的径向圆跳动误差为 0.04		在公差范围内得满分，超差未过 1 倍得 1/2 分值			
23	$Ra3.2\mu m$		在公差范围内得满分，超差未过 1 倍得 1/2 分值			
扣分理由			分值		合计总分	

3. 检测量具准备（表8）

表8　检测量具准备

序号	名　称	规　格	分度值	数量
1	游标卡尺	0~150mm	0.02mm	一把
2	分度头			一个
3	游标万能角度尺	0~320°	2′	一把
4	多刃刀具角度尺			一把
5	平板	500mm×500mm		一块
6	V形架	1级		一套
7	百分表及表座、表架	百分表 1~3mm	0.01mm	一套
8	游标高度卡尺	0~300mm(可装杠杆百分表)	0.02mm	一把
9	$\phi26.65mm$ 检验心轴			一个
10	前后带顶尖的检验平台			一个
11	辅件	棉纱等		

模拟试卷样例

一、填空题（请将正确答案填入括号内，每题 1 分，共 20 分）

1. 机械制造中的测量技术主要是研究对零件（　　　）进行测量检验的问题。

2. 基本视图一共有六个，他们分别是主视图、俯视图、左视图、右视图、仰视图及（　　　）。

3. 在尺寸标注中，标注尺寸的三要素是尺寸界线、（　　　）、尺寸数字。

4. 相邻两刻线所代表的量值之差称为（　　　）。

5. 在使用百分表测量时，测量头与被测表面接触时，测量杆应预先有（　　　）。

6. 量规按用途可分为工作量规、验收量规和（　　　）三种。通规代号为"通"或"T"、止通规代号为"止"或"Z"。

7. 自准直仪是测量（　　　）的光学量仪。

8. 用三坐标测量机测量时，被测要素的测点数目一般不超过（　　　）。

9. 在建立尺寸链时应遵循（　　　）原则。

10. 测量和评定表面粗糙度轮廓参数时，可以选取（　　　）作为基准线。按 GB/T 10610 的规定，标准评定长度为连续的（　　　）个标准取样长度。

11. 控制螺纹的作用中径是为了保证（　　　），控制螺纹的单一中径是为了保证（　　　）。

12. 齿轮箱体上支承相互啮合齿轮的两对轴承孔的公共轴线间的平行度误差影响轮齿载荷分布均匀性，他们的中心距偏差影响（　　　）。

13. 测量内孔的几何误差时，以（　　　）来模拟孔的基准轴线。

14. 端面全跳动公差带控制端面对基准轴线的（　　　）误差，同时，它也控制了端面的（　　　）误差。

15. 公差原则包括（　　　）和相关原则。

16. （　　　）是指金属材料抵抗外物压入其表面的能力，即金属抵抗局部塑性变形或破坏的能力。

17. 去应力退火的目的是消除工件的（　　　），稳定工件的尺寸。

18. 对于任何一种热处理方法都包括（　　　）三个阶段。

19. HBW 是（　　　）硬度的符号。

20. 滚动轴承的外圈与壳体孔的配合为（　　　），内圈与轴的配合为（　　　）。

二、选择题（将正确答案的字母填入括号内，每题 1 分，共 30 分）

1. 测量误差按特点和性质可分为（　　　）。

A. 系统误差、随机误差　　　　　　　　B. 绝对误差、相对误差

C. 器具误差、环境误差　　　　　　　　D. 系统误差、随机误差、粗大误差

2. 一般精度测量应在（　　　）的温度下进行。

A. 20℃　　　　　　　　　　　　　　　B. (20 ± 5)℃

C. (20 ± 2)℃　　　　　　　　　　　　D. [20 ± (0.1 ~ 0.5)]℃

3. 以下可选用量块进行测量的是（　　　）。

A. 检定/校准各种长度计量器具　　　　B. 与量块附件组合可进行精密划线

C. 用于精密机床的调整定位及检验　　　D. 以上全部

4. 使用塞尺时，根据测量需要可用一片或数片重叠在一起。塞尺实际上也是一种（　　　）量规。

A. 角值　　　　　　B. 尺寸　　　　　　C. 界限　　　　　　D. 极限

5. （　　　）是利用螺旋副原理将测微螺杆的旋转运动变成直线位移，测微螺杆在轴线方向上移动的距离与螺杆的转角成正比。

A. 游标卡尺　　　　B. 外径千分尺　　　C. 百分表　　　　　D. 万能角度尺

6. （　　　）是带有精密杠杆齿轮传动机构的指示式千分量具。

A. 杠杆卡规　　　　B. 圆度仪　　　　　C. 测力仪　　　　　D. 水平仪

7. 指示表的分度值一般为 0.01mm、0.001mm（　　　）mm。

A. 0.02　　　　　　B. 0.05　　　　　　C. 0.002　　　　　D. 0.005

8. 在使用百分表测量时，一般情况下，测量头与被测表面接触时，测量杆应预先有（　　　）的压缩量。

A. 5 ~ 8mm　　　　B. 0.3 ~ 1mm　　　C. 0.01 ~ 0.05mm　D. 3 ~ 5mm

9. 测轴向圆跳动误差时，百分表测头应（　　　）。

A. 垂直于轴线　　　B. 平行于轴线　　　C. 倾斜于轴线　　　D. 与轴线重合

10. （　　　）是测量微小倾角的一种测量器具，主要用于测量或检验相对水平位置的倾斜角、两表面间的平行度误差和垂直度误差以及平面度误差和直线度误差等。

A. 水平仪　　　　　B. 正弦规　　　　　C. 万能角度尺　　　D. 倾斜仪

11. 几何公差与配合概念中，有关比较法检验表面粗糙度的基本条件的概述以下不正确的是（　　　）。

A. 最重要的是比较样块与被测面的加工方法应一致

B. 几何形状、材料必须相同

C. 切削用量、加工条件等特征应尽量相同或相近

D. 颜色等表面特征应尽量相同或相近

12. 圆度仪主要用于测量回转体的几何公差，在测量同轴度误差、圆度误差、圆柱

度误差、跳动误差、直线度误差、垂直度误差和（　　　）等方面有其他检测设备不可替代的优势。

A. 位置度误差　　　　B. 对称度误差　　　　C. 倾斜度误差　　　　D. 平面度误差

13. 表面形状波距（　　　）1mm 的属于表面粗糙度范围。

A. 大于　　　　　　　B. 等于　　　　　　　C. 小于　　　　　　　D. 小于等于

14. 尺寸链中，在装配过程中最后自然形成的一环是（　　　）。

A. 增环　　　　　　　B. 减环　　　　　　　C. 组成环　　　　　　D. 封闭环

15. 抽样检验根据检验特性值属性可分为（　　　）。

A. 计数检验和周期　　　　　　　　　　　B. 计数抽样检验和计量抽样

C. 一次、两次、多次和序贯　　　　　　　D. 调整和非调整型

16. 在两顶尖间测量偏心距时，指示表上指示出的最大值与最小值（　　　）就等于偏心距。

A. 之差　　　　　　　B. 之和　　　　　　　C. 差的一半　　　　　D. 和的一半

17. 测量薄壁零件时，容易引起测量变形的主要原因是（　　　）选择不当。

A. 量具　　　　　　　B. 测量基准　　　　　C. 测量压力　　　　　D. 测量方向

18. 用三针法测量梯形螺纹时，量针直径的计算公式是（　　　）。

A. $d_0 = 0.577P$　　B. $d_0 = 0.533P$　　C. $d_0 = 0.518P$　　D. $d_0 = 0.663P$

19. 用测量心轴和外径千分尺测量箱体两孔轴线距，其轴线距 A 的计算公式为 $A =$（　　　），式中：l 为两孔测量心轴外素线之间的距离，d_1、d_2 分别为测量心轴 1、2 的直径。

A. $\dfrac{l + (d_1 + d_2)}{2}$　　B. $l + (d_1 + d_2)$　　C. $\dfrac{l - (d_1 + d_2)}{2}$　　D. $l - (d_1 + d_2)$

20. 用测量心轴检验工件上两孔轴线的平行度误差的计算公式为（　　　），式中：L_1 为被测轴线长度（或给定长度），L_2 为测量长度，M_1、M_2 分别为测量长度两端指示器读数值。

A. $f = \dfrac{L_1}{L_2} \mid M_1 - M_2 \mid$　　　　　　　B. $f = \dfrac{L_1}{L_2} \mid M_1 + M_2 \mid$

C. $f = \dfrac{L_2}{L_1} \mid M_1 - M_2 \mid$　　　　　　　D. $f = \dfrac{L_2}{L_1} \mid M_1 + M_2 \mid$

21. 检查车床导轨的垂直平面内的直线度时，由于车床导轨中间部分使用机会多，因此规定导轨中部允许（　　　）。

A. 凸起　　　　　　　B. 凹下　　　　　　　C. 扭转　　　　　　　D. 断开

22. 用锥顶角为 120° 的金刚石压头的硬度试验，属于洛氏硬度试验。工厂中广泛使用的是 C 标尺，其标记代号为（　　　）。

A. HRA　　　　　　　B. HRB　　　　　　　C. HRC　　　　　　　D. HBW

23. HRC 以测得的压痕（　　　）表示其硬度值。

A. 直径　　　　　　　B. 面积　　　　　　　C. 深度　　　　　　　D. 角度

24. 未注尺寸公差是（　　　）。

　　A. 没有公差的尺寸　　　　　　　　　　B. 非配合尺寸

　　C. 有公差的尺寸，且公差相对较大　　　D. 有公差的尺寸

25. 如果某轴一横截面实际轮廓由直径分别为 $\phi40.05mm$ 和 $\phi40.03mm$ 的两个同心圆包容而形成最小包容区域，则该轴横截面的圆度误差为（　　　）。

　　A. 0.02mm　　　B. 0.04mm　　　C. 0.01mm　　　D. 0.015mm

26. 某阶梯轴上的实际被测轴线各点距基准轴线的距离最近为 $2\mu m$，最远为 $4\mu m$，则同轴度误差为（　　　）。

　　A. $\phi2\mu m$　　　B. $\phi4\mu m$　　　C. $\phi8\mu m$　　　D. $\phi10\mu m$

27. 若某测量面对基准面的平行度误差为 0.08mm，则其（　　　）误差必不大于 0.08mm。

　　A. 平面度　　　B. 对称度　　　C. 垂直度　　　D. 位置度

28. 若某平面的平面度误差为 0.05mm，则其（　　　）误差一定不小于 0.005mm。

　　A. 平行度　　　B. 位置度　　　C. 对称度　　　D. 直线度

29. 某轴线对基准中心平面的对称度公差值为 0.1mm，则该轴线对基准中心平面的允许偏离量为（　　　）。

　　A. 0.1mm　　　B. 0.05mm　　　C. 0.2mm　　　D. $\phi0.1mm$

30. 在两个平面平行度公差的要求下，其（　　　）公差等级应不低于平行度的公差等级。

　　A. 垂直度　　　B. 位置度　　　C. 倾斜度　　　D. 平面度

三、判断题（对的打"√"，错的打"×"。每题1分，共30分）

1. 系统误差是可以预知的，而随机误差是不可预知的。（　　　）

2. 消除系统误差的方法有替代法、补偿法和对称法。（　　　）

3. 随机误差具有有界性、对称性、抵偿性和单峰性。（　　　）

4. 量具是指那些能直接表示出长度单位和界限的计量用具。（　　　）

5. 量块按级使用时，用量块的标称尺寸作为工作尺寸；按等使用时，用量块的实际检测值作为工作尺寸。（　　　）

6. 量块是机械制造、修理业中长度尺寸的标准。（　　　）

7. 给出量规的磨损公差是为了降低量规的制造难度。（　　　）

8. 在一个尺寸链中，如果只有一个环的公差是未知的，则该环一定是封闭环。

（　　　）

9. 检验棒在机床修理中可用来检查主轴筒类零件的径向圆跳动、轴向窜动、同轴度、相交度、平行度；也可检查主轴锥孔与导轨的平行度，主轴中心轴对床身导轨的等高等。（　　　）

10. 现代圆度仪不仅可以测量圆度误差、圆柱度误差，而且可以测量直线度误差、平行度误差、垂直度误差等。（　　　）

11. 提交抽检的产品批，不合格品率越小，接收的概率越大；不合格品率越大，接收的概率越小。 （　　）

12. 螺纹接合中的螺距误差和牙侧角误差，均可转换为中径补偿值。 （　　）

13. 最大实体尺寸是孔和轴的最大极限尺寸的总称。 （　　）

14. 线性尺寸的未注公差是指该尺寸没有公差要求，故不必标注其公差。 （　　）

15. 评定表面粗糙度时规定取样长度的目的是限制和减弱其他截面轮廓形状误差，尤其是表面波纹度对测量结果的影响。 （　　）

16. 一般情况下，国家标准推荐在一个评定长度内取 10 个取样长度。 （　　）

17. 用指示表校正偏心外圆时，指示表的示值差是实际偏心距的两倍。 （　　）

18. 丝杠测量的定位方法主要有：顶尖法以轴线定位和 V 形架法以外圆定位两种。 （　　）

19. 多线螺纹是沿两条或两条以上在轴向等距分布的螺旋线所形成的螺纹。 （　　）

20. 蜗杆传动是一种在空间交错轴向传递运动的机构，是由蜗轮和蜗杆组成的，用于传递两根空间交错轴间的运动和动力，两轴间的夹角可为任意值，一般为 90°。 （　　）

21. 用齿厚游标卡尺测量锥齿轮大端齿厚时，齿厚游标卡尺测量面应与齿顶圆接触，齿厚测量平面应与背锥面素线平行。 （　　）

22. 箱体件基准平面直线度误差的测量方法是将平尺与基准平面接触，此时平尺与基准平面间的最大间隙即为直线度误差。 （　　）

23. 检测车床主轴锥孔轴线的径向圆跳动时，为了消除检验棒误差的影响，须检测四次，取四次结果的最大值，就是径向圆跳动误差。 （　　）

24. 甲乙两零件，甲的硬度为 250HBW，乙的硬度为 52HRC，则甲比乙硬。 （　　）

25. 表面热处理都是通过改变钢材表面的化学成分而改变表面性能的。 （　　）

26. 圆柱度公差是控制圆柱形零件横截面和轴向截面内形状误差的综合指标。 （　　）

27. 跳动公差带不可以综合控制被测要素的位置、方向和形状。 （　　）

28. 径向圆跳动公差带与圆度公差带的形状相同，因此任何情况下都可以用测量径向圆跳动误差代替测量圆度误差。 （　　）

29. 若图样上未注出几何公差，则表示对形状和位置误差无控制要求。 （　　）

30. 当被测要素遵守最大实体要求，且被测要素达到 MMS 时，若存在几何误差，则被测要素不合格。 （　　）

四、简答题（每题 5 分，共 10 分）

1. 说明几何误差的五种检测原则和应用实例。（5 分）

2. 形状最小包容区域、定向最小包容区域与定位最小包容区域三者之间有何区别？若零件上某一要素需同时规定形状公差、定向公差及定位公差，三者的关系应如何确定？（5 分）

五、计算题（每题 5 分，共 10 分）

1. 一般在轴或曲轴上均有键槽用于和齿轮连接。如图 5 所示，曲轴左端圆锥面上有一用铣刀铣削出的半圆键槽，铣完后要求测量半圆键槽在铣刀中心所在截面的深度 h。手头只有不带深度尺的游标卡尺。由于无法直接测量 h 值，如何采取间接测量方法测量出圆锥面半圆键槽的深度值 h？（5 分）

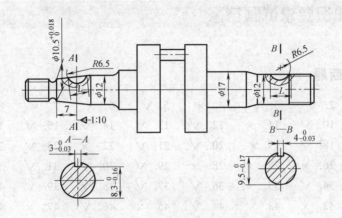

图 5　曲轴零件图

2. 用三针法测 Tr20×2-6g 螺纹中径时，千分尺的读数值 $M = 20.27\text{mm}$，求该螺纹的单一中径值（数值保留到小数点后两位）。（5 分）

答案部分

一、判断题

1. √	2. √	3. √	4. ×	5. √	6. ×	7. ×	8. √
9. √	10. √	11. ×	12. √	13. √	14. √	15. √	16. √
17. √	18. √	19. ×	20. √	21. √	22. ×	23. √	24. ×
25. ×	26. ×	27. ×	28. ×	29. √	30. √	31. √	32. ×
33. ×	34. √	35. ×	36. √	37. √	38. ×	39. √	40. ×
41. ×	42. √	43. √	44. √	45. ×	46. √	47. √	48. √
49. √	50. ×	51. ×	52. ×	53. √	54. √	55. √	56. ×
57. √	58. ×	59. √	60. √	61. √	62. ×	63. √	64. ×
65. ×	66. ×	67. ×	68. √	69. ×	70. √	71. √	72. √
73. √	74. √	75. ×	76. √	77. √	78. √	79. √	80. √
81. ×	82. ×	83. ×	84. √	85. ×	86. √	87. ×	88. √
89. √	90. ×	91. ×	92. √	93. √	94. √	95. √	96. ×
97. √	98. √	99. √	100. ×	101. ×	102. ×	103. √	104. √
105. ×	106. √	107. √	108. √	109. √	110. ×	111. √	112. √
113. ×	114. √	115. √	116. ×	117. ×	118. √	119. ×	120. ×
121. √	122. √	123. ×	124. ×	125. √	126. √	127. ×	128. √
129. √	130. √	131. √	132. √	133. ×	134. √	135. √	136. ×
137. ×	138. √	139. √	140. ×	141. ×	142. ×	143. ×	144. √
145. √	146. ×	147. √	148. √	149. √	150. √	151. √	152. √
153. √	154. ×	155. √	156. ×	157. √	158. ×	159. ×	160. ×
161. √	162. √	163. √	164. ×	165. √	166. √	167. ×	168. √
169. ×	170. √	171. √	172. √	173. √	174. √	175. √	176. ×
177. √	178. √	179. √	180. √	181. ×	182. ×	183. √	184. ×
185. √	186. √	187. √	188. √	189. √	190. ×	191. √	192. ×
193. √	194. √	195. ×	196. √	197. √	198. √	199. √	200. ×
201. √	202. ×	203. √	204. ×	205. √	206. √	207. √	208. √

209. √ 210. × 211. √ 212. × 213. √ 214. × 215. √ 216. ×
217. √ 218. √ 219. √ 220. × 221. √ 222. √ 223. √ 224. ×
225. √ 226. √ 227. × 228. √ 229. √ 230. × 231. √ 232. ×
233. × 234. × 235. × 236. √ 237. √ 238. √ 239. × 240. √
241. √ 242. √ 243. × 244. × 245. × 246. × 247. √ 248. √
249. √ 250. √ 251. × 252. × 253. √ 254. × 255. × 256. ×
257. ×

二、选择题

1. C   2. D   3. B   4. D   5. D   6. D   7. D   8. C   9. A
10. A   11. A   12. D   13. B   14. A   15. C   16. B   17. C   18. B
19. B   20. C   21. A   22. C   23. C   24. A   25. A   26. C   27. A
28. B   29. C   30. C   31. D   32. D   33. D   34. C   35. A   36. B
37. B   38. A   39. C   40. D   41. B   42. B   43. B   44. D   45. B
46. C   47. B   48. C   49. A   50. A   51. A   52. D   53. C   54. D
55. B   56. C   57. A   58. C   59. B   60. B   61. A   62. B   63. B
64. B   65. A   66. C   67. A   68. A   69. A   70. C   71. C   72. A
73. B   74. A   75. D   76. A   77. B   78. B   79. B   80. D   81. A
82. A   83. C   84. C   85. C   86. A   87. B   88. D   89. D   90. A
91. A   92. C   93. C   94. B   95. B   96. C   97. B   98. C   99. C
100. C   101. D   102. D   103. B   104. C   105. C   106. A   107. B   108. A
109. A   110. C   111. B   112. C   113. C   114. C   115. B   116. C   117. C
118. A   119. C   120. A   121. C   122. D   123. C   124. B   125. A   126. A
127. B   128. B   129. B   130. B   131. C   132. B   133. B   134. B   135. C
136. C   137. B   138. C   139. C   140. C   141. A   142. B   143. B   144. A
145. B   146. A   147. C   148. A   149. D   150. B   151. B   152. B   153. A
154. A   155. A   156. B   157. B   158. A   159. B   160. D   161. B   162. A
163. A   164. B   165. A   166. C   167. B   168. B   169. A   170. D   171. B
172. B   173. C   174. C   175. A   176. C   177. C   178. D   179. A   180. B
181. B   182. B   183. B   184. C   185. D   186. A   187. A   188. C   189. C
190. A   191. B   192. A   193. B   194. C   195. C   196. C   197. A   198. D
199. D   200. A   201. A   202. A   203. C   204. C   205. B   206. B   207. C
208. C   209. A   210. D   211. A   212. A   213. B   214. B   215. B   216. D
217. C   218. B   219. C   220. A   221. A   222. A   223. A   224. C   225. B
226. D   227. D   228. A   229. D   230. B   231. A   232. C   233. A   234. B
235. B   236. D   237. C   238. A   239. B   240. A   241. A   242. A   243. D
244. A   245. B   246. C   247. D   248. A   249. B   250. A   251. C   252. B

253. A 254. B

◇◇◇◇ 模拟试卷样例答案

一、填空题

1. 几何参数　　2. 后视图　　3. 尺寸线　　4. 分度值　　5. 0.3～1mm
6. 校对量规　　7. 微小倾角　　8. 100　　9. 最短尺寸链　　10. 中线，5
11. 旋合性，连接强度　　12. 侧隙的大小　　13. 心轴
14. 垂直度，平面度　　15. 独立原则　　16. 硬度　　17. 残余应力
18. 加热、保温、冷却　　19. 布氏　　20. 基轴制，基孔制

二、选择题

1. D　　2. B　　3. D　　4. C　　5. B　　6. A　　7. C　　8. B　　9. B
10. A　　11. D　　12. C　　13. C　　14. B　　15. B　　16. C　　17. C　　18. C
19. C　　20. A　　21. A　　22. C　　23. C　　24. B　　25. C　　26. C　　27. A
28. A　　29. B　　30. D

三、判断题

1. √　　2. √　　3. √　　4. √　　5. B　　6. √　　7. ×　　8. ×
9. √　　10. √　　11. √　　12. √　　13. ×　　14. ×　　15. √　　16. ×
17. √　　18. √　　19. √　　20. √　　21. √　　22. √　　23. ×　　24. ×
25. ×　　26. √　　27. ×　　28. ×　　29. ×　　30. ×

四、简答题

1. 答：①拟合要素比较原则，如用刀口尺测量直线度；②测量坐标值原则，如在坐标测量机上测量孔的位置度误差；③测量特征参数原则，如用两点法和三点组合通过测量轴的直径来测量圆度误差；④测量圆跳动误差原则，如台阶轴的同轴度误差在圆度误差较小的情况下可用测量圆跳动误差的方法来测量；⑤控制实效边界原则，如采用最大实体要求的零件可采用位置量规来测量。

2. 答：形状最小包容区域应满足最小条件，对其他要素无方位要求，其方位是浮动的；定向最小包容区域应与基准保持给定的正确方向，其位置是浮动的；定位最小包容区域应与基准保持给定的正确位置，其方位是固定的。若零件上某一要素同时规定形状公差、定向公差及定位公差，三者的关系为形状公差＜定向公差＜定位公差。

五、计算题

1. 解：在图 5 中，已知铣刀半径 $R = 6.5\,\text{mm}$，圆锥面小端直径 $d = 10.5\,^{+0.018}_{0}\,\text{mm}$，锥度为 1:10，则 $\theta = 5.72°$。

作计算图如图 6 所示：

$$\overline{PG} = c = 7\,\text{mm}$$

$$
\begin{aligned}
h &= \overline{DF} - \overline{FE} \\
&= d + 2\cos\theta - 8.3\,^{0}_{-0.16} \\
&= (10.5\,^{+0.018}_{0} + 2\cos 5.72° - 8.3\,^{0}_{-0.16})\,\text{mm} \\
&= 2.9\,^{+0.16}_{0}\,\text{mm}
\end{aligned}
$$

可以转化为用游标卡尺测量长度 L，L 计算式推导如下：

$$
\begin{aligned}
L &= \sqrt{4R^2 - 4\,(R - h)^2\cos^2\theta} \\
&= \sqrt{4 \times 6.5^2 - 4 \times (6.5 - 2.9\,^{+0.16}_{0})^2\cos^2 5.72°}\,\text{mm} \\
&= 11.0356 \sim 11.827\,\text{mm}
\end{aligned}
$$

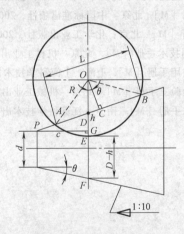

图 6　圆弧键槽检测计算图

2. 解：选择最佳三针 d_0。该螺纹为标准螺纹，$P = 2\,\text{mm}$，因此量针直径为

$$d_0 = 0.518P = 0.518 \times 2\,\text{mm} = 1.036\,\text{mm}$$

选择 $d_0 = 1.047\,\text{mm}$ 的三针。

螺纹的单一中径 d 为

$$
\begin{aligned}
d &= M - 4.864\,d_0 + 1.866P \\
&= 20.27\,\text{mm} - 4.864 \times 1.047\,\text{mm} + 1.866 \times 2\,\text{mm} \\
&= 20.9092\,\text{mm} \approx 20.91\,\text{mm}
\end{aligned}
$$

参 考 文 献

[1] 李新永，赵志平. 机械制造检测技术手册［M］. 北京：机械工业出版社，2011.

[2] 约瑟夫·迪林格，等. 机械制造工程基础［M］. 杨祖群，译. 长沙：湖南科学技术出版社，2013.

[3] 陈家芳. 简明机械检查工手册［M］. 上海：上海科学技术出版社，2005.

[4] 赵忠玉. 测量与机械零件测绘［M］. 北京：机械工业出版社，2008.

[5] 胡照海. 零件几何量检测［M］. 北京：北京理工大学出版社，2011.

[6] 朱超 ，段玲. 互换性与零件几何量检测［M］. 北京：清华大学出版社，2009.

[7] 周湛学，赵小明，雒运强. 图解机械零件精度测量及实例［M］. 北京：化学工业出版社，2009.

[8] 才家刚. 图解常用量具的使用方法和测量实例［M］. 北京：机械工业出版社，2006.

[9] 邵晓荣. 公差配合与测量技术一点通［M］. 北京：科学出版社，2011.

[10] 赵忠玉. 测量与机械零件测绘［M］. 北京：机械工业出版社，2008.

[11] 傅成昌，傅晓燕. 形位公差应用技术问答［M］. 北京：机械工业出版社，2009.

[12] 张泰昌. 齿轮检测 500 问［M］. 北京：中国标准出版社，2007.

[13] 张泰昌. 平台测量法解析［M］. 北京：化学工业出版社，2009.

[14] 高延新. 螺纹精度及检测技术手册［M］. 北京：机械工业出版社，2012.

[15] 张琳娜. 简明公差标准应用手册［M］. 上海：上海科学技术出版社，2010.

[16] 尹建山，刘承启. 简明检验工手册［M］. 北京：机械工业出版社，2013.

[17] 梁子午. 检验工实用技术手册［M］. 南京：江苏科学技术出版社，2004.

国家职业资格培训教材

丛书介绍：深受读者喜爱的经典培训教材，依据最新国家职业标准，按初级、中级、高级、技师（含高级技师）分册编写，以技能培训为主线，理论与技能有机结合，书末有配套的试题库和答案。所有教材均免费提供 PPT 电子教案，部分教材配有 VCD 实景操作光盘（注：标注★的图书配有 VCD 实景操作光盘）。

读者对象：本套教材是各级职业技能鉴定培训机构、企业培训部门、再就业和农民工培训机构的理想教材，也可作为技工学校、职业高中、各种短训班的专业课教材。

- ◆ 机械识图
- ◆ 机械制图
- ◆ 金属材料及热处理知识
- ◆ 公差配合与测量
- ◆ 机械基础（初级、中级、高级）
- ◆ 液气压传动
- ◆ 数控技术与 AutoCAD 应用
- ◆ 机床夹具设计与制造
- ◆ 测量与机械零件测绘
- ◆ 管理与论文写作
- ◆ 钳工常识
- ◆ 电工常识
- ◆ 电工识图
- ◆ 电工基础
- ◆ 电子技术基础
- ◆ 建筑识图
- ◆ 建筑装饰材料
- ◆ 车工（初级★、中级、高级、技师和高级技师）
- ◆ 铣工（初级★、中级、高级、技师和高级技师）
- ◆ 磨工（初级、中级、高级、技师和高级技师）
- ◆ 钳工（初级★、中级、高级、技师和高级技师）
- ◆ 机修钳工（初级、中级、高级、技师和高级技师）
- ◆ 锻造工（初级、中级、高级、技师和高级技师）
- ◆ 模具工（中级、高级、技师和高级技师）
- ◆ 数控车工（中级★、高级★、技师和高级技师）
- ◆ 数控铣工/加工中心操作工（中级★、高级★、技师和高级技师）
- ◆ 铸造工（初级、中级、高级、技师和高级技师）
- ◆ 冷作钣金工（初级、中级、高级、技师和高级技师）
- ◆ 焊工（初级★、中级★、高级★、技师和高级技师★）
- ◆ 热处理工（初级、中级、高级、技师和高级技师）
- ◆ 涂装工（初级、中级、高级、技师和高级技师）
- ◆ 电镀工（初级、中级、高级、技师和高级技师）
- ◆ 锅炉操作工（初级、中级、高级、技师和高级技师）
- ◆ 数控机床维修工（中级、高级和技师）
- ◆ 汽车驾驶员（初级、中级、高级、技师）
- ◆ 汽车修理工（初级★、中级、高级、技师和高级技师）

- ◆ 摩托车维修工（初级、中级、高级）
- ◆ 制冷设备维修工（初级、中级、高级、技师和高级技师）
- ◆ 电气设备安装工（初级、中级、高级、技师和高级技师）
- ◆ 值班电工（初级、中级、高级、技师和高级技师）
- ◆ 维修电工（初级★、中级★、高级、技师和高级技师）
- ◆ 家用电器产品维修工（初级、中级、高级）
- ◆ 家用电子产品维修工（初级、中级、高级、技师和高级技师）
- ◆ 可编程序控制系统设计师（一级、二级、三级、四级）
- ◆ 无损检测员（基础知识、超声波探伤、射线探伤、磁粉探伤）
- ◆ 化学检验工（初级、中级、高级、技师和高级技师）
- ◆ 食品检验工（初级、中级、高级、技师和高级技师）
- ◆ 制图员（土建）
- ◆ 起重工（初级、中级、高级、技师）
- ◆ 测量放线工（初级、中级、高级、技师和高级技师）
- ◆ 架子工（初级、中级、高级）
- ◆ 混凝土工（初级、中级、高级）
- ◆ 钢筋工（初级、中级、高级、技师）
- ◆ 管工（初级、中级、高级、技师和高级技师）
- ◆ 木工（初级、中级、高级、技师）
- ◆ 砌筑工（初级、中级、高级、技师）
- ◆ 中央空调系统操作员（初级、中级、高级、技师）
- ◆ 物业管理员（物业管理基础、物业管理员、助理物业管理师、物业管理师）
- ◆ 物流师（助理物流师、物流师、高级物流师）
- ◆ 室内装饰设计员（室内装饰设计员、室内装饰设计师、高级室内装饰设计师）
- ◆ 电切削工（初级、中级、高级、技师和高级技师）
- ◆ 汽车装配工
- ◆ 电梯安装工
- ◆ 电梯维修工

变压器行业特有工种国家职业资格培训教程

丛书介绍： 由相关国家职业标准的制定者——机械工业职业技能鉴定指导中心组织编写，是配套用于国家职业技能鉴定的指定教材，覆盖变压器行业 5 个特有工种，共 10 种。

读者对象： 可作为相关企业培训部门、各级职业技能鉴定培训机构的鉴定培训教材，也可作为变压器行业从业人员学习、考证用书，还可作为技工学校、职业高中、各种短训班的教材。

- ◆ 变压器基础知识
- ◆ 绕组制造工（基础知识）
- ◆ 绕组制造工（初级、中级、高级技能）
- ◆ 绕组制造工（技师、高级技师技能）
- ◆ 干式变压器装配工（初级、中级、高级技能）
- ◆ 变压器装配工（初级、中级、高级、技师、高级技师技能）

◆ 变压器试验工（初级、中级、高级、技师、高级技师技能）

◆ 互感器装配工（初级、中级、高级、技师、高级技师技能）

◆ 绝缘制品件装配工（初级、中级、高级、技师、高级技师技能）

◆ 铁心叠装工（初级、中级、高级、技师、高级技师技能）

国家职业资格培训教材——理论鉴定培训系列

丛书介绍：以国家职业技能标准为依据，按机电行业主要职业（工种）的中级、高级理论鉴定考核要求编写，着眼于理论知识的培训。

读者对象：可作为各级职业技能鉴定培训机构、企业培训部门的培训教材，也可作为职业技术院校、技工院校、各种短训班的专业课教材，还可作为个人的学习用书。

◆ 车工（中级）鉴定培训教材
◆ 车工（高级）鉴定培训教材
◆ 铣工（中级）鉴定培训教材
◆ 铣工（高级）鉴定培训教材
◆ 磨工（中级）鉴定培训教材
◆ 磨工（高级）鉴定培训教材
◆ 钳工（中级）鉴定培训教材
◆ 钳工（高级）鉴定培训教材
◆ 机修钳工（中级）鉴定培训教材
◆ 机修钳工（高级）鉴定培训教材
◆ 焊工（中级）鉴定培训教材
◆ 焊工（高级）鉴定培训教材
◆ 热处理工（中级）鉴定培训教材
◆ 热处理工（高级）鉴定培训教材

◆ 铸造工（中级）鉴定培训教材
◆ 铸造工（高级）鉴定培训教材
◆ 电镀工（中级）鉴定培训教材
◆ 电镀工（高级）鉴定培训教材
◆ 维修电工（中级）鉴定培训教材
◆ 维修电工（高级）鉴定培训教材
◆ 汽车修理工（中级）鉴定培训教材
◆ 汽车修理工（高级）鉴定培训教材
◆ 涂装工（中级）鉴定培训教材
◆ 涂装工（高级）鉴定培训教材
◆ 制冷设备维修工（中级）鉴定培训教材
◆ 制冷设备维修工（高级）鉴定培训教材

国家职业资格培训教材——操作技能鉴定试题
集锦与考点详解系列

丛书介绍：用于国家职业技能鉴定操作技能考试前的强化训练。特色：

● 重点突出，具有针对性——依据技能考核鉴定点设计，目的明确。

● 内容全面，具有典型性——图样、评分表、准备清单，完整齐全。

● 解析详细，具有实用性——工艺分析、操作步骤和重点解析详细。

● 练考结合，具有实战性——单项训练题、综合训练题，步步提升。

读者对象：可作为各级职业技能鉴定培训机构、企业培训部门的考前培训教材，也可供职业技能鉴定部门在鉴定命题时参考，也可作为读者考前复习和自测使用的复习用书，还可作为职业技术院校、技工院校、各种短训班的专业课教材。

◆ 车工（中级）操作技能鉴定试题集锦与考点详解

◆ 车工（高级）操作技能鉴定试题集锦与考点详解

◆ 铣工（中级）操作技能鉴定实战详解

◆ 铣工（高级）操作技能鉴定试题集锦与考点详解

◆ 钳工（中级）操作技能鉴定试题集锦与考点详解

◆ 钳工（高级）操作技能鉴定实战详解

◆ 数控车工（中级）操作技能鉴定实战详解

◆ 数控车工（高级）操作技能鉴定试题集锦与考点详解

◆ 数控车工（技师、高级技师）操作技能鉴定试题集锦与考点详解

◆ 数控铣工/加工中心操作工（中级）操作技能鉴定实战详解

◆ 数控铣工/加工中心操作工（高级）操作技能鉴定试题集锦与考点详解

◆ 数控铣工/加工中心操作工（技师、高级技师）操作技能鉴定试题集锦与考点详解

◆ 焊工（中级）操作技能鉴定实战详解

◆ 焊工（高级）操作技能鉴定实战详解

◆ 焊工（技师、高级技师）操作技能鉴定实战详解

◆ 维修电工（中级）操作技能鉴定试题集锦与考点详解

◆ 维修电工（高级）操作技能鉴定试题集锦与考点详解

◆ 维修电工（技师、高级技师）操作技能鉴定实战详解

◆ 汽车修理工（中级）操作技能鉴定实战详解

◆ 汽车修理工（高级）操作技能鉴定实战详解

技能鉴定考核试题库

丛书介绍：根据各职业（工种）鉴定考核要求分级编写，试题针对性、通用性、实用性强。

读者对象：可作为企业培训部门、各级职业技能鉴定机构、再就业培训机构培训考核用书，也可供技工学校、职业高中、各种短训班培训考核使用，还可作为个人读者学习自测用书。

◆ 机械识图与制图鉴定考核试题库（第2版）

◆ 机械基础技能鉴定考核试题库（第2版）

◆ 电工基础技能鉴定考核试题库

◆ 车工职业技能鉴定考核试题库（第2版）

◆ 铣工职业技能鉴定考核试题库（第2版）

◆ 磨工职业技能鉴定考核试题库

◆ 数控车工职业技能鉴定考核试题库

◆ 数控铣工/加工中心操作工职业技能鉴定考核试题库

◆ 模具工职业技能鉴定考核试题库

◆ 钳工职业技能鉴定考核试题库（第2版）

- ◆ 机修钳工职业技能鉴定考核试题库
  （第2版）
- ◆ 汽车修理工职业技能鉴定考核试题库
- ◆ 制冷设备维修工职业技能鉴定考核试题库
- ◆ 维修电工职业技能鉴定考核试题库
- （第2版）
- ◆ 铸造工职业技能鉴定考核试题库
- ◆ 焊工职业技能鉴定考核试题库
- ◆ 冷作钣金工职业技能鉴定考核试题库
- ◆ 热处理工职业技能鉴定考核试题库
- ◆ 涂装工职业技能鉴定考核试题库

机电类技师培训教材

丛书介绍： 以国家职业标准中对各工种技师的要求为依据，以便于培训为前提，紧扣职业技能鉴定培训要求编写。加强了高难度生产加工，复杂设备的安装、调试和维修，技术质量难题的分析和解决，复杂工艺的编制，故障诊断与排除以及论文写作和答辩的内容。书中均配有培训目标、复习思考题、培训内容、试题库、答案、技能鉴定模拟试卷样例。

读者对象： 可作为职业技能鉴定培训机构、企业培训部门、技师学院培训鉴定教材，也可供读者自学及考前复习和自测使用。

- ◆ 公共基础知识
- ◆ 电工与电子技术
- ◆ 机械制图与零件测绘
- ◆ 金属材料与加工工艺
- ◆ 机械基础与现代制造技术
- ◆ 技师论文写作、点评、答辩指导
- ◆ 车工技师鉴定培训教材
- ◆ 铣工技师鉴定培训教材
- ◆ 钳工技师鉴定培训教材
- ◆ 焊工技师鉴定培训教材
- ◆ 电工技师鉴定培训教材
- ◆ 铸造工技师鉴定培训教材
- ◆ 涂装工技师鉴定培训教材
- ◆ 模具工技师鉴定培训教材
- ◆ 机修钳工技师鉴定培训教材
- ◆ 热处理工技师鉴定培训教材
- ◆ 维修电工技师鉴定培训教材
- ◆ 数控车工技师鉴定培训教材
- ◆ 数控铣工技师鉴定培训教材
- ◆ 冷作钣金工技师鉴定培训教材
- ◆ 汽车修理工技师鉴定培训教材
- ◆ 制冷设备维修工技师鉴定培训教材

特种作业人员安全技术培训考核教材

丛书介绍： 依据《特种作业人员安全技术培训大纲及考核标准》编写，内容包含法律法规、安全培训、案例分析、考核复习题及答案。

读者对象： 可用作各级各类安全生产培训部门、企业培训部门、培训机构安全生产培训和考核的教材，也可作为各种企事业单位安全管理和相关技术人员的参考书。

- ◆ 起重机司索指挥作业
- ◆ 企业内机动车辆驾驶员
- ◆ 起重机司机
- ◆ 金属焊接与切割作业
- ◆ 电工作业

- ◆ 压力容器操作
- ◆ 锅炉司炉作业
- ◆ 电梯作业
- ◆ 制冷与空调作业
- ◆ 登高作业

读者信息反馈表

感谢你购买《机械产品检验工（高级）》一书。为了更好地为您服务，有针对性地为您提供图书信息，方便您选购合适图书，我们希望了解您的需求和对我们教材的意见和建议，愿这小小的表格为我们架起一座沟通的桥梁。

姓　名		所在单位名称	
性　别		所从事工作(或专业)	
电子邮件		移动电话	
办公电话		邮政编码	
通信地址			

1. 您选择图书时主要考虑的因素(在相应项前面打"✓")

   (　　)出版社　(　　)内容　(　　)价格　(　　)封面设计　(　　)其他

2. 您选择我们图书的途径(在相应项前面打"✓")

   (　　)书目　(　　)书店　(　　)网站　(　　)朋友推介　(　　)其他

希望我们与您经常保持联系的方式：

□电子邮件信息　　□定期邮寄书目

□通过编辑联络　　□定期电话咨询

您关注(或需要)哪些图书和教材：

您对我社图书出版有哪些意见和建议(可从内容、质量、设计、需求等方面谈)：

您今后是否准备出版相应的教材、图书或专著（请写出出版的专业方向、准备出版的时间、出版社的选择等）：

非常感谢您能抽出宝贵的时间完成这张调查表的填写并回寄给我们，我们愿以真诚的服务回报您对我社的关心和支持。

请联系我们——

通信地址　北京市西城区百万庄大街22号　机械工业出版社技能教育分社

邮政编码　100037

社长电话　(010)8837—9711　6832—9397（带传真）

电子邮件　cmpjjj@ vip. 163. com